［逆引き］
Word
パワーテクニック
601 +66 Tips

［2013 / 2010 / 2007 対応］

西上原裕明［著］

技術評論社

【注意】ご購入・ご利用の前に必ずお読みください

本書に記載された内容は、情報の提供のみを目的としています。したがって、本書の運用は、必ずお客様ご自身の責任と判断によって行ってください。これらの情報の運用の結果について、技術評論社および筆者はいかなる責任も負いません。

本書記載の情報は、2014年12月現在のものを掲載しており、ご利用時には変更されている場合もあります。また、ソフトウェアに関する記述は、とくに断りのない限り、2014年12月現在での各バージョンの最新アップデートをもとにしています。ソフトウェアはアップデートされる場合があり、本書での説明とは機能内容や画面図などが異なってしまうこともありえます。

以上の注意事項をご承諾いただいた上で、本書をご利用ください。これらの注意事項をお読みいただかずにお問い合わせいただいても、技術評論社および筆者は対応いたしかねますこと、あらかじめご了承ください。

本文中に記載されている製品名、会社名は、すべて関係各社の商標または登録商標です。なお、本文中に ™マーク、®マークは明記しておりません。

はじめに

　本書は Word2013/12010/2007 の実践テクニック集です。

　Word は広く普及し、初歩的な使い方ならインターネットでも簡単に調べることができます。しかし、Word の仕様は複雑で、たんにマニュアル的な知識を積み重ねても、実際に使いこなすことは困難です。そこで本書では、Word のしくみを踏まえた実践的なテクニックを多数紹介します。
　解説の中心は Word の活用テクニックですが、たとえば図のレイアウトや表の整形、スタイルなど、とくにわかりにくい機能については基本から解説しています。また、一般の解説書では素通りしがちな不具合などについても指摘するように心がけました。

　Word の機能と仕様はバージョンによって異なります。各項目で解説の対象としているバージョンは、項目見出しの右上の表示でご確認ください。

　2013/2010/2007 の基本仕様は似ていますが、一見同じような機能に見えても、以前のバージョンと同じつもりで操作すると思わぬ結果に見舞われることもあります。その意味でも、各バージョンの違いを知ることはとても大切です。各バージョンに共通の項目でも、仕様や操作方法が異なるものについては、バージョンごとの注意点を詳しく解説しています。
　本書が実践的な Word 活用バイブルとしてお役に立ちましたら幸いです。

　本書を企画立案し、長期にわたるチェック作業をこなしてくださった技術評論社編集部 熊谷裕美子さんに深く感謝申し上げます。

筆者

Contents

Chapter 1 画面操作のテクニック

1-1 Word 画面の設定と操作 …………………………………………………… 24
- 001 リボンのタブの中身を表示する←→隠す …………………………………………… 24
- 002 文書を全画面で表示する ……………………………………………………………… 26
- 003 タイトルバーを残し、リボン全体を表示する←→隠す …………………………… 28
- 004 スクロールバーを表示する←→隠す ………………………………………………… 29
- 005 ステータスバーの表示項目を切り替える …………………………………………… 30
- 006 リアルタイムプレビューをオン／オフする ………………………………………… 31
- 007 ルーラーとダイアログボックスの寸法単位を変える ……………………………… 32
  - Tips ルーラーの表示切り替えと縦書きでの扱い ………………………………… 33
- 008 ショートカットキーで文書画面をズームする ……………………………………… 34
  - Tips マウスで文書画面をズームする ……………………………………………… 34
- 009 表示モードを素早く切り替える ……………………………………………………… 35
- 010 上下の余白を表示する←→隠す ……………………………………………………… 36
- 011 左余白に行番号を表示する …………………………………………………………… 37
- 012 四隅のカギマークを表示する←→隠す ……………………………………………… 38
- 013 「下書き」と「アウトライン」の表示幅をウィンドウに合わせる ……………… 39
- 014 「下書き」と「アウトライン」を専用フォントで表示する ……………………… 41
- 015 文書画面を上下に分割する …………………………………………………………… 42
- 016 2つの文書を横に並べて表示する …………………………………………………… 43
  - Tips 同じ文書を左右に並べて表示する …………………………………………… 43
- 017 編集記号の表示を切り替える ………………………………………………………… 44
  - Tips 段落記号だけ表示を切り替える ……………………………………………… 44
- 018 図を表示する←→隠す ………………………………………………………………… 45
  - Tips 画面の表示色を目にやさしくする …………………………………………… 45
- 019 Word 文書のタスクバー表示をひとつにまとめる ………………………………… 46

Chapter 2 ページ書式とレイアウトのテクニック

2-1 ページ書式の設定と操作 …………………………………………………… 48
- 020 ページ書式の正しい設定手順 ………………………………………………………… 48
- 021 本文を片側に寄せて両面印刷する …………………………………………………… 50
  - Tips［本（縦方向に山折り）］は使わない ……………………………………… 51
- 022 本文の下端を下余白に合わせる ……………………………………………………… 52
- 023 プリンターの「フチ」の大きさを調べる …………………………………………… 53
- 024 文書内で異なるページサイズを混在させる ………………………………………… 54
  - Tips 横書き文書の一部を縦書きにする …………………………………………… 55
- 025 挿入済みのセクション区切りの種類を変える ……………………………………… 56
  - Tips 文末直前の「セクション区切り」を削除する裏技 ………………………… 57
- 026 文書間でページ書式をコピーする …………………………………………………… 58
- 027 ページ書式とヘッダー・フッターを新規文書にコピーする ……………………… 59

2-2 ヘッダー・フッターの設定と操作 …… 60
- 028 ヘッダー・フッター段落の縦位置を決める …… 60
- 029 ヘッダー・フッターを表紙、奇数・偶数用に分ける …… 61
- 030 目次、本文、索引などでヘッダー・フッターを使い分ける …… 62
  - Tips ［奇数／偶数ページ別指定］は全セクションに共通 …… 63
- 031 章見出しをヘッダーに自動表示する …… 64
  - Tips ヘッダー・フッターに電話帳や辞書形式の見出しを付ける …… 65
  - Tips ヘッダー・フッターの書式は専用スタイルで設定 …… 65
- 032 ヘッダー・フッターを左右の余白部に配置する …… 66
- 033 ヘッダー・フッターを別の文書で利用する …… 68
- 034 ページ番号の位置を奇偶で左右に振り分ける …… 70
- 035 ページ番号を本文より外側に配置する …… 72
- 036 目次に続く本文のページ番号を「1」から起番する …… 73
- 037 袋とじで用紙枚数を表示する …… 74

2-3 多段組みの設定と操作 …… 75
- 038 文書の一部を段組みにする …… 75
  - Tips 段間隔のエラーメッセージは段幅設定が原因 …… 76
  - Tips 縦書きの［段組み］エラーは「綴じしろ」が原因 …… 76
- 039 章見出しを段抜きにする …… 77
- 040 段組みの途中で強制的に段を変える …… 78
- 041 段組みの下端を揃える …… 80
- 042 本文領域の上下を罫線で飾る …… 81

2-4 ページ飾りとレイアウト …… 82
- 043 ページ罫線を表や段落罫線につなげる …… 82
- 044 見開きページを罫線で囲む …… 83
- 045 本文周囲の余白を塗りつぶす …… 84
- 046 ページ幅一杯に「キリトリ線」を付ける …… 85
- 047 本文行に合わせて便箋を作る …… 86

Chapter 3 文字入力のテクニック

3-1 入力・変換 …… 90
- 048 変換候補の仮名文字を非表示にする …… 90
- 049 文字種によって全角・半角を強制変換する …… 91
- 050 「、。」と「，．」を楽に切り替える …… 92
- 051 入力変換中の表示をわかりやすくする …… 94
- 052 文中の単語を日本語入力システムに登録する …… 95
- 053 同じ語句をあちこちに入力する …… 96

3-2 英字・欧字・記号類の入力 …… 97
- 054 ひらがな入力モードのままで英字を入力する …… 97
- 055 αβγ……などのギリシャ文字を入力する …… 98

Contents

- 056 アクセントやウムラウト付きの文字を入力する …… 99
- 057 フランス語やドイツ語を入力する …… 100
- Tips 各国語のキーボード配列を確かめる …… 102
- 058 読みのわからない記号や単位を入力する …… 103

3-3 数式の入力 …… 104
- 059 本文中に数式用の特殊文字を入力する …… 104
- 060 数式ビルダによる数式をキーボードで入力する …… 105
- 061 数式のサイズと位置を簡単に調節する …… 106

Chapter 4 文字編集のテクニック

4-1 カーソル移動 …… 108
- 062 文字カーソルをキーボードで素早く移動する …… 108
- 063 文字カーソルをスクロールバーで素早く移動する …… 108
- 064 スクロール後、素早く元の位置に戻る …… 110
- 065 画面をマウスで自在にドラッグする …… 111
- 066 画面をオートスクロールする …… 112

4-2 文字列・段落の選択 …… 113
- 067 マウスで単語・センテンス、行・段落を選択する …… 113
- 068 ドラッグ選択による段落記号の自動選択を解除する …… 114
- 069 矩形の範囲を選択する …… 114
- 070 キーボードで文字範囲を選択する …… 115
- 071 広い範囲を選択する …… 116
- 072 始点をロックして範囲を楽に設定する …… 117
- 073 章やセクション全体を楽に選択する …… 118
- 074 見出しとその中身を素早く選択する …… 119
- 075 選択箇所と同じ書式の箇所をまとめて選択する …… 120
- 076 文書内の同じ書式の箇所をまとめて選択する …… 121
- 077 同じ書式が連続する範囲を選択する …… 123

4-3 文字列・段落の移動・コピー・削除 …… 124
- 078 文字列を素早く移動・コピーする …… 124
- 079 ドラッグしてから移動かコピーかを選択する …… 125
- 080 コピー時に、コピー元への「リンク」を自動設定する …… 126
- 081 段落範囲を前後に素早く移動する …… 128
- 082 段落や図表を切り取って別の場所に集める …… 129
- 083 単語を素早く削除する …… 130
- 084 センテンスや段落を素早く削除する …… 130

Chapter 5 文字書式のテクニック

5-1 文字書式の種類と操作の基本 …… 132
- 085 文字書式の種類 …… 132

	Tips 文字書式の設定・解除の意味	132
086	文字書式をショートカットキーで設定する	133
087	文字書式を先指定する	134
088	同じ文字書式を繰り返し設定する	135
089	文字書式をコピーする	136
090	各所に設定されている文字書式を調べる	137
091	文字書式を解除する	138
	Tips [書式のクリア] は状況によって処理が異なる	138

5-2 フォントとフォントサイズ ... 139

092	フォントをショートカットキーで設定する	139
093	半角の英数記号への和文フォント適用を禁止する	140
094	テーマを変えてもフォントが変わらないようにする	141
	Tips 和文フォントと欧文フォントの組み合わせは相性で選択	142
095	フォントサイズを「72pt」より大きくする	142
096	文書全体のフォントサイズをまとめて拡大・縮小する	143
	Tips 設定済みの文字書式をまとめて変更する	143

5-3 各種文字書式 ... 144

097	割注を先指定する	144
098	縦中横文字を先指定する	145
099	英小文字を英大文字または小型英大文字で表示する	146
	Tips Word2013では単語単位の文字書式設定は範囲選択不要	147
100	行の途中に複数行を入力する	148
	Tips 数式ビルダの行列式を簡単に入力する方法	149
101	特定の組み文字を簡単に入力する	150
102	組み文字のかわりに割注を使う	152
103	囲い文字をアレンジする	153
104	並んだ語句を個別に囲む	154
105	空欄を枠で囲む	155
106	語句に囲み線と番号を付ける	156
107	囲み線を四辺の一部に付ける	157
108	複雑な囲み線、文字の網かけを簡単に設定する	158
	Tips 「OpenType」の機能を使うには欧文テンプレートが必要	159
109	囲み線、文字の網かけをまとめて解除する	160
110	文字の均等割り付けを簡単に設定する	160

Chapter 6 段落書式のテクニック

6-1 段落書式の種類と操作の基本 ... 162

111	段落書式の種類	162
	Tips 段落書式の設定・解除の意味	162
112	段落書式をショートカットキーで設定する	163
113	「クリックアンドタイプ」で段落書式を設定する	164

Contents

- 114 入力しながら段落書式を設定・解除する ... 166
- 115 同じ段落書式を繰り返し設定する ... 167
- 116 段落書式をコピーする ... 168
- 117 文字カーソル位置と同じ段落書式の箇所の書式をまとめて変える ... 169
- 118 同じ段落書式の箇所の書式をまとめて変える ... 170
- 119 選択範囲の段落書式をまとめて解除する ... 171
- 120 同じ書式を設定した箇所の段落書式、文字書式を解除する ... 171
- 121 同じ書式を設定した箇所の段落書式だけを解除する ... 172
- 122 各所の書式の違いをチェックする ... 173

6-2 文字間隔の調整 ... 174
- 123 「Ye」や「To」などの文字間隔を自動調整する ... 174
- 124 和文字と英数字の間を詰める ... 176
- 125 句読点と次の文字との間を正しく空ける ... 177
- 126 カタカナ、ひらがなの前後を詰める ... 178
- Tips 全角スペースの文字幅が全角より狭い理由 ... 178

6-3 行高設定と改ページオプション ... 179
- 127 段落の行高をページ設定の［行送り］に合わせる ... 179
- 128 段落の行高を簡単に狭くする ... 180
- Tips 行の高さと「行送り」「行間」 ... 181
- 129 段落の行高を自由に調整する ... 182
- Tips 「メイリオ」と「MeiryoUI」は行高設定に注意 ... 183
- 130 ルビの有無にかかわらず行高を揃える ... 184
- 131 段落内でのページ別れを防ぐ ... 185
- 132 段落を強制的に次ページに追い出す ... 186
- Tips Word2007では「改ページ記号」の扱いに注意 ... 187
- 133 段落の前で強制改ページする ... 188

6-4 インデント ... 189
- 134 インデントをキーボードで設定する ... 189
- 135 インデントマーカーを字送り単位でドラッグする ... 190
- Tips インデントマーカーを自由にドラッグする ... 191
- 136 フォントサイズを変えた段落でインデントを正しく設定する ... 192
- 137 離れた段落範囲にまとめてインデントを設定する ... 194
- 138 既存の段落と同じインデントを設定する ... 195
- 139 文書内のインデントをまとめて解除する ... 196

6-5 タブ位置 ... 198
- 140 既定のタブ位置を変える ... 198
- 141 文字間を「……」で埋める ... 199
- 142 タブ位置を別の段落にコピーする ... 200
- 143 文書内のタブ位置をまとめて解除する ... 201
- 144 文書内の特定のタブ位置だけまとめて解除する ... 202
- Tips Tabキーを押すとインデントが設定される ... 202

6-6 行端処理 ... 203
- 145 行頭・行末のスペースを正しく表示させる ... 203
- 146 行頭に「ー」「ゃ」「ツ」などが来ないようにする ... 204
- 147 行末に句読点が飛び出さないようにする ... 205
- 148 左端のカッコを行頭に揃える ... 206
- 149 段落の右端を右インデントに合わせる ... 208
- 150 段落先頭のスペースを瞬時に削除する ... 210

6-7 箇条書き ... 211
- 151 箇条書きのインデントを調整する ... 211
- 152 離れた箇所の箇条書きのインデントをまとめて変える ... 212
- 153 箇条文の先頭行と2行目以降で左端の位置を変える ... 213
- 154 箇条書きの記号・番号と箇条文との間を詰める ... 214
- 155 箇条書きの記号や番号だけ文字書式を変える ... 215
- 156 箇条書きの起番を設定する ... 216
- 157 箇条書きの途中番号を省略する ... 217
- 158 箇条番号を「100、200、300……」形式にする ... 218
- 159 箇条番号の桁位置を揃える ... 219
- 160 箇条項目と説明文で行を変える ... 220
- 161 箇条文の先頭語句の文字書式を自動設定する ... 221
- 162 箇条書きと本文との間だけを自動的に空ける ... 222
- 163 複数の箇条書式を使い分ける ... 224
- 164 設定済みの箇条書きの記号・番号文字種を変える ... 225
- 165 箇条書きをアウトライン形式にする ... 226
- 166 アウトライン形式の箇条書きのインデントを調整する ... 228
- 167 箇条書きの段落内に下位の連番を振る ... 230
- 168 段落ごとに同じレベルの連番を振り直す ... 232
- Tips 書式の微妙な違いを青い波下線で表示する ... 233
- 169 文書全体の箇条書きを同じ体裁に統一する ... 234
- 170 箇条書きの書式を別の文書にコピーする ... 236
- 171 アウトライン形式の箇条書きを別の文書で利用する ... 238
- 172 箇条書きのライブラリを初期状態に戻す ... 239
- Tips 隠しファイル、隠しフォルダーを表示する ... 239

6-8 ドロップキャップとレイアウト枠 ... 240
- 173 ドロップキャップをまとめて設定する ... 240
- 174 ドロップキャップをまとめて解除する ... 241
- 175 レイアウト枠の挿入ボタンを使う ... 242

6-9 段落罫線と網パターン ... 243
- 176 段落罫線をキーボードで設定する ... 243
- 177 段落間に罫線を付ける ... 244
- 178 段落罫線の幅と高さを変える ... 246
- 179 段落の網かけの幅と高さを変える ... 248

Contents

Tips 段落の網かけの解除は手順に注意 …………………………………………………………249
180 段落内の項目間を縦線で区切る ……………………………………………………………250

Chapter 7 スタイルのテクニック

7-1 スタイルの種類と基本操作 …………………………………………………………252
181 スタイルの種類 ……………………………………………………………………………252
182 スタイル関係のウィンドウを呼び出す …………………………………………………253
183 ［スタイル］ウィンドウの表示内容を変える …………………………………………254
Tips ［使用中のスタイル］の表示がおかしい（2010/2007） …………………………255
Tips 使っているはずのスタイル名が表示されない ………………………………………255

7-2 スタイルの適用 ……………………………………………………………………………256
184 スタイルを適用する ………………………………………………………………………256
185 入力しながら文字スタイルを適用する …………………………………………………257
186 クイックアクセスツールバーで［スタイル］ボックスを使う ………………………258
187 Q&Aのような段落スタイルを交互に自動適用する ……………………………………259
188 ［スタイルの適用］ウィンドウで「エイリアス」を使う ……………………………260
189 ［標準］スタイルの箇所を［本文］スタイルに変える ………………………………262
190 すべての段落を［標準］スタイルの書式に戻す ………………………………………263

7-3 スタイルの作成と書式変更 …………………………………………………………264
191 新しいスタイルを作る ……………………………………………………………………264
192 スタイルの書式内容を変える ……………………………………………………………266
193 直接設定した書式をスタイル化する ……………………………………………………267
194 直接設定した書式でスタイルの書式内容を更新する …………………………………268
195 ［標準］スタイルの書式を変える ………………………………………………………269
196 文字スタイルの登録書式を解除する ……………………………………………………270
197 段落スタイルの登録書式を解除する ……………………………………………………271

7-4 箇条書きスタイル …………………………………………………………………………272
198 ［リスト段落］スタイルに箇条書きの書式を登録する ………………………………272
Tips 箇条書きが［リスト段落］スタイルに変わらないようにする ……………………273
199 箇条書き用の段落スタイルを作る ………………………………………………………274
200 アウトライン形式の箇条書きスタイルを作る …………………………………………276
Tips 文書を開き直すと箇条書きのインデントが変わってしまう ………………………277
Tips ［箇条書き］スタイルはトラブルのもと ……………………………………………277
201 段落番号をショートカットキーで「1」から起番する ………………………………278

7-5 見出しスタイル …………………………………………………………………………279
202 見出しスタイルに「章節項」などの番号を付ける ……………………………………279
203 章にかかわらず節を通し番号にする ……………………………………………………280
204 章番号を途中から振り直す ………………………………………………………………281
205 見出し番号に続くタブ文字を削除する …………………………………………………282
206 見出しの前で自動的に改ページする ……………………………………………………283

| 207 | 本文段落の先頭部分に見出しスタイルを適用する | 284 |
| 208 | 見出し段落と本文段落をひとつの段落としてまとめる | 285 |

7-6 スタイルの管理 286

209	各所の段落スタイル名を段落の左に表示する	286
210	文書中のスタイルの一覧を印刷する	287
211	［推奨するスタイル］を変える	288
212	使えるスタイルを制限する	289
213	文書で作ったスタイルをテンプレートに反映させる	290
214	テンプレートのスタイル変更を文書に反映させる	291
215	文書間・テンプレート間でスタイルをコピーする	292
216	文書からスタイルを削除する	294

7-7 スタイルセットとテーマ 296

217	スタイルセットの基本と注意点	296
218	新しいスタイルセットを作る	297
219	スタイルセットとテーマをテンプレートに適用する	298
220	独自に作ったスタイルセットを別のパソコンで利用する	299
Tips	独自に作ったスタイルセットを削除する	299
221	独自に作ったテーマを別のパソコンで利用する	300

Chapter 8 検索・置換・ジャンプのテクニック

8-1 検索・置換・ジャンプの基本操作 302

222	［ナビゲーション］ウィンドウの基本操作	302
223	［見出し］マップのフォントサイズを変える	304
224	［検索と置換］ダイアログボックスのジャンプ機能を活用する	305
225	前回文書を閉じたときのカーソル位置にジャンプする	306
226	［検索と置換］ダイアログボックスのオプションを活用する	308
227	［検索と置換］ダイアログボックスの特殊文字を活用する	310
228	「ワイルドカード」を活用する	312

8-2 検索・置換のテクニック 315

229	複数の語句をまとめて検索する	315
230	検索結果を一括選択する	315
231	検索結果を別文書に抽出する	316
232	複数の文書で同じ検索・置換を繰り返す	317
233	［検索と置換］ダイアログボックスを閉じて検索を続ける	318

8-3 英字の検索・置換 319

234	任意の英単語を検索する	319
235	アクセントやウムラウト付きの文字を検索する	319
236	ギリシャ文字を検索・置換する	320
237	英字だけ全角↔半角変換する	320
238	半角英大文字の略号などを全角に変換する	321

Contents

- **239** 全角の英数字の行分かれを防ぐ ... 322
- **240** 英単語の途中改行を許可した文書で途中改行を防ぐ ... 323

8-4 数字・漢数字の検索・置換 ... 324
- **241** 任意の桁数の数字を検索する ... 324
- **242** 漢数字の並びを検索する ... 324
- **243** アラビア数字を漢数字に変換する ... 325
- **244** 漢数字をアラビア数字に変換する（ATOK） ... 325
- **245** アラビア数字を漢数字で表示する ... 326
- **246** 数字に桁区切りのカンマを入れる ... 328
- **247** 縦書きのアラビア数字に桁区切りの読点を入れる ... 330
- **248** 桁区切りのカンマを読点に置換する ... 331
- **249** 漢数字に桁区切り読点を入れる ... 332
- **250** 小数点のピリオド「.」をナカグロ「・」に置換する ... 334
- **251** 負の数値だけ括弧で囲む ... 335
- **252** 数値の「−」だけ「▲」に置換する ... 335
- **253** 数字だけ全角←→半角変換する ... 336
- **254** 1桁と3桁以上の数値だけ全角に変える ... 336

8-5 記号の検索・置換 ... 337
- **255** 「」や（）で囲まれた文字列を検索する ... 337
- **256** 「」を『』 " " ' ' などに置換する ... 338
- **257** " " ←→ " " に置換する ... 340
- Tips カッコの非対応をまとめて修正する ... 341
- **258** 字下げ以外のスペースを一括削除する ... 342
- Tips 和文字と英数字間のスペースだけを削除する ... 343
- **259** 空段落以外の段落先頭に全角スペースを一括挿入する ... 343
- **260** スペースとタブ文字の混在を整理する ... 344
- **261** タブ文字で区切られた用語を " " で囲み、カンマで区切る ... 345
- **262** タブ文字で区切られた一覧の項目順を入れ替える ... 346
- **263** 強制改行された段落を1つにまとめる ... 347
- **264** Macintoshの段落記号をWindowsの段落記号に置換する ... 348
- **265** 空段落を一括削除する ... 348
- **266** Wingdingsフォントを検索する ... 349
- **267** Wingdingsフォントに置換する ... 350
- **268** セクション記号を検索してセクションの書式をコピーする ... 350

8-6 漢字と仮名文字の検索・置換 ... 351
- **269** 漢字を検索する ... 351
- **270** ひらがなを検索する ... 352
- **271** 全角・半角のカタカナを検索する ... 352
- **272** カタカナ間の「・」を置換・削除する ... 353
- **273** カタカナ英語の語尾の長音記号「ー」を削除する ... 354
- **274** カタカナ英語に長音記号を追加する ... 355

275	カタカナの全角←→半角を一括変換する	356
Tips	ひらがな←→カタカナを変換する	357
276	動詞の「したがって」だけ「従って」に置換する	357
277	「〜する時」「〜の時」だけ「とき」に置換する	358
Tips	「ですます」体←→「である体」を変換する	358

8-7 書式とスタイルの検索・置換 …………………………359

278	太字や斜体の文字列を検索する	359
279	太字や斜体を置換で設定・解除する	360
280	検索箇所の半角英数記号だけ欧文フォントを置換する	361
281	検索箇所の全角文字だけ和文フォントを置換する	362
282	検索箇所に文字の「囲み線」や網かけを一括設定する	363
283	検索箇所に「割注」を一括設定する	363
284	「縦中横」文字で数字と単位の行分かれを防ぐ	364
285	「20ml」のような数字と単位を「縦中横」文字に一括変換する	364
286	蛍光ペンの色を置換する	366
287	蛍光ペンを解除する	366
288	文字書式、文字スタイルを置換で解除する	367
289	中央揃えや右揃えの段落を検索する	368
290	「改ページ記号」を削除し、改ページオプションを設定する	369
291	段落先頭のタブ文字を削除し、左インデントを設定する	370
292	検索箇所に段落罫線を一括設定する	371
293	ドロップキャップを検索機能で一括設定する	372
294	ドロップキャップの文字書式を一括置換する	373
295	ドロップキャップに罫線と網かけを設定する	374
296	[標準]スタイルの段落先頭に全角スペースを挿入する	375
297	全角スペースで始まる段落を[本文字下げ]スタイルに変える	376
Tips	図を含む文書の置換は要注意	377
298	「・」で始まる段落に箇条書きの書式を適用する	378
299	番号で始まる段落に[見出し]スタイルを適用する	378
300	検索箇所の段落書式をまとめて解除する	379

8-8 フィールドの検索・置換 …………………………380

301	フィールドにジャンプして表示を更新する	380
302	フィールドを検索する	381
303	決まった語句をルビ付き文字に置換する	381
304	効率よくルビを振る	382
305	ルビの体裁をまとめて変更する	383
306	ルビの付いた語句を置換する	384
307	ルビを一括解除する	386

Contents

Chapter 9 長文で役立つテクニック

9-1 章節単位の操作 ……388
- 308 「見出しマップ」で章や節の見出しを追加する ……388
- 309 「見出しマップ」で章や節を移動・削除する ……389
- 310 文書を章単位で分けて保存する ……390
- 311 章ごとに作った文書をひとつにまとめる ……392

9-2 図表番号 ……394
- 312 ［行内］形式の図に図番号を一括挿入する ……394
- 313 表の前に表番号を一括挿入する ……396
- 314 図表番号の起番を設定する ……397
- Tips 図表の作成時に番号を自動挿入する ……397
- 315 図表番号を一括更新する ……398
- 316 図と図番号をまとめて本文横に置く ……398

9-3 目次・索引 ……399
- 317 長い見出しの先頭だけを目次化する ……399
- 318 本文段落の一部を目次化する ……400
- Tips 目次の箇所にジャンプする ……401
- 319 索引登録作業を効率よく行う ……402
- 320 索引を「親子孫」形式にする ……403
- 321 目次や索引の更新を防ぐ ……404
- 322 複数文書の総目次・総索引を作る ……404

Chapter 10 支援機能のテクニック

10-1 オートフォーマット ……406
- 323 入力オートフォーマットで文字を自動修正する ……406
- 324 一括オートフォーマットで文書の体裁を整える ……408

10-2 オートコレクト ……409
- 325 オートコレクトで入力を楽にする ……409
- 326 オートコレクトで書式付きの署名を入力する ……410
- 327 オートコレクトとスペルチェックを連動させる ……411
- 328 オートコレクトで図を挿入する ……412
- 329 オートコレクトを別のパソコンにコピーする ……413

10-3 フィールドのテクニック ……414
- 330 ［フィールド］ダイアログボックスを使う ……414
- 331 フィールドからダイアログボックスを呼び出す ……415
- 332 フィールドコードをキーボードで操作する ……416
- Tips フィールドの網かけ表示オプション ……416
- 333 印刷時にフィールドを自動更新させる ……417
- 334 選択肢表示→選択入力のしかけを作る（AutoTextList）……418

335	仮名称を正式名称に一括更新する（DocProperty）	420
336	現在の1カ月後の日付を自動表示する（Date、Time、=）	422
337	計算表の合計金額を転記する（Ref）	423
338	必要事項の入力欄を印刷時に呼び出す（Ask）	424
339	新規文書作成時に入力欄を呼び出す（FillIn）	426
340	見積書の条件によって請求金額を変える（If）	427
341	ブックマークの値を設定する（Set）	428
342	セクションやページへのジャンプボタンを作る（GoToButton）	430
343	マクロ実行用のしかけを文書内に作る	431
344	AccessやExcelのデータベースから一覧表を瞬時に作る（Database）	432

10-4 コンテンツコントロールのテクニック … 433

345	コンテンツコントロールの種類と機能	433
346	コンテンツコントロールを使う	434
347	コンテンツコントロールで入力欄を作る	435
348	コンテンツコントロールでチェックボックスを作る	436
349	コンテンツコントロールでカレンダーを利用する	437
350	コンテンツコントロールで選択入力する	438
351	コンテンツコントロールで文書パーツを選択する	439
352	コンテンツコントロールで画像を簡単に挿入する	441
353	コンテンツコントロールで帳票の行を増減する	442

Chapter 11 表操作のテクニック

11-1 表の作成・削除・解除 … 444

354	表罫線の描画モードで表を作る	444
355	入力済みの本文を表に変える	445
356	縦書き文書で複数ページにわたる表を作る	446
	Tips 縦書き文書に表を挿入するとページから飛び出してしまう	447
357	各表を同じ体裁で作る～「クイック表」	448
358	各表を同じ体裁で作る～オートコレクト	450
359	表をすばやく削除する	451
360	本文横の表を解除する	452

11-2 表内の入力と編集 … 453

361	表の中をキーボードで移動・選択する	453
362	文書内の表を次々に処理する	454
363	表の中にタブ文字を入力する	455
364	複数のセルに同じ内容をまとめて入力する	455
365	行の内容をコピーして列に貼り付ける	456
366	列の内容をコピーして行に貼り付ける	457

11-3 表整形 … 458

| 367 | 表作成のオプションと表幅・列幅・行高の関係 | 458 |
| 368 | 表幅を設定する（列幅との関係） | 459 |

Contents

369	表の両端を本文幅に揃える	460
370	列幅を実際の寸法に合わせて再設定する	461
371	表幅なりゆきで列幅を調整する	462
372	表幅を変えずに列幅を調整する	463
373	列幅の自動調整機能を活用する	464
374	縦書きの表の列幅を調整する	465
375	表の行高を調整する	466
376	縦書きの表の行高を調整する	467
377	文書の末尾を表で終える	468
378	セル余白を調整する	469
	Tips 左右のセル余白が「1.9mm」に戻ってしまう	470
379	セルとセルの間を空ける	471
380	一部の列のセルを数行ごとに結合する	472
381	複数列の表を1列にまとめる	473
382	一部の列だけ結合する	474
383	一部の列だけ複数列に分割する	476
384	大きな表の列を入れ替える	478
385	行と列を転置する（Wordで処理）	480
386	行と列を転置する（Excelを利用）	482
387	横書き仕様のセルの並び順を縦書き用に入れ替える	483
388	表全体に影を付ける	484
389	表の各セルを3D化する	486

11-4 表の配置 ... 487

390	段落間の表を本文領域の左・中央・右に揃える	487
391	段落間の表の位置を調整する	488
392	段落間の表を本文の横に置く	489
393	本文横の表の位置を決める	490
394	本文横の表と本文段落との位置関係を修正する	492
395	表を左右に並べる	493
396	縦書き文書で表の位置を決める	494
397	縦書き文書で表を段落間に置く	496
	Tips 縦書き文書での表の切り取り→貼り付けには注意	497
398	縦書き文書で表の上下から本文を追い出す	498
399	表の中の文字を横向きにする	499
400	表全体を回転する（テキストボックス利用）	500
401	表全体を回転する（画像化）	501
402	表どうしを重ねて配置する	502
403	表の行の途中でのページ別れを防ぐ	504
404	表全体のページ分割を防ぐ	505
405	表の前で改ページする	506
406	表を描画キャンバス上に配置する	507

11-5 表の書式設定 ……508
- 407 セル内の文字位置を調整する ……508
- 408 列幅の自動調整時にセル内容の折り返しを禁止する ……509
- 409 セル幅に合わせて文字間隔と文字幅を調整する ……510
- 410 表の行ごとにインデントを変える ……512
- 411 表内段落のインデントを変える ……514
- 412 行方向に連番を振る ……515
- 413 列方向に連番を振る ……516
- 414 表に「09:00」「10:00」のような時刻形式の連番を振る ……517
- 415 表に「09:00」「09:30」のような30分刻みの連番を振る ……518
- 416 箇条書きを使わずに連番を振る ……520
- 417 連番の順序を変えずに一部の列だけ行を並べ替える ……521
- 418 同じ表スタイルを各表に素早く適用する ……522
- 419 表の中でオートシェイプを利用する ……523

11-6 表計算 ……524
- 420 表計算の基本 ……524
- 421 計算結果の表示形式をアレンジする ……526
- 422 「¥」と数字の間を詰めて表示する ……527
  - Tips 計算式の表示形式で「¥¥」のように重複表示される ……527
- 423 表計算の関数を活用する ……528
- 424 計算式フィールドを直接入力する ……529
- 425 セル番地を使った計算式を楽に入力する ……530
- 426 表計算の結果に色を付ける ……533
- 427 Word上でExcelのワークシートを利用する ……534
- 428 Excelのワークシートを利用する ……535

Chapter 12 図の操作のテクニック

12-1 図の編集とレイアウト ……538
- 429 文書内の図を検索する ……538
- 430 ページ内の図を［選択］ウィンドウで操作する ……540
- 431 図をドラッグで複製する ……541
- 432 図を素早くたくさん複製する ……541
- 433 図を自在に回転する ……542
  - Tips 回転ハンドルが表示されない場合の対策 ……543
  - Tips 書式適用時の「プレビュー」オプション ……543
- 434 グリッド線、配置ガイドを使う ……544
  - Tips グリッド線の表示を素早く切り替える ……545
- 435 図の位置決め用に本文の段落枠を表示する ……546
- 436 図の位置を微調整する ……547
- 437 図をページ上の定位置に固定する ……548
- 438 図の位置基準を瞬時に［余白］に変える ……550

Contents

Tips ドラッグ時のレイアウトをリアルタイムで表示（2013） ……………551
439 コピーした図を元図と同じ位置に貼り付ける……………………………552
440 図の位置をページの奇偶で左右に振り分ける……………………………553
441 図の位置を揃える ………………………………………………………………554

12-2　オートシェイプ・ワードアート ……………………………………556
442 水平線、垂直線を描く…………………………………………………………556
443 平行線を描く……………………………………………………………………557
444 格子線を描く……………………………………………………………………558
445 折れ線や正弦波を描く…………………………………………………………558
446 正円，正方形，正三角形などを描く…………………………………………560
447 正多角形を描く…………………………………………………………………560
448 扇形、半円を描く………………………………………………………………562
449 同心の図形を描く………………………………………………………………564
450 極小の図形を描く………………………………………………………………565
451 同種のオートシェイプを続けて描く…………………………………………566
Tips オートシェイプの描画時，自由にドラッグできない………………566
452 いろいろなオートシェイプを同じ書式で描く………………………………567
453 描いた図形の種類を変える……………………………………………………568
Tips Word2007で図形の一覧を表示する …………………………………568
454 グループを解除せずにグループ内の図を操作する…………………………569
455 凹んだ図形の内部で本文を折り返す…………………………………………570
456 オートシェイプで描いた図を画像ファイル化する…………………………571
457 複数の図の輪郭に合わせて本文を折り返す…………………………………572
458 オートシェイプでテクスチャを作る…………………………………………574
459 オートシェイプやワードアートに写真の書式を適用する…………………576
460 ワードアートにオートシェイプのスタイルを適用する……………………577

12-3　テキストボックス・スマートアート ………………………………578
461 テキストボックスのリンク作業を楽にする…………………………………578
462 テキストボックス間を楽に移動する…………………………………………580
463 テキストボックスのサイズと中身の文字位置を調整する…………………580
464 箇条書きをスマートアート化する……………………………………………582
465 スマートアートの背景を写真などの画像で塗りつぶす……………………583

12-4　写真 …………………………………………………………………………584
466 写真の既定のフォルダーを登録する…………………………………………584
467 写真の既定の配置方法を決める………………………………………………585
Tips スクリーンショットを挿入する（2013）……………………………585
468 写真を一括挿入し、個々の段落に分ける……………………………………586
469 写真の周囲に背景色を付ける…………………………………………………586
470 写真の絵柄に合わせて背景を隠す……………………………………………588
471 写真を絵柄に沿って切り抜く…………………………………………………590
472 写真に設定した書式の一部だけ別の写真にコピーする……………………592

473	行内配置形式の写真の書式を素早く統一する	593
474	行内配置形式の写真に「囲み線」を一括設定する	594
475	写真を置いた段落の書式を統一する	595
476	写真のトリミングを取り消す	596
477	写真のトリミング部分を削除する	598
478	写真の「リンク」を更新する	600
479	描画キャンバス内の写真をリンク更新可能にする	602
Tips	写真の書式やサイズを変えずに写真を入れ替える	603
480	リンクした写真を埋め込む	604
Tips	写真や図の情報を音声で読み上げる	605
481	写真をテキストボックスとグループ化する	606
482	写真や図だけを別文書にコピーする	607
483	Word 文書から画像を抽出する	608

12-5 描画キャンバス … 610

484	描画キャンバスを素早く呼び出す	610
Tips	描画キャンバス内でオートシェイプを描けない（2013/2010）	611
485	描画キャンバスを書式付きで挿入する	612
486	描画キャンバスと図番号をセットで挿入する	613
487	描画キャンバス内の図の位置を揃える	614
488	描画キャンバスの中身全体の位置を調整する	616
489	描画キャンバスの図を拡大・縮小する	617
490	描画キャンバス内の絵柄に合わせて本文を折り返す	618
491	描画キャンバスを画像化する	620
492	「行内配置」の描画キャンバスをまとめて削除する	622

Chapter 13 印刷のテクニック

13-1 文書の印刷 … 624

493	現在の設定ですぐに印刷する	624
Tips	「ページの色」を印刷する	624
494	エクスプローラーから Word 文書を印刷する	625
495	「通常使うプリンター」以外のプリンターで印刷する	626
Tips	Word のない環境で Word 文書を印刷する	627
496	Word を起動せずに文書を印刷する	628
497	拡大・縮小印刷する	630
498	一枚の用紙に複数ページずつ印刷する	631
499	ページによって用紙トレイを自動的に変える	632
500	文書の一部だけ印刷する	633
501	章単位、節単位で素早く印刷する	634
502	普通のプリンターで両面印刷する	635
503	中綴じ、平綴じで印刷する	636
504	天綴じ形式で両面印刷する	638

Contents

505	四つ折りで仕上がるように印刷する	640
506	透明シート用に表裏を反転して印刷する	641
507	常に逆順で印刷する	642
508	伝票の記入欄にのみ印刷する	642
509	見出し項目だけを印刷する	644
510	文書情報と本文を一緒に印刷する	645
511	ショートカットキー、定型句、文書パーツの一覧を印刷する	646
512	隠し文字を印刷する	647
513	文書に連番を付けて印刷する	648
514	リセット可能な印刷用カウンタを作る	650
515	「通常使うプリンター」をWordから変更する	652
516	よく使う印刷設定をプリンターに登録する	653
517	印刷を中止する	654

13-2 差し込み印刷 …… 655

518	差し込み印刷用の手紙文書を作る	655
519	差し込み印刷用の封筒文書を作る	656
520	差し込み印刷用のラベル文書を作る	658
521	差し込み印刷でデータの一覧を作る	660
522	差し込み印刷で写真を挿入する	661
523	住所録のアラビア数字を漢数字で表示する	662
524	宛先によって敬称を変える	663
525	連名がある場合にのみ連名の敬称を表示する	664
526	夫婦の名前の頭を揃える	666
527	夫婦別姓の場合だけそれぞれの姓を表示する	667
528	郵便番号を郵便番号枠に合わせて配置する	668
529	「0123456」の郵便番号を「０１２－３４５６」で表示する	669
530	「012-3456」形式の郵便番号を郵便番号枠に割り付ける	670

Chapter 14 文書管理とテンプレートのテクニック

14-1 文書とテンプレートの基礎知識 …… 672

| 531 | 文書およびテンプレートの種類と拡張子 | 672 |
| 532 | 文書とテンプレートの関係 | 674 |

14-2 文書の開閉・作成・保存 …… 675

533	よく使う文書を素早く開く	675
534	Word起動時に、前回最後に使った文書を開く	676
535	Word起動時に指定文書を開く	676
536	文書の「既定のフォルダー」を登録する	678
537	Backstageビューを開かずに文書を開閉する	679
538	[最近使った文書]の一覧から一部の文書の表示を消す	680
539	[最近使った文書]の一覧をまとめて消す	682
540	Wordの起動時にテンプレートを指定して文書を作る	683

541	エクスプローラーで既存文書から新しい文書を作る	684
542	旧バージョンの文書を開く	685
543	旧バージョンで保存した文書を新バージョンの仕様に変換する	686
544	［互換モード］の文書のレイアウト仕様を設定する	687
545	複数の文書に同じプロパティを設定する	688
546	文書の作成日をファイル名に自動設定する	690
547	上書き保存した文書を保存前の内容に戻す	692
548	保存し損なった文書を復活する	694
549	文書の保存先一覧から「OneDrive」の表示を消す	696
550	作業中の文書をまとめて上書き保存する	697

14-3　他文書の挿入と参照 …… 698

551	文書内に他文書の一部を流用する	698
552	他文書へのハイパーリンクを挿入する	700
553	文書の内容をコピーして別の文書に貼り付ける	702

14-4　文書の保護 …… 703

554	個人情報やコメント、隠し文字などを削除する	703
555	文書の記入欄以外を書き換えから保護する	704
556	文書の一部をセクション単位で書き換えから保護する	705
557	文書の一部を書き換えから保護する	706
558	文書を読み取り専用で開く	707
559	文書の読み取りと書き込みをパスワードで保護する	708

Tips 文書を変更・コピー・印刷から保護する …… 709

| 560 | 「最終版」に設定した文書を印刷レイアウト表示モードで開く | 710 |

14-5　テンプレートの操作 …… 711

561	「白紙の文書」テンプレートの内容を変える	711
562	「ひな形」用テンプレートを作る	712
563	テンプレートの既定の保存場所を変える	713
564	「個人用」テンプレートの既定の保存場所を変える	714

Tips Word2013でWord2010以前のテンプレートを表示する …… 715

565	任意のフォルダーに置いたテンプレートのマクロを有効にする	716
566	共有テンプレートを一覧に表示する	717
567	［新規］ダイアログボックスを素早く呼び出す	718
568	［新規］ダイアログボックスに個人用テンプレートを表示する	719
569	［新規］ダイアログボックスに独自のタブを作る	720
570	最近使用したテンプレートの一覧をクリアする	721
571	文書の添付テンプレートを変える	722
572	「Templates」フォルダーを素早く開く	723
573	Normal.dotmを作り直す	724
574	テンプレートをアドインする	725
575	テンプレートを起動時からアドインする	726

Contents

Chapter 15 コマンド操作のテクニック

15-1 起動と終了 ……728
- 576 タスクバーから起動する ……728
- 577 デスクトップのショートカットで起動する ……730
- 578 Word起動時のオープニング画面を省略する ……731
- 579 Word2013で起動直後に「文書1」を表示する ……732
- 580 Wordを2つ起動する ……733
- 581 Wordを素早く終了する ……734

15-2 クイックアクセスツールバーとリボンの操作 ……736
- 582 クイックアクセスツールバーの位置を変える ……736
- 583 クイックアクセスツールバーにリボン上のボタンを組み込む ……737
- 584 クイックアクセスツールバーにリボンにないボタンを組み込む ……738
- 585 クイックアクセスツールバーの内容を作業ごとに切り替える ……739
- 586 リボンのタブとボタンを追加・削除する ……740
  - Tips [開発] タブを表示する ……741
- 587 クイックアクセスツールバーとリボンの設定を使い分ける ……742
- 588 クイックアクセスツールバーとリボンの状態を初期設定に戻す ……743
- 589 クイックアクセスツールバーやリボンをキーボードで操作する ……744

15-3 ショートカット機能の活用 ……745
- 590 ショートカットメニューをキーボードで操作する ……745
- 591 コマンドなどにショートカットキーを割り当てる ……746
- 592 [キーボードのユーザー設定] を素早く呼び出す ……747
  - Tips Word2003の短縮キーを使う ……747
- 593 ボタンやショートカットキーからコマンド名を逆引きする ……748
- 594 ショートカットキーのポップヒントを消す ……750
- 595 ミニツールバーが現れないようにする ……751
  - Tips コマンドボタンの「ポップヒント」の表示を禁止する ……751
- 596 コマンドとショートカットキーの一覧を作る ……752
- 597 コマンドを直接実行する ……753

15-4 ダイアログボックスの呼び出しと操作 ……754
- 598 ダイアログボックスや作業ウィンドウを素早く呼び出す ……754
- 599 ダイアログボックス内をキーボードで操作する ……755

15-5 Word以外の機能の呼び出し ……756
- 600 他のOfficeアプリケーションを呼び出す ……756
- 601 コントロールパネルを呼び出す ……757

Wordのショートカットキー●用途別一覧 ……758

索引 ……769

Chapter

1

画面操作のテクニック

1-1 Word 画面の設定と操作 2013 2010 2007

001 リボンのタブの中身を表示する⟷隠す

Word2007から登場した「リボン」はいろいろなコマンドを素早く実行できるのが利点ですが、場所ふさぎになるので不便です。そこで、必要に応じて表示←→隠すことができるようになっています。

操作 切り替え方法はいくつかありますが、一番手軽な方法は、現在開いているタブ名のダブルクリック、または Ctrl + F1 キーです。これでタブの中身が隠れます。この状態でタブ名をクリックするとその内容が一時的に表示され、タブ内のボタンをクリックできます。

常時表示に戻すには、任意のタブ名をダブルクリックするか、Ctrl + F1 キーを押します。

▼ リボンのタブの中身を表示する←→隠す（各バージョン共通）

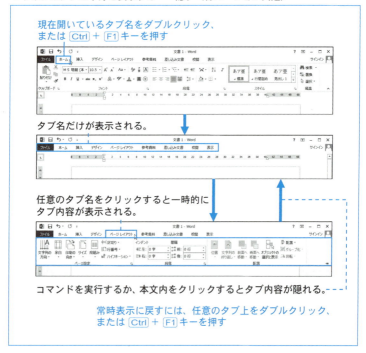

現在開いているタブ名をダブルクリック、または Ctrl + F1 キーを押す

タブ名だけが表示される。

任意のタブ名をクリックすると一時的にタブ内容が表示される。

コマンドを実行するか、本文内をクリックするとタブ内容が隠れる。

常時表示に戻すには、任意のタブ上をダブルクリック、または Ctrl + F1 キーを押す

補足 ダブルクリックやショートカットキーが苦手な方のために、別の方法も紹介しておきます。ただし、バージョンによって操作方法が異なります。

▼リボンのタブの中身を表示する←→隠す（バージョン別の操作方法）

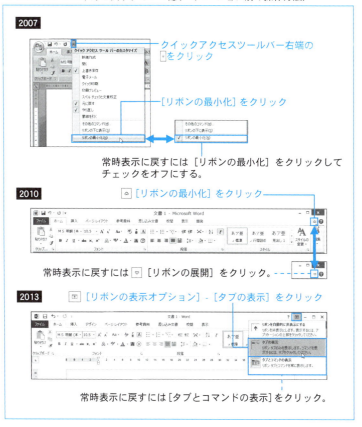

ここで紹介した方法はタブの中身を隠すだけですが、リボン自体を隠したり、リボンやタイトルバーを隠して文書を全画面表示することもできます。具体的には以降の項をご参照ください。

1-1 Word 画面の設定と操作

2013 | 2010 | 2007

002 文書を全画面で表示する

Word2013 では、前項同様の方法でリボン全体を隠し、文書を全画面で表示することができます。

操作 全画面表示の状態では、マウスポインターを画面上端に合わせるとバーが表示され、クリックすると一時的にリボンが現れます。

▼ Word2013 で文書を全画面表示する

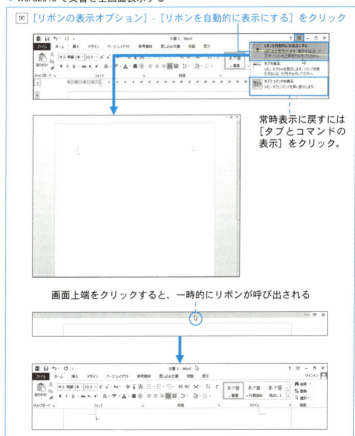

|補足| Word2010/2007の画面には同様の機能はありませんが、次の短縮キーを押せば全画面表示に変わります。これは、Word2003の［表示(V)］-［全画面表示(U)］コマンドに相当する短縮キーで、Word2013でも使えます。

[Alt] + [V]、[U]キー

ただし、前ページで紹介した機能とは異なり、一時的にリボンを呼び出すことはできません。したがって、リボンを使うには通常表示に戻す必要があります。全画面表示から通常表示に戻すには [Esc]キーを押します。

短縮キーが面倒であれば、全画面表示のコマンド「ToggleFull」にショートカットキーを割り当てる*という方法もあります。このコマンドは全画面表示←→通常表示の切り替え用なので、通常表示に戻す場合も同じショートカットキーで操作できます。

→ 746ページ「591 コマンドなどにショートカットキーを割り当てる」参照。

▼［全画面表示］コマンドにショートカットキーを割り当てる

［すべてのコマンド］を選択　　　　［ToggleFull］を選択

この中をクリックし、割り当てる
ショートカットキーを実際に押す

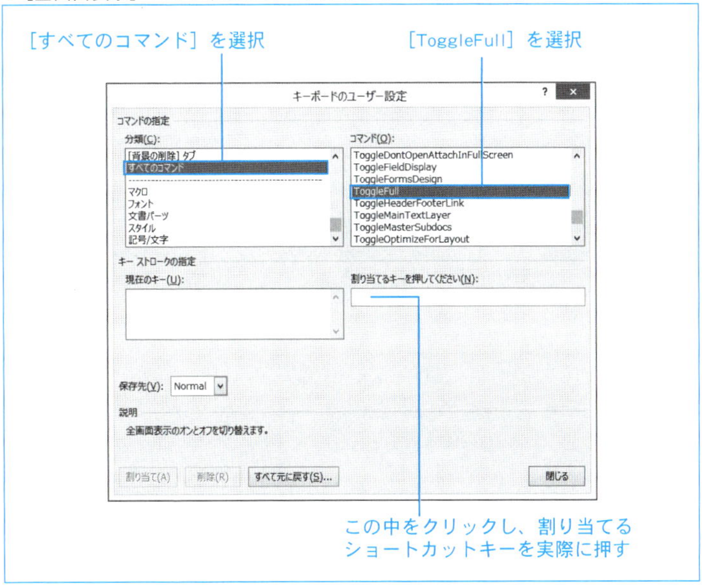

1-1 Word 画面の設定と操作 　　　　　2013　2010　2007

003 タイトルバーを残し、リボン全体を表示する⟷隠す

Wordには、文書名がわかるようにタイトルバーだけを残し、文書画面を広く表示する機能があります。それは「ToggleToolbars」コマンドです。

操作　「ToggleToolbars」コマンドにショートカットキー*を割り当てれば、ショートカットキーを押すたびにリボンの表示←→非表示が切り替わります。

→ 746ページ「591 コマンドなどにショートカットキーを割り当てる」参照。

▼タイトルバーと文書画面だけを表示し、リボンを隠す

▼リボンの表示切り替えコマンドにショートカットキーを割り当てる

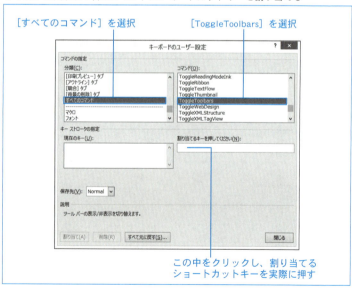

［すべてのコマンド］を選択　　　　［ToggleToolbars］を選択

この中をクリックし、割り当てる
ショートカットキーを実際に押す

1-1 Word画面の設定と操作　　　　　　　　　　　2013　2010　2007

004 スクロールバーを表示する⟷隠す

Wordの最初の設定では、垂直スクロールバーが常時表示され、水平スクロールバーは文書の表示幅がWordウィンドウより広い場合にのみ表示されるようになっています。もしスクロールバーが表示されない場合は、次に示すオプションをオンにしてください。

▼スクロールバーの表示を切り替えるオプション

2013/2010 ［ファイル］-［オプション］をクリック
2007 -［Wordのオプション］をクリック

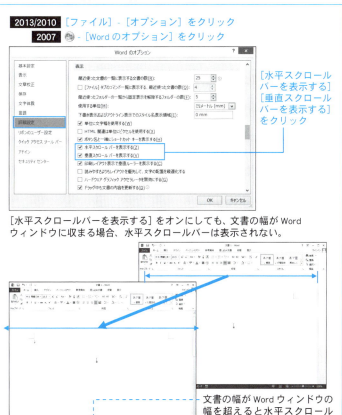

［水平スクロールバーを表示する］
［垂直スクロールバーを表示する］
をクリック

［水平スクロールバーを表示する］をオンにしても、文書の幅がWordウィンドウに収まる場合、水平スクロールバーは表示されない。

文書の幅がWordウィンドウの幅を超えると水平スクロールバーが現れる。

005 ステータスバーの表示項目を切り替える

Word画面の下端の「ステータスバー」には、文字カーソル位置のページ番号や文書内の文字数などの情報が表示されます。最初の設定では一部の情報しか表示されませんが、ステータスバー上で右クリックすると、ほかの情報も表示させることができます。作業によってはとても重要な情報もあるので、ぜひ検討してみてください。

▼ ステータスバーの表示項目を切り替える

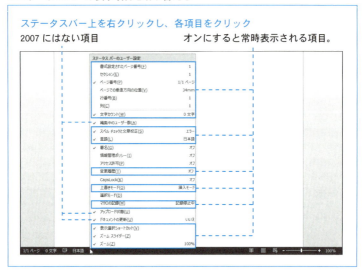

補足　ステータスバーの情報項目には、オンにすると常時表示されるものと、実際に機能が働いている場合にのみ表示されるものがあります。常時表示の項目が多すぎるとステータスバーに表示しきれないので、必要なものだけオンにしてください。

なお、項目メニュー下端の3つは、ステータスバー右端の「表示形式」と画面ズーム関係のボタンです。これらの機能はリボンの[表示]タブでも操作できるので、オフにしてもよいでしょう。

1-1 Word画面の設定と操作

2013 2010 2007

006 リアルタイムプレビューを オン／オフする

Wordの最初の設定では、マウスポインターを箇条書きの書式ライブラリ上に合わせると、書式適用後のイメージを事前に確かめることができます。この機能を「リアルタイムプレビュー」と呼びます。

▼ リアルタイムプレビューの実行例

段落範囲を選択し、箇条書きの書式ライブラリにマウスポインターを合わせると、一時的に適用後のイメージに変わる。

操作 リアルタイムプレビューは便利ですが、動作が遅くなることもあります。そのような場合は下図のオプションをオフにしてください。

▼ リアルタイムプレビューをオフにする

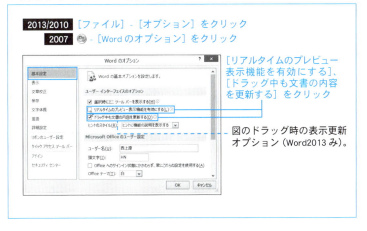

2013/2010 ［ファイル］-［オプション］をクリック
2007 ◉ -［Wordのオプション］をクリック

［リアルタイムのプレビュー表示機能を有効にする］、［ドラッグ中も文書の内容を更新する］をクリック

図のドラッグ時の表示更新オプション（Word2013のみ）。

1-1 Word 画面の設定と操作　　　　　2013　2010　2007

　ルーラーとダイアログボックスの寸法単位を変える

Word の最初の設定では、水平ルーラーの目盛りの単位は「字」、垂直ルーラーは「行」です。また、ダイアログボックスなどの寸法項目の単位は「mm」で、文字にかかわる項目に限っては「字」「行」「pt」が使われます。

▼ Word の初期設定でルーラーや寸法項目に使われる単位

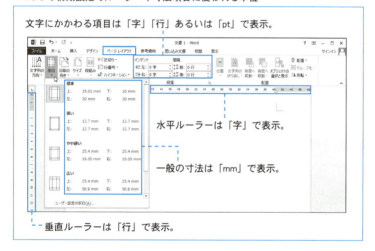

この場合の「字」は［ページ設定］ダイアログボックスの［字送り］、「行」は同ダイアログボックスの［行送り］の値になります。これらの値をとくに設定していない場合、「字」は［標準］スタイルのフォントサイズに、「行」は「12pt」になります。

ダイアログボックスの寸法項目では、現在の表示単位にかかわらず「10mm」「20pt」などのように単位付きで入力することもできます。この場合、入力結果は自動的に現在の表示単位に換算されます。したがって、初期設定のままでもかまいませんが、たとえばインデントやタブ位置、あるいは図形のサイズなどについて「pt」で処理したいという場合は、Word の使用単位自体を変えた方が便利です。

操作 使用単位を変えるには[Wordのオプション]ダイアログボックスで寸法単位を選択します。

▼ Wordの使用単位を変える

2013/2010 [ファイル]-[オプション]をクリック
2007 ⊙ -[Wordのオプション]をクリック

[使用する単位:]で選択

文字関係の項目を「字」「行」単位で表示するには[単位に文字幅を使用する]をオン、寸法単位で表示する場合はオフにする

上図の[単位に文字幅を使用する]をオンにすると、文字にかかわる項目の一部は「字」「行」単位で表示されます。オフにすると、選択した寸法単位、または「pt」で表示されます。

補足 Wordの内部では、寸法単位は「pt」で処理されます。したがって、他の単位による指定では換算誤差が生じます。たとえば「mm」などで指定しても、指定どおりの寸法になるとは限りません。

Tips ルーラーの表示切り替えと縦書きでの扱い

ルーラーの表示切り替えには、Word2010/2007では垂直スクロールバー上端のボタンを使います。Word2013では[表示]-[ルーラー]をクリックする必要があります。

水平ルーラーの目盛りは文字位置、垂直ルーラーの目盛りは行位置を表しますが、縦書きの場合でもこの表示は変わらないので、縦書きでは意味を持たず、ルーラーを操作することもできません。ただし、変則的ですが、[ページレイアウト]-[文字列の方向]-[横書き(日本語文字を左へ90度回転)]で文書を横向きに表示させれば、水平ルーラーを使ってインデントやタブ位置を調整できるようになります。

1-1 Word画面の設定と操作　　2013 2010 2007

ショートカットキーで文書画面をズームする

文書画面は自由にズームできますが、使い慣れてくると、よく使う倍率は決まってきます。そこで、よく使う倍率にショートカットキーを割り当てておけば、素早く操作できるようになります。

▼ 画面ズームのコマンドにショートカットキーを割り当てる

補足 上図に示したコマンドのうち、[ViewZoom] は [ズーム] ダイアログボックスを呼び出します。また、[ViewZoomPageWidth] はページ幅を基準に表示します。

Tips マウスで文書画面をズームする

ホイール付きのマウスでは、Ctrlキーを押したままでホイールを動かせば、文書画面の現在の表示倍率を基準にして10％刻みで拡大・縮小できます。

1-1 Word 画面の設定と操作

`2013` `2010` `2007`

009 表示モードを素早く切り替える

Word には 5 つの表示モードがありますが、とくによく使われる次の 3 つの表示モードには最初からショートカットキーが割り当てられています。表示モードは［表示］タブやステータスバーでも切り替えられますが、頻繁に切り替える場合はショートカットキーを覚えることをお勧めします。

Alt + Ctrl + P キー　印刷レイアウト表示モード
Alt + Ctrl + N キー　下書き表示モード
Alt + Ctrl + O キー　アウトライン表示モード

残りの「Web レイアウト」表示モードと「閲覧」(Word2010/2007 では「全画面閲覧」) 表示モードについては、必要であればショートカットキーを割り当ててください。コマンド名は「ViewWeb」と「ReadingModeLayout」です。

操作 リボン上のボタンのコマンドにショートカットキーを割り当てる場合は、コマンドの逆引き機能が便利です。

▼ 表示モードコマンドにショートカットキーを割り当てる

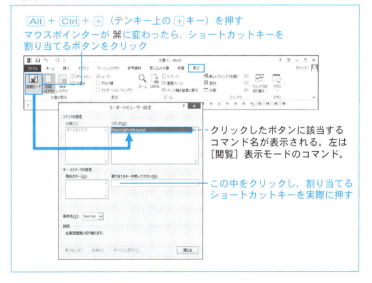

Alt + Ctrl + + （テンキー上の + キー）を押す
マウスポインターが ⌘ に変わったら、ショートカットキーを
割り当てるボタンをクリック

— クリックしたボタンに該当する
コマンド名が表示される。左は
［閲覧］表示モードのコマンド。

— この中をクリックし、割り当てる
ショートカットキーを実際に押す

Chapter 1 画面操作のテクニック

1-1 Word 画面の設定と操作

2013 2010 2007

010 上下の余白を表示する←→隠す

文書内容を閲読するには「閲覧」（Word2010/2007 では全画面閲覧）表示モードがありますが、「印刷レイアウト表示モードのままで閲読したい」といった場合は、上下の余白を一時的に隠すという方法があります。

▼印刷レイアウト表示モードで上下の余白を表示する←→隠す

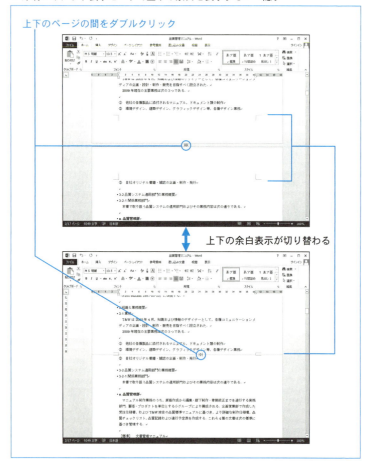

上下のページの間をダブルクリック

上下の余白表示が切り替わる

1-1 Word 画面の設定と操作

2013　2010　2007

011 左余白に行番号を表示する

決まった行数で文章を仕上げる場合に活用したいのが「行番号」の表示機能です。「印刷レイアウト」表示モードで左余白に表示されます。全行を連番で表示することも、ページごと、セクションごとに振り直すこともできます。

▼「印刷レイアウト」表示モードで行番号を表示する

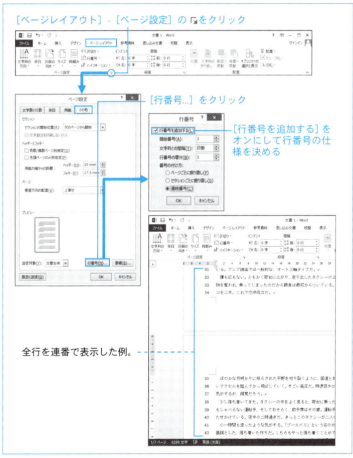

全行を連番で表示した例。

012 四隅のカギマークを表示する⟷隠す

1-1 Word画面の設定と操作 　2013　2010　2007

「印刷レイアウト」表示モードでは、本文の四隅にカギマークが表示されます。これは本文と余白の境界を示す記号で、画面には表示されますが、印刷されることはありません。通常は表示させておいた方が便利ですが、カギマークを隠し、より印刷結果に近いイメージを確かめることもできます。

操作 四隅のカギマークを隠すには次のように操作します。

▼四隅のカギマークを隠す

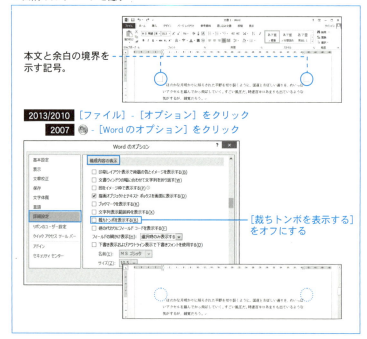

本文と余白の境界を示す記号。

2013/2010 [ファイル]-[オプション]をクリック
2007 ●-[Wordのオプション]をクリック

[裁ちトンボを表示する]をオフにする

補足 上図のオプションは「裁ちトンボ」という名前になっていますが、裁ちトンボとは本来、印刷した用紙をたとえば「A4判」などのサイズに「裁つ」場合の目安線です。Wordのカギマークは本文と余白の境界を表す記号なので、「裁ちトンボ」という用語を使うのは誤りです。

1-1 Word画面の設定と操作

2013 | 2010 | 2007

013 「下書き」と「アウトライン」の表示幅をウィンドウに合わせる

Wordの最初の設定では、「下書き」表示モードの行幅はインデントの設定に従って表示されます。しかし、「下書き」表示モードはどちらかといえば文章の執筆用で、書式やレイアウトを気にせず入力に集中できるのが利点です。また、「アウトライン」表示モードの行幅は、実際のインデントとは無関係に調整されます。そのため、画面の右側が不必要に空いたり、画面が狭い場合は文字が隠れることがあります。

Wordには、これらの表示モードでの行幅をWordウィンドウの幅に合わせて調整してくれるオプションがあります。

▼「下書き」と「アウトライン」の表示幅（初期設定）

「下書き」表示モード。Wordの最初の設定ではインデントに従って折り返される。

「アウトライン」表示モード。Wordの最初の設定では適当な行幅で表示される。

Chapter 1 画面操作のテクニック

操作 「下書き」と「アウトライン」の表示幅をウィンドウに合わせるには次のように操作します。このオプションは文書単位で働きます。

▼「下書き」と「アウトライン」の表示幅をウィンドウに合わせる

2013/2010 [ファイル] - [オプション] をクリック
2007 ⊕ - [Word のオプション] をクリック

[文書ウィンドウの幅に合わせて文字列を折り返す]をオンにする

Word ウィンドウの幅に従って折り返されるようになる。

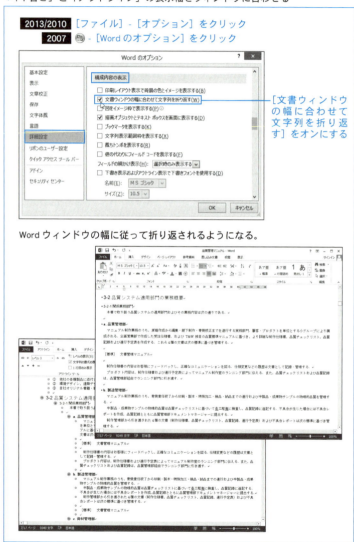

40

1-1 Word画面の設定と操作 2013 2010 2007

014 「下書き」と「アウトライン」を専用フォントで表示する

「下書き」表示モードと「アウトライン」表示モードの文字書式は実際の設定に従ってそのまま表示されますが、作業上、これらの書式がわずらわしいこともあります。そこで、フォントとフォントサイズの表示を強制できるようになっています。表示が変わるだけで、実際に設定した文字書式はそのまま維持されます。したがって、「印刷レイアウト」表示モードに切り替えれば、設定どおりの文字書式で表示されます。

操作 Wordでは和文字用と半角英数字用にそれぞれフォントを割り当てる仕様になっており、下図のオプションは現在文字カーソルを置いた箇所の文字種が対象になります。したがって、和文字と半角英数字それぞれの箇所で設定する必要があります。

▼「下書き」と「アウトライン」表示用のフォントとフォントサイズを設定

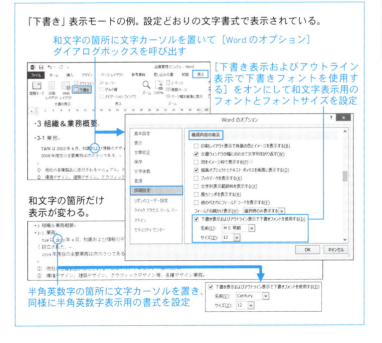

「下書き」表示モードの例。設定どおりの文字書式で表示されている。

和文字の箇所に文字カーソルを置いて[Wordのオプション]ダイアログボックスを呼び出す

[下書き表示およびアウトライン表示で下書きフォントを使用する]をオンにして和文字表示用のフォントとフォントサイズを設定

和文字の箇所だけ表示が変わる。

半角英数字の箇所に文字カーソルを置き、同様に半角英数字表示用の書式を設定

1-1 Word 画面の設定と操作　　2013　2010　2007

Chapter 1 画面操作のテクニック

015 文書画面を上下に分割する

文書の各所を比較する場合は、文書画面を上下に分割すると便利です。分割した各画面内をクリックすれば、その画面内だけスクロールできます。また、それぞれの画面で異なる表示モードを設定できるので、たとえば一方でアウトラインを確認しながら、他方で執筆するといった使い方も考えられます。

操作 文書画面を分割するには、[表示]-[分割]をクリックします。Word2010/2007 では、垂直スクロールバーの上端の分割バーをドラッグしても分割できます。

分割後は、境界を上下にドラッグすれば分割位置を変えることができます。分割を解除するには、[表示]-[分割の解除]をクリックします。また、分割画面の境界をダブルクリックしても解除できます。解除後は、解除前に文字カーソルを置いた画面とは反対側の画面が残ります。

▼文書画面を分割する

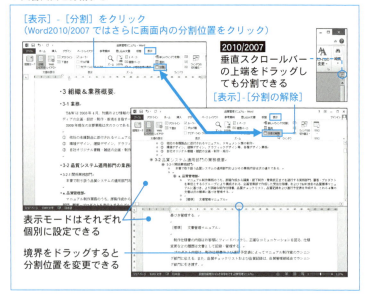

1-1 Word画面の設定と操作　　　2013　2010　2007

016 2つの文書を横に並べて表示する

［表示］-［整列］をクリックすると、現在開いている文書が縦に並べて表示されますが、横に並べる機能はありません。そこで、2つの文書を横に並べて表示するには、Windowsの並列表示機能を利用します。ただし、Word以外のアプリケーションも対象になるので、Word文書だけを並べる場合は、他のアプリケーションは閉じておいてください。

▼2つの文書を横に並べて表示する

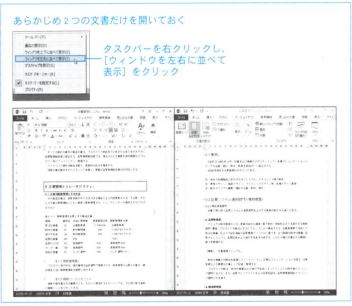

あらかじめ2つの文書だけを開いておく

タスクバーを右クリックし、［ウィンドウを左右に並べて表示］をクリック

Tips 同じ文書を左右に並べて表示する

前項の方法では文書画面を上下に分割しましたが、同じ文書を上図のように左右に並べて表示することもできます。それには［表示］-［新しいウィンドウを開く］をクリックして同じ文書を別ウィンドウで表示し、上図と同様にタスクバーを使って左右に並列表示します。

1-1 Word画面の設定と操作　　　2013　2010　2007

017 編集記号の表示を切り替える

「編集記号」とは、段落の末尾を表す段落記号 ↵ や、タブ文字を表す →、全角スペース文字を表す □ などのことです。Wordの最初の設定では、段落記号 ↵ だけは常に表示され、他の編集記号は［ホーム］-［編集記号の表示／非表示］をオンにした場合にのみ表示されます。

操作 常に表示させたい編集記号があれば、次の方法で設定できます。

▼編集記号の表示を切り替える

2013/2010 ［ファイル］-［オプション］をクリック
2007 -［Wordのオプション］をクリック

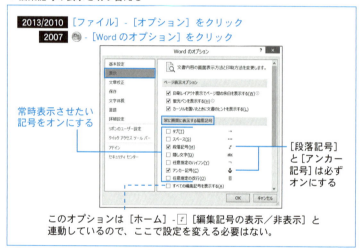

常時表示させたい記号をオンにする

［段落記号］と［アンカー記号］は必ずオンにする

このオプションは［ホーム］-［編集記号の表示／非表示］と連動しているので、ここで設定を変える必要はない。

補足 表示項目の［アンカー記号 ⚓］とは、ページ上に配置した図や写真をクリックした場合に表示される記号です。アンカー記号はレイアウト上必須の機能なので、常にオンにすることをお勧めします。

Tips 段落記号だけ表示を切り替える

段落記号 ↵ は単独で表示を切り替えることができます。それには Word2003 の［表示(V)］-［段落記号(S)］の短縮キーを利用します。押すたびに、段落記号の表示←→非表示が切り替わります。
　[Alt] + [V]、[S] キー

1-1 Word画面の設定と操作   2013 2010 2007

018 図を表示する←→隠す

文書内の図が多いと Word に負担がかかり、スクロールの動作が遅くなることがあります。そのような場合は、図を一時的に隠すオプションを利用すると便利です。これは文書単位で働くオプションです。

図の配置方法には、段落内に固定する「行内配置」形式と、ページ上の任意の位置に配置する「浮動配置」形式がありますが、図の表示←→非表示オプションもまたこれらに対応して2項目に分かれています。ただし、「描画キャンバス」については常に「浮動配置」形式の図と同様に扱われます。

▼ 図の表示を切り替えるオプション

2013/2010 ［ファイル］-［オプション］をクリック
2007 -［Word のオプション］をクリック

［図をイメージ枠で表示する］をオンにすると、行内配置図版が枠線で表示される

［描画オブジェクトとテキストボックスを画面に表示する］をオフにすると、浮動配置図版や描画キャンバスが非表示になる

Tips 画面の表示色を目にやさしくする

文書画面の白さが目に辛い場合は、「背景色」を利用するという手があります。背景色は、Word2013 では［デザイン］-［ページの色］、Word2010/2007では［ページレイアウト］-［ページの色］から設定します。

「背景色」は印刷に時間が掛かるので通常はお勧めできませんが、［Wordのオプション］ダイアログボックスの［表示］-［印刷オプション］-［背景の色とイメージを印刷する］をオフにしておけば、印刷されることはありません。最初の設定ではオフになっています。

設定した背景色を画面に反映させないこともできます。それには同ダイアログボックスの［詳細設定］-［構成内容の表示］-［印刷レイアウト表示で背景の色とイメージを表示する］をオフにします。初期設定ではオフですが、背景色を設定すると自動的にオンになるので、必要であればあらためてオフにしてください。

1-1 Word画面の設定と操作　2013 2010 2007

019 Word文書のタスクバー表示をひとつにまとめる

Alt + Tab キーを押すと、現在起動中のアプリケーションの一覧が表示され、作業対象を切り替えることができます。複数の文書を開いている場合は、そのすべてが表示されます。しかし、たとえば Word と Excel を頻繁に切り替えるような場合、開いている文書の数が多いと不便です。

Word2010/2007 では、次のオプションをオフにすれば Word の表示をひとつにまとめることができます。Word内では Ctrl + F6 キーまたは Alt + F6 キーで文書を切り替えることができるので、不都合はありません。

このオプションは Word2013 からは削除されました。

▼Word文書のタスクバー表示をひとつにまとめる

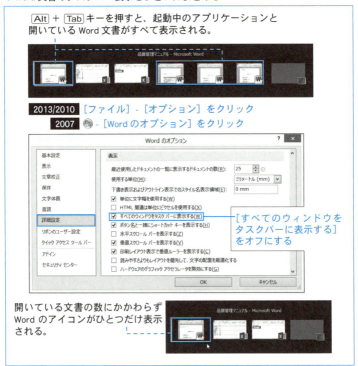

Alt + Tab キーを押すと、起動中のアプリケーションと開いている Word 文書がすべて表示される。

2013/2010 [ファイル] - [オプション] をクリック
2007 ● - [Word のオプション] をクリック

[すべてのウィンドウをタスクバーに表示する] をオフにする

開いている文書の数にかかわらず Word のアイコンがひとつだけ表示される。

Chapter 2

ページ書式と
レイアウトのテクニック

2-1 ページ書式の設定と操作　　　2013　2010　2007

ページ書式の正しい設定手順

用紙サイズや余白などの設定は文書作成の基本ですが、[ページ設定] ダイアログボックスの仕様は洗練されていないため、操作手順があいまいです。そこで、「こうすればムダがない」という手順を紹介します。

操作 ページ設定で選択できる用紙サイズと用紙トレイは、Word で現在選択しているプリンターによって異なります。したがって、まずは印刷設定画面でプリンターを選択するのが正しい手順です。

次に、1ページの基本行数と1行の基本文字数は、その文書の[標準]スタイルに登録されているフォントサイズとの関係で決まります。したがって、あらかじめ同スタイルのフォントサイズを設定してから[ページ設定] ダイアログボックスを呼び出せばムダがありません。

▼[標準] スタイルのフォントサイズを設定する

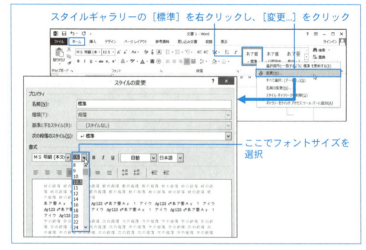

なお、フォントサイズの設定には、次ページに示す[ページ設定] ダイアログボックスの[文字数と行数]タブの下端に見られる[フォントの設定...]ボタンをクリックする方法もありますが、設定対象が[標準]スタイルになるとは限らないので、避けた方が賢明です。

［ページ設定］ダイアログボックスの項目の中には、設定を変えると他の項目にも影響するものがあります。したがって、そのような項目から設定するのがムダのない手順です。

▼ ページ書式の設定手順

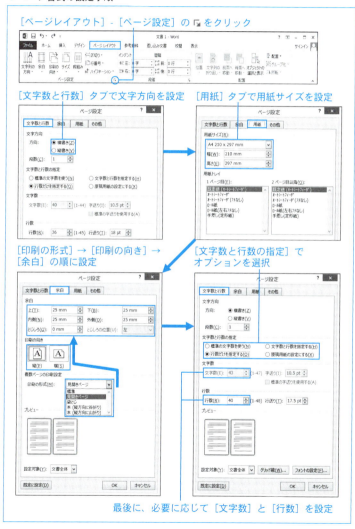

021 本文を片側に寄せて両面印刷する

2013 2010 2007

［ページ設定］ダイアログボックスの［余白］タブの［印刷の形式］には5つの選択肢があります。このうち［見開きページ］［袋とじ］［本］はいずれも、偶数ページと奇数ページで余白の付き方が左右対称になります。

本文領域の位置を同じ側、たとえば右側に寄せて両面印刷するには印刷形式で［標準］を選択し、左余白を大きく設定します。ただし、それだけでは表裏の余白バランスが合わず、うまくいきません（次ページの図参照）。解決策は「綴じしろ」です。

操作 本文を片側に寄せて両面印刷するには、印刷形式［標準］で余白を設定し、［とじしろ］に適切な値を設定します。さらに、［その他］タブで［奇数/偶数ページ別指定］をオンにすることが大切です。オフの状態では表裏の綴じしろの位置が合わず、正しい結果が得られません。

▼ 綴じしろを使ってページ書式を両面印刷用に設定する

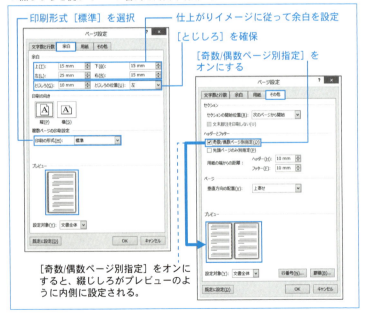

▼[とじしろ]を使う場合と使わない場合の違い

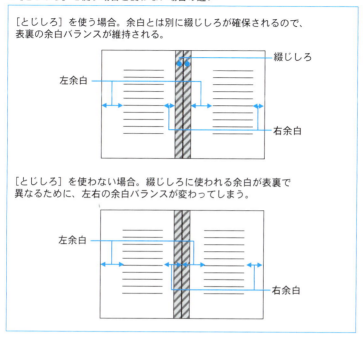

補足 [見開きページ][袋とじ][本]では余白は左右対称になるので、綴じしろ分は綴じる側の余白に見込めばよく、あえて[とじしろ]を使う必要はありません。ただし、綴じる側は[見開きページ][袋とじ]では[内側]余白ですが、[本]では[外側]余白になるので注意してください。

Tips [本(縦方向に山折り)]は使わない

印刷形式の[本(縦方向に谷折り)]と[本(縦方向に山折り)]は、1枚の用紙の片面に2ページずつ、表裏で4ページずつ印刷し、2つ折りにして綴じる形式です。日本語の文書の場合、横書きでは左開き、縦書きでは右開きが基本ですが、[本(縦方向に谷折り)]を選択すると文字方向に応じて自動的に正しく調整されます。[本(縦方向に山折り)]はその反対になるので、通常は使うことはありません。

2-1 ページ書式の設定と操作　　　　　　　　　2013　2010　2007

022 本文の下端を下余白に合わせる

［白紙の文書］テンプレートから作られる文書は、最初の設定でそのまま入力すると、本文下端と下余白の間が空いてしまいます。理由は、［ページ設定］ダイアログボックスの［行送り：］の設定が不適切なためです。Word2010/2007の起動時に表示される「文書1」もこのテンプレートから作られています。

操作 本文下端と下余白を一致させるにはページの高さが［行送り］で割り切れるように修正する必要があります。それには［行送り：］ではなく［行数：］を調整します。［行数：］を［白紙の文書］の最初の設定のままにしたい場合は、値をいったん変えてから元に戻してください。これで［行送り：］の値が調整されます。

▼本文下端が下余白に一致するように行送りを調整

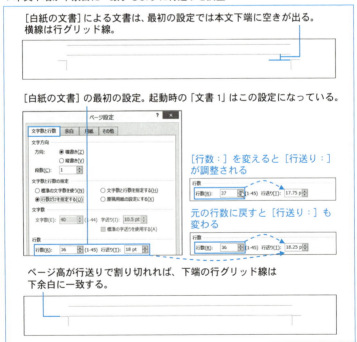

2-1 ページ書式の設定と操作　　2013　2010　2007

023 プリンターの「フチ」の大きさを調べる

プリンターの機種によっては、用紙の端に印刷できない「フチ」を必要とするものがあります。そのようなプリンターで印刷する文書は、本文領域などがフチにかからないように余白を設定することが大切です。「フチ」の大きさはプリンターのマニュアルを見ればわかるはずですが、Word 上でも簡単に調べることができます。

操作 Word の印刷画面で現在選択しているプリンターの「フチ」を調べるには、[ページ設定]ダイアログボックスで[余白]をすべて「0」に設定して[OK]をクリックします。「フチ」の大きさを確かめたら[キャンセル]をクリックすれば、ダイアログボックス呼び出し直後の値に戻すこともできます。

▼ プリンターのフチの大きさを調べる

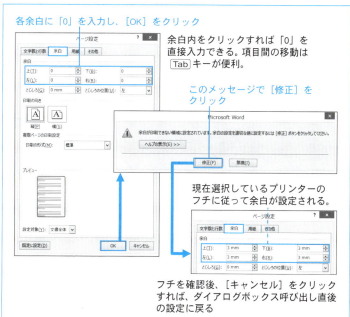

2-1 ページ書式の設定と操作　　　2013　2010　2007

024 文書内で異なるページサイズを混在させる

[ページ設定]ダイアログボックスによる書式は、文書全体ではなく「セクション」の書式です。したがって、文書を複数のセクションに分ければ、セクションごとに[ページ設定]ダイアログボックスの書式を変えることができます。印刷時の用紙トレイも同ダイアログボックスで設定できるので、複数の用紙トレイを持つプリンターであれば、セクションごとに用紙トレイを自動的に変えることもできます。ただし、同ダイアログボックスの[余白]タブの[印刷の形式]と、[その他]タブの[奇数/偶数ページ別指定]だけは文書全体に共通で、セクションごとに変えることはできません。

操作 異なるページサイズを設定するには、まずサイズの変わり目に「セクション区切り」を挿入します。

▼文書をセクションで区分けし、セクションごとにページ書式を設定する

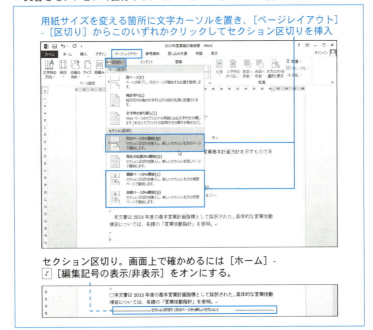

次に、各セクションに文字カーソルを置いて［ページ設定］ダイアログボックスを呼び出します。ここで、ページ書式の設定対象として[このセクション］を選択するのがポイントです。これで、該当セクションの用紙サイズ、用紙トレイ、余白などを変えることができます。ただし、すでにふれたように［余白］タブの［印刷の形式］と、［その他］タブの［奇数/偶数ページ別指定］は文書全体に共通なので、どのセクション上で設定を変えても全セクションに反映されます。

▼ セクションごとにページ書式を設定する

用紙サイズを変えるセクション内に文字カーソルを置き、［ページレイアウト］-［ページ設定］の をクリック

セクションごとに用紙サイズや用紙トレイを設定できる。

［ページ設定］ダイアログボックスで［このセクション］を選択

Tips 横書き文書の一部を縦書きにする

「セクション区切り」を使えば、横書き文書内の特定のセクションだけ縦書きに変えるといったことが可能です。ただし、文字方向の変わり目で自動的に改ページされます。同じページ内の一部だけを縦書きにするには、「テキストボックス」か表を使う必要があります。

2-1 ページ書式の設定と操作　　2013　2010　2007

025 挿入済みのセクション区切りの種類を変える

［ページ設定］ダイアログボックスで設定するページ書式は、セクション単位の書式です。したがって、文書を複数セクションに分ければ、ひとつの文書内で異なるページ書式を混在させることができます。各セクションのページ書式情報は、セクション末尾の「セクション区切り」が持っています。

セクション区切りには前項 54 ページの図に見られるような種類があります。挿入済みのセクション区切りを別の種類に変える場合、既存のセクション区切りを削除して新しく挿入するという方法も考えられますが、セクション区切りを削除すると、セクション区切りの前のセクションのページ書式情報が失われ、レイアウトが崩れてしまいます。このような事態を避けてセクション区切りを変えるには、［ページ設定］ダイアログボックスを使います。

操作 種類を変えるセクション区切りに続くセクション内に文字カーソルを置いて［ページ設定］ダイアログボックスを呼び出し、［その他］タブで種類を選択します。

▼ セクション区切りの種類を変える

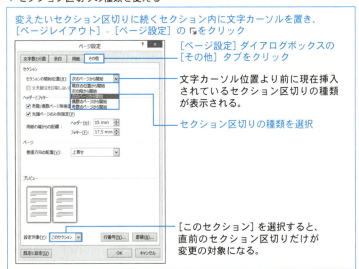

変えたいセクション区切りに続くセクション内に文字カーソルを置き、［ページレイアウト］-［ページ設定］の ⌐ をクリック

［ページ設定］ダイアログボックスの［その他］タブをクリック

文字カーソル位置より前に現在挿入されているセクション区切りの種類が表示される。

セクション区切りの種類を選択

［このセクション］を選択すると、直前のセクション区切りだけが変更の対象になる。

|補足| 前ページの図に示した選択肢の[次の段から開始]を選択すると直前のセクション区切りが[セクションの最後]に変わります。この場合、前後の段数が同じであれば[段区切り]*と同様の結果になり、前後の段数が異なれば後続のセクションは次ページへ追い出されます。
→ 78ページ「040 段組みの途中で強制的に段を変える」参照。

なお、段区切りとは異なり、セクション区切りの前後はそれぞれ異なるセクション書式を設定できます。

|注意| Word2013では[セクションの最後]が正しく働かず、常に強制改ページされます。とくに旧バージョンで作った文書をWord2013用に変換するとレイアウトがくずれるおそれがあるので注意してください。

Tips 文末直前の「セクション区切り」を削除する裏技

セクションの書式は各セクション末尾のセクション区切りが持っていますが、文末に限っては、文末の段落記号が持っています。したがって、最後のセクションのあとにはセクション区切りは不要ですが、作業の都合で文末段落の前にセクション区切りが残ってしまうことがあります。
この場合、単純にセクション区切りを削除すると、文末の段落記号が持っている情報に従ってセクション書式が変わってしまいます。
この事態を避けるには、セクション区切りと文末段落を含む範囲を選択して Delete キーを押します。これで、セクション区切りが持っていたセクション情報を失うことなく、セクション区切りを削除することができます。

それぞれがセクション書式の情報を持っている。

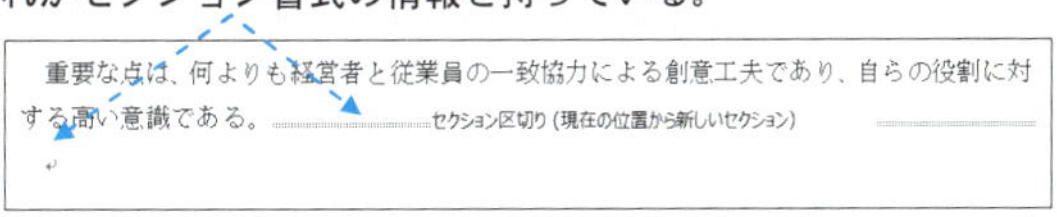

> 重要な点は、何よりも経営者と従業員の一致協力による創意工夫であり、自らの役割に対する高い意識である。·········セクション区切り(現在の位置から新しいセクション)

上図のようにセクション区切りの前が普通の文字で終わっている場合はここで Enter キーを押して段落記号を補ってから操作。

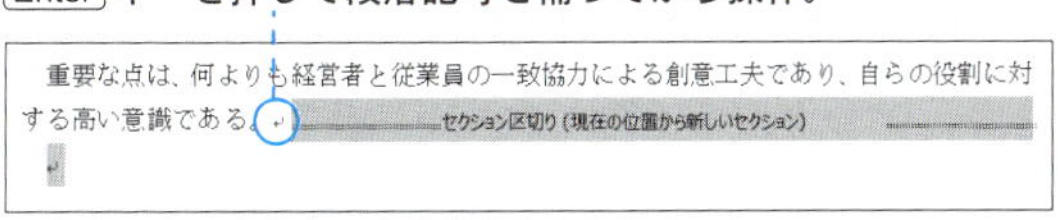

> 重要な点は、何よりも経営者と従業員の一致協力による創意工夫であり、自らの役割に対する高い意識である。↵
> ·········セクション区切り(現在の位置から新しいセクション)

上図のようにセクション区切り直前の段落記号を残し、セクション区切り以降を削除すると、セクション区切りが持っていた書式が反映される。
文末の段落記号を残し、セクション区切りだけを削除すると、文末段落のセクション書式が反映される。

Chapter 2 — 2-1 ページ書式の設定と操作　　2013　2010　2007

ページ書式とレイアウトのテクニック

026 文書間でページ書式をコピーする

作成済みの文書のページ書式を他の文書に合わせるには［ページ設定］ダイアログボックスの各項目を設定し直す必要がありますが、ここで紹介する裏技を使えば瞬時に再設定できます。ただし、[文字数：] [字送り：]、[行数：] [行送り：]は正しく処理されないので、あとから設定し直してください。

操作 既存文書のページ書式を別の文書に反映させるには、両方の文書を開き、コピー元の文書で［ページ設定］ダイアログボックスを呼び出してそのまま［OK］をクリックします。

次に、コピー先の文書で F4 キーを押します。F4 キーは、直前に行った処理を繰り返すショートカットキーです。これで、コピー元の用紙サイズや印刷形式、余白などの設定が反映されます。

なお、文書画面の切り替えは Ctrl + F6 キーを押す方法が簡単です。

▼ 文書間でページ書式をコピーする

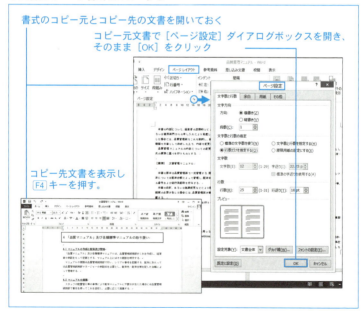

書式のコピー元とコピー先の文書を開いておく

コピー元文書で［ページ設定］ダイアログボックスを開き、そのまま［OK］をクリック

コピー先文書を表示し F4 キーを押す。

2-1 ページ書式の設定と操作　　　2013　2010　2007

027 ページ書式とヘッダー・フッターを新規文書にコピーする

既存の文書と同じページ書式、同じヘッダー・フッターで新しい文書を作るには、同じテンプレートから作る、あるいは既存文書のコピーを作るのが標準的な方法ですが、既存文書の文末の段落記号をコピーし、新規文書に貼り付けるという方法もあります。ただし、ページ書式については正しくコピーされない項目もあるので、前項で紹介した F4 キーによる方法を併用します。

操作 既存と新規文書を開き、前項同様に既存文書側で［ページ設定］ダイアログボックスを開いてそのまま［OK］をクリックし、新規文書で F4 キーを押します。
次に既存文書に戻って文末の段落記号 ↵ を選択し、［ホーム］-［コピー］などでコピーします。最後に新規文書に切り替え、［ホーム］-［貼り付け］などで貼り付けます。

▼ ページ書式とヘッダー・フッターを新規文書にコピーする

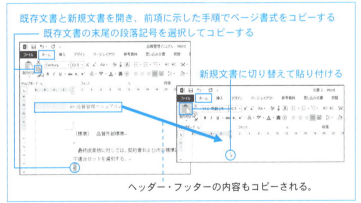

補足 上記の方法が使えるのは、新規文書の中身が空段落ひとつの場合に限ります。新規文書の中身に手を加えずに貼り付けると［標準］スタイルの書式もコピーされ、［文字数：］［行数：］なども反映されます。多少とも手を加えた後に貼り付けると［標準］スタイルはコピーされず、［文字数：］［行数：］などは正しく反映されません。

028 ヘッダー・フッター段落の縦位置を決める

ページの上端と下端には「ヘッダー」「フッター」と呼ばれる領域があります。これらの領域には本文同様に文字を入力できます。領域内の段落の縦位置は、ヘッダー・フッター用の[デザイン]タブ、または[ページ設定]ダイアログボックスの[その他]タブで設定します。両者は連動しているので、どちらで設定してもかまいません。

操作 ヘッダー・フッター領域を呼び出すには、上余白または下余白をダブルクリックするか、[挿入]-[ヘッダー]-[ヘッダーの編集]をクリックします。

ヘッダー・フッター内段落の縦位置は下図のように設定します。

▼ヘッダー・フッター内の段落の位置を決める

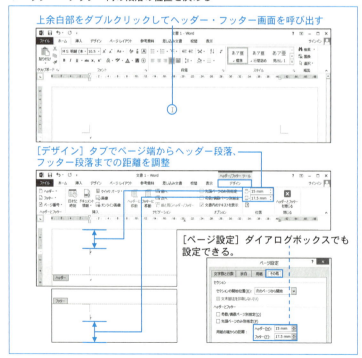

2-2 ヘッダー・フッターの設定と操作　　　2013　2010　2007

029 ヘッダー・フッターを表紙、奇数・偶数用に分ける

ヘッダー・フッターには一般に文書名やページ番号などの情報を配置しますが、たとえば表紙ページだけこれらの情報を省略したり、奇数ページと偶数ページでヘッダー・フッターの内容を変えたい場合があります。下図のオプションを使うと、各所ごとのヘッダー・フッターが用意され、それぞれに異なる内容を設定できるようになります。

操作 ヘッダー・フッター画面を呼び出し、[デザイン]タブの下図のオプションをクリックします。[ページ設定]ダイアログボックスでも設定できます。

▼ヘッダー・フッターを表紙、奇数・偶数用に分ける

[デザイン] - [先頭ページのみ別指定]、
[奇数/偶数ページ別指定]をオンにする

各ヘッダー・フッターが用意される。

[ページ設定]ダイアログボックスでも設定できる。

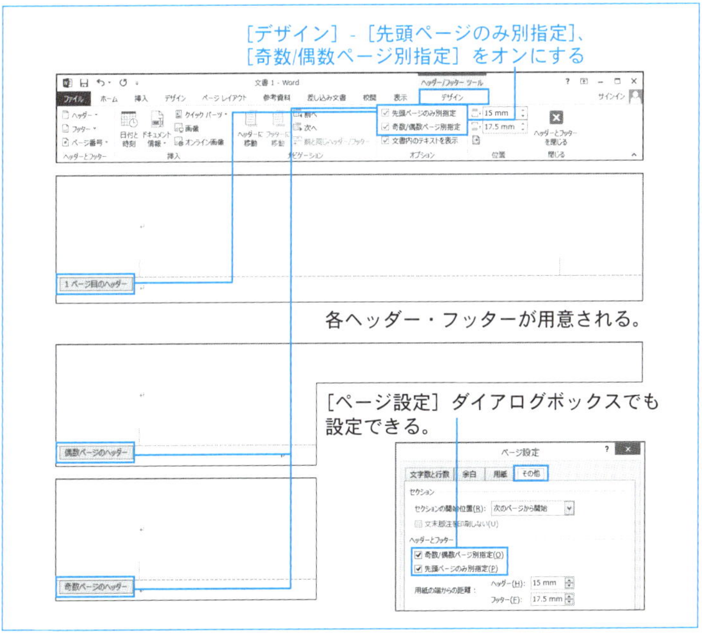

補足 上記のオプションをオンにしても、ページ数が少なければ該当するヘッダー・フッターしか表示されませんが、ページが増えれば現れます。

030 目次、本文、索引などでヘッダー・フッターを使い分ける

目次・索引と本文でヘッダー・フッターのデザインを大きく変えたり、ページ番号の文字種（i, ii, iii……と 1, 2, 3……など）を使い分けるような場合は、それぞれにヘッダー・フッターを用意する必要があります。それにはデザインの変わり目に「セクション区切り」を入れ、それぞれを別セクションに分けます。これで、セクションごとのヘッダー・フッターが用意されます。

操作 たとえば目次と本文でセクションを分けるには、本文の先頭に文字カーソルを置き、次のいずれかのセクション区切りを挿入します。

▼ヘッダー・フッターの変わり目にセクション区切りを挿入する

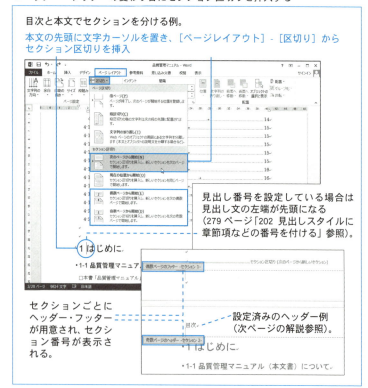

目次と本文でセクションを分ける例。

本文の先頭に文字カーソルを置き、［ページレイアウト］-［区切り］からセクション区切りを挿入

見出し番号を設定している場合は見出し文の左端が先頭になる（279ページ「202 見出しスタイルに章節項などの番号を付ける」参照）。

セクションごとにヘッダー・フッターが用意され、セクション番号が表示される。

設定済みのヘッダー例（次ページの解説参照）。

補足 最初の設定では、各セクションのヘッダー・フッターは前のセクションの内容を引き継いでいます。前のセクションと異なる内容にするには、まずセクションの引き継ぎを解除します。引継ぎ／解除は、ヘッダーとフッターで個別に設定します。前項でふれた［先頭ページのみ別指定］［奇数/偶数ページ別指定］をオンにしている場合は、先頭ページ、奇数ページ、偶数ページそれぞれについて設定します。

▼セクションごとにヘッダー・フッターの内容を変える

Tips ［奇数/偶数ページ別指定］は全セクションに共通

ヘッダー・フッターの［先頭ページのみ別指定］はセクションごとに設定できますが、［奇数/偶数ページ別指定］は全セクションに共通で、セクションごとにオン・オフを使い分けることはできません。

031 章見出しをヘッダーに自動表示する

Wordでは、見出し、本文、箇条書きなどの要素にそれぞれ専用の「段落スタイル」を使うのが標準的な方法です。たとえば見出しに［見出し］スタイルを使っていれば、［見出し］スタイルを適用した箇所の内容を自動的にヘッダーなどに表示させることができます。しかけは「StyleRef」フィールドです。

操作 ヘッダーに文字カーソルを置き、下図のように操作します。

▼ 章見出し参照用の「StyleRef」フィールドをヘッダーに挿入する

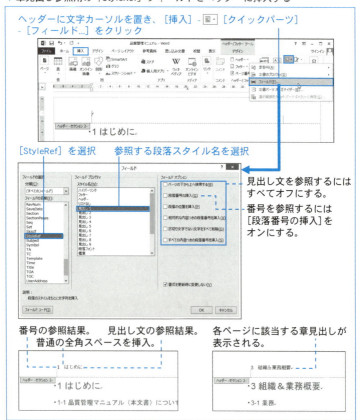

補足 見出し番号機能*で番号を付けている場合、番号と見出し文をひとつの「StyleRef」フィールドで表示することはできず、番号用と見出し文用にそれぞれ同フィールドを配置する必要があります。
→ 279 ページ「202 見出しスタイルに章節項などの番号を付ける」参照。

番号を参照するには前ページの [フィールド] ダイアログボックスの [段落番号の挿入] をオンにして [OK] をクリックします。番号が「第1章」のような形式になっていればそのように表示されます。見出し文を参照するにはオプションをすべてオフにした状態で [OK] をクリックします。

Tips ヘッダー・フッターに電話帳や辞書形式の見出しを付ける

前ページで紹介した「StyleRef」フィールドは、該当する段落スタイルの箇所を、下図左の①②③の順に検索し、最初に検索された箇所の内容を表示しますが、[フィールド] ダイアログボックスの [ページの下から上へ検索する] をオンにすると検索順序が①'②③のようになります。そこでこのオプションをオフにしたフィールドとオンにしたフィールドを組み合わせると、電話帳や辞書などのヘッダー形式にすることができます。

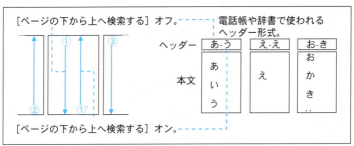

Tips ヘッダー・フッターの書式は専用スタイルで設定

ヘッダー・フッター領域の段落にはあらかじめ [ヘッダー] スタイル、[フッター] スタイルが適用されています。段落の書式は直接設定することもできますが、とくにヘッダー・フッターを先頭ページと奇数・偶数に分けている場合や、文書を複数セクションに分け、セクションの引き継ぎを解除している場合、直接設定では各所ごとに操作する必要があり、手間がかかるだけでなく、不統一も生じやすくなります。このような場合はスタイルを利用して書式を統一する方法が最良です。

2-2 ヘッダー・フッターの設定と操作

032 ヘッダー・フッターを左右の余白部に配置する

ヘッダー・フッター画面の上端と下端にはヘッダー・フッター専用の領域が設けられていますが、テキストボックスや表を使えば、この領域以外の場所にもヘッダー情報やページ番号などを配置することができます。縦書きのヘッダーも簡単です。扱い方は本文上とほとんど同じです。

操作 ヘッダー・フッター画面にテキストボックスあるいは表を配置し、位置を設定します。ここでは扱いのわかりにくい表の例を紹介します。位置決めにはヘッダー段落を基準とすることもできますが、段落を操作することもあり得るので、ページ端あるいは余白端を基準とすることをお勧めします。

▼表を使って余白部にヘッダーを配置する

ヘッダー内に表を挿入

［レイアウト］-［プロパティ］をクリックし、［表のプロパティ］ダイアログボックスを呼び出す（次ページ参照）

ヘッダーを左余白に配置した例。　左表をアレンジした例。

章番号と章見出しは「StyleRef」フィールドで処理（前項参照）。

▼ 前ページの表のプロパティ設定例

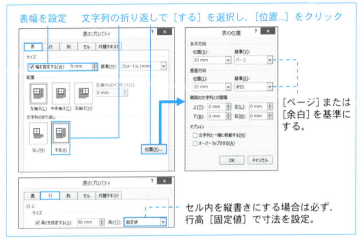

|補足| 表を作るには、[挿入]-[表]で行数×列数パネルを使って挿入する方法、[罫線を引く]を使ってマウスドラッグで表罫線を描く方法などがありますが、いずれの方法でも、ヘッダー・フッター画面に挿入した直後の表の[文字列の折り返し]は必ず[なし]になります。したがって、まずは任意の方法で挿入し、あとから[表のプロパティ]ダイアログボックスで[する]に変えてください。

[表のプロパティ]ダイアログボックスの[表]タブで[幅を指定する:]をオンにすると、表全体の幅を設定できます。この場合、[列]タブで個々の列幅を設定しても表全体の幅が優先されます。2列以上の場合、各列幅を設定すると、寸法ではなくたがいの比率で処理されます。たとえば2列の表で各列を「10mm」と「20mm」に設定すると、「1：2」となるように調整されます。表幅を「12mm」に設定していれば、「4mm」と「8mm」に調整されます。

セル内の文字方向が横書きの場合、[表のプロパティ]ダイアログボックスの[行]タブで高さを設定しなければ、行高は中身に従って自動調整されますが、文字方向が縦書きの場合は自動調整機能は働きません。したがって、縦書きでは[高さ：]で[固定値]を選択し、具体的な高さを設定してください。

033 ヘッダー・フッターを別の文書で利用する

独自に作ったヘッダー・フッターを別の文書で利用するにはいろいろな方法があります。ページ書式ごと利用するなら、テンプレートとして保存するのが標準的な方法ですが、59ページ「027 ページ書式とヘッダー・フッターを新規文書にコピーする」で紹介した裏技なら、異なるテンプレートから作った文書でも処理できます。ただし、新規文書に限るという制約があります。制約なしにいろいろな文書で利用する場合は、「文書パーツ」に登録するのが定番です。これで別文書にも簡単に挿入できるようになります。

操作 登録対象を選択し、下図の手順で文書パーツに登録します。

ヘッダー領域、フッター領域の段落を登録する場合はその範囲を選択します。下図のような表や、テキストボックスを登録する場合はその対象を選択します。

▼ヘッダーを文書パーツに登録する

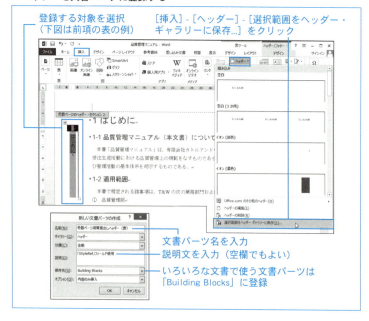

|補足| 前ページの例では、ヘッダーに「StyleRef」フィールドを使っています*。この場合、同フィールドで指定した段落スタイルが本文中になければエラーになりますが、あとから本文中のどこかに適用すれば正しく表示されます。

→ 64ページ「031 章見出しをヘッダーに自動表示する」参照。

▼ 登録したヘッダーを別の文書に挿入する

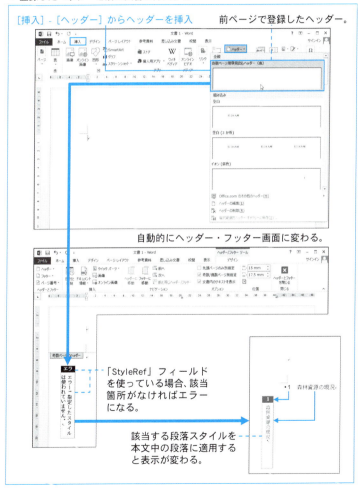

034 ページ番号の位置を奇偶で左右に振り分ける

両面印刷や袋とじなど、見開き形式で用紙を綴じる場合、ページ番号は見開きの外側に配置するのが一般的です。横書きでは、偶数ページは左寄せ、奇数ページは右寄せで配置します。

操作 ページ番号の位置を左右に振り分けるには、[奇数/偶数ページ別指定]をオンにした上で、奇数ページと偶数ページそれぞれにページ番号を挿入します。本文上でも操作できますが、ヘッダー・フッター画面に切り替えた方がわかりやすいでしょう。ページ番号を挿入するには、[挿入]タブまたはヘッダー・フッターの[デザイン]タブから操作します。下図は後者の例です。

▼ページ番号を奇数ページと偶数ページに挿入して左右に振り分ける

補足　[奇数/偶数ページ別指定]をオフにした状態でページ番号を挿入すると全ページに表示されますが、あとからオンにすると、奇数ページまたは偶数ページにしか表示されません。[先頭ページのみ別指定]も同様です。その場合はあらためて該当箇所のヘッダー・フッターに文字カーソルを置き、ページ番号を挿入してください。

ヘッダー・フッターの段落には最初から[ヘッダー]スタイル、[フッター]スタイルが適用されており、これらの段落スタイルの段落配置は「両端揃え」に設定されています。ページ番号を右寄せにするには、その段落を直接「右揃え」に変更します。

注意　[ページ番号]の[ページの上部][ページの下部]から操作すると、文字カーソル位置にかかわらずヘッダーまたはフッターに挿入できます。また、最初から「右揃え」になる書式もあります。ただし、余計な段落が入り、ページ番号の縦位置*がずれてしまうので注意してください。

→ 60ページ「028 ヘッダー・フッター段落の縦位置を決める」参照。

▼[ページの上部][ページの下部]を使うと余計な段落が入る

035 ページ番号を本文より外側に配置する

ヘッダーの内容を余白部に配置する方法については 66 ページ「ヘッダー・フッターを左右の余白部に配置する」で解説しましたが、本文横ではなく上下の余白部で外側に飛び出させる場合は、表やテキストボックスを使うまでもなく、左右のインデントで処理できます。

操作 インデントは直接変えることもできますが、[奇数/偶数ページ別指定]をオンにしたり、文書を複数セクションに分けてヘッダー・フッターの引継ぎを解除しているような場合*は、段落スタイルの書式を変える方が簡単です。

→ 62 ページ「030 目次、本文、索引などでヘッダー・フッターを使い分ける」参照。

▼[フッター]スタイルのインデント設定を変える

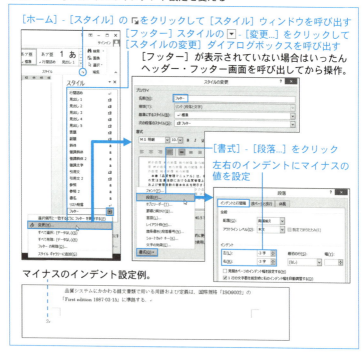

マイナスのインデント設定例。

2-2 ヘッダー・フッターの設定と操作

036 目次に続く本文のページ番号を「1」から起番する

書籍ではページ番号を先頭のページから単純に連番にする方法が一般的ですが、なかには目次などのページ番号を省略し、本文を「1」から起こす例もあります。

操作 目次付きの文書で本文のページ番号の起番を強制するには、目次と本文を別セクションに分け*、本文のページ番号の起番を「1」に強制します。ページ番号の文字種はセクションごとに変えることもできます。

→ 62ページ「030 目次、本文、索引などでヘッダー・フッターを使い分ける」参照。

▼本文のページ番号の起番を「1」に強制する

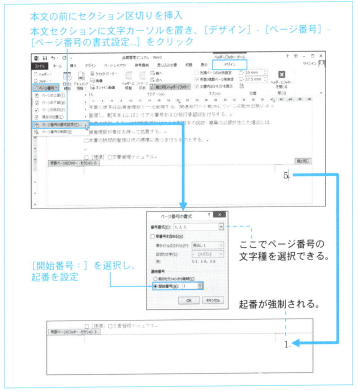

本文の前にセクション区切りを挿入
本文セクションに文字カーソルを置き、[デザイン] - [ページ番号] - [ページ番号の書式設定...] をクリック

[開始番号:] を選択し、起番を設定

ここでページ番号の文字種を選択できる。

起番が強制される。

037 袋とじで用紙枚数を表示する

「袋とじ」は1枚の用紙の片面に2ページずつ印刷し、印刷面を表にして2つ折りで綴じる形式です。袋とじでページ番号ではなく用紙枚数を表示するには、ページ番号を利用し、「Eq」フィールドを使って用紙枚数を計算します。計算式は、奇数ページと偶数ページのどちらに表示するかで異なります。

奇数ページの用紙枚数：（ページ番号＋1）÷2
偶数ページの用紙枚数：ページ番号÷2

操作 フィールドを挿入する標準的な方法は［挿入］-［クイックパーツの表示］-［フィールド］ですが、ここでは「フィールドコード」を直接入力する方法を紹介します。まず、［奇数/偶数ページ別指定］をオンにした上で、奇数ページまたは偶数ページの該当箇所に文字カーソルを置き、次のように操作します。

▼ 用紙枚数の計算式を挿入する

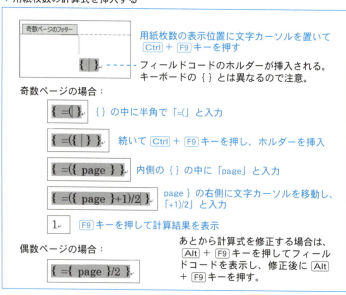

2-3 多段組みの設定と操作　　　2013　2010　2007

038 文書の一部を段組みにする

段組みはセクションの書式です。文書の一部だけ段数を変えるには、セクションを分ける必要があります。すでにセクションを分けている場合は、そのセクション内に文字カーソルを置いて操作します。まだ分けていない場合は、範囲を選択して操作すれば自動的に「セクション区切り」を挿入できます。

操作 段組みを設定するには、[ページ設定]ダイアログボックスを使う方法と、[段組み]ダイアログボックスを使う方法があります。範囲を選択して段数を変える場合、[ページ設定]ダイアログボックスでは[次のページから新しいセクション]、[段組み]ダイアログボックスでは[現在の位置から新しいセクション]が挿入されます。

▼ 文書の一部だけ段数を変える

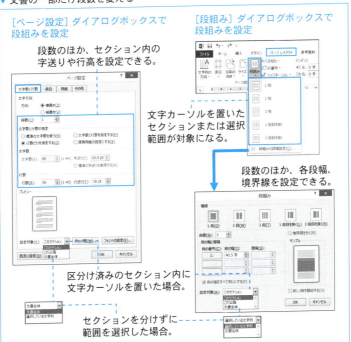

Tips 段間隔のエラーメッセージは段幅設定が原因

［ページ設定］ダイアログボックスで用紙サイズを小さくしたり、印刷形式を［標準］［見開きページ］から［袋とじ］などに変えると下図左のエラーメッセージが表示されることがあります。原因は、段幅の異なる段組みが文書内に含まれているためです。この場合は［段組み］ダイアログボックスの［段の幅をすべて同じにする］オプションをオンにして段幅を揃えた上で、用紙サイズや印刷形式などを設定し直してください。

ページ幅を狭くする操作を行った場合に表示されるエラーメッセージ。

このオプションがオフになっていることが原因。

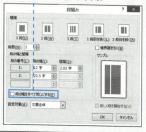

Tips 縦書きの［段組み］エラーは「綴じしろ」が原因

縦書きの文書では、［段組み］ダイアログボックスを開いて［OK］をクリックするだけで段間隔のエラーメッセージが表示されることがあります。これは、［ページ設定］ダイアログボックスの［とじしろ］で「0」より大きい値を設定している場合に生じます。［とじしろ］を「0」に変えれば［段組み］ダイアログボックスを設定できるようになります。
なお、［とじしろ］を必要とするのは印刷形式［標準］で両面印刷する場合だけです（50ページ「021 本文を片側に寄せて両面印刷する」参照）。それ以外では綴じる側の余白を大きくするだけでよく、［とじしろ］を使う必要はありません。

縦書きでは、［段組み］ダイアログボックスで［OK］をクリックするとエラーになることがある。

原因は［とじしろ］。

2-3 多段組みの設定と操作

`2013` `2010` `2007`

039 章見出しを段抜きにする

段組みのレイアウトで、見出しなどを複数段にまたがるように配置することを「段抜き」と呼びます。段抜きにするにはその部分だけを1段組みに設定します。そのつど設定するのは手間がかかりますが、手順を工夫すれば比較的簡単に処理できます。ポイントは段落スタイルの検索と F4 キーです。

操作 まず、文頭に文字カーソルを置いて[検索と置換]ダイアログボックスを呼び出します。段抜きにする段落スタイルを1回だけ検索し、ダイアログボックスを閉じて検索箇所に1段組みを設定します。
以降は、Ctrl + Page Down キーで次の箇所にジャンプし、F4 キーを押すという操作を繰り返せば、順次1段組みに設定できます。

▼ 章見出しを段抜きにする

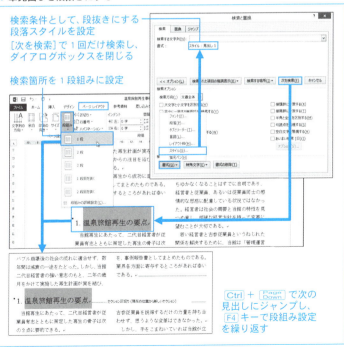

2-3 多段組みの設定と操作　　　2013　2010　2007

040 段組みの途中で強制的に段を変える

段組みの途中で強制的に段を変えるには、[段区切り]を使う方法と、[セクションの最後]という「セクション区切り」を使う方法があります。
[段区切り]では以降の段落が単純に改段されますが、[セクションの最後]は前後のセクションの段数が同じであれば強制的に改段され、段数が異なる場合は改ページされます。ただし、Word2013では正しく働かず、常に強制改ページされるので、改段には使えません。

[段区切り]の前後は同じセクションですが、[セクションの最後]の前後は別のセクションなので、それぞれ異なるセクション書式を設定できます。

[段区切り]、[セクションの最後]はいずれも編集記号の一種で、普通の文字と同様に[Delete]キーあるいは[Back Space]キーで削除できます。編集記号を画面で確かめるには[ホーム]-[編集記号の表示/非表示]をオンにしてください。

操作 [段区切り]を挿入するには下図のように[ページレイアウト]タブから操作するか、または[Ctrl]+[Shift]+[Enter]キーを押します。

▼「段区切り」を挿入する

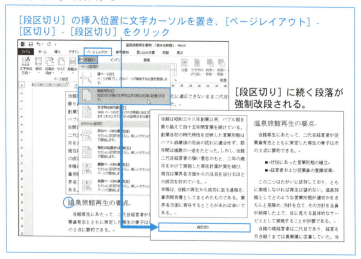

操作 [セクションの最後]を直接挿入する方法はありません。そこで、いったん[現在の位置から新しいセクション]を挿入し、[ページ設定]ダイアログボックスを使ってセクション区切りの種類を[次の段から開始]に変えます。

[セクションの最後]は、普通の文字と同様に Delete キーあるいは BackSpace キーで削除できます。ただし、前後のセクションの書式が異なる場合、削除すると前側のセクション書式は失われ、後続のセクション書式が採用されるので注意してください。

▼[セクションの最後]を挿入する（Word2010 の例）

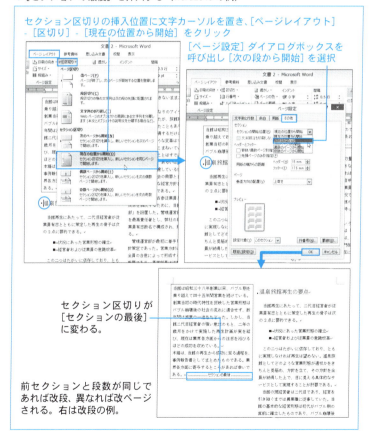

041 段組みの下端を揃える

段組みの状態によっては、各段の行が均等にならず、右側の段が大きく空いてしまうことがあります。各段の下端を揃えるにはセクション区切りの［現在の位置から新しいセクション］を使います。

操作 ［現在の位置から新しいセクション］を挿入するには、下端を揃えたい段組みの末尾に文字カーソルを置き、［ページレイアウト］-［区切り］-［現在の位置から開始］をクリックします。

▼段組みの下端を揃える

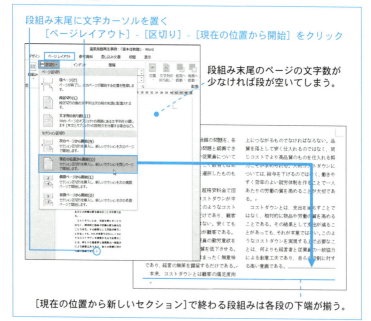

［現在の位置から新しいセクション］で終わる段組みは各段の下端が揃う。

補足 文末をセクション区切りで終えることはできず、上図のように操作すると文末段落の直前にセクション区切りが挿入されます。このセクション区切りを削除するとレイアウトがくずれることがあります*。
→ 57ページのTips「文末直前のセクション区切りを削除する裏技」参照。

2-4 ページ飾りとレイアウト　2013 | 2010 | 2007

042 本文領域の上下を罫線で飾る

「ページ罫線」は本文領域を罫線で飾る機能ですが、オプションを活用すると、罫線の付け方を工夫することができます。縦罫線を省略した場合、横罫線の付き方は付け位置の「基準」によって異なります。

操作 ページ罫線を付けるには［ホーム］-［罫線］の▼をクリックし、［線種とページ罫線と網かけの設定...］をクリックします。

▼ページ罫線で本文領域の上下を飾る

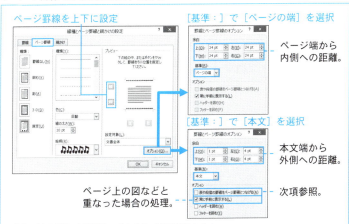

［ページの端］を基準にすると端まで届く。　［本文］を基準にすると本文端で止まる。　参考：四辺に付けた場合。

043 ページ罫線を表や段落罫線につなげる

帳票類など、ページ全体を罫線で囲む場合、全体を表やテキストボックスで作るという方法もありますが、一番簡単なのは「ページ罫線」のオプションを利用する方法です。表やテキストボックスと異なり、「ページ罫線」は位置やサイズを気にすることがなく、扱いやすいという利点があります。

操作 ページ罫線を付けるには［ホーム］-［田］の［▼］をクリックし、［線種とページ罫線と網かけの設定...］をクリックします。

「ページ罫線」のオプションで「本文」を基準に設定し、下図に示すオプションをオンにすると、ページ罫線をページ内の表や段落罫線と自動的につなげることができます。

▼ページ罫線を表や段落罫線につなげる

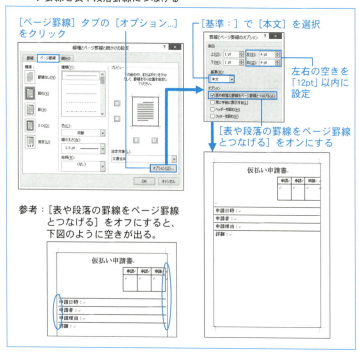

2-4 ページ飾りとレイアウト

2013 2010 2007

044 見開きページを罫線で囲む

「ページ罫線」には見開き単位で囲む機能はありません。そこで、オートシェイプを使う方法を紹介します。あらかじめ[表示]-[複数ページ]をクリックし、2ページずつ表示すると作業しやすくなります。下図の例は偶数ページから起番しているので、左ページが偶数になっています。

操作 まず、ヘッダー・フッターの[奇数/偶数ページ別指定]をオンにします。次に、一方のページにオートシェイプの[フリーフォーム]で罫線を描き、サイズを調整してページ端に揃うように配置します。最後に、[Shift]キーと[Ctrl]キーを押したままで図形をドラッグして他方のページにコピーし、左右反転して位置を調整します。

▼ 見開きページをオートシェイプで飾る

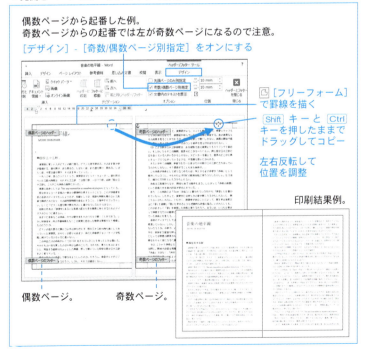

偶数ページから起番した例。
奇数ページからの起番では左が奇数ページになるので注意。
[デザイン]-[奇数/偶数ページ別指定]をオンにする

[フリーフォーム]で罫線を描く

[Shift]キーと[Ctrl]キーを押したままでドラッグしてコピー

左右反転して位置を調整

印刷結果例。

偶数ページ。　奇数ページ。

2-4 ページ飾りとレイアウト

2013 | 2010 | 2007

045 本文周囲の余白を塗りつぶす

本文領域を残して余白部を塗りつぶすには、背景色を利用し、白色のオートシェイプをヘッダーに配置して本文領域にあたる部分の背景色を隠します。

操作 背景色を設定するには［デザイン］タブ（Word2010/2007では［ページレイアウト］タブ）の［ページの色］から操作します。次に、ヘッダー・フッター画面に、本文領域より少し大きい四角形をオートシェイプで描きます。配置形式は［背面］または［前面］、塗りつぶし色は［白］に設定します。

ヘッダー・フッターの［奇数/偶数ページ別指定］などをオンにしている場合は、それぞれのヘッダーに配置してください。

▼背景色を設定し、ヘッダーにオートシェイプを配置

ヘッダー・フッター画面に本文領域より少し大きい四角形を描き、塗りつぶし色を［白］に設定。配置形式は［背面］または［前面］

オートシェイプの位置を正確に決めるには左図の［書式］-［位置］-［その他のレイアウトオプション…］をクリック。
基準を［ページ］または［余白］にすれば、ヘッダー段落に手を加えても図の位置は動かない。

補足 背景色が表示されない場合は［Word のオプション］ダイアログボックスの［詳細設定］-［構成内容の表示］-［印刷レイアウト表示で背景の色とイメージを表示する］がオンになっているかどうか確かめてください。また、背景色を印刷するには同ダイアログボックスの［表示］-［印刷オプション］-［背景の色とイメージを印刷する］をオンにする必要があります。

2-4 ページ飾りとレイアウト　　2013　2010　2007

046 ページ幅一杯に「キリトリ線」を付ける

「キリトリ線」を付けるにはいくつかの方法がありますが、「オートシェイプは扱いにくい」という方のために、段落罫線またはタブのリーダー罫を使う方法を紹介します。インデントとタブ設定だけで処理できるので簡単です。

操作 単純に罫線を引くだけでよければ、段落罫線が便利です。段落の下に設定し、左右の余白幅に合わせてマイナスのインデントを設定します。

▼段落罫線を使ったキリトリ線

「キリトリ線」の文字を罫線の上に乗せる場合はタブのリーダー罫を使います。ページ幅の中央に [中央揃え] タブ、ページの右端に任意のタブを、リーダーオプション付きで設定します*。また、左インデントは左余白の分だけマイナスの値を設定します。これで、「タブ文字」「キリトリ線」「タブ文字」のように入力すればでき上がります。

→ 199 ページ「141 文字間を……で埋める」参照。

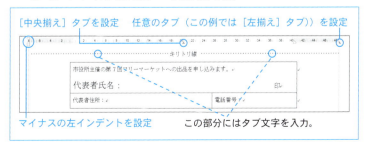

047 本文行に合わせて便箋を作る

Wordには、行ごとに罫線を付ける機能はありません。そこで、オートシェイプを使ってヘッダー・フッター画面に便箋を表示する方法を紹介します。[ページ設定]ダイアログボックスの[行数：]＋1本の罫線を描き、本文段落の行高を正しく設定すれば、便箋のような体裁になります。

操作 あらかじめ[ページ設定]ダイアログボックスの[行数：]を確かめ、オートシェイプの[フリーフォーム]で適当な長さの横線を描きます。次に、下図の手順で横線を複製し、グループ化した上で、本文領域に合わせて位置とサイズを調整します。

なお、ここでは直線の描画に「描画キャンバス」を使っています。その理由については後述の「補足」をご参照ください。

▼本文上に描画キャンバスで平行線を描く

本文上で[挿入]-[図形]-[新しい描画キャンバス]をクリックし、描画キャンバスを挿入

[フリーフォーム]で短い横線を描く

　水平線を描くには[Shift]キーを押したままで横にドラッグ。

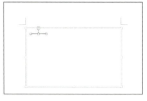

[行数：]の数だけ[Ctrl]＋[D]キーを押し、横線を複製

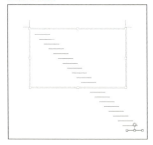

これで「行数＋1」の横線が描かれる。

全体が収まるように描画キャンバスの高さを調整（幅はそのままでよい）

（Word2013でのみ表示されるボタン）

▼平行線の左端を揃えてグループ化する

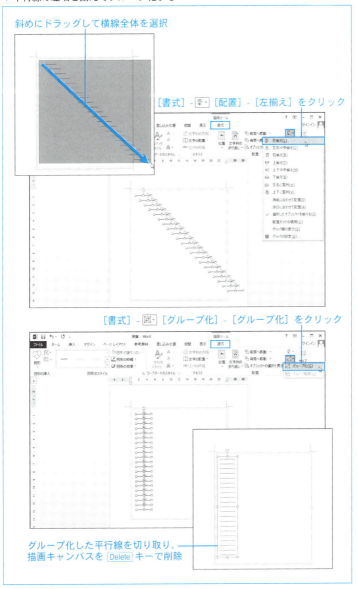

▼ グループ化した平行線をヘッダーに貼り付けて仕上げる

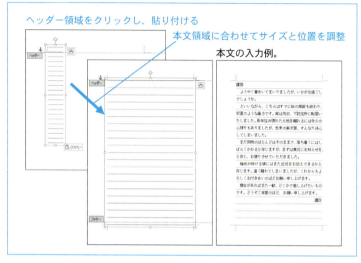

補足 オートシェイプの [直線] は、名前は「直線」ですが、通常の線ではなく図形どうしをつなぐ「コネクタ」の一種です。文字どおりの直線を描くには [フリーフォーム] を使ってください。

オートシェイプをグループ化するには対象となる図形全体を選択する必要があります。本文上などに直接描いた場合、Word2007では [ホーム]-[編集]-[選択]-[オブジェクトの選択] を使えば、斜めドラッグで簡単に選択できますが、Word2013/2010ではオートシェイプに対しては使えません。かわりに [ホーム]-[編集]-[選択]-[オブジェクトの選択と表示] で [選択] ウィンドウを呼び出すという方法もありますが、複数のオートシェイプの選択が少し面倒です（Ctrlキーを押したままで図の名前をクリック）。そこで、ここでは「描画キャンバス」を使うという方法を紹介しました。

上記の手順で、[ページ設定] ダイアログボックスの [行送り:] と同じ間隔の平行線が描かれます。これで、本文の行高を [行送り:] に合わせれば*、便箋と本文が一致することになります。

→ 179ページ「127 段落の行高をページ設定の行送りに合わせる」参照。

Chapter 3

文字入力のテクニック

048 変換候補の仮名文字を非表示にする

日本語入力システム「Microsoft IME」で変換キーを押すと、変換候補には仮名文字も表示されます。しかし、「ひらがな」は入力した文字をそのまま確定するか [F6] キーを押して確定すればよく、変換操作を行う必要はありません。また、「カタカナ」は [F7] キーまたは [Ctrl] + [I] キーで強制変換できます。日本語入力システム「ATOK」は、最初の設定では変換候補に「ひらがな」が表示されますが、上記と同じショートカットキーで強制変換できます。そこで、仮名文字を変換候補に表示させないオプションを紹介します。

操作 変換候補で仮名文字を表示させないようにするには各日本語入力システムのダイアログボックスで次のように設定します。

▼ 変換候補の仮名文字を非表示にする（Microsoft IME）

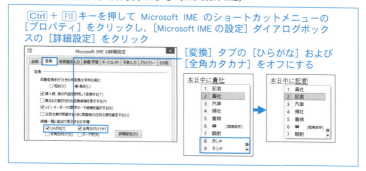

[Ctrl] + [F10] キーを押して Microsoft IME のショートカットメニューの [プロパティ] をクリックし、[Microsoft IME の設定] ダイアログボックスの [詳細設定] をクリック

[変換] タブの [ひらがな] および [全角カタカナ] をオフにする

▼ 変換候補の仮名文字を非表示にする（ATOK）

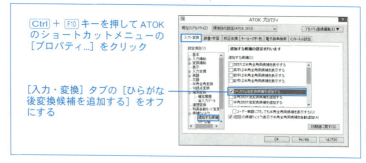

[Ctrl] + [F10] キーを押して ATOK のショートカットメニューの [プロパティ...] をクリック

[入力・変換] タブの [ひらがな後変換候補を追加する] をオフにする

3-1 入力・変換

2013　2010　2007

049 文字種によって全角・半角を強制変換する

英数記号とカタカナには全角と半角がありますが、同じ文書内で両者が混在するのは好ましくありません。不統一を避ける最良の方法は入力時に両者をきちんと使い分けることです。それには日本語入力システムの文字種強制変換機能が便利です。

操作 入力した文字種に応じて自動的に全角または半角に変換するには各日本語入力システムのダイアログボックスで次のように設定します。これで、入力後に [スペース] キーまたは [変換] キーを押すと、自動的に文字種が変換されます。

▼ 入力した文字種の全角・半角を強制するオプション（Microsoft IME）

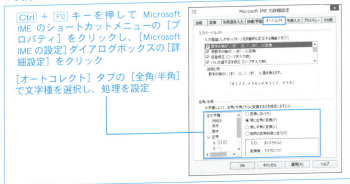

[Ctrl] + [F10] キーを押して Microsoft IME のショートカットメニューの [プロパティ] をクリックし、[Microsoft IME の設定] ダイアログボックスの [詳細設定] をクリック

[オートコレクト] タブの [全角/半角] で文字種を選択し、処理を設定

▼ 入力した文字種の全角・半角を強制するオプション（ATOK）

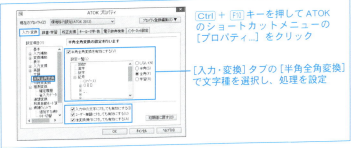

[Ctrl] + [F10] キーを押して ATOK のショートカットメニューの [プロパティ...] をクリック

[入力・変換] タブの [半角全角変換] で文字種を選択し、処理を設定

Chapter 3 文字入力のテクニック

3-1 入力・変換

2013 2010 2007

050 「、。」と「,.」を楽に切り替える

句読点は、縦書きの文書では「、。」を使いますが、横書きでは「,.」を使うこともあります。[,][.]キーでどちらを入力するかはオプションで設定できますが、頻繁に使い分ける場合は切り替えの機能にショートカットキーを割り当てる方法が便利です。ここでは、あまり使うことのない[カタカナひらがな]キーに割り当てる例について説明します。

▼ショートカットキーの設定を変える（Microsoft IME）

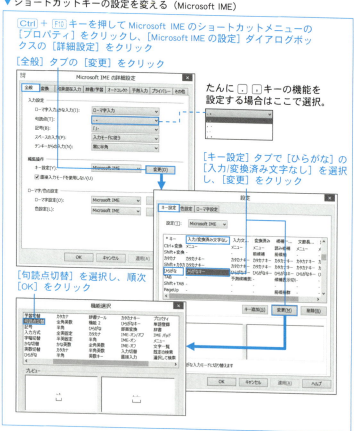

▼ 。 、キーの機能とショートカットキーの設定を変える（ATOK）

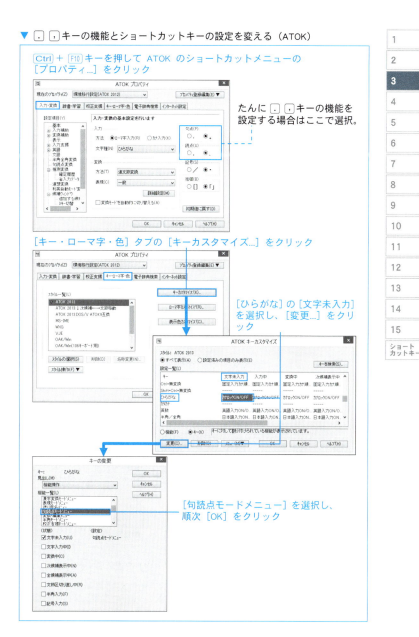

3-1 入力・変換

2013 2010 2007

051 入力変換中の表示をわかりやすくする

「Microsoft IME」では、入力中の注目文節は太下線、それ以外は細い下線で示されますが、あまり見やすいとは言えません。不便を感じている方は、表示方法を変えてみてください。

▼「Microsoft IME」の変換時の表示を変える

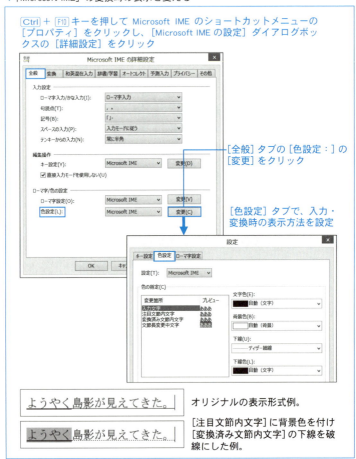

Ctrl + F10 キーを押して Microsoft IME のショートカットメニューの [プロパティ] をクリックし、[Microsoft IME の設定] ダイアログボックスの [詳細設定] をクリック

[全般] タブの [色設定：] の [変更] をクリック

[色設定] タブで、入力・変換時の表示方法を設定

オリジナルの表示形式例。

[注目文節内文字] に背景色を付け [変換済み文節内文字] の下線を破線にした例。

3-1 入力・変換　　　　　　　　　　　　　　　2013　2010　2007

052 文中の単語を日本語入力システムに登録する

入力しにくい単語や長い語句、頻繁に使う語句などは、簡単な読みで日本語入力システムに登録すれば、入力作業が楽になります。Wordでは、入力済みの文字範囲を選択してから単語登録用のダイアログボックスを呼び出せば、選択範囲が登録単語欄に自動的に取り込まれます。

操作 単語登録用のダイアログボックスを呼び出すには[校閲]-[日本語入力辞書への単語登録]をクリックします。Word2007でATOKを使っている場合は登録後にエラーメッセージが表示されますが、問題なく登録できます。

▼入力済みの単語を日本語入力システムの辞書に登録する

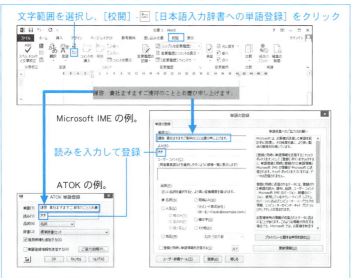

補足 [校閲]-[日本語入力辞書への単語登録]の短縮キーは [Alt] + [R]、[T] [U] ですが、ショートカットキー*を割り当てておけばさらに素早く操作できます。コマンド名は「EditUpdateIMEDic」です。
→ 746ページ「591 コマンドなどにショートカットキーを割り当てる」参照。

95

053 同じ語句をあちこちに入力する

入力済みの文書で、同じ語句をあちこちに追加・訂正するような場合、1箇所に入力して「コピー」→「貼り付け」という方法もありますが、繰り返しのショートカットキー F4 を使えば、さらに簡単に処理できます。

操作 まず1箇所に入力し、別の箇所に文字カーソルを移動して F4 キーを押します。これで直前の入力語句が追加されます。範囲を選択して押した場合は、その範囲が直前の入力語句に置き換わります。別の操作を行うまでは、何箇所でも連続して追加・訂正できます。

▼同じ語句をあちこちに入力する

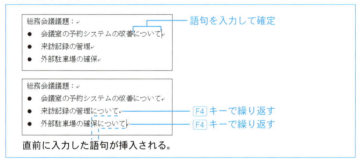

直前に入力した語句が挿入される。

補足 上記の方法で F4 キーによって繰り返されるのは、直前に入力した語句だけです。したがって、長い語句を繰り返し追加するには、分割せずにまとめて入力し、変換→確定する必要があります。

▼長い語句もまとめて入力

3-2 英字・欧字・記号類の入力　　　2013　2010　2007

054 ひらがな入力モードのままで英字を入力する

和文の中で半角の英字を入力するには「日本語入力システムをオフにする」「変換機能を使う」などの方法がありますが、ひらがな入力モードのままで一時的に入力モードを切り替えることもできます。

操作 下図のオプションをオンにすると、「Microsoft IME」では [Shift] キー、「ATOK」では [Shift] + 英字キーで半角英字モードに切り替わり、[Enter] キーで確定すると元の入力モードに戻ります。

▼英字入力切り替え機能を有効にする（Microsoft IME）

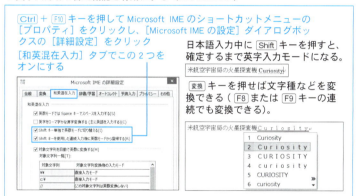

[Ctrl] + [F10] キーを押して Microsoft IME のショートカットメニューの [プロパティ] をクリックし、[Microsoft IME の設定] ダイアログボックスの [詳細設定] をクリック
[和英混在入力] タブでこの2つをオンにする

日本語入力中に [Shift] キーを押すと、確定するまで英字入力モードになる。

[変換] キーを押せば文字種などを変換できる（[F8] または [F9] キーの連続でも変換できる）。

▼英字入力切り替え機能を有効にする（ATOK）

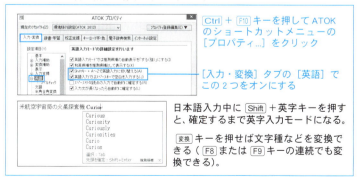

[Ctrl] + [F10] キーを押して ATOK のショートカットメニューの [プロパティ...] をクリック

[入力・変換] タブの [英語] でこの2つをオンにする

日本語入力中に [Shift] + 英字キーを押すと、確定するまで英字入力モードになる。

[変換] キーを押せば文字種などを変換できる（[F8] または [F9] キーの連続でも変換できる）。

3-2 英字・欧字・記号類の入力　　2013　2010　2007

055 αβγ……などのギリシャ文字を入力する

ギリシャ文字は「あるふぁ→α」「べーた→β」のように読みで変換できますが、MS-IMEでは全角しか入力できません。

半角のギリシャ文字を入力するには2つの方法があります。ひとつは英字に「Symbol」フォントを適用する方法、もうひとつは欧文フォントに含まれているギリシャ文字を使う方法です*。ここでは前者の方法について解説します。

→ 100ページ「057 フランス語やドイツ語を入力する」参照。

なお、「Symbol」フォントによる方法は英字をギリシャ文字で表示するだけです。したがって、「Century」などのフォントに変えれば英字に戻ります。

操作 日本語入力システムをオフにして文字カーソル位置に「Symbol」フォントを適用します。これで、以降に入力する英字はギリシャ文字で表示されます。ギリシャ文字の入力を終えるには、Ctrl + スペース キーを押します。また、入力済みの英字範囲を選択して「Symbol」フォントを適用してもギリシャ文字に変換できます。元の英字に戻すには Ctrl + スペース キーを押します。

▼ ギリシャ文字を入力する

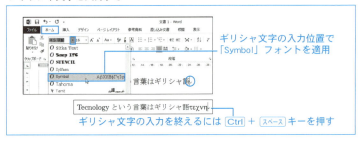

▼ 英字とギリシャ文字の対応

ABCDEFGHIJKLMNOPQRSTUVWXYZ
ABXΔEΦΓHIϑKΛMNOΠΘPΣTYςΩΞΨZ

abcdefghijklmnopqrstuvwxyz
αβχδεφγηιφκλμνοπθρστυϖωξψζ

| 補足 | 「Symbol」フォントを適用するには [Ctrl] + [Shift] + [Q] キーを押すという方法もありますが、状況によっては 2 文字目以降が元のフォントに戻るなど、扱いが少し煩雑です。

ショートカットキーでフォントを適用する場合は、そのフォントにショートカットキーを割り当てるか、文字スタイルにフォントを登録し、その文字スタイルにショートカットキーを割り当てます*。

→ 746 ページ「591 コマンドなどにショートカットキーを割り当てる」参照。

3-2 英字・欧字・記号類の入力　　2013　2010　2007

056 アクセントやウムラウト付きの文字を入力する

各国語の文字を大量に入力する場合は専用の「キーボード」を Windows に登録する方法(次項参照)をお勧めしますが、たまに入力するだけであれば、次のショートカットキーを覚えておくと便利です。

操作 下表右欄のショートカットキーに続いて英字・記号を入力します。

アクセント	à、è、ì、ò、ù À、È、Ì、Ò、Ù	[Ctrl] + [Shift] + [`]、英字
アポストロフィー	á、é、í、ó、ú Á、É、Í、Ó、Ú	[Ctrl] + [Shift] + [']、英字
ウムラウト	ä、ë、ï、ö、ü Ä、Ë、Ï、Ö、Ü	[Ctrl] + [:]、英字
エスツェット	ß	[Ctrl] + [Shift] + [&]、[S]
オングストローム	å、Å	[Ctrl] + [@]、[A] または [A]
キャレット	â、ê、î、ô、û Â、Ê、Î、Ô、Û	[Ctrl] + [^]、英字
セディーユ	ç、Ç	[Ctrl] + [,]、[C] または [C]
チルダ	ã、ñ、õ Ã、Ñ、Õ	[Ctrl] + [Shift] + [~]、英字
逆感嘆符	¡	[Alt] + [Ctrl] + [Shift] + [!]
逆疑問符	¿	[Alt] + [Ctrl] + [Shift] + [?]
発音記号	æ、Æ	[Ctrl] + [Shift] + [&]、[A] または [A]
	œ、Œ	[Ctrl] + [Shift] + [&]、[O] または [O]
その他	ð、Ð	[Ctrl] + [Shift] + [']、[D] または [D]
	ø、Ø	[Ctrl] + [/]、[O] または [O]

3-2 英字・欧字・記号類の入力

2013 2010 2007

 フランス語やドイツ語を入力する

欧文フォントの多くは、記号類やギリシャ文字などを備えています。これらの文字はWordの［挿入］-［記号と特殊文字］-［その他の記号］からでも挿入できますが、頻繁に使う場合はWindowsに各国語に対応したキーの割り付け機能（キーボード）を登録する方法が便利です*。日本語入力と各国語の入力は、ショートカットキーで簡単に切り替えることができます。

→ キーボードの配列については102ページのTips「各国語のキーボード配列を確かめる」参照。

操作 各国語用のキーボードは［コントロールパネル］から登録します。下図はWindows8の例ですが、Windows7、Vistaでも同様です。

▼Windowsに各国語用のキーボードを登録する

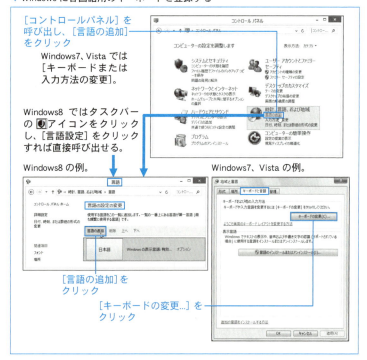

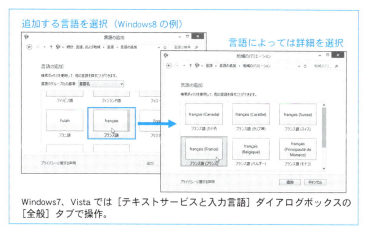

Windows7、Vista では [テキストサービスと入力言語] ダイアログボックスの [全般] タブで操作。

> 補足　入力言語を切り替えるには、キーボード左側の [Alt] + [Shift] キーを押します。Windows8 では、[Windows] + [スペース] キーを押せば、入力システムを切り替えることができます。たとえば「Microsoft IME」と「ATOK」を使っているような場合はこの方法で切り替えます。
> 入力言語切り替えのショートカットキーを変えるには次のように操作します。

▼ キーボードの切り替え方法を設定

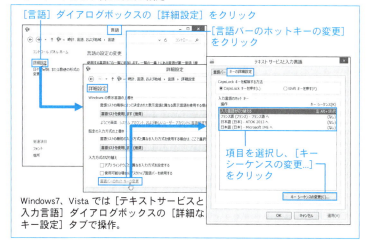

Windows7、Vista では [テキストサービスと入力言語] ダイアログボックスの [詳細なキー設定] タブで操作。

Tips 各国語のキーボード配列を確かめる

前項で紹介した各国語のキーボードを使うと、キーによってはキートップの表示とは異なる文字が入力されます。キーボードの配列を確かめるには、Windowsの「スクリーンキーボード」を利用すると便利です。

スクリーンキーボードを呼び出すには、Windows8 では画面右に呼び出されるチャームバーの[検索]で「スクリーンキーボード」を検索するか、[設定] - [PC設定の変更]をクリックし、[PC設定]画面で[簡単操作] - [キーボード]の[スクリーンキーボード]をオンにします。

Windows 7、Vista ではスタートメニューで「スクリーン キーボード」を検索するか、[すべてのプログラム]→[アクセサリ]→[コンピュータの簡単操作]→[スクリーン キーボード]をクリックします。Windows 7、Vista で検索する場合は「スクリーン」と「キーボード」の間に半角スペースを入れないと検索できません。

これで、現在選択しているキーボードの配列が表示されます。[Shift]キーを押せば、[Shift]キー押下時の表示に変わります。

Windows 7、Vista の場合:
スタートメニューで「スクリーン キーボード」を検索し、ここをクリック

Windows 8 の場合:
チャームバーで「スクリーンキーボード」を検索し、ここをクリック

間に半角スペースを入力

フランス語のキーボード例。

[Shift]キーを押した場合。

3-2 英字・欧字・記号類の入力　　2013　2010　2007

058 読みのわからない記号や単位を入力する

入力したい文字の「読み」がわからない場合に覚えておきたいのが、「分類名」による変換と、日本語入力システムの手書き検索です。

操作　「きごう」や「ずけい」、「けいさん」や「たんい」などの分類名を入力して変換します。

▼ 文字の分類名で変換する（「Microsoft IME」の例。ATOK も同様）

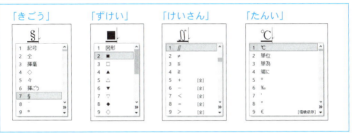

操作　手書き検索を行うには、「Microsoft IME」では「IME パッド」を、「ATOK」では「手書き文字入力」を呼び出し、検索したい文字をドラッグで描きます。

▼ 日本語入力システムの手書き検索機能を利用する

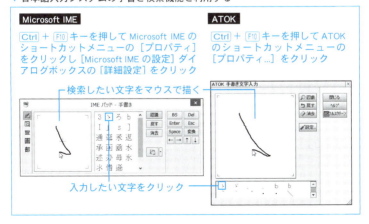

059 本文中に数式用の特殊文字を入力する

Wordで本格的な数式を入力するには次項の「数式ビルダ」を使うのが定番ですが、普通の文章中に数学記号を入力する場合は、「数式オートコレクト」が便利です。たとえば「¥cap」に続けて [スペース] キーを押すと「∩」に、「¥sqrt」に続けて [スペース] キーを押すと「√」に置換されます。

操作 「数式オートコレクト」はWordの最初の設定ではオフになっています。次のオプションをオンにした上で、文章内で［修正文字列］を入力して [スペース] キーを押すと［修正後の文字列］に置換されます。

▼「数式オートコレクト」機能をオンにする

2013/2010 ［ファイル］-［オプション］をクリック
2007 －［Wordのオプション］をクリック

［文章校正］-［オートコレクトのオプション］-［オートコレクトのオプション...をクリック

［数式オートコレクト］タブの2つのオプションをオンにする

数式オートコレクトの一覧。左欄の文字を入力して [スペース] キーを押すと右欄の内容に置換される。

3-3 数式の入力　　　　　　　　　　　　　　　2013　2010　2007

060 数式ビルダによる数式をキーボードで入力する

Wordで複雑な数式を入力するには「数式ビルダ」を使います。数式ビルダはマウスでも操作できますが、素早く入力するならキーボードによる操作を覚えることをお勧めします。

操作 数式ビルダの基本手順は「数式ホルダーの挿入」→「数式を行形式で入力」→「2次元形式への変換」です。

キーボードで数式ホルダーを挿入するには [Alt] + [Shift] + [=] キー（英語キーボードでは [Alt] + [=] キー）を押します。

数式はすべて半角で入力します。「×」「÷」など全角文字の演算子は、日本語入力システムでも入力できますが、前項でふれた「数式オートコレクト」の代替文字を覚えれば半角で入力できます。入力した代替文字を数学記号に置換するには [スペース] キーを押します。具体的な代替文字は「数式オートコレクト」の一覧で確かめてください。

数式ビルダの最初の設定では、行形式の数式の直後で [スペース] キーを押すと2次元形式に変わります。また、「¥」などでも変わります。

▼キーボードによる数式ビルダの操作例

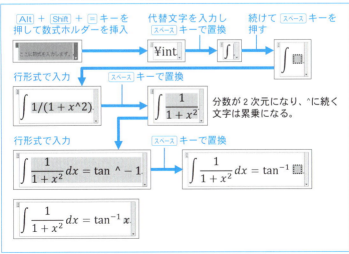

061 数式のサイズと位置を簡単に調節する

「数式ビルダ」による「数式ホルダー」内のフォントサイズは挿入箇所の段落のフォントサイズが基準になります。数式のフォントサイズは普通の文字と同様に調整できますが、専用の文字スタイルを作れば設定の手間が省けます。「独立数式」の場合、左右配置は数式ホルダーの設定に従います。たとえば本文より少し下げた位置で「独立数式」の左端を揃えたいという場合は、「独立数式」自体の配置を［左揃え］に設定した上で、「独立数式」の段落のインデントを調整します。この場合も、専用の段落スタイルを作っておけば、設定が楽になります。

操作 「文中数式」の文字書式を設定するには専用の文字スタイルを作ります。「独立数式」も、文字書式の調整だけでよければ文字スタイルで対処できます。「独立数式」の左端の位置や行高を調整する場合は専用の段落スタイルを作ります。

▼数式のフォントサイズを大きくする

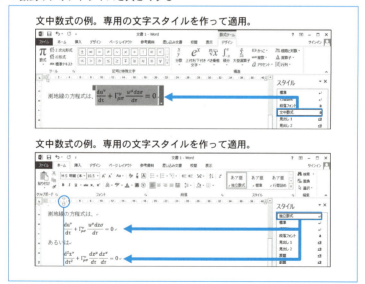

Chapter

4

文字編集のテクニック

4-1 カーソル移動　　　　　　　　　　　　　　2013　2010　2007

062 文字カーソルを
キーボードで素早く移動する

文章の入力や手直し作業をスムースに行う上で最も大切な操作が文字カーソルの移動です。方法はたくさんありますが、ここではとくに覚えておきたいショートカットキーをまとめてみました。このほか、「8-1 検索・置換・ジャンプの基本操作」の各項もご参照ください。

移動単位	ショートカットキー	移動先
単語	Ctrl + ←	前の単語の先頭に移動
単語	Ctrl + →	次の単語の先頭に移動
行	Home	行頭に移動
行	End	行末に移動
段落	Ctrl + ↑	段落の先頭に移動
段落	Ctrl + ↓	次の段落の先頭に移動
画面	Page Up	1画面分前へ移動
画面	Page Down	1画面分後へ移動
文書	Ctrl + Home	文頭に移動
文書	Ctrl + End	文末に移動
その他	Ctrl + Page Up	現在位置より前のジャンプ対象へ移動
その他	Ctrl + Page Down	現在位置より後のジャンプ対象へ移動
その他	Shift + F5	前回操作した箇所へ移動
その他	Alt + Ctrl + Z	押すたびに3回前までさかのぼり、4回目で元の位置に戻る

4-1 カーソル移動　　　　　　　　　　　　　　2013　2010　2007

063 文字カーソルを
スクロールバーで素早く移動する

垂直スクロールバーをマウスの左ボタンで押さえてドラッグすると、現在表示されている画面のページ番号が表示されます。文書内で［見出し］スタイルを使っていれば、最寄りの見出し段落も表示されます。

垂直スクロールバー上の任意の場所で右クリックすると移動先のメニューが表示され、メニューをクリックして ↑ ↓ ← → キーを押せば、移動先画面のどこかにジャンプできます。

▼ 垂直スクロールバーで移動する

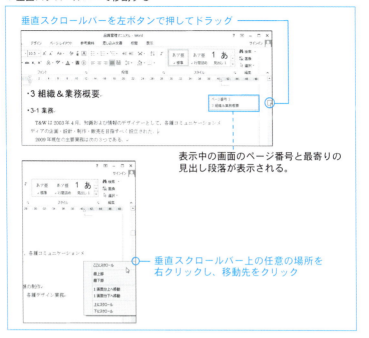

表示中の画面のページ番号と最寄りの見出し段落が表示される。

垂直スクロールバー上の任意の場所を右クリックし、移動先をクリック

補足 ▶ 垂直スクロールバー全体は文書全体の長さを示しているので、たとえば中ほどを右クリックして移動先メニューの［ここにスクロール］をクリックすれば、文書の中ほどにジャンプできます。

移動先メニューの［最上部］［最下部］は文頭・文末へジャンプします。これらは前項でふれた Ctrl + Home キー、Ctrl + End キーと同じです。

［1画面分上へ移動］［1画面分下へ移動］は Page Up キー、Page Down キーと同じです。

［上にスクロール］［下にスクロール］は画面を少しだけスクロールします。通常は使うことはありません。

なお、たんに別の場所を確かめるだけで、文字カーソルは元の位置に置きたいという場合の対策については次項をご参照ください。

4-1 カーソル移動　　2013　2010　2007

064 スクロール後、素早く元の位置に戻る

Wordの古いバージョンでは、スクロールバーを使ってスクロールしても ↑ ↓ ← → キーを押せば元の画面に戻りましたが、Word2007以降ではスクロール先の画面内に移動する仕様に変わりました。それなりに便利ですが、元の方式の方がよい、という場合の対策を2つ紹介します。ひとつは簡単な裏技、もうひとつはオプションの変更です。

操作 裏技では、スクロール先で [Shift] + ← キー、または [Shift] + → キーを押します。これで、スクロール前の文字カーソル位置を基点に、その前後の1文字が選択されて元の画面に戻ります。

文字カーソルをスクロール先の画面内に移動する機能のことを「スマートカーソル」と呼びます。この機能を無効にするには、[Wordのオプション] ダイアログボックスを呼び出し、[スマートカーソルを使用する] をオフにします。これで、以前のWordと同様に、スクロールしても ↑ ↓ ← → キーで元の画面に戻るようになります。

▼「スマートカーソル」の機能を無効にする

2013/2010 [ファイル]-[オプション] をクリック
2007 ●-[Wordのオプション] をクリック

[詳細設定]-[編集オプション]-[スマートカーソルを使用する] をオフにする

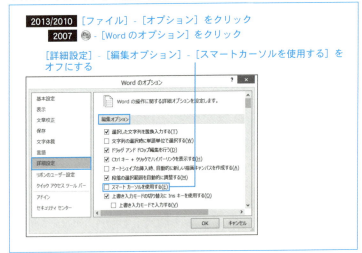

4-1 カーソル移動　　2013　2010　2007

065 画面をマウスで自在にドラッグする

文書が画面からはみ出すほどズームした場合、スクロールバーで画面の各所を見るのは面倒です。そこで活用したいのが「手のひら」ツールです。

操作 「手のひら」ツールはリボン上にはないので、利用するにはコマンドをクイックアクセスツールバーなどに組み込む必要があります。

▼「手のひら」ツールを利用する

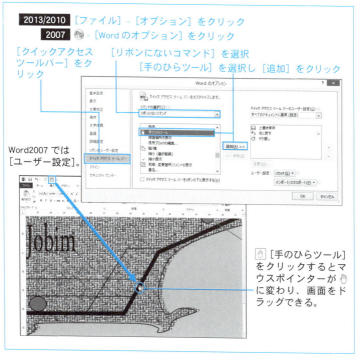

2013/2010 ［ファイル］-［オプション］をクリック
2007 －［Wordのオプション］をクリック

［クイックアクセスツールバー］をクリック
［リボンにないコマンド］を選択
［手のひらツール］を選択し［追加］をクリック

Word2007では［ユーザー設定］。

[手のひらツール]をクリックするとマウスポインターが に変わり、画面をドラッグできる。

補足 クイックアクセスツールバーに組み込んだ ［手のひらツール］をクリックするとマウスポインターが に変わります。この状態で画面をドラッグすれば画面を自由に動かすことができます。作業を終えたら Esc キーを押すか、または をクリックします。

Chapter 4 文字編集のテクニック

4-1 カーソル移動

2013 2010 2007

066 画面をオートスクロールする

画面を楽にスクロールするには [Page Up] [Page Down] キーやマウスのホイールボタンを使う方法がありますが、究極は画面の「オートスクロール」です。実行すると、ストップするまで自動的にスクロールし続けます。スクロールの方向と速度を調整することもできます。

操作 画面の「オートスクロール」機能を利用するには、[マクロ] ダイアログボックスを呼び出し、[コマンドマクロ] の [AutoScroll] コマンドを実行します。同ダイアログボックスを呼び出すには [Alt] + [F8] キーが便利です。

前項同様に [オートスクロール] コマンドをクイックアクセスツールバーに組み込むこともできますが、独自のボタンイメージを持っていないので、わかりにくいのが難点です。頻繁に使いたい場合は、[AutoScroll] コマンドにショートカットキーを割り当てておくとよいでしょう。

→ 746 ページ「591 コマンドなどにショートカットキーを割り当てる」参照。

▼「オートスクロール」機能を利用する

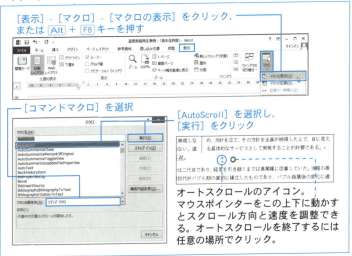

[表示] - [マクロ] - [マクロの表示] をクリック、または [Alt] + [F8] キーを押す

[コマンドマクロ] を選択

[AutoScroll] を選択し、[実行] をクリック

オートスクロールのアイコン。マウスポインターをこの上下に動かすとスクロール方向と速度を調整できる。オートスクロールを終了するには任意の場所でクリック。

4-2 文字列・段落の選択

2013 | 2010 | 2007

067 マウスで単語・センテンス、行・段落を選択する

文書の手直しなどでは、単語やセンテンス、段落などをまとめて処理する場合が少なくありません。そこで知っておきたいのが、マウスによる範囲選択です。段落内をクリックする方法と、余白部で操作する方法があります。

操作場所	操作	選択対象
段落内	ダブルクリック	単語
	Ctrl + クリック	センテンス
	トリプルクリック	段落全体
段落最下行の右余白部	ダブルクリック	段落記号
左余白部	クリック	行
	縦にドラッグ	連続する行範囲
	Ctrl + クリック	文書全体
その他	いずれかの範囲を選択し、Ctrl キーを押したままで別の範囲を選択	複数箇所を選択

補足 重要語句に文字書式を設定する場合などはダブルクリックによる単語選択が便利です。たとえば「太字」の設定は「ダブルクリック→ Ctrl + B キー」の繰り返しで作業を進めることができます。

Ctrl +クリックによる「センテンス」とは、句点、ピリオド、段落記号 ↵のいずれかで区切られた範囲のことです。

段落最下行の右余白部をダブルクリックすると段落記号 ↵が選択されます。この操作は「段落罫線」を設定する場合に役立ちます。

書式設定用のボタンのほとんどは文字書式専用または段落書式専用なので、選択対象の区別に気をつかう必要はありませんが、[ホーム]タブの [下罫線] をはじめとする罫線関係のボタンは、段落記号を含まない範囲に対して実行すると文字の「囲み線」が設定されます。したがって、段落罫線を設定する場合は必ず段落記号 ↵を含めて範囲選択する必要があります。段落記号 ↵だけでもかまいません。もちろん段落全体を選択してもよいのですが、行数の多い段落などでは段落記号 ↵右端のダブルクリックを覚えておくと便利です。

4-2 文字列・段落の選択

2013 2010 2007

068 ドラッグ選択による段落記号の自動選択を解除する

Wordの最初の設定では、段落の先頭から末尾の文字までドラッグすると自動的に段落記号 ↵ も選択されます。選択範囲から段落記号を除外したい場合、マウスを動かせば範囲を縮めることはできますが、余計な手間がかかります。

操作 ［Wordのオプション］ダイアログボックスを呼び出し、［段落の選択範囲を自動的に調整する］をオフにします。

▼ 段落記号 ↵ の自動選択オプションをオフにする

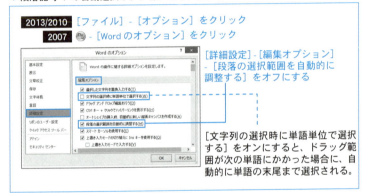

2013/2010 ［ファイル］-［オプション］をクリック
2007 ●-［Wordのオプション］をクリック

［詳細設定］-［編集オプション］-［段落の選択範囲を自動的に調整する］をオフにする

［文字列の選択時に単語単位で選択する］をオンにすると、ドラッグ範囲が次の単語にかかった場合に、自動的に単語の末尾まで選択される。

4-2 文字列・段落の選択

2013 2010 2007

069 矩形の範囲を選択する

Alt キーを押した状態で斜めにドラッグすると、複数行にまたがる矩形の文字範囲を選択できます。下図のような処理で役に立ちます。

▼ 矩形の範囲を選択する

Alt キーを押したままで斜めにドラッグ

まとめて「囲み線」を設定した例。

4-2 文字列・段落の選択

2013　2010　2007

070 キーボードで文字範囲を選択する

マウスによる範囲選択は簡単ですが、入力中の書式設定など、作業によってはキーボードの方が便利です。キーボードによる範囲選択は、基本的には文字カーソルの移動に Shift キーを併用します。

選択単位	ショートカットキー	選択範囲
文字・単語	Shift + ↑ ↓ ← →	選択範囲を矢印方向に拡張
	Shift + Ctrl + ←	単語の先頭まで選択
	Shift + Ctrl + →	単語の末尾まで選択
行	Shift + Home	行頭まで選択
	Shift + End	行末まで選択
段落	Shift + Ctrl + ↑	段落の先頭まで選択
	Shift + Ctrl + ↓	段落の末尾まで選択
画面	Shift + Page Up	1画面分前まで選択
	Shift + Page Down	1画面分後まで選択
文書	Shift + Ctrl + Home	文頭まで選択
	Shift + Ctrl + End	文末まで選択
	Ctrl + A	文書全体を選択

補足 上記のショートカットキーのうち、最後の Ctrl + A キー以外は、現在の文字カーソル位置から「選択範囲」に示した位置までを選択します。したがって、文字カーソルが選択したい範囲の途中にあれば、途中からしか選択されません。

そのような状態で対象全体を選択するには、選択したい範囲の先頭に文字カーソルをいったん移動してから上記のショートカットキーを押します。

たとえば単語の途中で単語全体を選択するには、Ctrl + ← キーを押してから Shift + Ctrl + → キーを押します。段落の途中で段落全体を選択するには、Ctrl + ↑ キーを押してから Shift + Ctrl + ↓ キーを押します。

4-2 文字列・段落の選択

2013 2010 2007

071 広い範囲を選択する

数ページにわたる広い範囲を選択する場合は、マウスとキーボードの併用が便利です。

操作 始点に文字カーソルを置き、Shiftキーを押した状態で終点をクリックします。さらにShiftキーを押したままで別の箇所をクリックしたり、前項のキー操作を行えば、選択範囲を変えることもできます。

▼ Shift+クリックで範囲を選択する

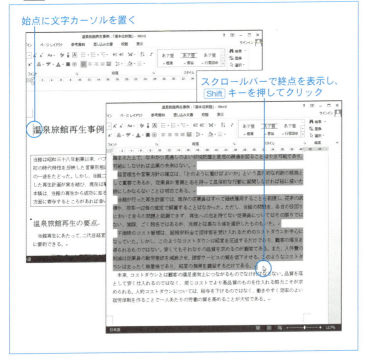

補足 選択を解除する場合、文字カーソルは←キーを押せば選択範囲の先頭に、→キーを押せば末尾に移動します。それ以外の箇所に移動するにはクリックします。

4-2 文字列・段落の選択

2013　2010　2007

072 始点をロックして範囲を楽に設定する

「拡張選択モード」を使うと、範囲選択を楽に行うことができます。選択したい範囲の始点に文字カーソルを置いてからこのモードに入ると始点が固定され、終点はマウスやキーボードで自由に調整できます。とくに広い範囲を選択したり、内容を確かめながら範囲を決める場合に重宝します。

「ブロック選択モード」では、同様の操作で矩形の範囲を選択できます。ただし、終点を決める操作にはキーボードしか使えません。

	ショートカットキー	機能
選択モードの開始と終了	F8	拡張選択モードに入る
	Ctrl + Shift + F8	ブロック選択モードに入る
	Esc	選択モードを強制終了
拡張選択モードの操作	クリックまたはキーボードで終点を調整	
	F8	選択範囲が「単語」→「センテンス」→「段落」→「文書全体」の順に拡張
	Shift + F8	選択範囲が上記の逆順に縮小
	Enter	選択範囲を段落末尾まで拡張。続けて押せば段落単位で拡張する
	任意の文字	入力した文字まで拡張（環境によっては正しく動作しない）
ブロック選択モードの操作	キーボードで終点を調整	

補足　「拡張選択モード」の操作に示した「任意の文字」とは、たとえば「a」を入力すると最寄りの「a」まで範囲が拡張する機能です。ただし、半角英数字に対しては働きますが、それ以外の文字については使用環境によっては正しく働きません。

選択範囲に対して何らかの操作を行うと選択モードは終了します。何もせずに終えるには Esc キーを押します。

ステータスバーの表示項目＊で［選択モード］をオンにすると、「拡張選択モード」では「選択モードの拡張」、「ブロック選択モード」では「ブロック選択」と表示されます。

→ 30ページ「005 ステータスバーの表示項目を切り替える」参照。

4-2 文字列・段落の選択　　　2013　2010　2007

073 章やセクション全体を楽に選択する

［見出し］スタイルで区切られた範囲、あるいはセクション全体などを選択するには、前項で紹介した「拡張選択モード」とジャンプあるいは検索機能の併せ技が便利です。

操作▶ 選択範囲の先頭に文字カーソルを置いて「拡張選択モード」に入り、［検索と置換］ダイアログボックスを呼び出して終点を検索、またはジャンプします。Word2010/2007 では垂直スクロールバー下端の ⊙［ジャンプ先の選択］も利用できます。

下図はジャンプ機能で次の見出しの直前まで選択する例です。

▼ 拡張選択モードでジャンプ機能を使う

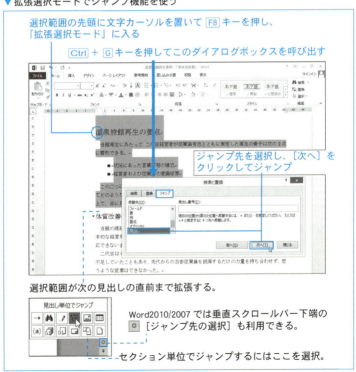

4-2 文字列・段落の選択

2013 | 2010 | 2007

074 見出しとその中身を素早く選択する

Word2013/2010の［ナビゲーション］ウィンドウには、［見出し］スタイルの段落を目次のように表示する「見出しマップ」機能があります。この見出しマップを使うと、特定の見出しとその内容を瞬時に選択することができます。Word2007の「見出しマップ」には選択機能はありません。

操作 ［表示］-［ナビゲーションウィンドウ］をオンにして、［見出しマップ］で見出しを右クリックし、［見出しと内容の選択］をクリックします。

▼「見出しマップ」を使って見出しとその内容を選択する

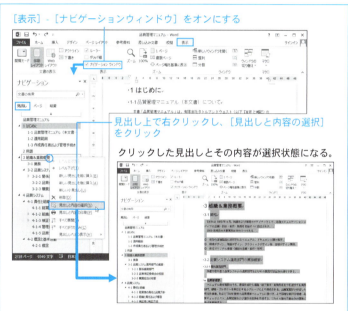

［表示］-［ナビゲーションウィンドウ］をオンにする

見出し上で右クリックし、［見出しと内容の選択］をクリック

クリックした見出しとその内容が選択状態になる。

補足 「見出しマップ」を使うと、見出し単位の移動や削除も簡単に行うことができます*。

→ 389ページ「309 見出しマップで章や節を移動・削除する」参照。

4-2 文字列・段落の選択

2013 2010 2007

075 選択箇所と同じ書式の箇所をまとめて選択する

たとえば「太字」を設定した箇所のフォントをまとめて変えるといったような場合は、同じ書式の選択機能が便利です。ここで紹介するのは、文字カーソルを置いた箇所と同じ段落スタイルで、同じ書式を持つ文字や段落をまとめて選択するという機能です。なお、Word2007でこの機能を利用するには、次項に示す[書式の履歴を使用する]をオンにしておく必要があります。

操作 選択したい書式の箇所に文字カーソルを置き、[ホーム]-[選択]-[類似した書式の文字列を選択]をクリックします。

▼同じ文字書式、同じ段落書式の箇所を選択する

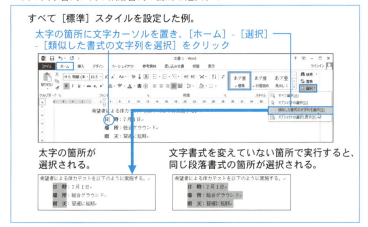

補足 上図の例では、[標準]スタイルのままでインデントを設定し、見出し部分に「太字」を設定しています。「太字」の箇所で実行すると、同じ段落スタイル上の「太字」の箇所が選択されます。文字書式を変えていない場所で実行すると、同じ段落書式の箇所が選択されます。何も変えていない箇所で実行すると、同じ段落スタイルの適用箇所がすべて選択されます。

Word2010/2007では右クリックによるショートカットキーの[スタイル]-[類似した書式の文字列を選択]でも実行できます。

4-2 文字列・段落の選択　　　　　　　　　2013　2010　2007

076 文書内の同じ書式の箇所をまとめて選択する

同じ書式を設定した箇所について、書式をまとめて変更するような場合は、書式の選択機能が便利です。前項の方法はコマンドを実行する箇所によって選択対象が異なるので注意が必要ですが、ここで紹介する方法は、選択対象がもっと明快です。また、文字カーソルはどこにあってもかまいません。

操作 この機能を利用するには、あらかじめ［スタイル］ウィンドウのオプションを変えておく必要があります。

また、Word2007では［Wordのオプション］ダイアログボックスで［書式の履歴を使用する］をオンにしておく必要があります（次ページ）。

▼［スタイル］ウィンドウのオプションを変える

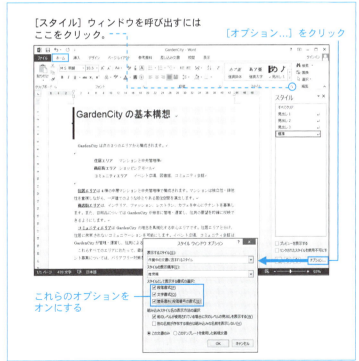

▼「書式の履歴」機能を有効にする（Word2007）

2013/2010 ［ファイル］-［オプション］をクリック
2007 ●-［Wordのオプション］をクリック
［詳細設定］-［編集オプション］-［書式の履歴を維持する］をオンにする

以上の準備ができたら、［スタイル］ウィンドウに表示されている一覧の書式にマウスポインターを合わせ、次のように操作します。

▼同じ書式の箇所を選択する

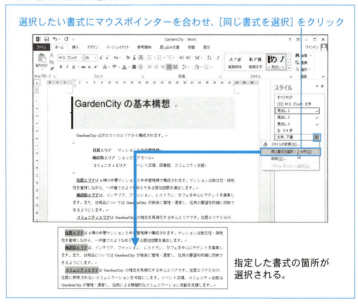

選択したい書式にマウスポインターを合わせ、［同じ書式を選択］をクリック

指定した書式の箇所が選択される。

4-2 文字列・段落の選択

077 同じ書式が連続する範囲を選択する

Wordには、たとえば同じフォントとフォントサイズ、同じインデントやタブ設定が連続する箇所を選択するコマンドが備わっています。使いみちは乏しいかと思いますが、一応紹介しておきましょう。まずは[マクロ]ダイアログボックスで試し、もし使いみちが多ければ、ショートカットキーを割り当ててみてください*。

→ 746ページ「591 コマンドなどにショートカットキーを割り当てる」参照。

コマンド名	機能
SelectCurAlignment	同じ段落配置が続く段落範囲を選択
SelectCurColor	同じ文字色が続く文字範囲を選択
SelectCurFont	同じフォントとフォントサイズが続く文字範囲を選択
SelectCurIndent	同じインデントが続く段落範囲を選択
SelectCurSpacing	同じ行高が続く段落範囲を選択
SelectCurTabs	同じタブ設定が続く段落範囲を選択

▼「SelectCurIndent」と「SelectCurTabs」の実行例

ここに文字カーソルを置いて「SelectCurIndent」を実行。

同じインデントを設定した段落範囲が選択される。

ここに文字カーソルを置いて「SelectCurTabs」を実行。

同じタブ位置を設定した段落範囲が選択される。

078 文字列を素早く移動・コピーする

選択範囲の移動・コピーは、「切り取り・コピー」して「貼り付ける」方法が定番です。「切り取り・コピー」した内容は Windows の「クリップボード」に保管され、別の内容を「切り取り・コピー」するまでは繰り返し貼り付けられるのが利点ですが、その必要がなければ、クリップボードを経由せずに直接移動・コピーすることもできます。

操作 文字列を直接移動・コピーするには、その範囲をいったん選択してから、あらためてドラッグします。そのままドラッグすれば移動、ドラッグ先で Ctrl キーを押せばコピーになります。

▼文字列をドラッグで移動・コピーする

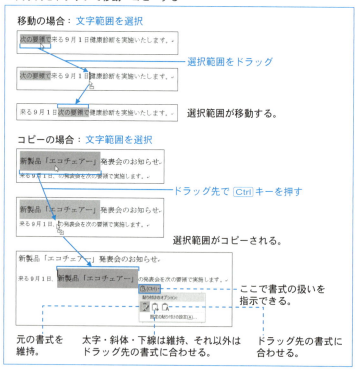

|補足| 前ページの機能を利用するには、[Word のオプション] ダイアログボックスで [ドラッグアンドドロップ編集を行う] をオンにします。ドラッグによる不用意な移動を避けたい場合はオフにしてください。

▼「ドラッグアンドドロップ」のオプションを設定する

2013/2010 [ファイル] - [オプション] をクリック
2007 - [Word のオプション] をクリック

[詳細設定] - [編集オプション] - [ドラッグアンドドロップ編集を行う] をオンにする

4-3 文字列・段落の移動・コピー・削除　　2013　2010　2007

079 ドラッグしてから移動かコピーかを選択する

前項で紹介した「ドラッグアンドドロップ」でコピーするには Ctrl キーを押す必要がありますが、マウスだけでコピーすることもできます。

操作 範囲を選択してマウスの右ボタンでドラッグし、処理を選択します。

▼ 文字列をドラッグしてから処理を選択する

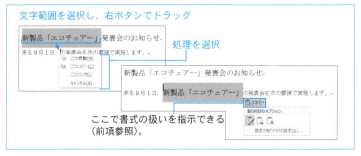

文字範囲を選択し、右ボタンでドラッグ

処理を選択

ここで書式の扱いを指示できる（前項参照）。

080 コピー時に、コピー元への「リンク」を自動設定する

たとえば商品名未定のまま文書を作るような場合、1箇所に仮名を入力し、他の箇所には仮名箇所への「リンク」を挿入するという方法があります。基本的なしくみとしては、仮名の部分に「ブックマーク」を設定し、他の箇所にはそのブックマークへのリンクを設定すればすればよいのですが、手間がかかります。そこで活用したいのが、前項で紹介した「ドラッグアンドドロップ」による方法です。

操作 範囲を選択してマウスの右ボタンでドラッグし、次のようにリンクを設定します。

▼文字範囲をコピーし、コピー元への「リンク」を設定する

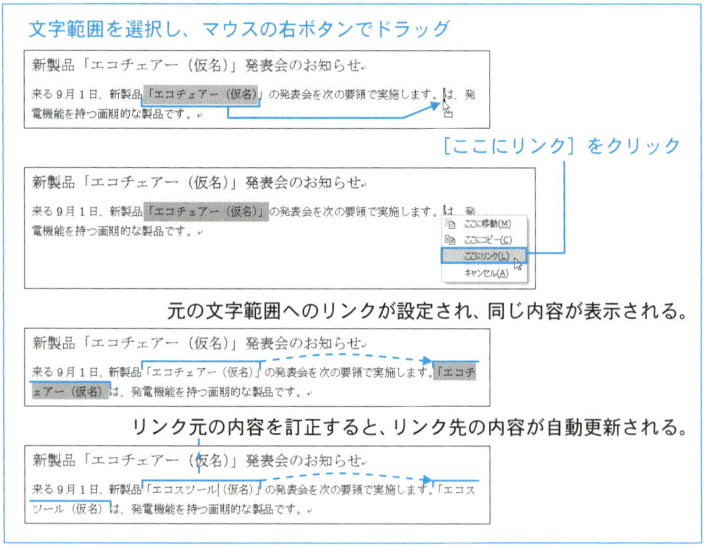

文字範囲を選択し、マウスの右ボタンでドラッグ

[ここにリンク] をクリック

元の文字範囲へのリンクが設定され、同じ内容が表示される。

リンク元の内容を訂正すると、リンク先の内容が自動更新される。

補足 上図の手順でリンクを設定すると、リンク元には自動的に「ブックマーク」が設定され、リンク先にはそのブックマークを参照する「Link」フィールドが挿入されます。ブックマーク名は [挿入] - [リンク] - [ブックマーク] をクリックすれば確かめることができます。

▼リンクコピーによって自動設定されるブックマーク例

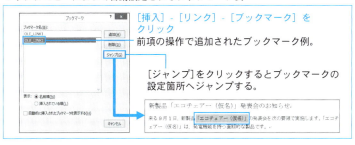

[挿入] - [リンク] - [ブックマーク] をクリック
前項の操作で追加されたブックマーク例。

[ジャンプ]をクリックするとブックマークの設定箇所へジャンプする。

リンク先の文字書式は自由に設定できますが、リンクを更新するとリンク元と同じ書式に戻ってしまいます。この事態を避けるには書式を変更しない箇所をリンクするか、またはリンク先のフィールドに書式更新禁止のオプション「¥*Mergeformat」を追加します。

▼フィールドの書式更新を禁止する

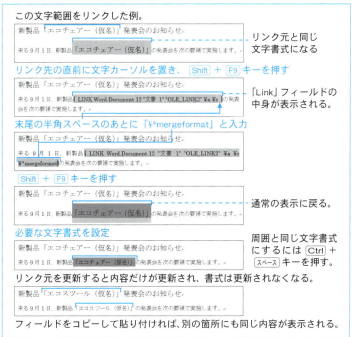

4-3 文字列・段落の移動・コピー・削除　　2013　2010　2007

081 段落範囲を前後に素早く移動する

箇条書きなどの順序を入れ替える場合、すぐに思いつくのは「切り取り」→「貼り付け」です。しかし、Wordにはもっと便利なショートカットキーが用意されています。

ショートカットキー	機能
Alt + Shift + ↑	選択段落全体を前に移動
Alt + Shift + ↓	選択段落全体を後に移動

このショートカットキーを使う場合、あらかじめ段落全体を選択する必要はありません。たとえばひとつの段落だけ移動するにはその段落内に文字カーソルを置いて操作すれば、段落全体が移動し、直後は段落全体が選択状態になります。

なお、この方法で本文段落を表の中へ移動すると正しく処理されないので避けてください。

▼段落をショートカットキーで前後に移動する

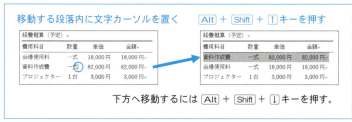

下方へ移動するには Alt + Shift + ↓ キーを押す。

補足 上記のショートカットキーは、「アウトライン」表示モードで選択段落を上下するのが本来の機能です。たとえば同表示モードで表示レベルを絞り込んだ状態で操作すると、レベル単位で段落が移動します。この仕様は、「印刷レイアウト」表示モードでも有効です。

もし目的の場所より遠くへ移動した場合は、Ctrl + Z キーなどでいったん取り消して「アウトライン」表示モードに切り替え、［アウトライン］-［レベルの表示：］を［すべてのレベル］に変えた上で操作し直してください。

4-3 文字列・段落の移動・コピー・削除　　2013　2010　2007

082 段落や図表を切り取って別の場所に集める

Wordには「スパイク」と呼ばれる「切り貼り」のような機能があります。「スパイク」を利用すると、既存文書の必要箇所を切り取って別の場所に貼り付けることができます。切り取る文書は複数でもかまいません。また、「スパイク」に保存できる数は無制限なので、必要箇所をひととおり切り取って集めることができます。

操作　「スパイク」を利用するには次のショートカットキーを使います。

操作	機能
Ctrl + F3	選択範囲を切り取って「スパイク」に保管する
「スパイク」と入力して Enter	「スパイク」の内容を挿入する
Ctrl + Shift + F3	「スパイク」の内容を挿入して「スパイク」を削除する

補足　「スパイク」とは文書パーツの一種です。何らかの対象を選択して Ctrl + F3 キーを押すと「スパイク」という名前の文書パーツが作られ、以降に切り取った内容は「スパイク」に順次保管されます。

「スパイク」に切り取った内容を元の場所に残す場合は、Ctrl + F3 キーで切り取った直後に Ctrl + Z キーを押します。

「スパイク」の内容をあちこちに挿入する場合は、挿入箇所で「スパイク」と入力して Enter キーを押します。この場合、「スパイク」の内容は維持され、さらに Ctrl + F3 キーで内容を追加することもできます。Enter キーが効かない場合は F3 キーを押してください。

▼「スパイク」の内容を挿入

> スパイク (Enter を押すと挿入します)
> スパイク　　　「スパイク」と入力して Enter キーを押す

Shift + Ctrl + F3 キーを押した場合は、「スパイク」の中身が挿入されるだけでなく、「スパイク」自体が削除されます。

4-3 文字列・段落の移動・コピー・削除　　2013　2010　2007

083 単語を素早く削除する

入力済みの文字を Delete キーや Back Space キーで 1 文字ずつ削除するのは大変です。ここで意外に重宝するのが、単語単位で削除するショートカットキーです。

ショートカットキー	機能
Ctrl + Back Space	単語の先頭まで、または前の単語全体を削除
Ctrl + Delete	単語の末尾まで、または次の単語全体を削除

4-3 文字列・段落の移動・コピー・削除　　2013　2010　2007

084 センテンスや段落を素早く削除する

センテンスや段落などの単位で削除する場合は、先に範囲を選択してから削除する方法が便利です。たとえばマウスで範囲選択する場合は、113 ページ「067 マウスで単語・センテンス、行・段落を選択する」で紹介した方法が利用できます。

Delete キー、 Back Space キーはキーボードの右寄りに配置されているので、マウスを右手で操作している場合は、 Ctrl + X キーで削除するという手もあります。

キーボードで範囲選択する場合は 115 ページ「070 キーボードで文字範囲を選択する」で紹介したショートカットキーが利用できます。

たとえば文字カーソルを置いた段落を削除するには、 Ctrl + ↑ キー、 Ctrl + Shift + ↓ キーを続けて押して段落全体を選択してから削除します。

段落単位の削除では、128 ページ「081 段落範囲を前後に素早く移動する」で紹介した Alt + Shift + ↓ キーも便利です。このショートカットキーを使えば、文字カーソルが段落内のどこにあっても段落全体を素早く選択できます。段落が移動しますが、移動後に削除すればよいので差し支えありません。

このほか、いったん削除した後は、削除以外の操作を行うまでは Delete キーや Back Space キーのかわりに F4 キーを使うこともできます。

Chapter 5
文字書式のテクニック

5-1 文字書式の種類と操作の基本　　2013　2010　2007

085 文字書式の種類

文字単位の体裁を「文字書式」と呼びます。Wordの文字書式は次のように分けることができます。

種類		文字書式
必須の文字書式	一覧から選択	フォント、フォントの色
	値を設定	フォントサイズ、文字幅、文字間隔、文字位置
任意の文字書式	オン・オフ	太字、斜体、下線、取り消し線、二重取り消し線 小型英大文字、大文字、隠し文字 上付き、下付き 囲み線、網かけ （Word2007のみ）影付き、中抜き、浮き出し、浮き彫り
	その他	ルビ、組み文字、囲い文字 縦中横、割注、文字の均等割り付け

「必須の文字書式」は必須の書式で、これらが決まらなければ文字を表示できません。「フォント」「フォントの色」は一覧から選択します。「フォントサイズ」「文字幅」「文字間隔」「文字位置」は具体的な値を設定します。

「任意の文字書式」は必要に応じて設定します。「オン・オフ」方式は設定するかしないかの二者択一です。「下線」「囲み線」「網かけ」をオンにした場合は、さらに線種や色などの詳細を設定できます。「その他」はそれぞれ専用のダイアログボックスを使って設定←→解除します。

Tips 文字書式の設定・解除の意味

文字書式にはたくさんの種類がありますが、入力した文字ごとに必要な書式を設定するのは大変です。そこでWordでは、段落の基本的な文字書式を「段落スタイル」で処理するしくみになっています。たとえば最も基本的な［標準］スタイルには、上記の「必須の文字書式」が登録されており、［標準］スタイルを適用するだけでこれらの文字書式を設定できます。一方、適用されている段落スタイルの書式にかかわらず、一部の文字範囲を選択し、その部分だけ文字書式を変えることができます。つまり、直接設定した文字書式は段落スタイルの文字書式より優先されます。
直接設定した文字書式を「解除」すると、その段落に適用されている段落スタイルの文字書式に戻ります。

5-1 文字書式の種類と操作の基本　　2013　2010　2007

086 文字書式をショートカットキーで設定する

文字書式を設定する場合、範囲設定と文字書式のボタンを行き来するのは面倒です。よく使う文字書式はショートカットキーを覚えておくと便利です。

機能	ショートカットキー	コマンド名
[フォント] ダイアログボックスの呼び出し	Ctrl + Shift + F	Font
	Ctrl + Shift + P	FontSizeSelect
	Ctrl + D	FormatFont
「フォントサイズ」を1ランクずつ拡大・縮小する	Ctrl + Shift + >	GlowFont
	Ctrl + Shift + <	ShrinkFont
「フォントサイズ」を1ptずつ拡大・縮小する	Ctrl +]	GlowFontOnePoint
	Ctrl + [	ShrinkFontOnePoint
「太字」の設定と解除	Ctrl + B	Bold
「斜体」の設定と解除	Ctrl + I	Italic
「下線」の設定と解除	Ctrl + U	Underline
「二重下線」の設定と解除	Ctrl + Shift + D	DoubleUnderline
「取り消し線」の設定と解除		Strikethrough
「二重取り消し線」の設定と解除		DoubleStrikethrough
「傍点(、)」の設定と解除		CommaAccent
「傍点(・)」の設定と解除		DotAccent
「小型英大文字」の設定と解除	Ctrl + Shift + K	SmallCaps
「英大文字」の設定と解除	Ctrl + Shift + A	AllCaps
「隠し文字」の設定と解除	Ctrl + Shift + H	Hidden
「上付き」の設定と解除	Ctrl + Shift + +	Superscript
「下付き」の設定と解除	Ctrl + Shift + =	Subscript
「囲み線」の設定と解除		DefaultCharBorder
「網かけ」の設定と解除		DefaultCharShading
[ルビ] ダイアログボックスの呼び出し		FormatPhoneticGuide
[組み文字] ダイアログボックスの呼び出し		FormatCombineCharacters
[囲い文字] ダイアログボックスの呼び出し		FormatEncloseCharacters
[縦中横] ダイアログボックスの呼び出し		FormatHolizontalInVertical
[割注] ダイアログボックスの呼び出し		FormatTwoLinesInOne
[文字の均等割り付け] ダイアログボックスの呼び出し	Ctrl + Shift + J	FormatFitText

補足 上記の一覧にない文字書式は、[フォント] ダイアログボックスで設定してください。

→ ショートカットキーついては746ページ「591 コマンドなどにショートカットキーを割り当てる」参照。

133

087 文字書式を先指定する

文章の入力中に文字書式を設定する場合、そのつど文字範囲を選択するのは不便です。そこでぜひ活用したいのが文字書式の「先指定」です。

操作 必要箇所で文字書式を設定し、文字を入力します。入力を終えたら Ctrl + スペース キーを押します。これで、以降は該当箇所の段落スタイルの文字書式に戻ります。

▼ 文字書式を先指定する

補足 文字書式の設定は前項で紹介したショートカットキーが便利です。ショートカットキー未設定の文字書式も、該当するコマンドにショートカットキーを割り当てれば同様に操作できます*。

→ 133ページ「086 文字書式をショートカットキーで設定する」、746ページ「591 コマンドなどにショートカットキーを割り当てる」参照。

「フォントの色」のようにショートカットキーを割り当てられない文字書式、「縦中横」*「割注」*のように先指定の効かない文字書式、および複数の文字書式をまとめて設定したい場合は、専用の文字スタイルを作ってショートカットキーを割り当てます*。

→ 145ページ「098 縦中横文字を先指定する」、144ページ「097 割注を先指定する」、257ページ「185 入力しながら文字スタイルを適用する」参照。

なお、「ルビ」「組み文字」「囲い文字」「文字の均等割り付け」は、先指定はできません。

5-1 文字書式の種類と操作の基本　　　　　2013　2010　2007

088 同じ文字書式を繰り返し設定する

同じ文字書式を各所に設定するには、単純に書式設定の操作を繰り返す以外にもいろいろな方法があります。まず活用したいのは F4 キーです。これは繰り返しのショートカットキーで、直前に行った操作を繰り返すだけですが、文字書式に限らず、いろいろな場面で重宝します。

操作 任意の文字書式を設定し、別の範囲を選択して F4 キーを押します。

▼ 文字書式を繰り返し設定する

文字範囲を選択して「太字」を設定

> 応募書類は **7月1日必着** となるように投函してください。結果は後日電話にてお知らせいたします。なお、応募書類の返却をご希望の方は、備考欄に「返却希望」とお書き添えください。

別の文字範囲を選択して F4 キーを押す

> 応募書類は **7月1日必着** となるように投函してください。結果は後日電話にてお知らせいたします。なお、応募書類の返却をご希望の方は、備考欄に**「返却希望」**とお書き添えください。

直前に行った文字書式設定が繰り返される。

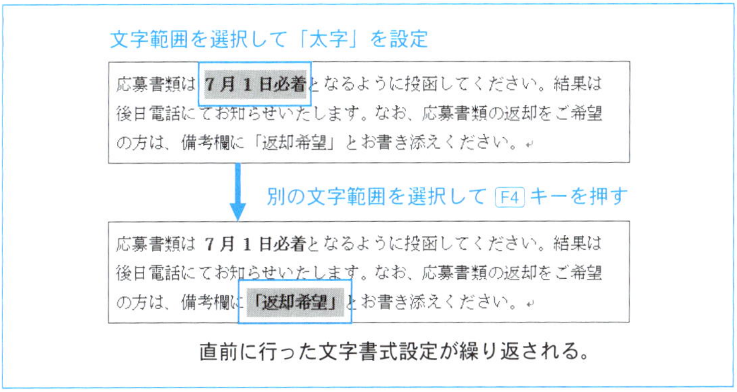

補足 上図は「太字」の例ですが、他の文字書式でも同様に F4 キーで設定を繰り返すことができます。ただし、「ルビ」「縦中横」「組み文字」「割注」では使えません。

［フォント］ダイアログボックスの文字書式も F4 キーで繰り返すことができますが、この場合は同ダイアログボックス内のすべての文字書式が設定されるので注意してください。たとえばフォントだけを設定したつもりでも、文字間隔や文字位置なども設定されます。

なお、複数の文字書式を設定する場合は、必要な文字書式を登録した文字スタイルを作る方法が確実です。文字スタイルも、上図と同様に F4 キーで繰り返し設定できます。また、次項で紹介する「書式コピー」を使う方法もあります。

089 文字書式をコピーする

各所に同じ文字書式を設定するには、前項のように書式設定を繰り返す方法と、既存の文字書式をコピーし、別の箇所に貼り付けるという方法があります。いつでも実行でき、複数の文字書式もまとめて処理できるのが利点です。

操作 文字書式を設定済みの箇所を選択し、[ホーム]タブの[書式のコピー/貼り付け]をクリックします。マウスポインターが変わったら、文字書式を貼り付ける文字範囲をドラッグします。

▼文字書式をコピーして貼り付ける

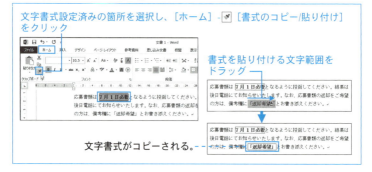

補足 1箇所に書式を貼り付けるとマウスポインターが元に戻り、書式貼り付けのモードが終了します。

書式を複数箇所に連続して貼り付けるには[ホーム]-[書式のコピー/貼り付け]をダブルクリックします。この場合は1箇所をドラッグしてもマウスポインターがのままとなり、各所を連続してドラッグできます。終了するには[Esc]キーを押します。

また、とくに次のショートカットキーを覚えると重宝します。コピーした書式は別の書式をコピーするまで有効なので、途中で別の操作を行っても、同じ書式を貼り付けることができます。

ショートカットキー	機能
[Ctrl] + [Shift] + [C]	書式コピー
[Ctrl] + [Shift] + [V]	コピーした書式の貼り付け

5-1 文字書式の種類と操作の基本　2013 2010 2007

090 各所に設定されている文字書式を調べる

各所に設定されている文字書式を調べるには、[書式の詳細設定]ダイアログボックスが便利です。

操作 [Shift]+[F1]キーを押して[書式の詳細設定]ダイアログボックスを呼び出します。文書内をクリックすると、その箇所の文字書式と段落書式が表示されます。文字範囲、段落範囲を選択した場合は、先頭の書式が表示されます。

▼[書式の詳細設定]ダイアログボックスを呼び出す

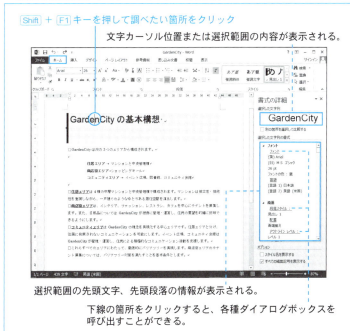

[Shift]+[F1]キーを押して調べたい箇所をクリック

文字カーソル位置または選択範囲の内容が表示される。

選択範囲の先頭文字、先頭段落の情報が表示される。

下線の箇所をクリックすると、各種ダイアログボックスを呼び出すことができる。

5-1 文字書式の種類と操作の基本　2013　2010　2007

091 文字書式を解除する

「文字書式を解除する」とは、その段落に適用されている段落スタイルの文字書式に戻すことです。文字書式の解除方法は文字書式ごとに用意されていますが、多くの文字書式で共通に使える便利な方法があります。

操作 文字範囲を選択し、[Ctrl] + [スペース]キーを押します。周辺の文字書式が解除済みであれば、それらも含めて範囲選択してかまいません。

▼ 文字書式を解除する

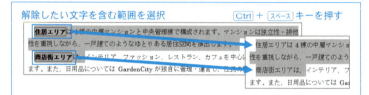

補足 書式をまとめて解除するには[ホーム]-[書式のクリア]を使う方法もありますが、扱いには注意が必要です。詳しくは下記の「Tips」をご参照ください。

「ルビ」「囲い文字」「組み文字」には「フィールド」という特殊なしくみが使われており、これらの文字書式を解除するには、各文字書式で決められた方法を使う必要があります。

Tips [書式のクリア]は状況によって処理が異なる

[ホーム]-[書式のクリア]は、選択箇所の段落スタイルと、選択方法によって結果が異なります。
段落全体を選択してこのボタンをクリックすると[標準]スタイルが適用され、段落書式と文字書式が[標準]スタイルの書式になります。
一部の文字範囲を選択してクリックすると文字書式が解除され、その段落に適用されている段落スタイルの文字書式に戻ります。
段落内に文字カーソルを置いただけでクリックすると[標準]スタイルの段落書式と「フォント」が適用されますが、「フォントサイズ」「太字」「斜体」「下線」「フォントの色」については、段落内の文字数の半分以上に設定されている文字書式のみが解除されます。

5-2 フォントとフォントサイズ　　2013　2010　2007

092 フォントをショートカットキーで設定する

[フォント]ダイアログボックスは前項で紹介したショートカットキーで呼び出せますが、特定のフォントを設定するには不便です。そこで、特定のフォントにショートカットキーを割り当てる方法を紹介します。

操作 [Word のオプション] ダイアログボックスから [キーボードのユーザー設定] ダイアログボックスを呼び出して次のように操作します。

▼ フォントにショートカットキーを割り当てる

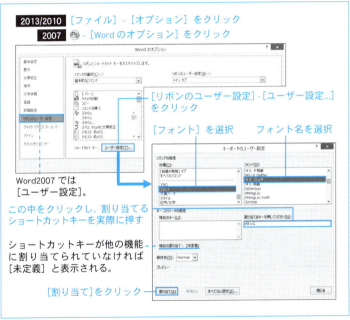

2013/2010 [ファイル] - [オプション] をクリック
2007 ● - [Word のオプション] をクリック

[リボンのユーザー設定] - [ユーザー設定...] をクリック

[フォント] を選択　　フォント名を選択

Word2007 では [ユーザー設定]。

この中をクリックし、割り当てるショートカットキーを実際に押す

ショートカットキーが他の機能に割り当てられていなければ [未定義] と表示される。

[割り当て]をクリック

補足 フォントをショートカットキーで設定するには、専用の文字スタイルを作ってフォントを登録し、ショートカットキーを割り当てるという方法もあります*。和文字用と半角英数字用のフォントを登録できるだけでなく、フォント以外の文字書式も登録できます。

→ 257 ページ「185 入力しながら文字スタイルを適用する」参照。

5-2 フォントとフォントサイズ　　2013　2010　2007

093 半角の英数記号への和文フォント適用を禁止する

Wordは、文字種によって2種類のフォントを使い分ける仕様になっています。しかし、文字範囲を選択して和文フォントを設定すると、選択範囲内の半角英数記号も和文フォントになります。そのため、同じ本文であっても、操作によっては半角英数記号のフォントが混在してしまいます。

▼Wordの最初の設定では、和文フォントが半角英数記号にも適用される

普通に入力すれば和文フォントと欧文フォントが混在する。

第3回 Hawaiian フェスティバル in 仙台。　「MS 明朝」と「Century」。

↓ 文字範囲を選択して和文フォントを適用すると半角英数字も和文フォントに変わってしまう。

第3回 Hawaiian フェスティバル in 仙台。　すべて「MS ゴシック」。

操作 半角英数記号への和文フォント適用を禁止するには［Wordのオプション］ダイアログボックスで次のオプションをオフにします。

▼半角英数記号への和文フォント適用を禁止する

2013/2010 ［ファイル］-［オプション］をクリック
2007 -［Wordのオプション］をクリック

［詳細設定］-［編集オプション］-［日本語用と英数字用に同じフォントを使う］をオフにする

094 テーマを変えてもフォントが変わらないようにする

5-2 フォントとフォントサイズ　2013 2010 2007

「テーマのフォント」や「テーマの色」を使うと、テーマを変えるだけで文書のイメージを変えることができます。しかし、フォントを変えるとレイアウトがくずれることもあります。イメージを変える必要がなければ、「テーマのフォント」は避けた方が賢明です。

テーマを変えてもフォントが変わらないようにするには、段落スタイルの設定を「MS明朝」や「Century」など具体的なフォントに変えます。

「テーマのフォント」を利用することが少なければ、テンプレートの設定自体を変えることをお勧めします。

操作 段落スタイルのほとんどは、[標準]スタイルの書式を参照しています。また、[標準]スタイルは文書の「既定の設定」を参照しています。したがって、「既定の設定」を変えるだけで、ほとんどの段落スタイルのフォントが変わります。

▼ 文書の「既定の設定」を変える

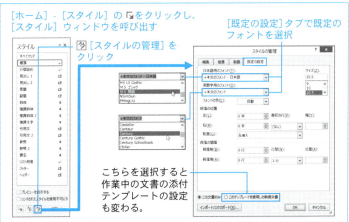

ただし、[見出し1]～[見出し9]スタイルには独自のフォント（最初の設定では見出し用のテーマのフォント）が登録されているので、各スタイルの登録フォントを直接変える必要があります。

Tips 和文フォントと欧文フォントの組み合わせは相性で選択

半角英数記号には和文フォントも欧文フォントも使えますが、一般に欧文フォントの方がデザイン的に洗練されています。和文フォントと欧文フォントを組み合わせる場合は、デザイン的に違和感のないものを選びます。たとえば「MS 明朝」のような明朝系のフォントには「うろこ」と呼ばれる飾りが付いています。このような和文フォントには、「セリフ」と呼ばれる飾りを持つフォントを組み合わせます。

「MS ゴシック」のように飾りのないフォントには、「サンセリフ系」と呼ばれるセリフなしのフォントを組み合わせます。ちなみに、欧文フォントの「ゴシック」は「セリフ系」のフォントです。和文フォントの「ゴシック」とはまったく異なるので注意してください。

「MS 明朝」と「Century」を組み合わせた例。

第 3 回 Hawaiian フェスティバル in 仙台

「MS 明朝」と「Times New Roman」を組み合わせた例。

第 3 回 Hawaiian フェスティバル in 仙台

「MS ゴシック」と「Arial」を組み合わせた例。

第 3 回 Hawaiian フェスティバル in 仙台

5-2 フォントとフォントサイズ

2013　2010　2007

095 フォントサイズを「72pt」より大きくする

［ホーム］-［フォントサイズ］ボックスの選択肢は最大「72pt」ですが、値を直接入力すれば、「1〜1638pt」の範囲で「0.5pt」刻みで設定できます。

▼「72pt」より大きいサイズを設定する

［ホーム］-［フォントサイズ］の中をクリック　　値を直接入力

5-2 フォントとフォントサイズ　　　2013　2010　2007

096 文書全体のフォントサイズをまとめて拡大・縮小する

「ページサイズを変えたので、フォントサイズも全体に調整したい」という場合、元のイメージをできるだけ維持するにはページサイズの変更比率に従ってフォントサイズも調整する必要がありますが、そこまで厳密でなくてよいという場合は、ごく簡単な方法があります。

操作 [ホーム]-[編集]-[選択]-[すべて選択]をクリックして文書全体を選択し、[ホーム]-A゛[フォントサイズの拡大]、A゛[フォントサイズの縮小]をクリックします。

また、次のショートカットキーでも操作できます。

ショートカットキー	機能
Ctrl + A	文書全体を選択
Ctrl + Shift + >	フォントサイズを1ランクずつ拡大
Ctrl + Shift + <	フォントサイズを1ランクずつ縮小
Ctrl +]	フォントサイズを1ptずつ拡大
Ctrl + [	フォントサイズを1ptずつ縮小

補足 フォントサイズを変えるだけでは行高のバランスが悪くなりがちです。フォントサイズを変えた後は [ページ設定] ダイアログボックスを呼び出し、文書の基本行数を調整することをお勧めします。

Tips 設定済みの文字書式をまとめて変更する

たとえば「太字」を「下線」に変えたり、「太字」の箇所のフォントを「MSゴシック」に変えるといった場合はいくつかの方法があります。

処理したい箇所が同じ段落スタイルであれば、121ページ「076 文書内の同じ書式の箇所をまとめて選択する」で紹介した[スタイル]ウィンドウが便利です。段落スタイルの区別なく「太字」の箇所を処理したいという場合は、「太字」の箇所を検索すれば処理できます。検索による方法では、検索の手掛かりさえあればよいので、たとえば「英数字の箇所」、「カッコで囲まれた語句」などを処理することもできます。

そのほか、該当箇所に文字スタイルを適用していれば、文字スタイルの書式内容を変えるだけで処理できます。Word で書式を扱うには、スタイルを使う方法が最も合理的です。

5-3 各種文字書式

097 割注を先指定する

「割注」を設定するには［ホーム］-［拡張書式］-［割注...］で［割注］ダイアログボックスを呼び出すのが通常の方法ですが、専用の文字スタイルを作れば、文字スタイルを適用するだけで設定できるようになります。

操作 ［標準］スタイルの段落内で「割注」だけを設定し、その範囲を選択して新しい「文字スタイル」を作ります。

▼割注用の文字スタイルを作る

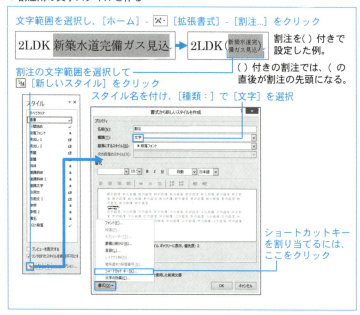

▼割注スタイルを先指定する

5-3 各種文字書式　　2013　2010　2007

098　縦中横文字を先指定する

「縦中横」文字を登録した文字スタイルを作れば、文字スタイルを適用するだけで設定できるようになります。入力中の先指定も可能です。

操作　［標準］スタイルの段落内で「縦中横」だけを設定し、その範囲を選択して新しい「文字スタイル」を作ります。

▼縦中横用の文字スタイルを作る

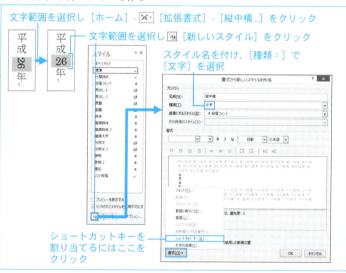

▼縦中横スタイルを先指定する

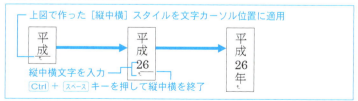

注意　2文字並びと3文字並びで文字幅を変えたい場合は、2文字用と3文字用で別の文字スタイルを作ってください。

145

5-3 各種文字書式 　　　　　　　2013　2010　2007

099 英小文字を英大文字または小型英大文字で表示する

文字書式の中には、英小文字を「英大文字」または「小型英大文字」で表示する機能があります。「小型英大文字」はフォント自身に含まれている場合もありますが、そうでなければ Word の文字書式を利用する必要があります。

操作 「英大文字」「小型英大文字」の設定方法は他の文字書式と同じですが、使いみちを考えると、スタイルに登録しスタイルとして適用するのが現実的です。

たとえば見出しのように段落単位で設定する場合は、［見出し］スタイルに登録します。これで、［見出し］スタイルの適用箇所では小文字で入力すれば自動的に表示が変わります。

▼［見出し 1］スタイルに「英大文字」を登録

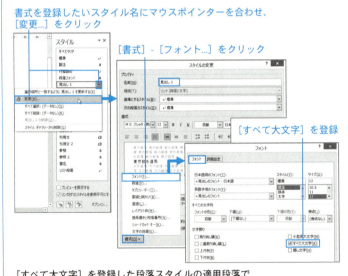

書式を登録したいスタイル名にマウスポインターを合わせ、［変更...］をクリック

［書式］-［フォント...］をクリック

［すべて大文字］を登録

［すべて大文字］を登録した段落スタイルの適用段落で「hollywood の talkie」のように入力した例。

HOLLYWOOD と TALKIE　自動的に英大文字で表示される。

専門書などでは人名に小型英大文字を使う例があります。このような場合は人名用の文字スタイルを作り、小型英大文字を登録します。英大文字には小型英大文字は適用されないので、たとえば「Heberden」のように入力すると、「Heberden」のように表示されます。

文字スタイルを使わずに文字書式を直接設定しても見た目は同じですが、文字スタイルの場合はスタイルの書式内容を変えるだけで該当箇所の書式を一挙に変えることができます。

スタイルについては「Part7 スタイルのテクニック」の各項もご参照ください。

補足 スタイルを使わずにこれらの文字書式を設定する場合は次のショートカットキーを覚えることをお勧めします。マウスでは [フォント] ダイアログボックスを呼び出す必要があり、手間がかかります。

ショートカットキー	機能
Ctrl + Shift + A	英大文字の設定と解除
Ctrl + Shift + K	小型英大文字の設定と解除

Tips Word2013 では単語単位の文字書式設定は範囲選択不要

Word2013 では、単語単位で文字書式を設定する場合は単語内に文字カーソルを置くだけでよく、単語全体を選択する必要はなくなりました。小さな改良ですが、入力済みの文書に文字書式を設定する場合にはとくに効果的です。日本語でも可能です。

単語内に文字カーソルを置く

Hawaii には 8 つの大きな島があります。

↓「太字」を設定

Hawaii には 8 つの大きな島があります。

↓「小型英大文字」を設定

Hawaii には 8 つの大きな島があります。

↓「囲み線」を設定

Hawaii には 8 つの大きな島があります。

100 行の途中に複数行を入力する

行の途中に複数行を入力するには「割注」を使う方法がありますが、行数は2行で、折り返し位置はなりゆきという制限があります。そこで、「数式ビルダ」の「行列式」を使う方法を紹介します。

操作 ［挿入］-［記号と特殊文字］-π［数式の挿入］をクリックするか、または [Alt] + [Shift] + [=]キーを押して「数式ホルダー」を挿入し、次のように操作します。

▼行内に複数行を入力する

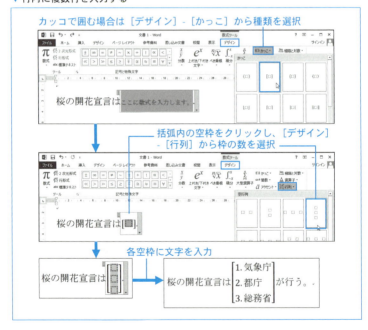

補足 上図のように入力済みの段落内に数式ホルダーを挿入すると「文中数式」に、空段落に挿入すると「独立数式」になります。形式を変えるには、数式ホルダー右端の▼をクリックし［文中数式に変更］または［独立数式に変更］をクリックしてください。

行列の左右配置は、行列内を右クリックし、ショートカットメニューの [列の配置] をクリックすれば揃え方を選択できます。ここでは「左揃え」に設定しています。

行数を増やすには、行列内の空枠を選択し、行列を挿入します。

▼行列式の行数を増やす

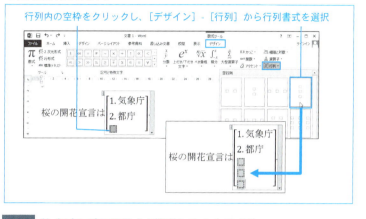

Tips 数式ビルダの行列式を簡単に入力する方法

数式ビルダの [デザイン] タブは数式イメージがわかりやすいのが利点ですが、入力には手間がかかります。そこで、頻繁に入力する場合は「行形式」による入力方法を覚えると便利です。たとえば上図の「行列式」は、数式ホルダー内で [■(@@@@)] のように入力すると 2 次元形式の行列式に変わります。行列の数は「■」と「@」の合計です。

なお、行列式に変わった直後はカッコが正しく表示されないことがあります。その場合は数式ホルダー右側の▼をクリックし、あらためて「2 次元形式」を選択すれば治ります。

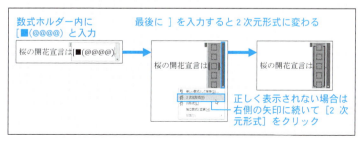

5-3 各種文字書式　　2013　2010　2007

101 特定の組み文字を簡単に入力する

組み文字にする語句はだいたい決まっています。そこで、そのつど組み文字にするのではなく、作った組み文字をそのまま Word に登録すれば、簡単な操作で入力できるようになります。登録先は「オートコレクト」または「文書パーツ」です。いずれの方法でも、フォントやフォントサイズなどの文字書式もそのまま登録されます。

操作 組み文字をオートコレクトに登録するには、作った組み文字の範囲を選択し、次のように操作します。[オートコレクト] ダイアログボックスを呼び出すには [Word のオプション] ダイアログボックスの [文章校正] で [オートコレクトのオプション] をクリックするのが標準的な方法ですが、[Alt] + [T] キーに続けて [A] キーを押しても呼び出すことができます。

▼ 組み文字を「オートコレクト」に登録する

組み文字を文書パーツに登録するには、作った組み文字の範囲を選択し、次のように操作します。文書パーツにはいろいろな種類があり、種類ごとに登録方法が用意されていますが、この例のように定型句や慣用句を登録する場合は [Alt] + [F3] キーを押す方法が便利です。

▼組み文字を「文書パーツ」に登録する

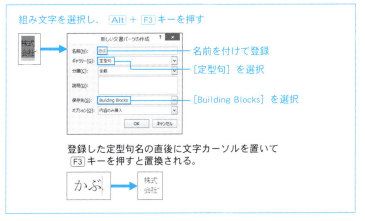

補足 「オートコレクト」は、登録名を入力するとすぐに置換されるので入力は簡単ですが、入力直後にしか置換されません。

入力した文字のまま（上図の例では「かぶ」のまま）にしたい場合は、置換直後にクイックアクセスツールバーの [元に戻す] をクリックするか、または [Ctrl] + [Z] キーを押します。

「文書パーツ」は、登録名の直後に文字カーソルを置いて [F3] キーを押せばいつでも置換できます。また、登録名を入力せずに文書パーツのギャラリーから挿入することもできます。

なお、上図で選択した「定型句」ギャラリーは、Word2013/2010 では [ホーム] - [挿入] - [クイックパーツ] - [定型句] から呼び出せますが、Word2007 にはありません。[F3] キーで置換できるので不都合はありませんが、Word2007 でギャラリーから呼び出したい場合は「クイックパーツ」ギャラリーに登録してください。

5-3 各種文字書式　2013　2010　2007

102 組み文字のかわりに割注を使う

「組み文字」は、「フィールド」という機能を利用した特殊な機能です。便宜上、拡張文字書式として区分されますが、実際には文字書式とは無関係です。そのため、文字スタイルに登録することはできず、使い勝手がよくありません。そこで、「割注」と「オートコレクト」を併用する方法を紹介します。

操作 144ページ「097 割注を先指定する」で紹介した方法で割注用の文字スタイルを作って適用し、オートコレクトに登録します。割注のカッコは必要に応じて設定してください。下図はカッコなしの例です。

▼割注による組み文字をオートコレクトに登録する

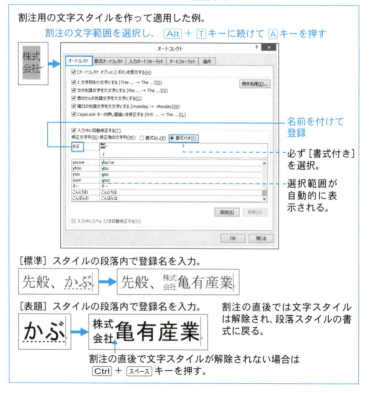

|補足| 文字スタイルを利用したオートコレクトでは、文字書式は文字スタイルに従います。したがって、文字スタイルに割注以外の文字書式を登録しなければ、割注のフォントやフォントサイズは該当箇所の段落スタイルに準じて表示されます。

|注意| 文字スタイルは先指定が可能ですが、先に文字スタイルを適用してからオートコレクトを実行すると、割注が正しく表示されないことがあります。したがって、文字スタイルの適用はオートコレクトに任せ、直接適用しないようにください。もし正しく表示されなかった場合は、その文字範囲を選択し、あらためて文字スタイルを適用してください。また、ここで紹介した方法でオートコレクトを挿入すると、割注の部分にのみ文字スタイルが適用され、その直後は段落スタイルの文字書式に戻るはずです。もし戻らない場合は [Ctrl] + [スペース] キーを押して文字スタイルを解除してください。

5-3 各種文字書式　　　　　　　　　　　　　2013　2010　2007

103 囲い文字をアレンジする

「囲い文字」の背景は「○□△◇」の4種類しかありませんが、簡単な操作で別の文字に変えることができます。中の文字も自由にアレンジできます。

|操作| [ホーム] - ㊥ [囲い文字] をクリックして囲い文字を作り、その直前に文字カーソルを置いて次のように操作します。

▼ 囲い文字をアレンジする

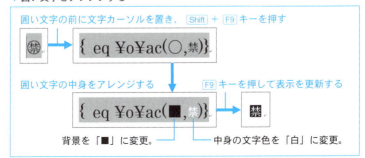

104 並んだ語句を個別に囲む

並んだ語句のそれぞれに「囲み線」を付けても、その全体が囲まれてしまいます。個別に囲むには少し工夫が必要です。ここでは「Eq」フィールドを使う方法を紹介します。

操作 囲み線を付けたい語句を選択し、次のように操作します。

▼ 並んだ語句を個別に囲む

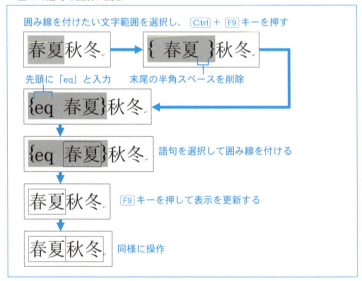

補足 「Eq」フィールドの本来の機能は文字どおり数式用で、積分や分数など、複雑な体裁を表すことができます。「ルビ」「組み文字」「囲い文字」などもこの機能を利用しています。ただし、最近の Word では数式用に「数式ビルダ」という強力な機能が備わっているので、数式用にこのフィールドを使うことはほとんどありません。

5-3 各種文字書式

105 空欄を枠で囲む

空欄を囲むにはスペース文字に「囲み線」を付ければよいのですが、Wordの最初の設定では、段落途中の行頭・行末に入力したスペース文字は右余白部に追い出されてしまいます。この設定を変えることもできますが*、たとえば試験問題などでは空欄用の文字スタイルを作る方法が便利です。

→ 203ページ「145 行頭・行末のスペースを正しく表示させる」参照。

操作 [標準]スタイルの段落内で「囲み線」と文字色だけを設定し、その範囲を選択して新しい「文字スタイル」を作ります。

▼ 空欄用の文字スタイルを作る

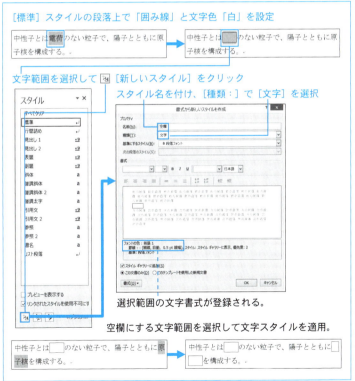

106 語句に囲み線と番号を付ける

問題文などで強調語句に番号を付ける場合、すぐに思いつくのは「ルビ」を利用する方法です。ただし、「囲み線」を付けた場合、単純にルビを振るとルビごと囲まれてしまいます。本文の語句だけを囲むには少し工夫が必要です。

操作 語句の上に番号を振るには、文字範囲を選択して［ホーム］-［ルビ］をクリックし、「読み」として番号を入力します。語句にのみ囲み線を付けるには、次のように操作します。

▼ 語句に番号と囲み線を付ける

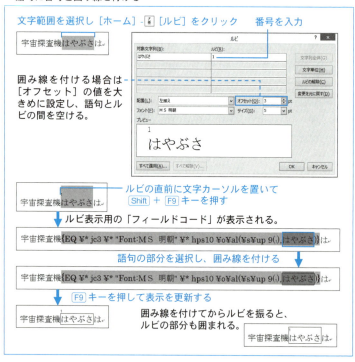

5-3 各種文字書式　　2013　2010　2007

107 囲み線を四辺の一部に付ける

「囲み線」は必ず文字の四辺に付く仕様になっており、四辺の一部に付けることはできません。そこで、まったく別の方法で囲み線を付ける方法を紹介します。ポイントは「Eq」フィールドです。

操作 囲み線を付ける文字範囲を選択し、次のように操作します。

▼ 囲み線を四辺の一部に付ける

補足 「¥x」は囲み線を付けるスイッチで、続く「¥to」「¥le」は設定部位を表します。下線、右線を付けるには、「¥bo」「¥ri」を追加します。部位を指示しなければ、四辺全体が囲まれます。

囲み線と文字に同じ色を設定するには、通常の方法で文字範囲を選択し、文字色を設定します。[Shift] + [F9] キーを押して中身を表示すれば、囲み線と文字に異なる色を設定することもできます。

▼ 囲み線と中の文字に異なる色を設定する

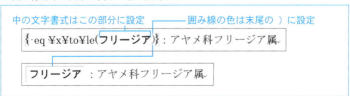

108 複雑な囲み線、文字の網かけを簡単に設定する

［線種とページ罫線と網かけの設定］ダイアログボックスを使うと、影付きの「囲み線」や、「文字の網かけ」のパターンなどを設定できます。しかし、そのつどダイアログボックスを呼び出すのは面倒です。書式コピーなどの方法もありますが、簡便とは言えません。同じ囲み線、文字の網かけをあちこちに設定する場合は、専用の文字スタイルを作って書式を登録すれば、簡単に設定できるようになります。

操作 ［標準］スタイルの段落上で適当な文字範囲を選択し、囲み線や文字の網かけを設定します。その範囲を選択した状態で、新しい文字スタイルを作ります。以降は、文字スタイルを適用するだけで同じ書式を設定できます。

▼囲み線、文字の網かけを設定し、文字スタイルとして登録

文字範囲を選択して［ホーム］-［下罫線］-［線種とページ罫線と網かけの設定］をクリック

このダイアログボックスで囲み線と網かけを設定

文字の囲み線と網かけを設定した例。

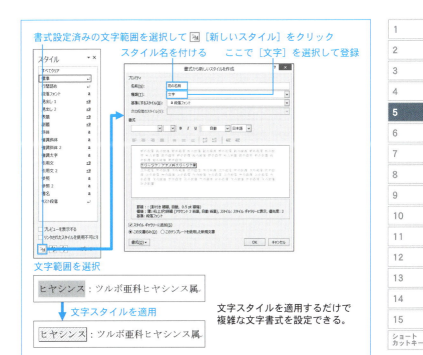

Tips 「OpenType」の機能を使うには欧文テンプレートが必要

Word2013/2010 の [フォント] ダイアログボックスの [詳細設定] タブに見られる [OpenType の機能] とは、欧字や数字を特殊な書式で表示する機能です。ただし、これらの機能が働くのは欧文用のテンプレートから作った文書で特定のフォントを使った場合に限られます。

欧文用のテンプレートはいくつか公開されています。Word2013 ではインターネットに接続し、Word の新規作成画面で「横罫線入りの白紙の文書」テンプレートを検索してみてください。Word2010 では新規作成画面で「サンプルテンプレート」の「Blank Document (English)」から文書を作り、[ファイル] - [情報] - [変換] をクリックして「互換モード」を解除します。

Chapter 5　文字書式のテクニック

5-3 各種文字書式　　　　　　　　　2013　2010　2007

109 囲み線、文字の網かけをまとめて解除する

［線種とページ罫線と網かけの設定］ダイアログボックスを使うといろいろな囲み線や文字の網かけを設定できます。これらの文字書式を解除する標準的な方法は同ダイアログボックスを呼び出して［罫線なし］［色なし］などを選択することですが、もっと簡単な方法もあります。

操作 囲み線を解除するには、範囲を選択して［ホーム］-Ⓐ［囲み線］を2回クリックします。1回目で「0.5pt」の囲み線が設定され、2回目で解除されます。文字の網かけも同様に、▨［文字の網かけ］を2回クリックすれば解除できます。また、▨・［塗りつぶし］の・から［色なし］をクリックしても解除できます。

なお、▨・［塗りつぶし］は［ホーム］-［段落］グループに入っていますが、文字の網かけと表のセルの網かけ専用です。

5-3 各種文字書式　　　　　　　　　2013　2010　2007

110 文字の均等割り付けを簡単に設定する

同じ書式を繰り返し設定するには F4 キーを使う方法がありますが*、「文字の均等割り付け」は正しく処理されないので、「書式コピー」を使います。下図のような例では「ブロック選択」でまとめて設定することもできます。

→ 135ページ「088 同じ文字書式を繰り返し設定する」参照。

▼「文字の均等割り付け」を書式コピーする

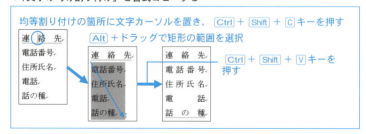

Chapter 6
段落書式のテクニック

111 段落書式の種類

段落単位の体裁を「段落書式」と呼びます。Wordの段落書式は次のように分けることができます。

種類	段落書式	設定方法
必須の段落書式	段落配置、アウトラインレベル	種類を選択
	インデント、行高、段落間の空き	値を設定
	改ページと改行オプション 行端処理オプション（禁則処理、英単語処理、ぶら下げ） 文字間隔オプション（行頭カッコ類、文字種間の空き）	オン・オフ
任意の段落書式	箇条書き（行頭記号、段落番号） 段落罫線、段落の網かけ	書式の詳細を設定

「必須の段落書式」はどんな段落にも必須の書式で、これらが決まらなければ文字を表示できません。専用のボタンを持つ段落書式もありますが、ほとんどは［段落］ダイアログボックスで設定します。

「任意の段落書式」は必要に応じて設定します。「箇条書き」は、「行頭記号」または「段落番号」と「ぶら下げインデント」の組み合わせからなる書式です。通常のインデントとは扱いが異なるので注意が必要です。

Tips 段落書式の設定・解除の意味

段落書式にはたくさんの種類がありますが、段落ごとに書式を設定するのは大変です。そこでWordでは、基本的な段落書式を「段落スタイル」で処理するしくみになっています。たとえば最も基本的な［標準］スタイルには、上記の「必須の段落書式」が登録されており、［標準］スタイルを適用するだけでこれらの段落書式を設定できます。
一方、適用されている段落スタイルの書式にかかわらず、個々の段落を選択して段落書式を変えることもでき、直接設定した段落書式は段落スタイルの段落書式より優先されます。
直接設定した段落書式を「解除」すると、その段落に適用されている段落スタイルの段落書式に戻ります。
なお、段落書式は段落スタイルだけで処理するのが筋の良い使い方です。手紙などは直接設定でかまいませんが、論文など、見出しや本文などの要素ごとに書式を使い分ける文書では段落スタイルを使うのが基本です。

6-1 段落書式の種類と操作の基本　　2013　2010　2007

112 段落書式をショートカットキーで設定する

段落書式を設定する場合、範囲設定と段落書式のボタンを行き来するのは面倒です。よく使う段落書式はショートカットキーを覚えておくと便利です。

機能	ショートカットキー	コマンド名
[段落] ダイアログボックスの呼び出し		FormatParagraph
「左揃え」←→「両端揃え」	Ctrl + L	LeftPara
「中央揃え」←→「両端揃え」	Ctrl + E	CenterPara
「右揃え」←→「両端揃え」	Ctrl + R	RightPara
「両端揃え」←→「左揃え」	Ctrl + J	JustifyPara
「均等割り付け」の設定と解除	Ctrl + Shift + J	DistributePara
アウトラインレベルを上げる	Alt + Shift + ←	OutlinePromote
アウトラインレベルを下げる	Alt + Shift + →	OutlineDemote
左インデントを減らす		DecreaseIndent
左インデントを増やす		IncreaseIndent
行頭記号の設定と解除		FormatBulletDefault
段落番号の設定と解除		FormatNumberDefault
行高を「1行」に設定		LineSpacing
[段落前] の空きの設定と解除		OpenOrCloseParaAbove
[段落後] の空きの設定と解除		OpenOrCloseParaBelow
[改ページ時1行残して段落を区切らない] の設定と解除		ParaWidowOrphanControl
[次の段落と分離しない] の設定と解除		ParaKeepWithNext
[段落を分割しない] の設定と解除		ParaKeepLinesTogether
[段落前で改ページする] の設定と解除		ParaPageBreakBefore
[線種とページ罫線と網かけの設定] ダイアログボックスの呼び出し		FormatBordersAndShading

補足 上記のほか、段落罫線については各部（下罫線、左罫線など）ごとにコマンドが用意されています*。

→ 243ページ「176 段落罫線をキーボードで設定する」参照。

→ ショートカットキー未設定のコマンドなどにショートカットキーを割り当てる方法については746ページ「591 コマンドなどにショートカットキーを割り当てる」参照。

163

113 「クリックアンドタイプ」で段落書式を設定する

Wordでは基本的に文末段落よりもあとに文字を入力することができません。したがって、現在の文末よりも後方に入力するには[Enter]キーを押して空段落を作る必要がありますが、「クリックアンドタイプ」機能を使うと、この空段落を一挙に補うことができます。文末より前の段落では、段落配置あるいはタブ設定が変わります。

操作 マウスポインターの形は場所によって左欄のように変わり、ダブルクリックすると右欄のように処理されます。入力済みの段落でも、1行以内であれば段落記号右側のダブルクリックで機能が働きます。

ポインタ	操作箇所		結果
I	段落記号の直前・直後		段落記号を選択
I≡ (字下げ)	空段落		字下げインデントを設定
	文末よりうしろ		空段落を追加 末尾段落に字下げインデントを設定
I≡	空段落	「両端揃え」「左揃え」	「左揃え」タブ
		「中央揃え」「右揃え」	「両端揃え」に変更 「左揃え」タブを設定
	入力済み	「両端揃え」「左揃え」	「左揃え」タブを設定
		「中央揃え」	「左揃え」に変更し、「左揃え」タブと「中央揃え」タブを設定
		「右揃え」	「左揃え」に変更し、「左揃え」タブと「右揃え」タブを設定
	文末よりうしろ	本文の左端	空段落を追加
		両端および中央以外	空段落を追加 末尾段落に「左揃え」タブを設定
I≡ (中央)	空段落		「中央揃え」に変更
	入力済み		「中央揃え」タブを設定
	文末よりうしろ		空段落を追加 末尾段落を「中央揃え」に設定
≡I	空段落		「右揃え」に変更
	入力済み	「両端揃え」「左揃え」	「右揃え」タブを設定
		「中央揃え」	「左揃え」に変更し、「中央揃え」タブと「右揃え」タブを設定
	文末よりうしろ		空段落を追加 末尾段落を「右揃え」に設定

補足　マウスポインターの形は文字カーソルの位置とマウスポインターの位置によって異なりますが、その状態にかかわらず、前ページの表に示した箇所で操作すれば、クリックアンドタイプが働きます。

1行以内の段落内に文字カーソルを置いた場合、その段落の右側にマウスポインターを合わせるとマウスポインターの形が変わり、ダブルクリックすれば前ページの表に該当する書式が設定されます。

文末に文字カーソルを置いた場合は文末以降の箇所でもマウスポインターの形が変わります。

文末以降でダブルクリックすると段落が追加され、[標準]スタイルが自動的に適用されますが、適用する段落スタイルは下図のオプションで変えることもできます。

文末以降のダブルクリックでは、何も入力せずに別の場所をクリックすると「クリックアンドタイプ」の結果がキャンセルされます。

「クリックアンドタイプ」は手軽ですが、仕様が煩雑で、あまりよい方法とは言えません。この機能を使うことがなければ、次のオプションをオフにした方が得策です。

▼「クリックアンドタイプ」を無効にする

2013/2010　[ファイル]-[オプション]をクリック
2007　-[Wordのオプション]をクリック

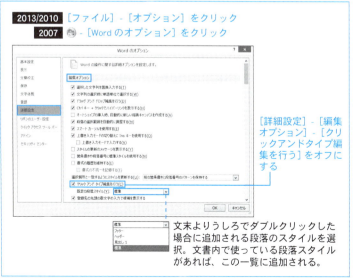

[詳細設定]-[編集オプション]-[クリックアンドタイプ編集を行う]をオフにする

文末よりうしろでダブルクリックした場合に追加される段落のスタイルを選択。文書内で使っている段落スタイルがあれば、この一覧に追加される。

114 入力しながら段落書式を設定・解除する

Wordには、見出し用、本文用などの段落スタイルがあらかじめ用意されており、段落スタイルを適用するだけで適切な段落書式と文字書式を設定できるようになっています。したがって、これらの書式を使い分ける文書では段落スタイルを使うのが合理的な方法です。

しかし、回覧文書や手紙など、書式が比較的単純な文書では、すべてを［標準］スタイルのままで済ませ、段落書式や文字書式は直接設定するという使い方も少なくありません。そこで知っておきたいのが、「書式の引き継ぎ」と「書式の解除」です。

［標準］スタイルでは、段落内で Enter キーを押すと、次の新しい段落も［標準］スタイルになり、同じ書式が引き継がれます。たとえば文章のタイトルに「中央揃え」「MS ゴシック」などを設定して Enter キーを押すと、次の段落も「中央揃え」「MS ゴシック」になります。

したがって、タイトルのあとに本文を入力するにはこれらの書式を変える必要があります。もちろん「両端揃え」「MS 明朝」などを個々に設定してもよいのですが、設定方法は書式によって異なるので少し面倒です。

基本的に、段落の書式を解除し、段落スタイル本来の書式に戻すには次のショートカットキーを覚えていれば十分です。

ショートカットキー	機能
Ctrl + Q	段落書式を解除する
Ctrl + スペース	文字書式を解除する
Ctrl + Shift + N	［標準］スタイルを適用する

上記の Ctrl + Q キーと Ctrl + スペース キーは該当箇所の段落スタイルの書式に戻すショートカットキーです。

このほか、［ホーム］-［書式のクリア］をクリックすると［標準］スタイルが適用され、同スタイル本来の書式に戻ります。入力済みの段落上での使用は扱い方が煩雑*なのでお勧めできませんが、 Enter キーを押した直後の空段落上では便利です。

→ 138 ページの Tips「［書式のクリア］は状況によって処理が異なる」参照。

6-1 段落書式の種類と操作の基本　　　　　　　　　　2013　2010　2007

115 同じ段落書式を繰り返し設定する

段落書式の設定は、入力時に行うことも、入力後に行うこともできます。入力後に行う場合、手間を減らす方法はいろいろ考えられますが、ここでは同じ段落書式を続けて各所に設定する方法を紹介します。

操作 任意の段落上で段落書式を設定し、別の段落を選択して F4 キーを押します。F4 キーは、直前に行った処理を繰り返すショートカットキーです。下図は箇条書きの「行頭記号」を設定した例ですが、段落配置やインデントその他の段落書式でも有効です。

▼ 段落書式の設定を繰り返す

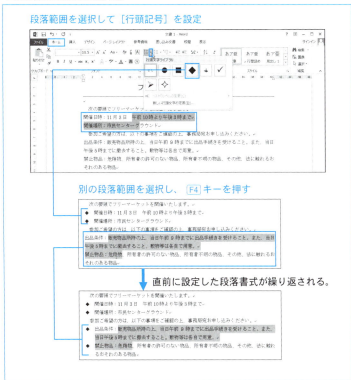

Chapter 6　段落書式のテクニック

6-1 段落書式の種類と操作の基本　　2013　2010　2007

116 段落書式をコピーする

各所に同じ段落書式を設定するには、前項のように書式設定を繰り返す方法と、既存の段落書式をコピーし、別の箇所に貼り付けるという方法があります。いつでも実行でき、複数の段落書式もまとめて処理できるのが利点です。

操作 段落書式をコピーするには、段落書式を設定済みの箇所に文字カーソルを置き、次のように操作します。

▼ 段落書式をコピーして貼り付ける

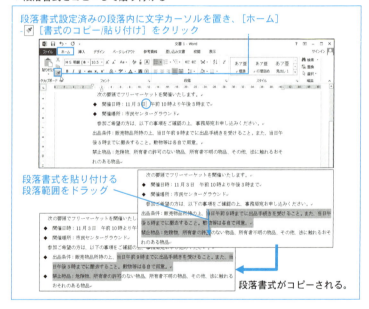

段落書式設定済みの段落内に文字カーソルを置き、[ホーム]→ ❤ [書式のコピー/貼り付け]をクリック

段落書式を貼り付ける段落範囲をドラッグ

段落書式がコピーされる。

補足 1箇所に書式を貼り付けるとマウスポインターが元に戻り、書式貼り付けのモードが終了します。

書式を複数箇所に連続して貼り付けるには ❤ [書式のコピー/貼り付け]をダブルクリックします。この場合は1箇所をドラッグしてもマウスポインターが のままとなり、各所を連続してドラッグできます。終了するには [Esc] キーを押します。

また、とくに次のショートカットキーを覚えると重宝します。コピーした書式は別の書式をコピーするまで有効なので、途中で別の操作を行っても、同じ書式を貼り付けることができます。

ショートカットキー	機能
Ctrl + Shift + C	書式コピー
Ctrl + Shift + V	コピーした書式の貼り付け

6-1 段落書式の種類と操作の基本 　2013　2010　2007

117 文字カーソル位置と同じ段落書式の箇所の書式をまとめて変える

同じ段落書式を設定した箇所について、書式をまとめて変えたり追加したい場合は、「類似書式の選択機能」*が便利です。ただし、Word2007でこの機能を利用するには「書式の履歴」をオンにする必要があります。

→ 120ページ「075 選択箇所と同じ書式の箇所をまとめて選択する」参照。

▼同じ段落書式の箇所について、書式をまとめて変える

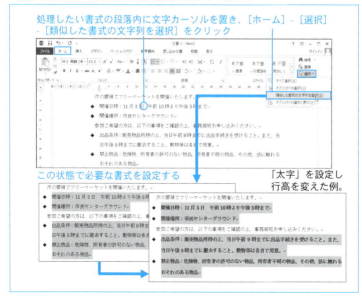

処理したい書式の段落内に文字カーソルを置き、[ホーム] - [選択] - [類似した書式の文字列を選択] をクリック

この状態で必要な書式を設定する

「太字」を設定し行高を変えた例。

6-1 段落書式の種類と操作の基本　2013　2010　2007

118 同じ段落書式の箇所の書式をまとめて変える

前項の方法は対象となる段落書式の箇所に文字カーソルを置く必要がありますが、[スタイル]ウィンドウを使えば、文字カーソル位置と無関係に同じ段落書式の箇所を選択できます。ただし、この機能を利用するには、あらかじめ[スタイル]ウィンドウの表示オプションを変えておく必要があります。また、Word2007では「書式の履歴」*機能をオンにしておく必要があります。

→ 121ページ「076 文書内の同じ書式の箇所をまとめて選択する」参照。

操作 [スタイル]ウィンドウの表示オプションを変えた上で、次のように操作します。

▼ 文書内の同じ段落書式の箇所のインデントをまとめて変える

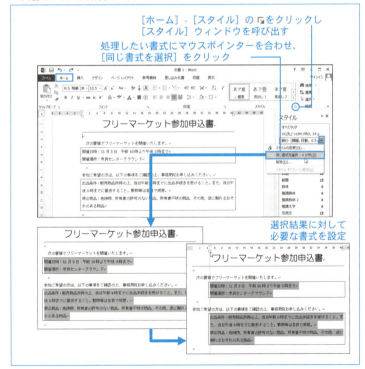

6-1 段落書式の種類と操作の基本　　2013　2010　2007

119 選択範囲の段落書式をまとめて解除する

「段落書式の解除」とは、直接設定した段落書式を解除し、該当箇所に適用されている段落スタイル本来の段落書式に戻すことです。段落書式を解除するには、次項のように同じ段落スタイルを適用し直すという方法もありますが、段落スタイルが混在している場合は使えません。そこで活用したいのが Ctrl + Q キーです。段落範囲を選択してこのショートカットキーを押すと、各所に適用されている段落スタイルの段落書式に戻すことができます。

6-1 段落書式の種類と操作の基本　　2013　2010　2007

120 同じ書式を設定した箇所の段落書式、文字書式を解除する

同じ段落書式を直接設定した箇所は[ホーム]-[編集]-[選択]-[類似した書式の文字列を選択]をクリックするか、前ページの例のように[スタイル]ウィンドウで選択できます。この場合、該当箇所の段落スタイルを再適用すれば、段落書式と文字書式をまとめて解除できます。
ちなみに、この選択方法では文字書式解除の Ctrl + スペース キーは有効ですが、前項の Ctrl + Q キーでは選択範囲の最終段落しか処理されません。

▼特定の段落書式の箇所だけ段落書式を解除する

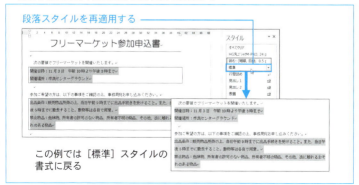

段落スタイルを再適用する

この例では[標準]スタイルの書式に戻る

6-1 段落書式の種類と操作の基本

121 同じ書式を設定した箇所の段落書式だけを解除する

同じ書式を直接設定した箇所は［ホーム］-［編集］-［選択］-［類似した書式の文字列を選択］または［スタイル］ウィンドウの表示オプション*を利用すれば選択できます。ただし、この方法で選択した箇所の段落書式だけを解除するには［スタイルの詳細情報］ウィンドウを使う必要があります。

→ 121ページ「076 文書内の同じ書式の箇所をまとめて選択する」参照。

操作 ［スタイル］ウィンドウから ［スタイルの詳細情報］をクリックし、次のように操作します。

▼ 同じ書式の箇所の段落書式だけを解除する

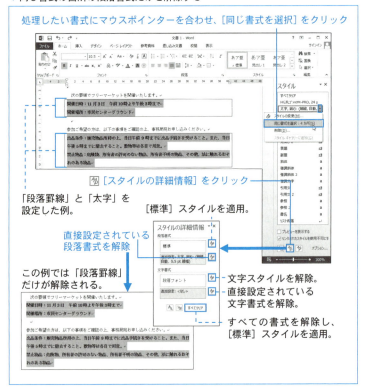

6-1 段落書式の種類と操作の基本　2013 2010 2007

122 各所の書式の違いをチェックする

他の人が作った文書の整形を頼まれた場合、うかつに書式を変えると、重要な書式設定を見逃すおそれがあります。似たような箇所について書式の違いがあるかどうかをチェックするには、[書式の詳細]ウィンドウ(Word 2010/2007 では[書式の詳細設定]ウィンドウ)が役に立ちます。

操作 [Shift] + [F1] キーを押して[書式の詳細]ウィンドウを呼び出し、次のように操作します。

▼ 段落書式の違いをチェックする

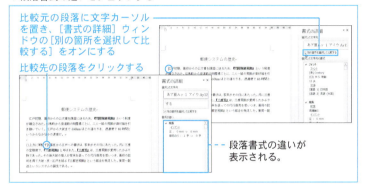

比較元の段落に文字カーソルを置き、[書式の詳細]ウィンドウの[別の箇所を選択して比較する]をオンにする

比較先の段落をクリックする

段落書式の違いが表示される。

▼ 文字書式と段落書式の違いをチェックする

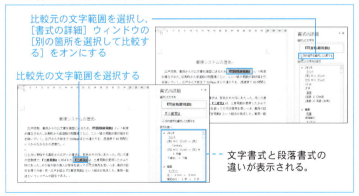

比較元の文字範囲を選択し、[書式の詳細]ウィンドウの[別の箇所を選択して比較する]をオンにする

比較先の文字範囲を選択する

文字書式と段落書式の違いが表示される。

123 「Ye」や「To」などの文字間隔を自動調整する

フォントには、字送り一定の「固定ピッチフォント」と、文字によって字送りが異なる「変動ピッチフォント」があります。固定ピッチフォントの場合、字形によっては文字の両端が空いてしまいます。和文の「う」「り」や、英字の「I」「l」などがそうです。

変動ピッチフォントではこのような空きは生じませんが、文字の組み合わせによっては空きが目立つ場合があります。Word では、このような特定の文字について文字間を詰める「カーニング」という機能が備わっています。

▼カーニングの有無による違い

> カーニングなし。通常の字送りでは、「Ye」「To」などは空きが目立つ。
>
> Yellow　　Tower
>
> カーニングした状態。通常より詰めた結果、空きが揃って見える。
>
> Yellow　　Tower

操作 カーニングは個々の文字範囲に対して設定できますが、段落スタイルの書式として登録するのが基本です。ほとんどの段落スタイルは[標準]スタイルを基準としているので、同スタイルに設定すれば文書全体に反映されます。Word の最初の設定ではカーニングが有効になっていますが、設定不明であれば次の手順で確かめてみてください。

▼[標準]スタイルのカーニング設定を有効にする

[ホーム] - [スタイル] の [標準] を右クリックし、[変更...] をクリック

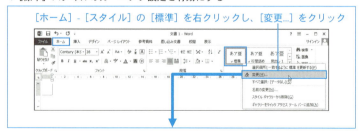

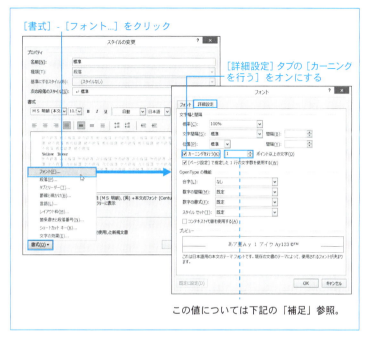

> 補足　カーニングは文字間の空きを詰める処理ですが、小さなフォントでは空きも小さいため、カーニングの効果はほとんどありません。そこで、上図のオプションによってカーニング処理を行う最低フォントサイズを設定できるようになっています。
>
> カーニングの対象が多いと Word に負担がかかるので、脚注のように小さなフォントサイズを含む文書では、本文以上、あるいは見出し以上のフォントサイズを設定し、フォントサイズの小さな箇所を処理対象から除外した方がよいでしょう。そのような箇所がなければ「1pt」のままでもかまいません。
>
> なお、カーニングが働くかどうかは、フォント自身がカーニング情報を持っているかどうかによります。欧文のほとんどの変動ピッチフォントは持っていますが、Windows の和文フォントでカーニングに対応しているのは「メイリオ」「Meiryo UI」などごく一部に限られます。

124 和文字と英数字の間を詰める

Wordの最初の設定では、和文字と半角英数記号の間は自動的に少し空くようになっています。フォントサイズが小さい箇所ではその方が読みやすいのですが、見出しのようにフォントサイズが大きい箇所では間延びしがちです。

操作 和文字と半角英数記号間の空きを詰めるには、[段落]ダイアログボックスの次のオプションをオフにします。通常は、個々の段落ではなく段落スタイルの書式として設定を変える方法が便利です。下図は[見出し1]スタイルの設定を変える例です。

▼[見出し1]スタイルの文字間調整オプションをオフにする

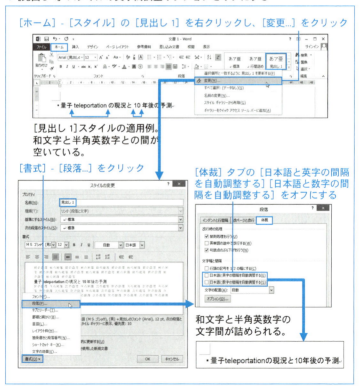

6-2 文字間隔の調整

2013　2010　2007

125 句読点と次の文字との間を正しく空ける

「両端揃え」の段落では、行頭・行末の禁則処理が生じたり英数字が入った場合、段落の両端を揃えるために文字間の空きを自動的に調整するしくみになっています。文字間調整の方法はいろいろありますが、Word の最初の設定では、句読点に続く空きが優先的に利用されます。

操作 句読点の字送りが変わらないようにするには［Word のオプション］ダイアログボックスで次のオプションを選択します。

▼ 句読点が文字間調整に使われないように設定する

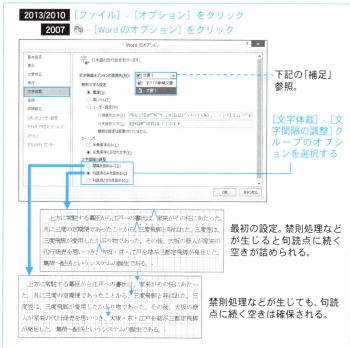

2013/2010 ［ファイル］-［オプション］をクリック
2007 －［Word のオプション］をクリック

下記の「補足」参照。

［文字体裁］-［文字間隔の調整］グループのオプションを選択する

最初の設定。禁則処理などが生じると句読点に続く空きが詰められる。

禁則処理などが生じても、句読点に続く空きは確保される。

補足 上図で［すべての文書］を選択すると設定が「白紙の文書」テンプレートに登録され、以降に同テンプレートから作る文書に反映されます。

126 カタカナ、ひらがなの前後を詰める

フォントには、字送り一定の「固定ピッチフォント」と、文字によって字送りが異なる「変動ピッチフォント」があります。一般に、和文には固定ピッチフォント、欧文には変動ピッチフォントを使いますが、見出しのようにフォントサイズが大きい箇所で固定ピッチフォントを使うと仮名文字の前後が間延びしてしまいます。

操作 見出しの仮名文字間の間延びを避けるには、見出し用の段落スタイルに変動ピッチフォントを登録します。見出し用段落スタイルの書式を変える手順については前項の例をご参照ください。

▼固定ピッチフォントと変動ピッチフォント

固定ピッチフォント(「MS ゴシック」)の例。

・第１章→カフカの「城」とヨーロッパの憂うつ↵

変動ピッチフォント(「MSP ゴシック」)の例。

・第1章 → カフカの「城」とヨーロッパの憂うつ↵

補足 Windows あるいは Word に用意されている和文フォントのうち、「MS 明朝」「MS ゴシック」「HG 明朝 B」などは固定ピッチフォントです。また、「MSP 明朝」「MSP ゴシック」「HGP 明朝 B」「HGS ゴシック E」のようにフォント名に「P」や「S」が追加されているものは変動ピッチフォントです。

Tips 全角スペースの文字幅が全角より狭い理由

上記でふれた変動ピッチフォントは、全角スペースの文字幅が通常より狭くなっています。したがって、変動ピッチフォントを使った段落の先頭を字下げする場合は全角スペースではなく字下げインデントを使ってください。

6-3 行高設定と改ページオプション 2013 2010 2007

127 段落の行高をページ設定の [行送り] に合わせる

[ページ設定] ダイアログボックスで [行送り:] を設定すると、文書の「基本行高」が決まります。ただし、基本行高を実際の段落に反映させるには、段落側のオプションを正しく設定する必要があります。オプションは段落ごとに設定できますが、基本的には段落に適用する段落スタイルの書式として登録します。通常は、[標準] スタイルの書式として設定すれば、他の段落スタイルにも反映されます。

操作 [標準] スタイルから [段落] ダイアログボックスを呼び出し、[1ページの行数を指定時に文字を行グリッド線に合わせる]をオンにします。項目名は「行グリッド線」ですが、Word の行グリッド線とは無関係です。このオプションの意味については次項をご参照ください。

▼[標準] スタイルの文字間隔と行高のオプションを設定する

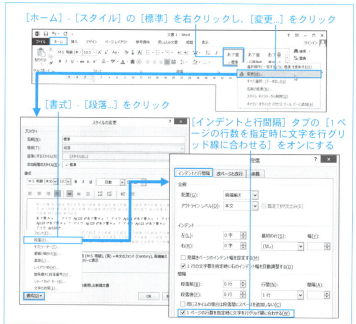

179

128 段落の行高を簡単に狭くする

前項で紹介したように、[1ページの行数を指定時に文字を行グリッド線に合わせる]をオンにすると[ページ設定]ダイアログボックスで設定した[行送り:]の高さが反映されますが、フォントサイズを小さくすると、そのままでは行高が高すぎてバランスが悪くなることがあります。

操作 行高を低くするには、段落範囲を選択し、[段落]ダイアログボックスの[1ページの行数を指定時に文字を行グリッド線に合わせる]をオフにする方法が簡単です。

▼段落の行高を低くする

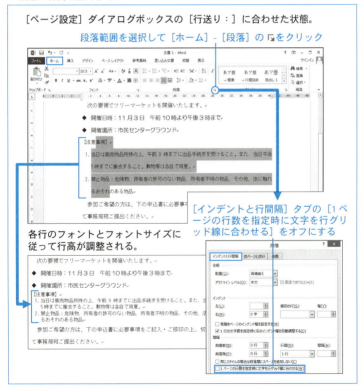

補足　[1ページの行数を指定時に文字を行グリッド線に合わせる]をオフにすると[ページ設定]ダイアログボックスの[行送り:]の値は無視され、段落内各行のフォントの種類とフォントサイズによって行高が調整されます。

「MS明朝」「MSゴシック」など、ほとんどの和文フォントの行高はフォントサイズの 1.3 倍になります。たとえば「MS明朝」で、行内の最大フォントサイズが「10pt」であれば、その行の高さは「13pt」になります。

欧文フォントはそれぞれまったく異なりますが、ほとんどの場合は和文フォントの行高の方が高いので、同じフォントサイズであれば、行の高さは和文フォントの種類で決まります。

なお、和文フォントの「メイリオ」と「Meiryo UI」は行高が極端に高いので、この方法で低くすることはできません*。

→ 183 ページの Tips「メイリオと Meiryo UI は行高設定に注意」参照。

Tips 行の高さと「行送り」「行間」

ページ設定で[行送り:]を設定すると文書の基本行高が決まります。「行送り」と「行高」は、寸法としては同じですが、意味合いが異なります。「行送り」とは、おおまかには「フォントサイズ+行間隔」のことです。「行高」とは、文字の上下に確保される空き(行間)を含めた高さのことです。Word では後者の方法で行を処理する仕様になっており、行間隔を直接操作することはできません。

ちなみに、[段落]ダイアログボックスには[行間:]という項目がありますが、ここで設定するのは行どうしの間隔ではなく、1行分の高さです。したがって、[行間:]という名称は不適切です。

たとえば[1 行]を選択した場合、具体的な行高は[1 ページの行数を指定時に文字を行グリッド線に合わせる]をオンにするとページ設定の[行送り:]になり、オフにすると該当箇所のフォントとフォントサイズによって決まります。

また、[行間:]で[固定値]を選択した場合は、[間隔:]で具体的な「行高」を設定します。したがって、[間隔:]という名称も誤りです。

6-3 行高設定と改ページオプション　2013 2010 2007

129 段落の行高を自由に調整する

本文の基本行高は［ページ設定］ダイアログボックスの［行送り：］で決めればよいのですが、見出しや脚注のようにフォントサイズが本文と異なる箇所では行高を調整しないと体裁がよくありません。

操作 行高を自由に調整するには、該当段落または段落スタイルの行高オプションで［固定値］を選択し、具体的な高さを設定します。

▼ 段落の行高を寸法で設定する

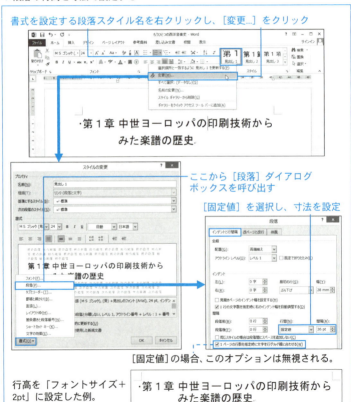

書式を設定する段落スタイル名を右クリックし、［変更...］をクリック

ここから［段落］ダイアログボックスを呼び出す

［固定値］を選択し、寸法を設定

［固定値］の場合、このオプションは無視される。

行高を「フォントサイズ＋2pt」に設定した例。

Tips 「メイリオ」と「Meiryo UI」は行高設定に注意

[ページ設定]の[行送り:]で設定できる最小値は[標準]スタイルのフォントサイズの約 1.36 倍です。一方、フォントはすべて固有の行高を持っており、たとえば「MS 明朝」「MS ゴシック」などほとんどの和文フォントではフォントサイズの 1.3 倍です。つまり固有の行高は[行送り:]の最小値よりも小さいので、最小値を設定しても問題はありません。

しかし、Windows Vista で登場した「メイリオ」の固有行高はフォントサイズの約 1.95 倍、Windows 7 で登場した「Meiryo UI」の固有行高は約 1.65 倍となっています。そのため、[行送り:]でこれより低い行高を設定した場合、[段落]ダイアログボックスの[1 ページの行数を指定時に文字を行グリッド線に合わせる]をオンにすると、実際の行高は[行送り:]の「1 行分」に収まらず、「2 行分」確保されてしまいます。

この状態を防ぐには、[段落]ダイアログボックスの[1 ページの行数を指定時に文字を行グリッド線に合わせる]をオフにするか、または行高を[固定値]に設定した上で、適切な値を設定します。固有の行高より低くても、フォントサイズ以上であれば文字が欠けることはありません。

[ページ設定]の[行送り:]を「18pt」に設定した例。
フォントサイズは「12pt」。

ここをオンにすると[1 行]は[ページ設定]の[行送り:]の高さを表す。

 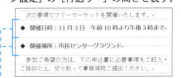

「メイリオ」の固有行高は約 1.95 倍。フォントサイズが「12pt」であれば固有行高は「12pt×1.95=23.4pt」となり、[行送り:]の「18pt」には収まらない。そのため自動的に 2 行分確保される。

ここをオフにすると[1 行]はフォントの固有行高になる。

[固定値]を選択し、行高を[行送り:]と同じ「18pt」に強制した例。

6-3 行高設定と改ページオプション　2013 2010 2007

130 ルビの有無にかかわらず行高を揃える

文書の基本行高は［ページ設定］ダイアログボックスの［行送り：］で設定しますが、実際の段落の各行が［行送り：］に収まらなければ、自動的に「2行分」「3行分」……のように調整されます。全行にルビがあれば行高は揃いますが、そうでなければルビの有無によって行高が変わることになります。

操作 ルビの有無にかかわらず行高を揃えるには、該当段落または段落スタイルの行高を［固定値］にした上で、ルビが収まる高さに設定します。

▼ルビの有無にかかわらず行高を揃える

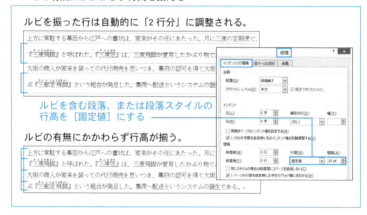

補足 ルビの有無にかかわらず行高を揃えるには、［ページ設定］ダイアログボックスの［行送り：］を高めに設定するという方法もありますが、この場合はルビを含む高さ全体が行の中央になるように調整されるため、行の位置がルビの有無によって変わってしまいます。

▼［ページ設定］による調整では文字の表示位置が揃わない

6-3 行高設定と改ページオプション　2013 2010 2007

131 段落内でのページ別れを防ぐ

パンフレットやプレゼンテーション資料など、体裁を重視する文書でとくに活用したいのが段落の分離禁止オプションです。なりゆきで空段落を補って調整している例をよく見かけますが、あまりよい方法とは言えません。

操作 段落がページの前後に分かれるのを防ぐには、[段落]ダイアログボックスのオプションを設定します。[標準]スタイルの書式として設定すれば、ほとんどすべての段落が処理されます。

▼ 段落の分離禁止オプションを[標準]スタイルに設定する

[ホーム] - [スタイル]の[標準]を右クリックし、[変更...]をクリック

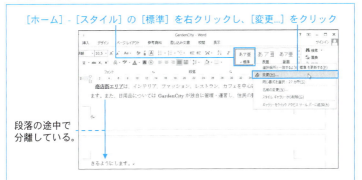

段落の途中で分離している。

[書式] - [段落...]をクリック

[改ページと改行]タブの[改ページ時1行残して段落を区切らない]または[段落を分離しない]をオンにする

[段落を分割しない]をオンにした例。段落全体が追い出される。

Chapter 6　6-3 行高設定と改ページオプション　2013　2010　2007

段落書式のテクニック

132　段落を強制的に次ページに追い出す

ページの途中から段落を強制的に次のページへ追い出すには、「セクション区切り」を使う方法と、「改ページ記号」を使う方法があります。「セクション区切り」は、文書の各部でヘッダー・フッターの内容を変えたり、用紙サイズを変えるような場合に使います。ここでは改ページ記号を紹介します。

→ 54 ページ「024 文書内で異なるページサイズを混在させる」参照。

操作 次ページに送り出す段落の先頭に文字カーソルを置き、次のように操作します。

▼ 文字カーソル位置に「改ページ記号」を挿入する

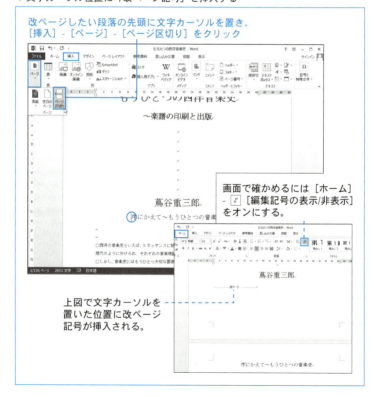

改ページしたい段落の先頭に文字カーソルを置き、[挿入]-[ページ]-[ページ区切り] をクリック

画面で確かめるには [ホーム]-[編集記号の表示/非表示] をオンにする。

上図で文字カーソルを置いた位置に改ページ記号が挿入される。

|補足| 改ページ記号は必ず送り出す段落の先頭に挿入してください。前の段落の末尾に挿入すると、次ページの先頭に余計な段落が挿入されてしまいます。

改ページ記号は［ページレイアウト］-［区切り］-［改ページ］でも挿入できますが、文字カーソル位置の段落書式のほとんどが改ページ記号の段落にも反映されるため、とくに段落の網かけを設定している場合は困ります。したがって、とくに理由がない限りこの方法は避けてください。

▼［ページレイアウト］-［区切り］-［改ページ］は避けた方がよい

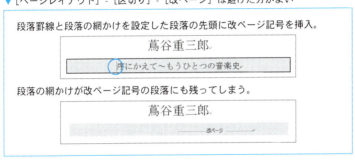

改ページ記号は編集記号の一種です。画面で確かめるには［ホーム］-［編集記号の表示/非表示］をオンにします。改ページ記号は Delete キーや Back Space キーで削除でき、削除すると改ページは解除されます。

なお、前ページの図に見られる［挿入］-［ページ］-［空白のページ］をクリックすると改ページ記号が2つ挿入されます。その結果、空白のページができることになります。

Tips Word2007 では「改ページ記号」の扱いに注意

改ページ記号は改ページする段落の先頭に挿入します。改ページ位置の直前の段落末尾に挿入すると余計な段落が挿入されるので避けてください。さらに、Word2007 では直前の段落の末尾に［ページレイアウト］-［区切り］-［改ページ］を使って挿入すると、その段落に直接設定した書式が失われるという不具合も見られます。その場合はクイックアクセスツールバーの［元に戻す］で取り消し、上記の方法で操作し直してください。

6-3 行高設定と改ページオプション

133 段落の前で強制改ページする

前ページで解説した「改ページ記号」は編集記号の一種です。したがって、Delete キーや Back Space キーで簡単に削除できるかわりに、うっかり削除することもありえます。そこで、改ページ記号を使わずに強制改ページする方法を紹介します。それは段落書式の「改ページオプション」です。

操作 次ページに送り出す段落内に文字カーソルを置き、[段落] ダイアログボックスを呼び出して次のように操作します。

▼ 段落に強制改ページオプションを設定する

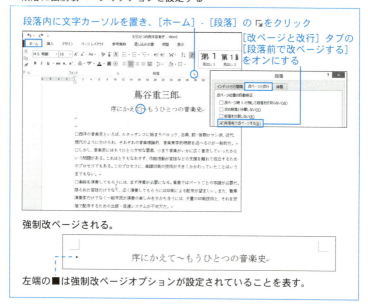

強制改ページされる。

左端の■は強制改ページオプションが設定されていることを表す。

補足 強制改ページオプションのコマンド名は「ParaPageBreakBefore」です。このコマンドを実行すると、上図のオプションが反転します。したがって、ショートカットキーを割り当てておけば*、ショートカットキーを押すたびに設定←→解除できるようになります。

→ 746 ページ「591 コマンドなどにショートカットキーを割り当てる」参照。

6-4 インデント　　　2013　2010　2007

134 インデントをキーボードで設定する

インデントを設定するには、インデントマーカーや [ホーム] - [インデントを増やす]、 [インデントを減らす] を使う方法がありますが、入力中に設定する場合はキーボードの方が便利です。

また、「入力オートフォーマット」の [Tab/Space/BackSpace キーでインデントとタブの設定を変更する] *を利用する方法もありますが、入力済みの段落でしか使えない上に、動作が少し煩雑です。

→ 406 ページ「323 入力オートフォーマットで文字を自動修正する」参照。

そこで、インデント用のコマンドを紹介します。ショートカットキーのないコマンドも、ショートカットキーを割り当てればキーボードで操作できるようになります*。

→ 746 ページ「591 コマンドなどにショートカットキーを割り当てる」参照。

機能	ショートカットキー	コマンド名
インデントを増やす	Ctrl + M	Indent
インデントを減らす	Ctrl + Shift + M	UnIndent
インデントを [字送り:] 分増やす		IndentChar
インデントを [字送り:] 分減らす		UnIndentChar
インデントを [字送り:] 分増やす（箇条書きでは1レベル下げる）		IncreaseIndent
インデントを [字送り:] 分減らす（箇条書きでは1レベル上げる）		DecreaseIndent
インデントを該当箇所の2文字分増やす		IndentLine
インデントを該当箇所の2文字分減らす		UnIndentLine
字下げインデントを [字送り:] 分増やす		IndentFirstChar
字下げインデントを [字送り:] 分減らす		UnIndentFirstChar
字下げインデントを該当箇所の2字分増やす		IndentFirstLine
字下げインデントを該当箇所の2文字分減らす		UnIndentFirstLine
ぶら下げインデントを次のタブ位置まで増やす	Ctrl + T	HangingIndent
ぶら下げインデントを前のタブ位置まで減らす	Ctrl + Shift + T	UnHang
[段落] ダイアログボックスを呼び出す		FormatParagraph

135 インデントマーカーを字送り単位でドラッグする

水平ルーラーの目盛りの単位は、Word の最初の設定では「字」、つまり［ページ設定］ダイアログボックスの［字送り］の大きさになっています。
しかし、インデントマーカーをドラッグすると、「字」ではなく Word の現在の使用単位*に従って強制されます。

→ 32 ページ「007 ルーラーとダイアログボックスの寸法単位を変える」参照。

たとえば使用単位が「mm」の場合、強制位置は「2.5mm」置きです。そのため、目盛りの位置には合わず、中途半端な位置に設定されてしまいます。タブ位置の設定も同様です。

▼インデントマーカーをドラッグしても目盛りの位置に設定できない

操作 ドラッグの強制位置を「字」の単位に変えるには、次ページに示す「文字グリッド線」を利用します。強制したい位置に文字グリッド線の間隔を合わせれば、文字グリッド線に従ってドラッグ位置を強制できるようになります。

グリッド線による強制機能は、次ページに示すダイアログボックスの［グリッド線が非表示のときに描画オブジェクトをグリッド線に合わせる］をオンにすれば、グリッド線の表示／非表示にかかわらず有効です。強制機能を必要時にのみ利用する場合は同オプションをオフにした上で、グリッド線の表示←→非表示を切り替えてください。

▼グリッド線の間隔とオプションを設定する

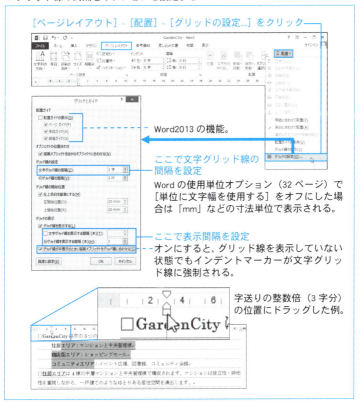

[ページレイアウト] - [配置] - [グリッドの設定...] をクリック

Word2013 の機能。

ここで文字グリッド線の間隔を設定

Word の使用単位オプション(32 ページ)で[単位に文字幅を使用する]をオフにした場合は「mm」などの寸法単位で表示される。

ここで表示間隔を設定

オンにすると、グリッド線を表示していない状態でもインデントマーカーが文字グリッド線に強制される。

字送りの整数倍(3 字分)の位置にドラッグした例。

注意 箇条書きを設定した段落で左側のインデントマーカーをドラッグすると不具合が生じます。箇条書きのインデント設定には専用のダイアログボックス*を使う必要があります。

→ 211 ページ「151 箇条書きのインデントを調整する」参照。

Tips インデントマーカーを自由にドラッグする

インデントマーカーのドラッグ位置は現在の使用単位またはグリッド線の設定に従って強制されますが、これらの設定を無視してドラッグすることもできます。それには Alt キーを押したままでドラッグします。

136 フォントサイズを変えた段落でインデントを正しく設定する

インデントを正確に設定する場合は[段落]ダイアログボックスを使います。ただし、[標準]スタイルのフォントサイズとは異なる段落に対してインデントを設定した場合、結果が思いどおりにならないことがあります。理由は、インデントの種類によって「字」が表す意味が異なるためです。

▼インデントを正しく設定したつもりでも、位置がずれてしまう

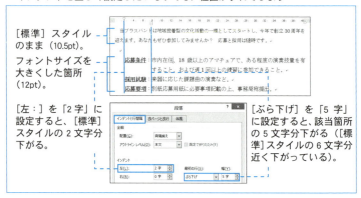

[標準]スタイルのまま(10.5pt)。
フォントサイズを大きくした箇所(12pt)。
[左:]を「2字」に設定すると、[標準]スタイルの2文字分下がる。
[ぶら下げ]を「5字」に設定すると、該当箇所の5文字分下がる([標準]スタイルの6文字分近く下がっている)。

操作 [段落]ダイアログボックスを呼び出し、インデントをすべて「pt」単位で設定します。現在の表示単位が「字」でも、「24pt」などのように単位付きで直接入力すれば設定できます。なお、[左:]と[ぶら下げ]で「pt」と「字」を混在すると正しく設定されません。

▼インデントをすべて「pt」で設定する

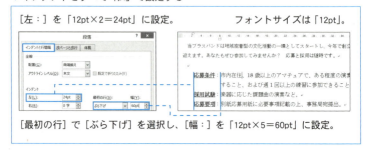

[左:]を「12pt×2=24pt」に設定。　フォントサイズは「12pt」。
[最初の行]で[ぶら下げ]を選択し、[幅:]を「12pt×5=60pt」に設定。

|補足| ［段落］ダイアログボックスの「字」は、［左：］［右：］では［ページ設定］ダイアログボックスの［字送り：］を表しますが、［字下げ］［ぶら下げ］の［幅：］では該当箇所の字送りを表します。つまり、［左：］［右：］と［幅：］では「字」の意味が異なります。

［左：］［右：］の「字」は該当箇所の設定とは無関係なので、該当箇所の「2文字分に設定したい」という場合は字送りを計算し、「pt」単位で直接設定します。

［幅：］は該当箇所のフォントサイズが基準になるので「字」の方が便利ですが、［左：］と［ぶら下げ］で「pt」と「字」を混在すると［左：］の設定が無視されるという不具合があるので、両方「pt」で設定してください。

なお、［ページ設定］ダイアログボックスで［文字数と行数を指定する］を選択し、［字送り：］を設定すると、その値と［標準］スタイルのフォントサイズとの差が文書の「基本文字間隔」として設定されます。たとえば［字送り：］が「11pt」で［標準］スタイルのフォントサイズが「10.5pt」であれば、基本文字間隔は「11pt－10.5pt＝0.5pt」です。この場合、フォントサイズ「10.5pt」の箇所の字送りは「10.5pt＋0.5pt＝11pt」で［字送り：］どおりですが、たとえば「12pt」の箇所の字送りは「12pt＋0.5pt＝12.5pt」になります。したがって、インデントを「pt」で設定する場合の1文字分は「該当箇所のフォントサイズ＋基本文字間隔」で計算してください。

▼［字送り：］を設定した場合は基本文字間隔分を加算

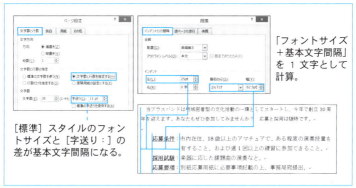

6-4 インデント　2013 2010 2007

137 離れた段落範囲にまとめてインデントを設定する

離れた箇所のインデントを揃えるにはいろいろな方法があります。長文などでは専用の段落スタイルを作るのが最良の方法ですが、もっと手軽に設定したいという場合は、該当箇所をまとめて選択してから設定します。

操作 いずれかの該当段落の左余白をクリックして行を選択し、Ctrlキーを押したままで他の段落の左余白をクリックします。連続する段落範囲は左余白部を縦にドラッグすれば選択できます。最初からCtrlキーを押すと文書全体が選択されるので注意してください。

次に、インデントマーカーまたは［段落］ダイアログボックスを使ってインデントを設定します。

▼ 離れた段落範囲にまとめてインデントを設定する

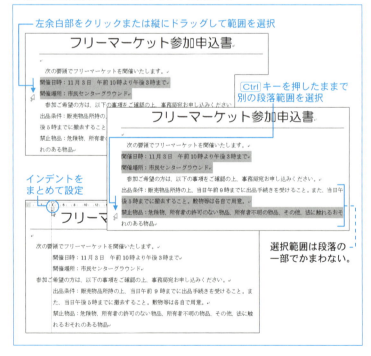

6-4 インデント　　　　　　　　　　　　　　2013　2010　2007

138 既存の段落と同じインデントを設定する

ある段落と同じインデントを別の箇所に設定する場合、手動で同じ位置に合わせるのは面倒です。書式コピーという方法もありますが、もっと手軽で簡単な方法があります。

操作 インデント設定済みの段落に文字カーソルを置いて次のように操作します。

▼既存の段落と同じインデントを設定する

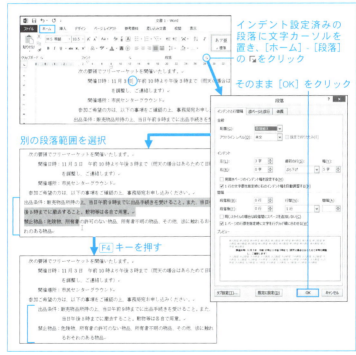

インデント設定済みの段落に文字カーソルを置き、[ホーム]-[段落]の をクリック

そのまま[OK]をクリック

別の段落範囲を選択

F4 キーを押す

補足 上図の方法では、行高設定など、[段落]ダイアログボックスに含まれる書式も処理されますが、それ以外の段落書式、つまり段落罫線、段落の網かけ、箇条書きの書式は処理されません。

139 文書内のインデントを まとめて解除する

各所で場当たり的にインデントを設定していると、簡単な手直しでも大幅な手直しが発生し、収拾が付かなくなります。そのような場合はインデントをいったん解除し、各所に適切な段落スタイルを用意してインデントを登録する方がスッキリします。

すべての段落書式を解除してよければ、文書全体を選択して Ctrl + Q キーを押す方法が簡単ですが、インデントだけを解除するには工夫が必要です。とくに、[ホーム] - による箇条書きのインデントは通常のインデントとは扱いが異なるので、その段落を除外して処理しないと不具合が発生します。

Word の最初の設定では、 による箇条書き段落には[リスト段落]スタイルが適用されます。適用箇所があるかどうかは[スタイル]ウィンドウで簡単に調べることができます。ただし、同ウィンドウの表示オプションによっては、使われていないスタイル名も表示されるので注意してください。

▼ 文書に[リスト段落]スタイルが含まれているかどうかを調べる

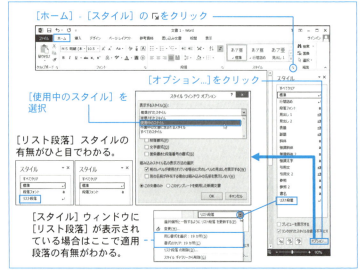

操作 文書内に ≡・≡・≡ による箇条書きがある場合は、それ以外の段落を何らかの方法で選択した上で次のように操作します。下図は［標準］スタイルの選択例です。

▼［標準］スタイルの段落のインデントをまとめて解除する

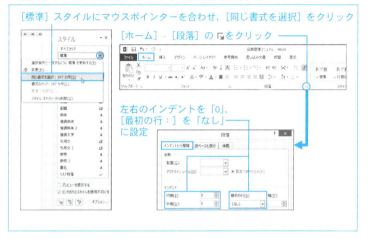

［標準］スタイルにマウスポインターを合わせ、［同じ書式を選択］をクリック

［ホーム］-［段落］の 🗔 をクリック

左右のインデントを「0」、
［最初の行：］を「なし」
に設定

文書内に ≡・≡・≡ による箇条書きがない場合、文書全体のインデントを解除するには、文書全体を選択してから同様に操作します。文書全体の選択は、[Ctrl] + [A] キーを押すか、または [Ctrl] キーを押したままで左余白部をクリックする方法が便利です。リボンから操作する場合は［ホーム］-［編集］-［選択］-［すべて選択］をクリックしてください。

補足［リスト段落］スタイルは、Word2007 以降に追加された段落スタイルです。Word2003 以前では、≡・≡・≡ を使っても［標準］スタイルのままです。

Word2007 以降は最初の設定では［リスト段落］スタイルが適用されますが、Word のオプションの設定によっては、以前同様に［標準］スタイルのままとなります*。そのような場合は、該当箇所を［リスト段落］スタイルに変えてから上記のように処理してください。

→ 272 ページの Tips「箇条書きが［リスト段落］スタイルに変わらないようにする」参照。

6-5 タブ位置　　　2013　2010　2007

140 既定のタブ位置を変える

とくにタブ位置を設定していない場合、Tabキーを押すと、以降の文字は「既定のタブ位置」に強制されます。「既定のタブ位置」は、最初の設定では「42pt」置きに設定されています。これは［標準］フォントサイズの最初の設定「10.5pt」の4文字分に相当します。

しかし、［ページ設定］ダイアログボックスの［字送り：］の値や［標準］スタイルのフォントサイズを変えても「既定のタブ位置」はそのままです。「既定のタブ位置」を活用する場合は、文書の設定に合わせて変えた方が便利です。「既定のタブ位置」は文書ごとに設定されます。

操作 「既定のタブ位置」を変えるには次のように操作します。

▼「既定のタブ位置」を変える

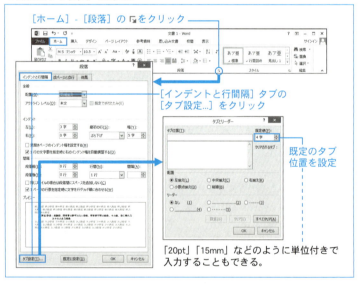

補足 ［タブとリーダー］ダイアログボックスは Alt + O キーに続けて T キーを押せば直接呼び出すことができます。これは Word2003 の［書式(O)］-［タブとリーダー(T)...］の短縮キーです。

6-5 タブ位置　　　　　　　　　　　　　　　　　2013　2010　2007

141　文字間を「……」で埋める

「…」は「てん」の読みで入力して変換できますが、費用明細のような一覧で文字間を「……」で埋めるには、タブ機能の「リーダー」オプションが便利です。「……」のほか、「------」や「____」なども用意されています。

操作 水平ルーラーでタブを設定し、次のように操作します。

▼タブマーカーを設定し、リーダーオプションを追加する

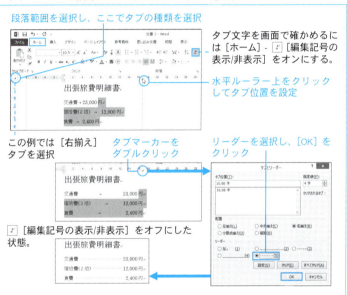

補足 上図では先に水平ルーラー上でタブ位置を設定してから[タブとリーダー]ダイアログボックスを呼び出しましたが、直接同ダイアログボックスを呼び出してもかまいません。

同ダイアログボックスは、通常は[段落]ダイアログボックス経由で呼び出しますが、[Alt] + [O]キーに続けて[T]キーを押しても呼び出すことができます。これは Word2003 の[書式(O)] - [タブとリーダー(T)...]の短縮キーです。

6-5 タブ位置

142 タブ位置を別の段落にコピーする

設定済みのタブ位置やリーダーを別の段落にも設定する場合、タブ位置やリーダーの設定を個々に調べるのは面倒です。書式コピーという方法もありますが、タブ位置以外の書式もコピーされてしまいます。そこで、ここではタブ位置だけを簡単にコピーする裏技を紹介します。

操作 タブ位置設定済みの段落に文字カーソルを置いて次のように操作します。

▼既存の段落と同じタブ位置を設定する

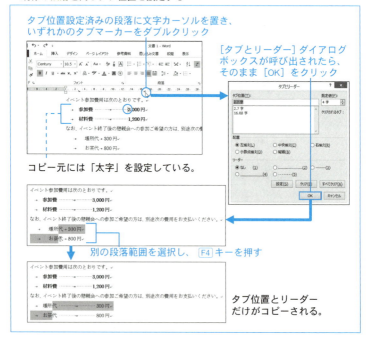

補足 F4 キーは直前の操作を繰り返すショートカットキーです。別の操作を行うまでは、「範囲選択→ F4 キー」でタブ位置の設定を繰り返すことができます。

6-5 タブ位置 2013 2010 2007

143 文書内のタブ位置をまとめて解除する

タブ位置を場当たり式に設定していると、整形作業がやりにくくなります。そのような場合はタブ位置をいったん解除し、各所に適切な段落スタイルを用意してタブ位置を登録する方がスッキリします。

文書内に直接設定したタブ位置をまとめて解除する場合、他の段落書式も解除してよければ、文書全体を選択して [Ctrl] + [Q] キーを押す方法が簡単です。これは段落書式を解除して各段落の段落スタイル本来の書式に戻すショートカットキーです。ただし、この方法では段落スタイル自身にタブ位置が設定されていれば、そのタブ位置が反映されます。

操作 他の段落書式は維持し、タブ位置だけをまとめて解除するには、文書全体を選択してから次のように操作します。

文書全体を選択するには、[Ctrl] キーを押したままで左余白部をクリックするか、[Ctrl] + [A] キーを押す方法が便利です。

▼ 文書内のタブ位置をまとめて解除する

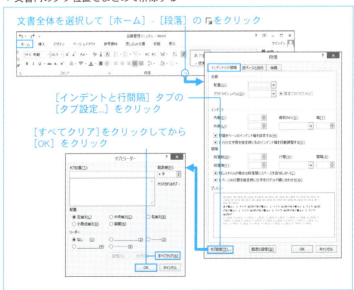

6-5 タブ位置　　　2013　2010　2007

144 文書内の特定のタブ位置だけまとめて解除する

たとえば「段落途中のタブ位置はそのまま残し、先頭のタブ位置だけ解除して左インデントに変えたい」といった場合は少し工夫が必要です。

操作 文書内の特定のタブ位置だけをまとめて解除するには、文書全体を選択してから次のように操作します。

文書全体を選択するには、[Ctrl]キーを押したままで左余白部をクリックするか、[Ctrl] + [A]キーを押します。[ホーム] - [編集] - [選択] - [すべて選択] をクリックする方法もあります。

▼文書内の特定のタブ位置だけをまとめて解除する

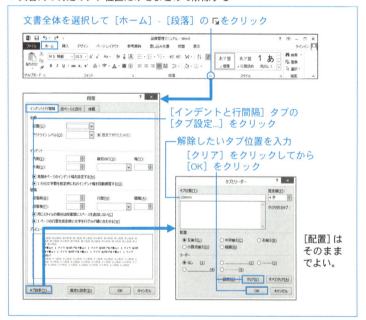

Tips [Tab]キーを押すとインデントが設定される

原因は「入力オートフォーマット」です。具体的には 406 ページ「323 入力オートフォーマット で文字を自動修正する」内の図をご参照ください。

6-6 行端処理　　　2013　2010　2007

145 行頭・行末のスペースを正しく表示させる

Word の最初の設定では、段落途中の行頭・行末に入力したスペース文字は右余白部に追い出されてしまいます。これは英文用の機能で、単語間のスペースが行頭・行末に残るのを防ぐのが目的です。

▼ 段落の途中で行頭・行末にスペースを入力すると右余白に追い出される

操作 行頭・行末のスペースを正しく表示させるには、該当段落または段落スタイルの次のオプションをオンにします。

▼ 英単語の途中改行を許可するオプション

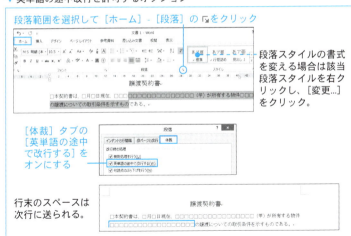

補足　上図のオプションをオンにした状態でも英単語の途中改行を防ぐことは可能です*。

→ 323 ページ「240 英単語の途中改行を許可した文書で途中改行を防ぐ」参照。

146 行頭に「ー」「ゃ」「ツ」などが来ないようにする

たとえば句読点が行頭に来たり、起こしのカッコが行末に残る場合に、文字間隔を調整して文字を前後の行に送り出すことを「禁則処理」と呼び、禁則処理の対象となる文字を「禁則文字」と呼びます。

禁則処理は、Word の設定では最初から有効になっていますが、「ー」（長音記号）や「ゃゅょ」（拗音）、「っッ」（促音）は対象外です。

操作 長音記号や拗音・促音も禁則処理の対象とするには次の手順で Word のオプションを変更します。

▼禁則文字の設定を変える

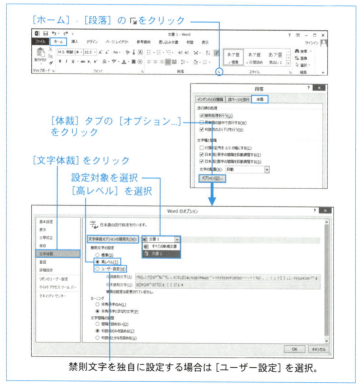

禁則文字を独自に設定する場合は［ユーザー設定］を選択。

6-6 行端処理

2013 2010 2007

147 行末に句読点が飛び出さないようにする

Wordの最初の設定では、行末に入らない句読点や閉じカッコ類は、1文字に限り右余白部に表示するようになっています。この方法を「ぶら下げ組み」と呼びます。禁則処理（前項参照）が発生すると文字間隔が不揃いになりますが、1行の文字数が多ければ不揃いはほとんど目立たず、むしろ「ぶら下げ組み」による行端の不揃いの方が目立ってしまいます。

▼「ぶら下げ組み」方式では行端が不揃いになる

行末の句読点や閉じカッコが右余白部に飛び出す。

操作 「ぶら下げ組み」のオプションは段落単位でも設定できますが、通常は［標準］スタイルの書式として登録します。

▼［標準］スタイルの「ぶら下げ組み」オプションをオフにする

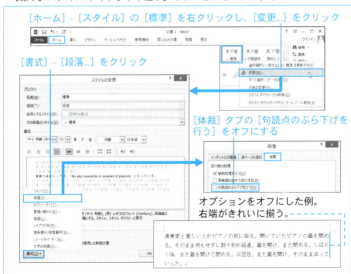

148 左端のカッコを行頭に揃える

「 や 【 など、「起こしのカッコ」類は文字自身の左側が空いています。そのため、これらの文字が行頭に来ると段落の左端が不揃いに見えてしまいます。

▼行頭にカッコが来ると左端が不揃いになる

行頭のカッコは少し下がって見える。

操作 行頭のカッコ類の空きを詰めるには下図のオプションをオンにします。段落ごとに設定できますが、通常は[標準]スタイルの書式として登録します。ただし、このオプションをオンにする場合は重要な注意点があります。詳しくは次ページの「補足」で解説します。

▼左端のカッコを行頭に揃える

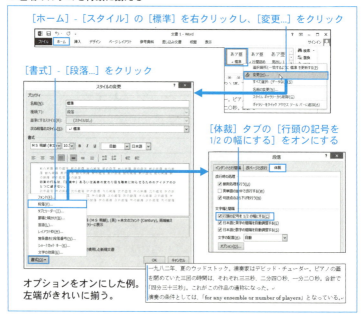

|補足| 前項の［行頭の記号を 1/2 の幅にする］は段落先頭行にも働きます。ただし、全角スペースで字下げしている場合、最初のカッコは 2 文字目ということになるので、空きは詰められません。

段落先頭行の空きも詰めるには全角スペースではなく「字下げインデント」を使えばいいのですが、ここで重要な注意点があります。

［標準］スタイルのインデントを変えると、他のほとんどの段落スタイルに影響するだけでなく、不具合が生じることもあります。したがって、［標準］スタイルには［行頭の記号を 1/2 の幅にする］だけを設定し、実際の本文には［標準］以外の段落スタイルを使うことが大切です。

幸い、Word には最初から「字下げインデント」を登録済みの［本文字下げ］スタイルがあるので、このスタイルを適用すれば簡単に解決できます。Word の最初の設定では同スタイルに登録されているのは「字下げ」インデントだけで、他の書式は［標準］スタイルに準じる設定になっています。

［本文字下げ］スタイルは、［スタイル］ウィンドウの表示オプションで［すべてのスタイル］を選択すれば表示されます。

▼［行頭の記号を 1/2 の幅にする］には［本文字下げ］スタイルが適切

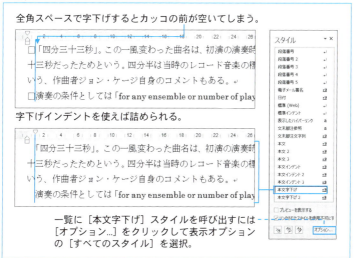

全角スペースで字下げするとカッコの前が空いてしまう。

字下げインデントを使えば詰められる。

一覧に［本文字下げ］スタイルを呼び出すには［オプション...］をクリックして表示オプションの［すべてのスタイル］を選択。

149 段落の右端を右インデントに合わせる

[ページ設定]ダイアログボックスで[文字数と行数を指定する]を選択すると、[文字数:]と[字送り:]を設定できます。このさい、[文字数:]の値を調整すると[字送り:]は「本文幅÷文字数」の値に調整されますが、[字送り:]の値を調整した場合、「本文幅÷字送り」がちょうど割り切れるとは限らず、余りが出てしまいます。

余りが出た場合、Word2013では[字送り:]よりも本文幅が優先され、余りは各文字間に割り振られます。そのため、実際の字送りは[字送り:]よりも広くなります。

Word2010/2007は、最初の設定では[字送り:]優先となっています。この場合、実際の字送りは[字送り:]に一致しますが、余りは行の右端に割り当てられるため、右端と右インデントは一致しません。したがって、見た目の右余白は[ページ設定]ダイアログボックスの右余白よりも空いてしまいます。下図はWord2010の例ですが、Word2007も同様です。

▼[ページ設定]の[字送り:]と実際の字送りとの関係（Word2010の例）

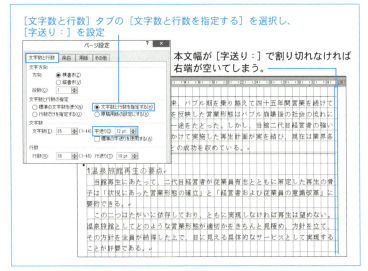

操作 Word2010/2007 で本文幅を優先させるには、[段落]ダイアログボックスの下図のオプションをオフにします。ほとんどの段落スタイルは[標準]スタイルを基準にしているので、基本的には[標準]スタイルの設定を変えればよく、個々の段落あるいは段落スタイルごとに設定する必要はありません。

▼[標準]スタイルの設定を変え、本文幅優先にする(Word2010 の例)

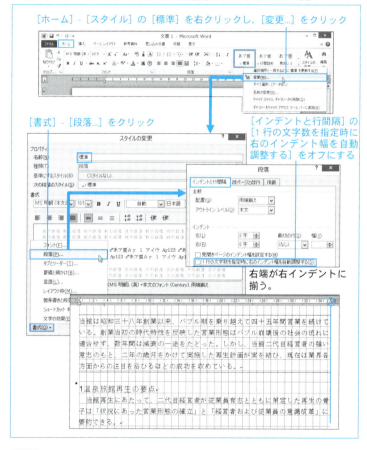

補足 上図のこのオプションは Word2013 にもありますが、Word2013 では無視されるのでオン・オフどちらでもかまいません。

6-6 行端処理

150 段落先頭のスペースを瞬時に削除する

全角スペースで字下げしていた文書を「字下げインデント」方式に変えたいという場合、余計な全角スペースを削除するには簡単な裏技があります。

操作 たとえば本文など、処理したい段落内に文字カーソルを置いて同じ書式の箇所を選択し、次のように操作します。

▼字下げの全角スペースを削除し、字下げインデントを設定する

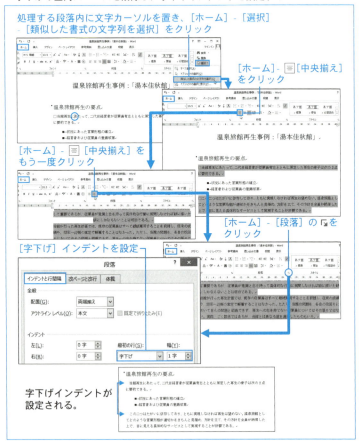

6-7 箇条書き　　　　　　　　　　　　　　　　　　　　2013　2010　2007

151 箇条書きのインデントを調整する

[ホーム] - ≡・≡・≡ を使った箇条書きでは、「左インデント」および「ぶら下げインデント」の調整に水平ルーラーのインデントマーカーや [段落] ダイアログボックスを使うことは避けてください。一見問題なく処理されたように見えても、思わぬところで不具合が生じます。

操作 箇条書きの「左インデント」の位置を調整するには、記号・番号をドラッグする方法が簡単です。

▼箇条書きの左端の位置をドラッグで調整する

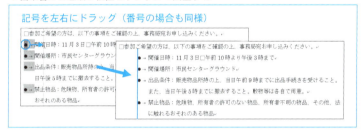

箇条書きのインデントの位置を正確に調整するには段落内に文字カーソルを置き、次のように操作します。

▼箇条書きのインデントを寸法で調整する

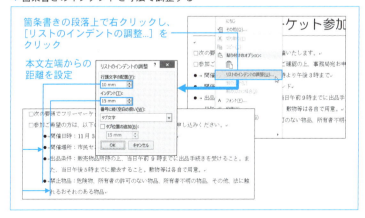

152 離れた箇所の箇条書きのインデントをまとめて変える

操作 連番形式の箇条書きは、離れた箇所にあっても番号をドラッグすれば「左インデント」をまとめて変えることができます。

▼連番形式の箇条書きのインデントをまとめて変える

操作 記号の場合は、すべての箇条書きが同じ記号であれば、「類似書式の選択機能」*を利用します。

→ 120ページ「075 選択箇所と同じ書式の箇所をまとめて選択する」参照。

▼同じ書式の箇条書き段落のインデントをまとめて変える

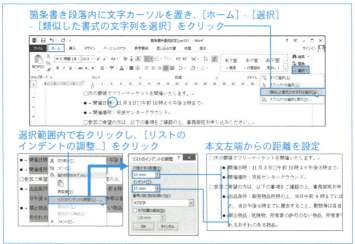

なお、文書内で記号・番号が混在する場合は右クリックした箇所の記号・番号に統一されてしまうので避けてください。

6-7 箇条書き

2013 2010 2007

153 箇条文の先頭行と2行目以降で左端の位置を変える

[ホーム] - で設定した箇条書きでは、とくに設定を変えなければ、行頭の記号・番号と箇条文との間にタブ文字が入ります。また、タブ文字に続く箇条文の左端は「ぶら下げインデント」の位置に揃います。

操作 箇条文の先頭行と2行目以降で左端の位置を変えるには、「ぶら下げインデント」とは別に、先頭行左端のタブ位置を設定します。

▼箇条文の先頭行と2行目以降で左端の位置を変える

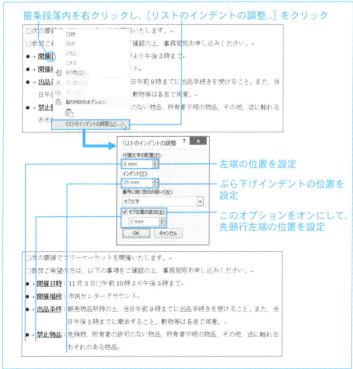

箇条段落内を右クリックし、[リストのインデントの調整...] をクリック

- 左端の位置を設定
- ぶら下げインデントの位置を設定
- このオプションをオンにして、先頭行左端の位置を設定

補足 Word2003以前の箇条書きでは最初からタブ位置が設定されましたが、Word2007以降はタブ位置設定はオプションになりました。

154 箇条書きの記号・番号と箇条文との間を詰める

6-7 箇条書き　2013 2010 2007

［ホーム］-≡・≡・≡で箇条書きを設定すると、記号・番号と箇条文との間にタブ文字が入ります。また、タブ文字に続く箇条文の左端は「ぶら下げインデント」の位置に揃うように処理されます。したがって、記号・番号と箇条文との間を詰めるには、「ぶら下げインデント」の位置を調整すればよいことになります*。なお、このタブ文字は Tab キーによるタブ文字とは異なり、Delete キーなどで直接削除することはできません。

→ 211ページ「151 箇条書きのインデントを調整する」参照。

なお、箇条文が1行しかなければ、とくに「ぶら下げインデント」に揃える意味はありません。その場合、記号・番号と箇条文の間を詰めるにはもっと簡単な方法があります。

操作 箇条段落内で次のように操作します。

▼箇条書きの記号・番号に続く空白の扱いを変える

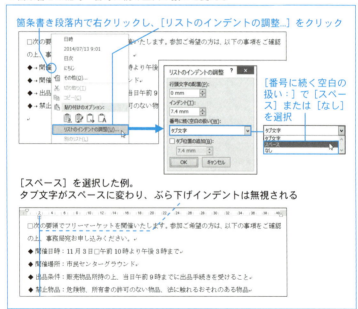

箇条書き段落内で右クリックし、［リストのインデントの調整...］をクリック

［番号に続く空白の扱い：］で［スペース］または［なし］を選択

［スペース］を選択した例。
タブ文字がスペースに変わり、ぶら下げインデントは無視される

6-7 箇条書き

2013 | 2010 | 2007

155 箇条書きの記号や番号だけ文字書式を変える

箇条書きの記号・番号の文字書式は該当箇所の段落スタイルの文字書式に従いますが、記号・番号の文字書式だけ変えることもできます。

操作 記号・番号の文字書式を設定するには、記号・番号を直接クリックする方法が簡単です。1箇所で設定すれば他の箇所にも反映されます。

▼ 箇条書きの記号・番号の文字書式を変える

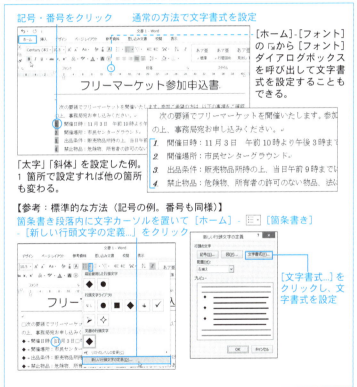

記号・番号をクリック　通常の方法で文字書式を設定

[ホーム]-[フォント]の から[フォント]ダイアログボックスを呼び出して文字書式を設定することもできる。

「太字」「斜体」を設定した例。
1箇所で設定すれば他の箇所も変わる。

【参考：標準的な方法（記号の例。番号も同様）】
箇条書き段落内に文字カーソルを置いて［ホーム］- ［箇条書き］
-［新しい行頭文字の定義...］をクリック

[文字書式...]をクリックし、文字書式を設定

補足 記号・番号に直接設定した文字書式を段落スタイルの文字書式に戻すには、記号・番号をクリックして Ctrl + スペース キーを押します。

156 箇条書きの起番を設定する

番号式の箇条書きを設定すると「1」から起番されますが、前の箇条書きの連番にしたり、任意の番号から開始することもできます。

操作 以前に同じ番号種の箇条書きがある場合、番号式の箇条書きを設定した直後は段落左に [オートコレクトのオプション] が表示され、クリックするだけで番号の付け方を変えることができます。

▼箇条書き設定直後に番号の付け方を変える

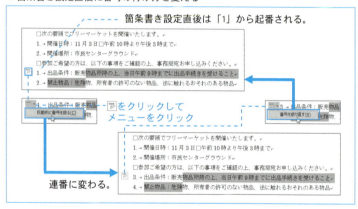

 [オートコレクトのオプション] が表示されない場合は、次の方法で番号の付け方を変えることができます。

▼箇条書きの番号の付け方をあとから変える

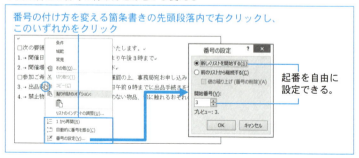

6-7 箇条書き

157 箇条書きの途中番号を省略する

箇条書きの段落番号には、途中を欠番にするオプションがあります。欠番より前の箇条書きを追加・削除すると、欠番以降の番号も増減します。

ただし、文字どおり番号を省略するのではなく、たんに「隠し文字」扱いの箇条段落を追加するだけです。あまりスマートな機能ではありませんが、一応紹介しておきましょう。

操作 欠番を設定する直後の段落を右クリックし、次のように操作します。

▼ 箇条書きの途中番号を省略する

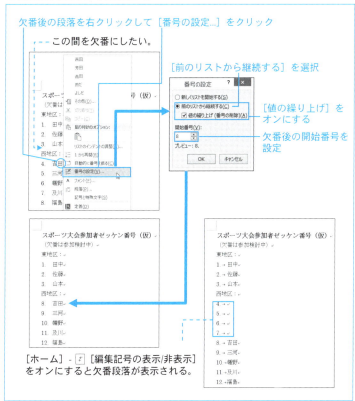

6-7 箇条書き

158 箇条番号を「100、200、300……」形式にする

番号式の箇条書きは単純な連番になり、「1, 3, 5……」のような番号付けはできませんが、「100, 200, 300……」のような連番であれば、簡単な工夫で処理できます。

操作 箇条番号を「100, 200, 300……」のように表示するには、次の手順で番号書式に「00」を付け加えます。

▼箇条番号を「100, 200, 300……」形式にする

6-7 箇条書き

159 箇条番号の桁位置を揃える

箇条書きの番号は、とくに設定しなければ左端が揃います。したがって、異なる桁数が混在していれば、桁位置がずれてしまいます。また、番号と箇条文の間にタブ文字を設定している場合は、番号と箇条文との空きが不揃いになります。時計文字のように数字によって文字幅が異なる場合も同様です。このような例では、番号の右端を揃えれば箇条文との空きが揃い、番号の桁位置も揃います。

操作 番号の右端を揃えるには次のように操作します。下図は時計文字の例ですが、アラビア数字の桁揃えも同様です。

▼ 箇条番号の右端を揃える

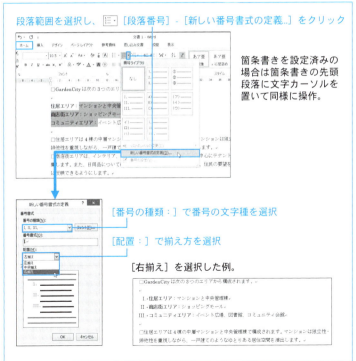

160 箇条項目と説明文で行を変える

箇条書きの中には、基本項目とその説明文からなるものがあります。基本項目を目立たせ、体裁にメリハリを付けるには、「任意指定の行区切り」が便利です。これは段落内で強制改行する機能で、編集記号の一種です。

▼箇条文の中で強制改行する

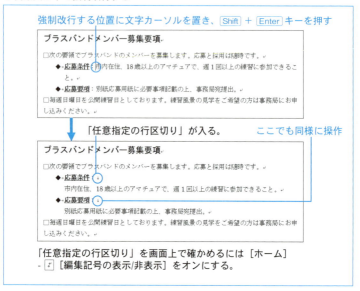

補足 「任意指定の行区切り」の前後は、見かけは別の段落ですが、実際には段落内で強制改行されているに過ぎません。したがって、その段落に「ぶら下げインデント」が設定されていれば、「任意指定の行区切り」に続く行は「ぶら下げインデント」の位置に揃います。

なお、上図のように箇条文の先頭の文字書式を変えて強調したい場合は便利な方法があります。具体的には次項をご参照ください。

6-7 箇条書き　　　　　　　　　　　　　　　　　　　　2013　2010　2007

161 箇条文の先頭語句の文字書式を自動設定する

箇条文先頭の語句だけ「太字」や「下線」で強調する場合は、[入力オートフォーマット]の[リストの始まりの書式を前のリストと同じにする]というオプションを利用すると便利です。

→ 406 ページ「323 入力オートフォーマットで文字を自動修正する」参照。

操作 箇条書きの先頭段落の先頭語句に文字書式を設定し、以下次のように操作します。

▼箇条文の先頭語句の文字書式を自動設定する

この部分に「太字」と「下線」を設定。　　Enter キーを押す

□次の要領でブラスバンドのメンバーを募集します。応募と採用は随時です。
◆→**応募条件**：市内在住、18 歳以上のアマチュアで、週 1 回以上の練習に参加できること。

次の段落に入力すると、前段落の先頭部分の文字書式が反映される。

Ctrl + スペース キーを押す

□次の要領でブラスバンドのメンバーを募集します。応募と採用は随時です。
◆→**応募条件**：市内在住、18 歳以上のアマチュアで、週 1 回以上の練習に参加できること。
◆→**応募要項**

直接設定した文字書式(「太字」と「下線」)が解除される。

□次の要領でブラスバンドのメンバーを募集します。応募と採用は随時です。
◆→**応募条件**：市内在住、18 歳以上のアマチュアで、週 1 回以上の練習に参加できること。
◆→**応募要項**：別紙応募用紙に必要事項を記載の上、

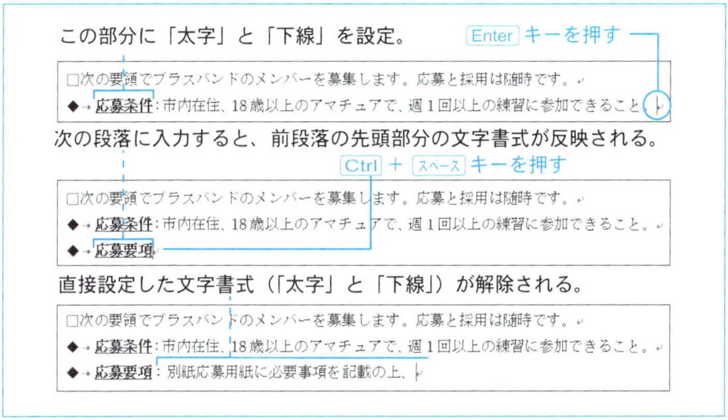

補足 段落内で Enter キーを押すと、通常は直前の文字書式が次の段落にも引き継がれます。上図の例では段落末尾の文字書式が引き継がれます。しかし、上記のオプションをオンにすると、段落先頭の文字書式が次の段落にも引き継がれるようになります。

このオプションの本来の機能は、途中でピリオド「.」やコロン「:」などの区切り文字を入れると、その前後で自動的に文字書式が変わるというものです。ただし、日本語入力モードでは自動切り替えは働きません。したがって、上図のように Ctrl + スペース キーで文字書式を強制的に解除する必要があります。

162 箇条書きと本文との間だけを自動的に空ける

箇条書きは、その前後を少し空けると見やすくなります。段落間を空けるには、Enterキーで単純に空段落を補う方法もありますが、場合によっては空き過ぎて間延びしてしまいます。そのような場合は段落前後の空きオプションを利用すると便利です。

操作 箇条書きと本文との間だけを自動的に空けるには、次の手順で[リスト段落]スタイルの設定を変えた上で、[標準]スタイルの段落に対して箇条書きを設定します。

▼[リスト段落]スタイルに段落間の空きオプションを設定する

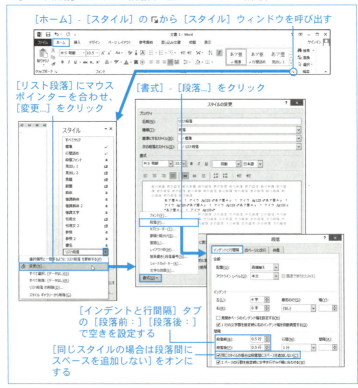

▼ [標準] スタイルの段落を箇条書きに変える

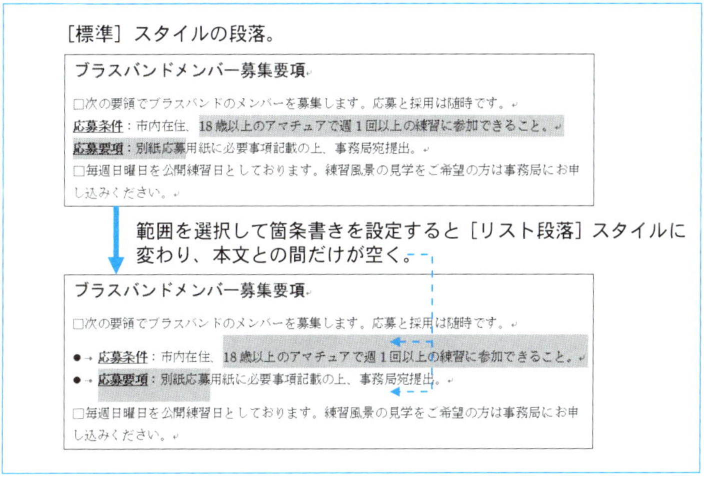

[標準] スタイルの段落。

ブラスバンドメンバー募集要項。
□次の要領でブラスバンドのメンバーを募集します。応募と採用は随時です。
応募条件：市内在住、18歳以上のアマチュアで週1回以上の練習に参加できること。
応募要項：別紙応募用紙に必要事項記載の上、事務局宛提出。
□毎週日曜日を公開練習日としております。練習風景の見学をご希望の方は事務局にお申し込みください。

範囲を選択して箇条書きを設定すると [リスト段落] スタイルに変わり、本文との間だけが空く。

ブラスバンドメンバー募集要項。
□次の要領でブラスバンドのメンバーを募集します。応募と採用は随時です。

- **応募条件**：市内在住、18歳以上のアマチュアで週1回以上の練習に参加できること。
- **応募要項**：別紙応募用紙に必要事項記載の上、事務局宛提出。

□毎週日曜日を公開練習日としております。練習風景の見学をご希望の方は事務局にお申し込みください。

|補足| Word2007 以降では、[標準] スタイルの段落に対して [ホーム] - で箇条書きを設定すると、その段落には自動的に [リスト段落] スタイルが適用されます。

一方、前ページの図のように [段落前：] [段落後：] で空きを設定すると、段落の前または後を自動的に空けることができますが、そのままでは [リスト段落] スタイルの各段落の前後も空いてしまいます。そこで [同じスタイルの場合は段落間にスペースを追加しない] をオンにすれば、[リスト段落] スタイルの段落間では空き設定を無視させることができます。

|注意| [リスト段落] スタイル自体には箇条書きの書式（記号・番号など）は登録されていないので、同スタイルを直接適用しても箇条書きにはなりません*。したがって、必ず [ホーム] - から操作してください。

→ 271ページ「198 リスト段落スタイルに箇条書きの書式を登録する」参照。

[リスト段落] スタイルを直接適用し箇条書きの書式が失われた場合は、クイックアクセスツールバーの [元に戻す] または [Ctrl] + [Z] キーで操作を取り消し、箇条書きを設定し直してください。

6-7 箇条書き

2013 2010 2007

163 複数の箇条書式を使い分ける

数種類の箇条書きを使い分ける最良の方法は、書式ごとに段落スタイルを用意することですが、直接設定で処理したい場合は[スタイル]ウィンドウの書式表示オプションを利用します。ただし、Word2007でこの機能を利用するには「書式の履歴」をオンにする必要があります*。

→ 122ページの図「書式の履歴機能を有効にする（Word2007）」参照。

操作 次の手順で[スタイル]ウィンドウの表示オプションを変えます。また、同ウィンドウで箇条書きの種類を区別するには[プレビューを表示する]をオンにしておくと便利です。

▼ 直接設定した箇条書きの書式を[スタイル]ウィンドウに表示する

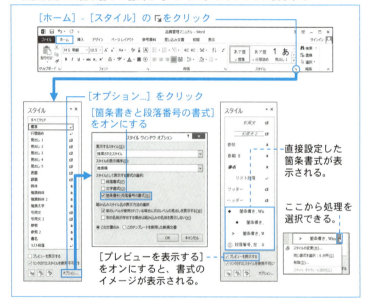

補足 段落範囲を選択して[スタイル]ウィンドウの書式をクリックすれば、その書式が適用されます。書式をスタイル化*することもできます。

→ 267ページ「193 直接設定した書式をスタイル化する」参照。

6-7 箇条書き　　2013　2010　2007

164 設定済みの箇条書きの記号・番号文字種を変える

設定済みの箇条書きの記号や番号の種類を変える場合、該当箇所が連続した段落であればその範囲を選択して設定し直せばよいのですが、離れた箇所の記号・番号を変える場合は種類によって方法が異なります。

▼離れた箇所の箇条書きの記号・番号書式をまとめて変える

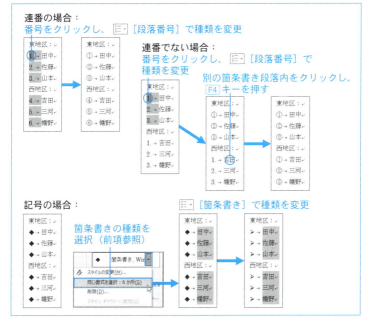

操作 連番の箇条書きは、1箇所をクリックして種類を変えれば連番全体の種類が変わります。連番でない場合は、1箇所を処理してから F4 キーで操作を繰り返します。「類似書式の選択機能」*などでまとめて選択すると、選択箇所全体が連番に変わってしまいます。

記号の場合は、前項で紹介した[スタイル]ウィンドウの表示オプションを利用して該当箇所を選択した上で記号を変えます。

→ 120ページ「075 選択箇所と同じ書式の箇所をまとめて選択する」参照。

165 箇条書きをアウトライン形式にする

箇条書きの先頭段落で [インデントを増やす] あるいは [インデントを減らす]をクリックすると、箇条書き段落全体のインデントが変わります。箇条書きの2番目以降で同ボタンをクリックすると、インデントではなく箇条書きのレベルが変わり、アウトライン形式になります。ただし、 [箇条書き]、 [段落番号] による箇条書きでは、下位レベルの記号・番号の種類はあらかじめ決められています。

▼ [箇条書き]、 [段落番号] によるアウトライン形式の種類

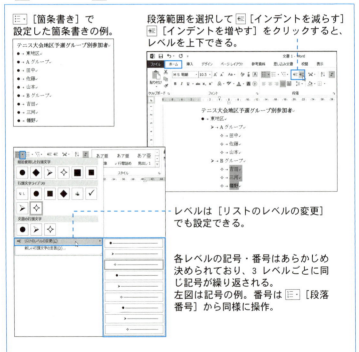

既定以外の記号・番号を使うには、 [アウトライン] から操作します。ただし、しくみを理解しないと正しく処理することはできません。

操作 アウトライン形式の箇条書きを独自の書式で設定するには、[ホーム]-[アウトライン]から次のように操作します。

▼ アウトライン形式の箇条書きを設定する

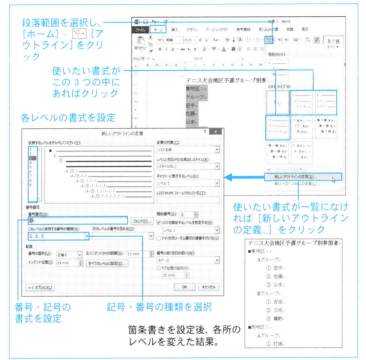

補足 [リストライブラリ]に使いたい書式があればそのまま利用できます。ただし、「見出し」の文字を含む書式は[見出し]スタイル専用です。箇条書きで使うと思わぬ結果を招くので避けてください。

[新しいアウトラインの定義]ダイアログボックスでは、左上の「1〜9」でレベルを選択して、それぞれの書式を設定します。実際に使うレベルだけ設定すればよく、下位はそのままでかまいません。

[このレベルに使用する番号の種類:]で選択した番号・記号は[番号書式:]に網かけで表示されます。「1.」「A)」のような体裁にする場合は、[番号書式:]にピリオドやカッコを直接入力してください。

166 アウトライン形式の箇条書きのインデントを調整する

［ホーム］-`≡・≡・≡`を使った箇条書きでは、「左インデント」および「ぶら下げインデント」の調整に水平ルーラーのインデントマーカーや［段落］ダイアログボックスを使うことは避けてください。一見問題なく処理されたように見えても、思わぬところで不具合が生じます。

操作 アウトライン形式の箇条書きの「左インデント」を調整するには記号・番号をドラッグする方法が簡単です。箇条書きの先頭段落の記号・番号をドラッグすると全体が調整され、先頭以外の記号・番号をドラッグすると該当レベルの「左インデント」だけが調整されます。

▼箇条書きの左端の位置をドラッグで調整する

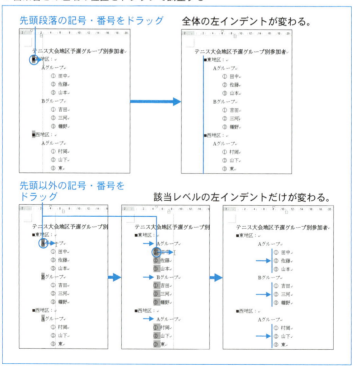

アウトライン形式の各レベルのインデントを正確に調整するには段落内に文字カーソルを置き、次のように操作します。

▼箇条書きのインデントを寸法で調整する

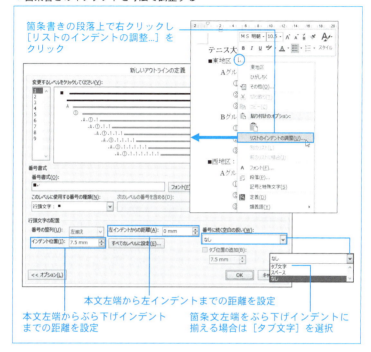

箇条書きの段落上で右クリックし[リストのインデントの調整...]をクリック

本文左端から左インデントまでの距離を設定
本文左端からぶら下げインデントまでの距離を設定
箇条文左端をぶら下げインデントに揃える場合は[タブ文字]を選択

補足　[左インデントからの距離：]とは、本文左端から箇条書きの「左インデント」までの距離のことです。名称が不適切なので注意してください。[インデント位置：]とは本文左端から箇条書きの「ぶら下げインデント」までの距離のことです。

箇条文の左端を「ぶら下げインデント」の位置に揃える場合は[番号に続く空白の扱い：]で[タブ文字]を選択してください。

「ぶら下げインデント」の位置に揃えない場合は、[番号に続く空白の扱い：]は[スペース]または[なし]でかまいません。また、各段落が1行であれば[インデント位置：]も気にする必要はありません。

229

6-7 箇条書き

167 箇条書きの段落内に下位の連番を振る

箇条書きの先頭だけでなく段落内にも連番を振るには「ListNum」フィールドを使います。単独で使うこともできますが、箇条書き段落内で使うと、段落先頭の記号・番号に対する下位レベルを表示させることができます。記号・番号の種類は、[新しいアウトラインの定義] ダイアログボックスで自由に設定できます。

操作 まず箇条書きの段落範囲を選択し、アウトラインの箇条書きの書式を定義します。

▼ アウトラインの箇条書きの書式を定義する

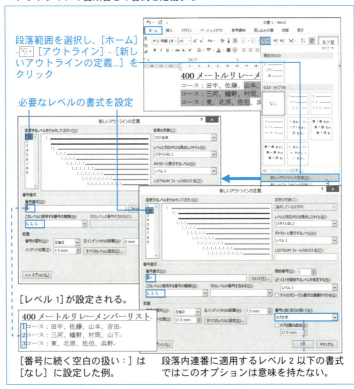

段落範囲を選択し、[ホーム] - [アウトライン] - [新しいアウトラインの定義...] をクリック

必要なレベルの書式を設定

[レベル 1] が設定される。

[番号に続く空白の扱い:] は [なし] に設定した例。

段落内連番に適用するレベル 2 以下の書式ではこのオプションは意味を持たない。

前ページの図の操作によって、箇条書きの先頭に番号が振られます。前ページの例では、「1 コース」のように表示させるため、レベル 1 の［番号に続く空白の扱い：］は［なし］に設定しています。レベル 2 以下の［番号に続く空白の扱い：］は、下図のような使い方をする場合は意味を持ちません。

次に、下図の手順で段落内に下位レベルの番号を挿入します。

▼段落内で連番を振る

補足　フィールド内では大文字・小文字は区別されないので、上図のように「listnum」と入力してもかまいません。

なお、とくに設定しなければ「ListNum」フィールドには欧文フォントが使われます。そのため、アウトラインの定義で下位レベルに「①②③……」を使うと正しく表示されません。この場合は文字範囲を選択して和文フォントを設定し直してください。

▼「①②③……」を使う場合は和文フォントを設定し直す

最初は欧文フォントが適用されるため、文字間隔が詰まって表示される。

和文フォントを設定し直せば正しい字送りで表示される。

400メートルリレーメンバーリスト
1コース：①田中、②佐藤、③山本、④吉田
2コース：①三河、②幡野、③村岡、④山下
3コース：①東、②北原、③佐伯、④浜野

400メートルリレーメンバーリスト
1コース：①田中、②佐藤、③山本、④吉田
2コース：①三河、②幡野、③村岡、④山下
3コース：①東、②北原、③佐伯、④浜野

231

168 段落ごとに同じレベルの連番を振り直す

前項で紹介したようにアウトライン形式の箇条書きと「ListNum」フィールドを組み合わせると、箇条書き段落内に下位の連番を振ることができます。ただし、段落先頭と2番目以降は自動的に階層化されてしまいます。

操作 階層化させずに同レベルの番号を振るには、アウトラインの箇条書きのレベル指定スイッチ「¥l」を使ってレベルを強制します。ただし、レベル1では後続の段落も連番になります。段落ごとに1から振り直すにはレベル2に強制することが大切です。設定したい番号の書式は、レベル2として定義しておきます。

▼ 段落ごとに同じレベルの連番を振る

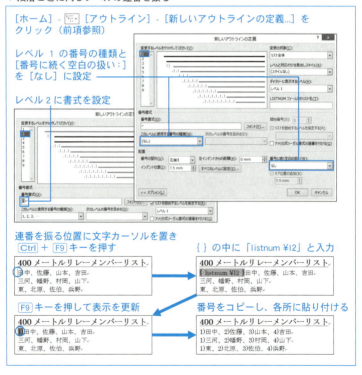

Tips 書式の微妙な違いを青い波下線で表示する

インデントやフォントサイズなどの微妙な違いをチェックする場合に役に立つのが、下図に示す[書式の不統一を記録する]オプションです。書式が他と微妙に異なっている箇所が青い波下線で表示され、右クリックすると対処方法が示されます。

2013/2010 [ファイル] - [オプション]をクリック
2007 ◎ - [Wordのオプション]をクリック

[詳細設定] - [編集オプション]の[書式の履歴を維持する]と[書式の不統一を記録する]をオンにする

問題箇所が青い波下線で示される。

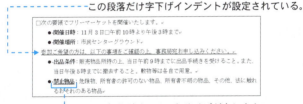

この段落だけ字下げインデントが設定されている。

この部分だけフォントサイズが少し小さい。

右クリックすると処理方法が示される。

書式を解除して[標準]スタイルの基本書式に戻す。

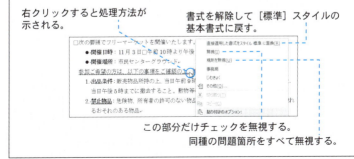

この部分だけチェックを無視する。
同種の問題箇所をすべて無視する。

6-7 箇条書き　　2013　2010　2007

169 文書全体の箇条書きを同じ体裁に統一する

場当たり的に箇条書きを設定していると、書式が混在してしまうことがあります。そこで、箇条書きの書式を統一する方法を紹介します。ただし、アウトライン形式の箇条書きが含まれている場合、アウトラインの段落はすべてレベル1に変わってしまうので避けてください。

操作 Wordの最初の設定では、[標準]スタイルの段落に対して[ホーム]-[≡・≡・≡]で箇条書きを設定すると、自動的に[リスト段落]スタイルが適用されます。

ただし、[リスト段落]スタイル自身には箇条書きの書式は含まれていません。そこでまず、統一したい書式を[リスト段落]スタイルに登録した上で、その書式をすべての箇条書き段落に一括適用します。以降は段落範囲を選択して[リスト段落]スタイルを適用するだけで、同じ箇条書きの書式を設定できるようになります。

▼箇条書きの書式を[リスト段落]スタイルに登録する

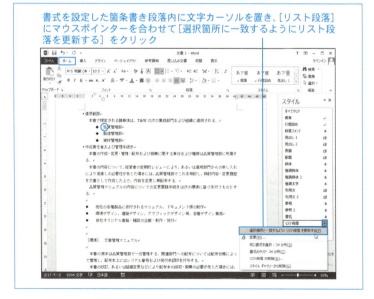

書式を設定した箇条書き段落内に文字カーソルを置き、[リスト段落]にマウスポインターを合わせて[選択箇所に一致するようにリスト段落を更新する]をクリック

▼箇条書きの体裁を統一する

引き続き[同じ書式を選択]をクリックして箇条書き段落全体を選択

[リスト段落]スタイルの適用箇所(箇条書き段落)が選択される。

[リスト段落]をクリックしてスタイルを適用し直す

同じ書式に統一される。

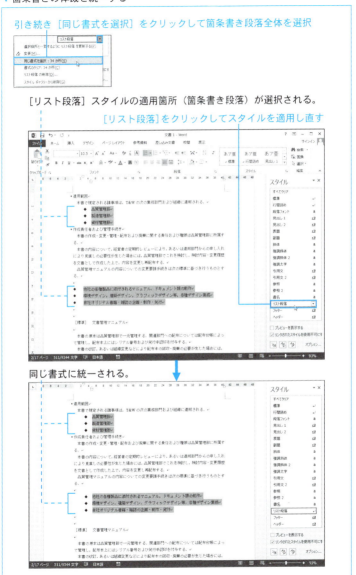

170 箇条書きの書式を別の文書にコピーする

箇条書きの書式を別の文書でも使うにはいくつかの方法が考えられます。アウトライン形式の箇条書きについては専用の方法が用意されているので、次項であらためて解説します。ここでは通常の箇条書きを別の文書で利用する方法を紹介します。

［ホーム］-［箇条書き］、［段落番号］で設定した記号・番号は、その書式を使用した文書を開いていれば別の文書でも利用できます。また、記号・番号のライブラリに登録すれば、該当する文書を閉じた状態でも利用できます。ただし、いずれの方法でもインデントの設定は登録できないので、便利とは言えません。

箇条書きの記号・番号の書式をインデントも含めて流用するには、箇条書きの書式全体を「段落スタイル」として登録する方法が確実です。

▼記号・番号の種類をライブラリに登録する

作業中の文書または現在開いている他の文書に含まれる記号。

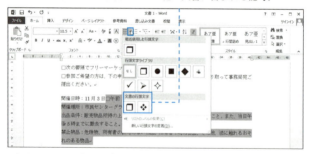

右クリックし、［ライブラリに追加］をクリックすれば、いつでも使えるようになる。

ただし、インデントは登録されない。

操作 箇条書きの書式を段落スタイルとして登録するには次のように操作します。いったん段落スタイルとして登録すれば、別の文書に簡単にコピーできるようになります*。

→ 292 ページ「215 文書間・テンプレート間でスタイルをコピーする」参照。

▼箇条書きの書式を段落スタイルとして登録する

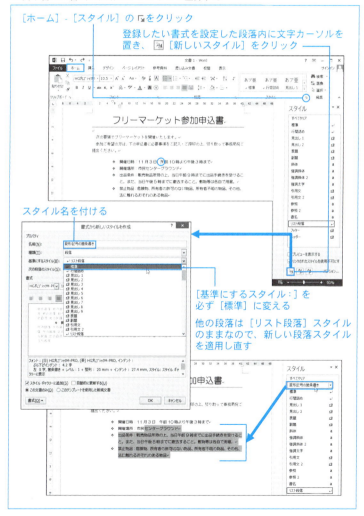

171 アウトライン形式の箇条書きを別の文書で利用する

[ホーム] - ≡・≡・≡ にはそれぞれ専用のライブラリがあり、ライブラリに登録した記号・番号はいつでも利用できます。ただし、≡・[箇条書き]と≡・[段落番号]のライブラリにはインデントは登録されないため、同じ書式をいろいろな文書で利用するには前項のように段落スタイルとして登録する必要があります。

一方、≡・[アウトライン]のライブラリにはインデントも登録されるので、とくに段落スタイルを作らなくとも同じ書式を利用できます。

操作 アウトライン形式の箇条書きをいろいろな文書で利用するには、該当する書式を持つ文書を開き、次の手順で[リストライブラリ]に登録します。

▼アウトライン形式の箇条書きを[リストライブラリ]に登録する

補足 アウトライン形式の箇条書きも、前項同様の手順で段落スタイルに登録することができます。ただし、登録にあたっては必ず文字カーソルをアウトラインの箇条書きの先頭段落に置いて操作してください。

6-7 箇条書き

2013　2010　2007

172 箇条書きのライブラリを初期状態に戻す

［ホーム］- を使うと、状況によってライブラリの中身が変わり、だんだん混乱してきます。そのような場合のために、ライブラリを初期状態に戻す方法を紹介します。

操作 ライブラリの状態は「ListGal.dat」ファイルに保存されます。初期状態に戻すには、Wordを終了してから「ListGal.dat」を直接削除します。削除後に Word を起動して終了すると新しい「ListGal.dat」が作られます。「ListGal.dat」の保存場所は次のとおりです。

C:¥Users¥(ユーザー名)¥AppData¥Roaming¥Microsoft¥Word

▼「ListGal.dat」ファイルを削除する

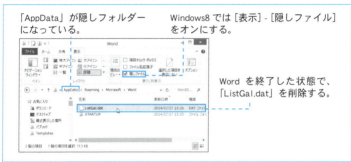

「AppData」が隠しフォルダーになっている。

Windows8 では［表示］-［隠しファイル］をオンにする。

Word を終了した状態で、「ListGal.dat」を削除する。

補足 上記の「¥AppData」は「隠しフォルダー」の扱いになっています。隠しフォルダーの表示方法については次の Tips をご参照ください。

Tips 隠しファイル、隠しフォルダーを表示する

隠しファイル、隠しフォルダーを表示する方法は Windows のバージョンによって異なります。Windows Vista, 7 ではエクスプローラーの［整理］-［フォルダーと検索のオプション］をクリックし、［表示］-［隠しファイル、隠しフォルダー、および隠しドライブを表示する］を選択します。Windows 8 ではエクスプローラーの［表示］-［隠しファイル］をオンにします。

6-8 ドロップキャップとレイアウト枠　2013　2010　2007

173 ドロップキャップをまとめて設定する

「ドロップキャップ」とは段落先頭の文字だけを大きく表示する機能です。段落範囲をドラッグ選択しても先頭段落しか処理されませんが、別の方法で選択すれば、複数段落に対してまとめて設定することができます。

操作 設定したい段落のひとつに文字カーソルを置いて「類似書式の選択機能」*で選択するか、または [スタイル] ウィンドウで該当する段落スタイルの箇所をまとめて選択します。その状態でドロップキャップを設定します。

→ 120 ページ「075 選択箇所と同じ書式の箇所をまとめて選択する」参照。

▼ ドロップキャップをまとめて設定する

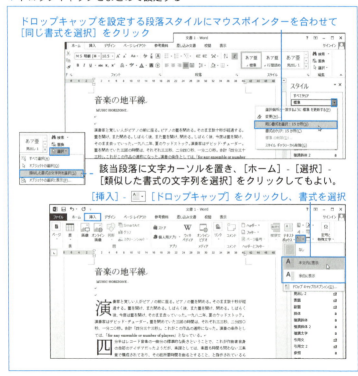

ドロップキャップを設定する段落スタイルにマウスポインターを合わせて [同じ書式を選択] をクリック

該当段落に文字カーソルを置き、[ホーム] - [選択] - [類似した書式の文字列を選択] をクリックしてもよい。

[挿入] - [ドロップキャップ] をクリックし、書式を選択

補足 ドラッグによる範囲選択では全体がひとつの範囲として処理されますが、前ページの図の方法では、該当する範囲それぞれが個別に処理されるため、段落ごとにドロップキャップを設定することができます。

→ ドロップキャップの書式設定については 373 ページ「294 ドロップキャップの文字書式を一括置換する」、374 ページ「295 ドロップキャップに罫線と網かけを設定する」参照。

注意 ドロップキャップはスペース文字で始まる段落および空段落には設定できず、そのような段落は無視されます。ただし、選択範囲の最後が空段落の場合、[ドロップキャップの追加]はクリックできなくなります。この場合は最後の空段落を削除してから操作し直してください。なお、検索機能を利用すれば、最初から空段落を除外してドロップキャップを設定することもできます*。

→ 372 ページ「293 ドロップキャップを検索機能で一括設定する」参照。

6-8 ドロップキャップとレイアウト枠　　2013　2010　2007

174 ドロップキャップをまとめて解除する

操作 前項同様、[スタイル]ウィンドウまたは「類似書式の選択機能」を使って段落を選択すれば、通常の方法で解除できます。

▼ドロップキャップをまとめて解除する

前項同様に段落範囲を選択し、[挿入] - [ドロップキャップ] - [なし]をクリック

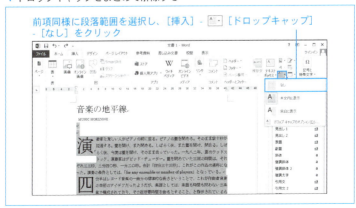

6-8 ドロップキャップとレイアウト枠

2013 2010 2007

175 レイアウト枠の挿入ボタンを使う

「レイアウト枠」とは文字や図表をページ上で自由に配置するための機能です。最近の Word では文字は「テキストボックス」で自由に配置でき、図表は単独で自由に配置できます。そのため、レイアウト枠の出番はほとんどなくなりましたが、テキストボックスには、文書をテキストファイル形式で保存した場合、テキストボックス内の文字は失われてしまうという欠点があります。そこで、以前同様にレイアウト枠を活用したいという方のために、[横書きレイアウト枠の挿入]を呼び出す方法を紹介します。

操作 [横書きレイアウト枠の挿入]を使うには、[開発]タブを呼び出すか*、ボタンをクイックアクセスツールバーに組み込みます。

→ 741 ページの Tips「開発タブを表示する」参照。

▼ [横書きレイアウト枠の挿入] を使う

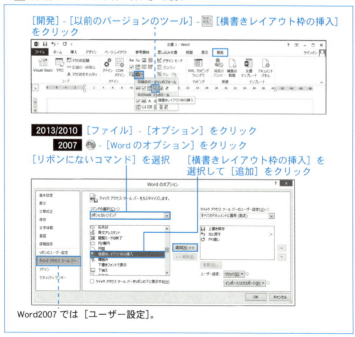

[開発] - [以前のバージョンのツール] - [横書きレイアウト枠の挿入] をクリック

2013/2010 [ファイル] - [オプション]をクリック
2007 - [Word のオプション]をクリック

[リボンにないコマンド]を選択   [横書きレイアウト枠の挿入]を選択して[追加]をクリック

Word2007 では [ユーザー設定]。

6-9 段落罫線と網パターン　　　　　　　　　　　2013　2010　2007

176 段落罫線をキーボードで設定する

段落罫線をキーボードで設定するには、該当コマンドにショートカットキーを割り当てるという方法もありますが、[下罫線]に限っては「入力オートフォーマット」*で簡単に設定できます。

→ 406ページ「323 入力オートフォーマットで文字を自動修正する」参照。

操作 下表に示す文字を 3 つ続けて入力し Enter キーを押すと、入力した文字が消えて空段落が残り、その前の段落に下罫線が設定されます。

文字種	入力する文字	設定される下罫線
全角・半角	ーーー（ダッシュまたはハイフン）	
	＿＿＿（アンダースコア）	
	＝＝＝（等号）	
半角	###（シャープ記号）	
	***（アスタリスク）	
	~~（チルダ）	

補足 入力オートフォーマットを使わずにキーボードで段落罫線を設定するには、各部位の罫線設定コマンドにショートカットキーを割り当てればよい*のですが、これらのコマンドは文字の囲み線と表にも共通です。したがって、段落罫線を設定するには、あらかじめ該当箇所の段落記号 ↵ を選択してから実行する必要があります。

→ 746ページ「591 コマンドなどにショートカットキーを割り当てる」参照。

機能	コマンド名
[上罫線]	BorderTop
[下罫線]	BorderBottom
[横罫線（内側）]	BorderHoriz
[外枠]	BorderOutside
[格子]	BorderAll
[左罫線]	BorderLeft
[右罫線]	BorderRight
[線種とページ罫線と網かけの設定]	FormatBordersAndShading

177 段落間に罫線を付ける

段落罫線の付け位置には、上下左右と段落間の 5 種類があります。上下の段落罫線は、連続する段落のインデントが同じであれば、連続段落全体の上下にのみ表示され、段落間には表示されません。段落間に罫線を表示するには、上下の段落罫線とは別に［横罫線(内側)］を使う必要があります。

［横罫線(内側)］は、前後の段落の上下左右のいずれかに同じ種類の罫線が設定されていれば、前側の段落に設定するだけで表示されます。そうでなければ、前後の段落の両方に設定する必要があります。この仕様を理解しないと、［横罫線(内側)］の設定結果にとまどうことになります。

操作 他の段落罫線と併用して［横罫線(内側)］を設定するには、直前の段落だけ段落記号 ↵ を含めて選択し、［ホーム］-［罫線］-［横罫線(内側)］をクリックします。段落記号 ↵ を含めないと文字の「囲み線」が設定されるので注意してください。

▼ 他の段落罫線と併用して［横罫線(内側)］を設定する

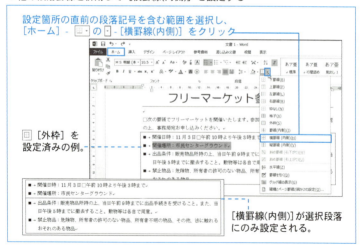

他の段落罫線は設定せずに［横罫線(内側)］だけを設定するには、前後の段落範囲を選択し、［横罫線(内側)］をクリックします。

▼他の段落罫線は設定せず、[横罫線(内側)] だけを設定する

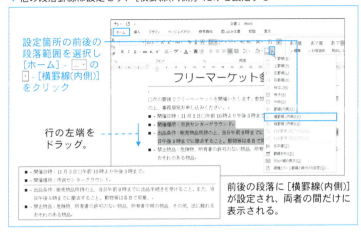

[線種とページ罫線と網かけの設定]ダイアログボックスで[横罫線(内側)]を設定するには連続する段落範囲を選択する必要があります。そのため、他の段落罫線も併用すると余計な場所にも[横罫線(内側)]が表示されます。この場合は不要な段落罫線をあとから解除します。

▼[線種とページ罫線と網かけの設定]による[横罫線(内側)]の設定は要注意

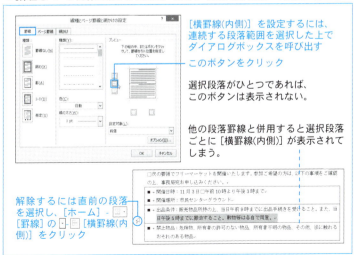

178 段落罫線の幅と高さを変える

段落罫線の幅は左右のインデントで決まり、左右の段落罫線は太さと「空きオプション」の分だけ外側に飛び出します。
段落罫線の高さは段落全体の高さで決まり、上下に段落罫線を設定すると、太さと「空きオプション」の分だけ下方に伸びていきます。

▼段落罫線の幅と高さを決める要素

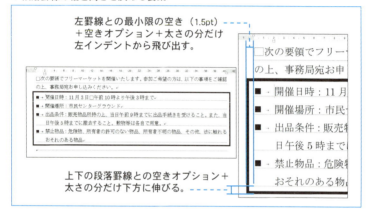

操作 段落罫線の幅と高さを決めるには、まず次ページに示す[線種とページ罫線と網かけの設定]ダイアログボックスで段落罫線の種類と太さ、空きオプションを設定します。次に、これらの要素を踏まえた上で、必要に応じて左右のインデントと段落の行高を調整します。

ただし、二重線や立体罫線などの実際の太さは、ダイアログボックスで表記される太さよりも太くなります。

なお、左右の段落罫線と段落の中身との間は最小限の空き（1.5pt 程度）が確保されるようになっており、空きオプションを「0」にしても段落罫線と中身が密着することはありません。

上下の段落罫線との空きは、行高をフォントサイズと同じ値に設定*すれば密着します。

→ 182 ページ「129 段落の行高を自由に調整する」参照。

▼ 段落罫線の仕様と空きオプションを設定する

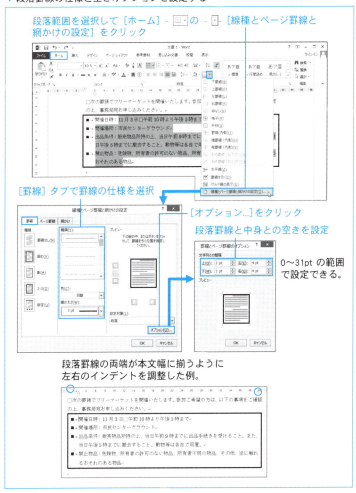

段落範囲を選択して［ホーム］-［罫線］の - ▼ -［線種とページ罫線と網かけの設定］をクリック

［罫線］タブで罫線の仕様を選択

［オプション...］をクリック

段落罫線と中身との空きを設定

0～31pt の範囲で設定できる。

段落罫線の両端が本文幅に揃うように左右のインデントを調整した例。

補足　「左インデント」の調整は、普通の本文段落ではインデントマーカーや［段落］ダイアログボックスを使えばよいのですが、箇条書きの場合は必ず専用のダイアログボックスを使う必要があります*。

→ 211ページ「151 箇条書きのインデントを調整する」、228ページ「166 アウトライン形式の箇条書きのインデントを調整する」参照。

179 段落の網かけの幅と高さを変える

段落の網かけの幅は左右のインデントで、高さは段落全体の高さで決まります。段落の網かけ自身には幅と高さを調整する機能はありませんが、段落罫線を併用することで調整できます。段落罫線の幅と高さの調整方法については前項をご参照ください。

操作 段落の網かけと同じ色の段落罫線を設定し、段落罫線の空きオプションなどを使って幅と高さを調整します。

▼段落罫線と網かけを併用して網かけのサイズを調整する

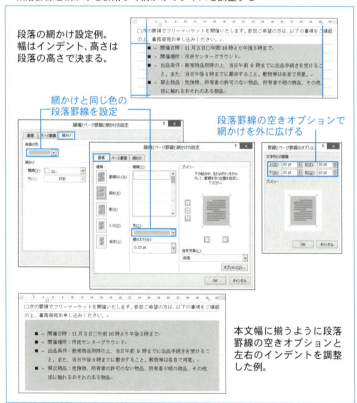

Tips 段落の網かけの解除は手順に注意

段落の網かけは、背景色と前景の網かけ(網パターン)からなっています。前景の網かけを解除するには網かけの色を[自動]に設定した上で網かけの種類を[なし]に設定すればいいのですが、先に[なし]にすると網かけの色は[白]に変わり、変更できなくなります。この状態で段落の背面に図形などを配置すると、図形が白い網かけで隠れてしまいます。
このような場合はいったん適当な網かけを設定して色を[自動]に変えてから、網かけを[なし]に戻してください。

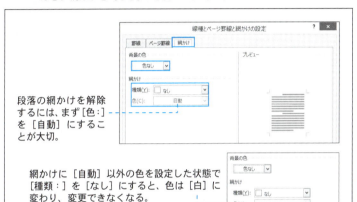

段落の網かけを解除するには、まず[色:]を[自動]にすることが大切。

網かけに[自動]以外の色を設定した状態で[種類:]を[なし]にすると、色は[白]に変わり、変更できなくなる。

本文の背面にオートシェイプを配置し、テクスチャで塗りつぶした例。
段落の網かけにより背面のオートシェイプが隠れてしまう。

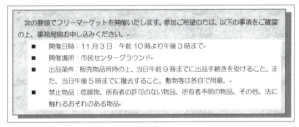

上図のような網かけを解除するには、[網かけ]の[種類:]で[なし]以外を選択した上で[色:]を[自動]に設定し、[種類:]を[なし]に戻す。

6-9 段落罫線と網パターン

180 段落内の項目間を縦線で区切る

「縦線タブ」を使うと段落の途中に縦線を表示することができます。「左揃え」タブなどとは異なり、タブ文字とは無関係です。縦線タブは直接設定することも、段落スタイルの書式として登録することもできます。

操作 縦線タブを設定するには、水平ルーラーのタブマーカーまたは[タブとリーダー]ダイアログボックスを使います。水平ルーラーでは「縦棒タブ」と表示されますが、縦線タブとまったく同じ機能です。

▼ 段落に縦線タブを設定する

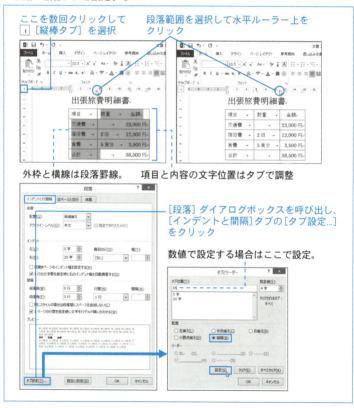

Chapter 7

スタイルのテクニック

181 スタイルの種類

Wordで扱う書式には、フォントや「太字」「斜体」など、文字の体裁を決める「文字書式」と、インデントや行高など、段落単位の書式を決める「段落書式」があります。「スタイル」とは、これらの書式の組み合わせに名前を付けて登録できる機能です。

実際の文字や段落にスタイルを適用すると、登録されている書式がまとめて設定されます。本文用、見出し用など、要素ごとにスタイルを使い分けるだけで、複雑な書式を簡単に使い分けることができます。

また、スタイルの書式内容を変えれば、スタイルの適用箇所の書式も瞬時に変わります。直接設定した書式でも別の書式に変えることは可能ですが、スタイルの方が簡単・確実に処理できます。

スタイルには次の種類があります。

スタイルの種類	機能
文字スタイル	文字書式だけを登録できるスタイル
段落スタイル	文字書式と段落書式を登録できるスタイル
リンクスタイル	段落スタイルの一種。 段落内の一部に適用すると文字スタイルとして働く
リストスタイル	アウトライン形式の記号・番号を登録できるスタイル

これらのスタイルのうち、最も重要なのは「段落スタイル」です。名前は「段落」ですが、文字書式と段落書式の両方を登録できるので、段落スタイルだけでも文書を仕上げることができます。Wordのすべての段落には必ずいずれかの段落スタイルが適用されており、段落スタイルなしの文書はありません。

「文字スタイル」を使うと、たとえば「重要語はMSゴシックで下線付きにしたい」などのように複数の文字書式をまとめて設定できます。また、書式変更やスタイル検索などでも威力を発揮します。

「リンクスタイル」は変則的なので、通常は使わないことをお勧めします。

「リストスタイル」は箇条書きや見出し用で、段落に記号・番号とインデントだけを提供します。しかし、これらの書式は段落スタイルに登録できるので、「リストスタイル」を実際に使う必要はありません。

7-1 スタイルの種類と基本操作

182 スタイル関係のウィンドウを呼び出す

スタイル関係のおもな操作は「スタイルの適用」「スタイル内容の変更」「スタイルの作成」です。これらの操作を行うには、[ホーム] タブの [スタイル] グループあるいは次のウィンドウを使います。

ウィンドウ名	呼び出し方
[スタイル]	[ホーム] タブの [スタイル] グループの ⌐ をクリック または [Alt] + [Ctrl] + [Shift] + [S] キー
[スタイルの適用]	[ホーム] タブの [スタイル] ギャラリーの ▽ - [スタイルの適用...] をクリック、または [Ctrl] + [Shift] + [S] キー
[スタイルの詳細情報]	[スタイル] ウィンドウの [スタイルの詳細情報] をクリック
[書式の詳細] (Word2010/2007 では [書式の詳細設定])	[スタイルの詳細情報] ウィンドウの [書式の詳細設定] をクリック、または [Shift] + [F1] キー

▼ スタイル関係のウィンドウ

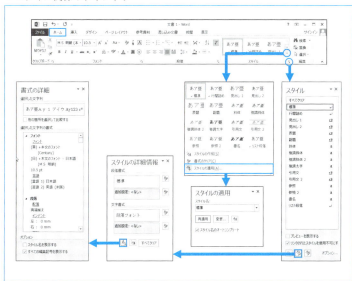

7-1 スタイルの種類と基本操作

183 ［スタイル］ウィンドウの表示内容を変える

スタイル操作の中心となるのが［スタイル］ウィンドウです。スタイルの適用・変更・作成などの基本操作のほか、Word に用意されているスタイルを呼び出したり、［標準］スタイルの基本となる文字書式と段落書式を設定するなどの機能を備えています。

操作 ［スタイル］ウィンドウには、最初は「推奨されたスタイル」が表示されますが、他のスタイルを表示したり、使っているスタイルだけ表示することもできます。表示内容を変えるには次のように操作します。

▼［スタイル］ウィンドウの表示内容を変える

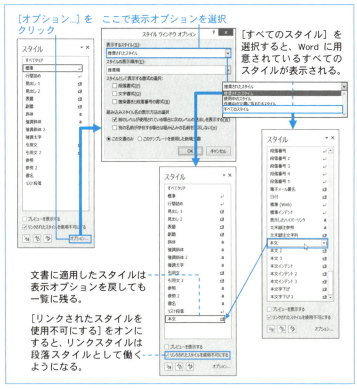

［オプション...］をクリック

ここで表示オプションを選択

［すべてのスタイル］を選択すると、Word に用意されているすべてのスタイルが表示される。

文書に適用したスタイルは表示オプションを戻しても一覧に残る。

［リンクされたスタイルを使用不可にする］をオンにすると、リンクスタイルは段落スタイルとして働くようになる。

|補足⟩ [スタイル]ウィンドウのアイコンはスタイルの種類を表しています。

- ↵ 段落スタイル
- a 文字スタイル
- ⁺a リンクスタイル

「リンクスタイル」は段落スタイルの一種ですが、段落内の文字範囲に適用すると文字スタイルとして働き、文字書式だけが設定されます。それなりの使いみち*はありますが、誤って適用するおそれもあるので、通常は使わないことをお勧めします。[スタイル]ウィンドウ下端の[リンクされたスタイルを使用不可にする]をオンにすると、リンクスタイルは普通の段落スタイルとして働くようになります。

→ 284 ページ「207 本文段落の先頭部分に見出しスタイルを適用する」参照。

Tips [使用中のスタイル]の表示がおかしい（2010/2007）

前ページで紹介した[スタイル]ウィンドウの表示オプションで[使用中のスタイル]を選択すると、文書内で実際に使っているスタイルのみが表示されます。いったん使ったスタイルでも、使用を止めれば一覧から消えます。しかし、Word2010/2007 では使用を止めても消えないことがあります。この現象は、Word の「書式の履歴」オプションがオフになっている場合に起こります。Word2013 では、オフでも問題は生じません。
同オプションの設定については 122 ページの図「書式の履歴機能を有効にする（Word2007）」をご参照ください。Word2010 でも同様です。

Tips 使っているはずのスタイル名が表示されない

Word の置換機能を使うと、検索箇所に対して置換でスタイルを適用できます。ただし、[スタイル]ウィンドウにないスタイルに置換すると、そのままでは同ウィンドウに表示されません。表示するには該当箇所に文字カーソルを置いて[スタイルの適用]ウィンドウを呼び出し、そのまま[再適用]をクリックします。
同ウィンドウを呼び出すには[ホーム]タブのスタイルギャラリーの・から[スタイルの適用...]をクリックするか、Ctrl + Shift + S キーを押します。同ウィンドウについては 253 ページ「182 スタイル関係のウィンドウを呼び出す」をご参照ください。

7-2 スタイルの適用

184 スタイルを適用する

スタイルを適用するには次の4つの方法があります。

　　　［ホーム］タブの［スタイル］ギャラリーでスタイル名をクリック
　　　［スタイル］ウィンドウでスタイル名をクリック
　　　［スタイルの適用］ウィンドウでスタイル名を選択
　　　スタイルに割り当てられているショートカットキーを押す

［スタイル］ギャラリーに表示されるスタイルは全体の一部に過ぎません。ギャラリーにないスタイルを呼び出したり、表示するスタイル名を絞り込むには［スタイル］ウィンドウを使います。

［スタイルの適用］ウィンドウには、文字カーソル位置のスタイルが表示されます。また、スタイル名を直接入力して別のスタイルを適用したり、新しいスタイルを作ることもできます。そのほか、表スタイルを選択し、そのスタイルで新しい表を作る機能もあります。

ショートカットキーは入力中のスタイル適用に重宝します。次の段落スタイルには最初から割り当てられていますが、自由に登録することもできます*。

→ 746ページ「591 コマンドなどにショートカットキーを割り当てる」参照。

スタイル名	ショートカットキー
［標準］	Ctrl + Shift + N
［見出し1］	Alt + Ctrl + 1（キーボード最上段）
［見出し2］	Alt + Ctrl + 2（キーボード最上段）
［見出し3］	Alt + Ctrl + 3（キーボード最上段）
前出と同じ見出しスタイル	Alt + Shift + ←
前出の下位の見出しスタイル	Alt + Shift + →

Alt + Shift + ←キーと Alt + Shift + →は、現在設定されている見出しスタイルのレベルを上下することもできます。ただし、［表題］スタイルや［副題］スタイルなどを適用している段落では使えません。その場合はいったん［標準］スタイルを適用してから操作し直してください。レベルを変えても段落書式が正しく反映されない場合はその段落で Ctrl + Qキーを押してください。

7-2 スタイルの適用　　　　　　　　　　2013　2010　2007

185 入力しながら文字スタイルを適用する

文章の入力中にスタイルを設定する場合は、「スタイルの先指定」が便利です。範囲選択の手間が省け、イメージをすぐに確かめることができます。スタイルにショートカットキーを割り当てておけば*、キーボードから手を離さずに設定できるので、さらに使い勝手がよくなります。

→ 746ページ「591 コマンドなどにショートカットキーを割り当てる」参照。

なお、段落スタイルの場合はたんに適用するだけですが、文字スタイルは適用とともに解除の方法を知っておく必要があります。

操作 文字スタイルを適用してから入力し、文字スタイルを終える箇所で [Ctrl] + [スペース] キーを押します。

▼ 文字スタイルを先指定する

補足 文字スタイルの解除とは、該当箇所に適用されている段落スタイルの文字書式に戻すことです。

上図は［標準］スタイルの段落上で文字スタイルの［強調太字］スタイルを適用した例です。［強調太字］スタイルには「太字」が登録されており、適用するとその部分は「太字」になります。

[Ctrl] + [スペース] キーを押すと文字スタイルが解除され、上図の場合は［標準］スタイルの文字書式に戻ります。

7-2 スタイルの適用

186 クイックアクセスツールバーで[スタイル]ボックスを使う

文字カーソル位置のスタイル確認やスタイルの適用には[スタイル]ウィンドウあるいは[スタイルの適用]ウィンドウが定番ですが、場所ふさぎになるのが難点です。そこで活用したいのが[スタイル]ボックスです。クイックアクセスツールバーに組み込んでおけば常時表示されるので便利です。

操作 [スタイル]ボックスをクイックアクセスツールバーに組み込むには次のように操作します。

▼[スタイル]ボックスをクイックアクセスツールバーに組み込む

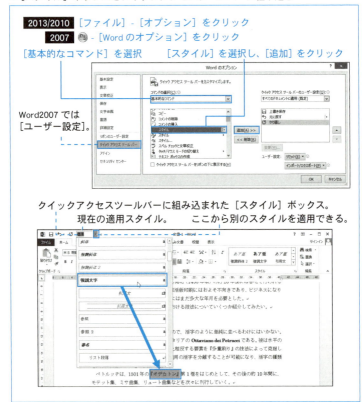

2013/2010 [ファイル]-[オプション]をクリック
2007 ●-[Wordのオプション]をクリック
[基本的なコマンド]を選択　[スタイル]を選択し、[追加]をクリック
Word2007では[ユーザー設定]。

クイックアクセスツールバーに組み込まれた[スタイル]ボックス。
現在の適用スタイル。　ここから別のスタイルを適用できる。

7-2 スタイルの適用

187 Q&Aのような段落スタイルを交互に自動適用する

段落末尾で Enter キーを押した場合、次の段落に適用される段落スタイルは、段落スタイルの設定によって決まります。たとえば［見出し 1］スタイルの段落末尾で Enter キーを押すと、次の段落は［標準］スタイルになります。そこで、たとえば Q&A のように 2 種類の要素を交互に入力する場合は、2 つの段落スタイル*を用意し、続く段落には相手方の段落スタイルが適用されるように設定すれば、段落スタイル適用の手間を大幅に減らすことができます。

→ 264 ページ「191 新しいスタイルを作る」参照。

操作 2 つの段落スタイルを交互に自動適用するには次のように設定します。既存の段落スタイルを利用する場合も同様です。

▼2 つの段落スタイルを交互に自動適用する

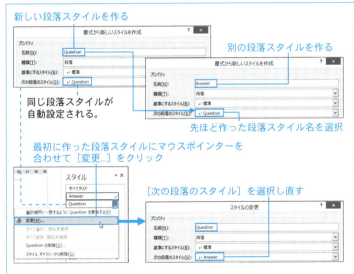

補足 質問段落、解答段落を 2 つ以上続ける場合は、段落末尾で Shift + Enter キーを押し、「任意指定の行区切り」記号を挿入します。「任意指定の行区切り」は同じ段落内で強制改行する機能です。

188 [スタイルの適用] ウィンドウで「エイリアス」を使う

スタイルを素早く適用するにはショートカットキーが便利ですが、数が多いと割り当てが難しくなり、覚えるのも大変です。このような場合は、[スタイルの適用] ウィンドウが便利です。スタイル名を直接入力すれば、一覧から選ぶ手間を省くことができ、素早く操作できます。既存のスタイル名は、スタイルに「別名（エイリアス）」を付けることで、入力を簡単にすることもできます。

操作 スタイルに別名を付けるには、使いたいスタイルから [スタイルの変更] ダイアログボックスを呼び出し、次のように操作します。

▼スタイルに別名（エイリアス）を付ける

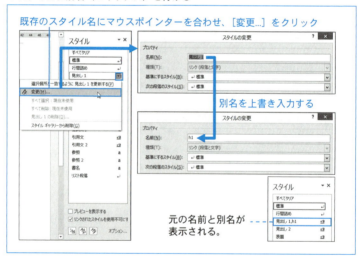

補足 Word の最初の設定では、別名を設定すると上図の「見出し 1,h1」のように元の名前と別名が表示されます。このままでも差し支えありませんが、別名だけを表示したい場合は、次ページに示す手順で [スタイル] ウィンドウの表示オプションを変えてください。

▼［スタイル］ウィンドウの表示オプションを変えて別名だけを表示させる

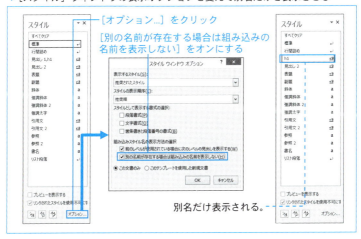

　［スタイルの適用］ウィンドウの［スタイル名のオートコンプリート］をオンにすると、スタイル名の先頭の文字を入力するだけで該当スタイルが自動選択されます。
　ただし、上図のオプションをオフにしている場合、別名に対してはオートコンプリートが働きません。したがって、別名を使う場合は上図のオプションをオンにすることをお勧めします。

注意　未作成のスタイル名を［スタイルの適用］ウィンドウに入力すると［再適用］は［作成］に変わり、クリックすると新しい段落スタイルが作られます。
　ただし、段落スタイルに和文フォントと欧文フォントの両方を登録する場合、Word2010/2007 では必ず欧文フォント上に文字カーソルを置いて操作してください。和文フォント上で操作すると、一時的に欧文フォントにも和文フォントが適用されるという不具合が生じます。
　なお、スタイル名の入力は［スタイル］ボックス*でも使えますが、［スタイルの適用］ウィンドウの場合とは異なり、入力したスタイルが未作成かどうか判断する方法がないので、避けた方が無難です。

→ 258 ページ「186 クイックアクセスツールバーでスタイルボックスを使う」参照。

7-2 スタイルの適用

189 [標準] スタイルの箇所を [本文] スタイルに変える

いろいろな段落スタイルを使い分ける場合、本文に [標準] スタイルを使うのは避けた方が賢明です。とくに字下げインデントを設定する場合、[標準] スタイルの書式として字下げインデントを登録すると、他の段落スタイルに影響を与えるだけでなく、不具合が生じることもあります。

幸い、Word には最初から [本文] スタイル、[本文字下げ] スタイルが用意されているので、[標準] スタイルの適用箇所をまとめてこれらの段落スタイルに変えておくとよいでしょう。スタイル置換にはいろいろな方法がありますが、ここでは [スタイルの適用] ウィンドウを使う方法を紹介します。

操作 [標準] スタイルの箇所を [本文] スタイルに置き換えるには次のように操作します。

▼[標準] スタイルの箇所を [本文] スタイルに置き換える

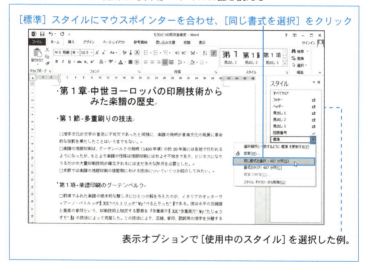

[標準] スタイルにマウスポインターを合わせ、[同じ書式を選択] をクリック

表示オプションで [使用中のスタイル] を選択した例。

[スタイルの適用] ウィンドウを呼び出すには、[ホーム] タブの [スタイル] ギャラリーの ▽ -[スタイルの適用...] をクリックするか、または Ctrl + Shift + S キーを押します。

適用したい段落スタイル名を [スタイルの適用] に入力

[標準] スタイルの箇所がすべて
[本文] スタイルに置き換わる。

補足〉選択範囲に対して別のスタイルを適用するには、[スタイル] ウィンドウでスタイル名をクリックする方法もあります。ただし、[スタイル] ウィンドウの最初の設定では、[本文] スタイル、[本文字下げ] スタイルは表示されません。表示するには同ウィンドウの表示オプションで [すべてのスタイル] を選択してください*。

→ 254 ページ「183 スタイルウィンドウの表示内容を変える」参照。

7-2 スタイルの適用　　　　　　　　　　　　　　　2013　2010　2007

190 すべての段落を[標準] スタイルの書式に戻す

書式や段落スタイルの使い方が混乱している文書を整形する場合は、すべてを [標準] スタイルの基本書式に戻して書式を設定し直した方が確実です。

操作〉すべての書式を [標準] スタイルの基本書式に戻すには文書全体を選択し、[ホーム] - [書式のクリア] をクリックします。

「太字」やフォントなどの文字書式はそのまま残したいという場合は、文書全体を選択して [標準] スタイルを適用します。

補足〉文書全体を選択するには、[Ctrl] + [A] キーを押すか、または [Ctrl] キーを押したままで左余白部をクリックする方法が便利です。

Chapter 7 スタイルのテクニック

7-3 スタイルの作成と書式変更

2013 2010 2007

191 新しいスタイルを作る

新しい段落スタイル、文字スタイルを作るには、専用のダイアログボックスを呼び出して書式を登録します。このさい、呼び出したダイアログボックスには文字カーソル位置のスタイルと書式が反映されます。書式は専用ダイアログボックスで自由に追加登録できますが、登録した書式を解除するのは少し面倒です。したがって、余計な書式を設定していない箇所に文字カーソルを置いて操作することが大切です。

操作 新しいスタイルを作るには、文字カーソルを[標準]スタイルの段落内に置いて次のように操作します。

▼新しいスタイルを作る

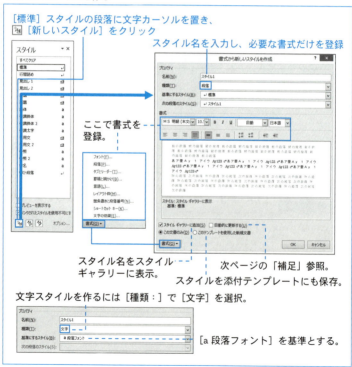

補足 ［書式から新しいスタイルを作成］ダイアログボックスを呼び出すと、［基準にするスタイル：］には文字カーソル位置の段落スタイルが自動設定されます。スタイルにはとくに必要な書式だけを登録すればよく、それ以外は基準スタイルの書式に従うしくみになっています。
［次の段落のスタイル：］とは、段落の末尾で Enter キーを押した場合、次の段落に適用する段落スタイルのことです。本文のように同じ段落スタイルが続く場合は自身と同じ段落スタイルを選択します。

→ 259 ページ「187 Q&A のような段落スタイルを交互に自動適用する」参照。

文字スタイルを作るには［種類：］で［文字］を選択します。これで、［基準にするスタイル：］は「段落フォント」に変わります。段落フォントとは各所の段落スタイルの文字書式のことです。文字スタイルに未登録の文字書式は各所の段落スタイルに従います。

ダイアログボックス下端の［スタイルギャラリーに追加］（Word2010/2007 では［クイックスタイルの一覧に追加する］）をオンにすると、［ホーム］タブのスタイルギャラリーに表示されます。

［自動的に更新する］をオンにすると、このスタイルの適用箇所で直接設定した書式がスタイルに随時登録されます。思わぬ書式が登録されるおそれがあるので、通常はオフのままにします。

［このテンプレートを使用した新規文書］を選択すると、スタイルが作業中の文書の添付テンプレートにも登録され、以降に同テンプレートから作る文書に反映されます。

注意 文字カーソル位置の段落スタイルの書式とは異なる和文フォントを直接設定した箇所で操作すると、半角英数字用にも和文フォントが登録されることがあるので注意してください。

→ 140 ページ「093 半角の英数記号への和文フォント適用を禁止する」参照。

［書式］-［箇条書きと段落番号...］をクリックすると、箇条書きの記号・番号も登録できます。ただし、箇条書きの左インデントと「ぶら下げインデント」の変更は避けてください。記号・番号を登録した段落スタイルに対して［段落］ダイアログボックスでこれらのインデントを設定すると、不具合が生じます。また、アウトライン形式の箇条書きの記号・番号を登録するには別の方法をとる必要があります*。

→ 276 ページ「200 アウトライン形式の箇条書きスタイルを作る」参照。

192 スタイルの書式内容を変える

スタイルの書式内容は自由に変えることができます。Wordには最初からたくさんのスタイルが用意されているので、一般的な文書であれば、既存スタイルの書式内容を変えるだけで済ませることができます。

操作 次の手順で［スタイルの変更］ダイアログボックスを呼び出し、必要な書式を登録または解除します。下図は段落スタイルの例ですが、文字スタイルも同様です。

▼ スタイルの書式内容を変える

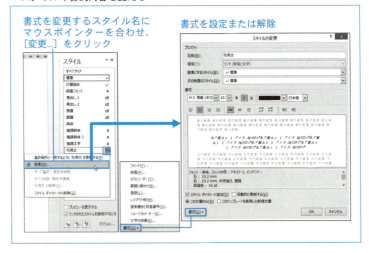

補足 ［書式］-［箇条書きと段落番号...］をクリックすると、箇条書きの記号・番号も登録できます。ただし、箇条書きの左インデントと「ぶら下げインデント」の変更は避けてください。記号・番号を登録した段落スタイルに対して［段落］ダイアログボックスでこれらのインデントを設定すると、不具合が生じます。

また、アウトライン形式の箇条書きおよび見出しスタイルの記号・番号を登録するには別の方法をとる必要があります*。

→ 276ページ「200 アウトライン形式の箇条書きスタイルを作る」参照。

［書式］-［ショートカットキー…］をクリックすると、スタイルにショートカットキーを割り当てることができます。とくに文字スタイルを先指定する場合などに重宝します*。

→ 257 ページ「185 入力しながら文字スタイルを適用する」、746 ページ「591 コマンドなどにショートカットキーを割り当てる」参照。

7-3 スタイルの作成と書式変更　　　2013　2010　2007

193 直接設定した書式をスタイル化する

［スタイル］ウィンドウの表示オプションを利用すると、直接設定した書式を同ウィンドウに表示させることができます*。この書式を「スタイル化」すれば、スタイルの機能を活用できるようになります。

→ 121 ページ「076 文書内の同じ書式の箇所をまとめて選択する」参照。

操作 ［スタイル］ウィンドウに直接設定した書式が表示されるように表示オプションを変えた上で、次のように操作します。下図は文字スタイルの例ですが、段落スタイルも同様です。

▼ 直接設定した書式をスタイル化する

スタイル化する書式にマウスポインターを合わせ、
［スタイルの変更…］をクリック

必要に応じて名前を変え、［OK］をクリック

スタイルに変わる。

194 直接設定した書式でスタイルの書式内容を更新する

スタイルの書式内容を変えるには［スタイルの変更］ダイアログボックスを使う*のが標準的な方法ですが、もっと簡単な方法もあります。それは該当スタイルの適用箇所に書式を直接設定し、その結果を使ってスタイルの書式内容を更新するという方法です。

→ 266 ページ「192 スタイルの書式内容を変える」参照。

操作 必要な書式を設定した箇所に文字カーソルを置き、次のように操作します。下図は文字スタイルの例ですが、段落スタイルも同様です。

▼文字カーソル位置の書式でスタイルを更新する

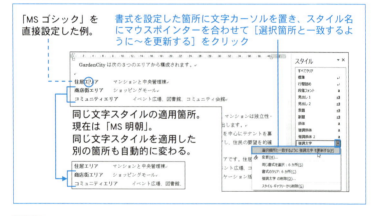

「MS ゴシック」を直接設定した例。

書式を設定した箇所に文字カーソルを置き、スタイル名にマウスポインターを合わせて［選択箇所と一致するように～を更新する］をクリック

同じ文字スタイルの適用箇所。
現在は「MS 明朝」。
同じ文字スタイルを適用した別の箇所も自動的に変わる。

注意 書式の更新は、該当スタイルとは別の箇所に文字カーソルを置いても行えますが、［基準にするスタイル：］が変わるなど、結果が複雑になるので避けてください。

和文字と半角英数字でフォントを使い分ける場合、Word2010/2007 では半角英数字の箇所に文字カーソルを置いて更新してください。和文字の箇所で更新すると、半角英数字にも和文フォントが適用されるという不具合が生じます。この場合は［スタイル］ウィンドウ下端の ［スタイルの管理］で［スタイルの管理］ダイアログボックスを呼び出し、そのまま［OK］をクリックすれば治ります。

7-3 スタイルの作成と書式変更

195 [標準] スタイルの書式を変える

Wordに組み込まれている段落スタイルのほとんどは [標準] スタイルを基準としています。そのため、[標準] スタイルの書式を変えると他の段落スタイルにも影響を与えます。

とくに、インデントの設定を変えると、他の段落スタイルで独自にインデントを設定した場合に不具合が生じます。したがって、[標準] スタイルのインデントは変えないように注意してください。

そのほか、[標準] スタイルのフォントを変えると、表スタイルのフォント設定が無効になるという問題もあります。基本的に、[標準] スタイルの文字書式は「フォントサイズ」以外は変えない方が無難です。

なお、Wordの最初の設定では「白紙の文書」テンプレートから作る文書の [標準] スタイルのフォントは「MS明朝（本文のフォント）」、フォントサイズは「10.5pt」になっていますが、通常使うフォントとフォントサイズが異なる場合は、同テンプレートの「既定の設定」を変えておくと便利です。

操作　「白紙の文書」テンプレートの「既定の設定」を変えるには、同テンプレートから作った文書上で次のように操作します。

▼「白紙の文書」テンプレートの「既定の設定」を変える

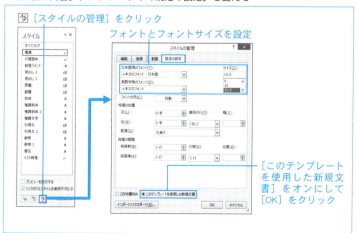

196 文字スタイルの登録書式を解除する

スタイルの書式内容を変えるには［スタイルの変更］ダイアログボックスを使うのが標準的な方法ですが、文字スタイルの場合、登録した書式を解除する方法は文字書式の種類によって異なる上、文字書式によっては解除できないものもあります。下図は文字スタイルに登録した［フォントの色］を解除しようとする例です。

▼ 文字スタイルには［スタイルの変更］では解除できない文字書式がある

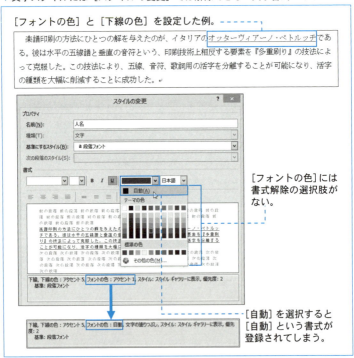

上図で選択した［自動］とは「Windows の設定に従う」という意味で、通常は「黒」または「白」を表します。したがって、［自動］では色設定を解除したことにはなりません。［下線の色］も同様です。

操作 文字スタイルから文字書式を解除するには、必要な文字書式だけを設定した箇所に文字カーソルを置き、文字スタイルを更新します。

▼直接設定した文字書式で文字スタイルを更新する

実際の文字範囲に対して［フォントの色］と［下線の色］を［自動］に設定。

スタイル名にマウスポインターを合わせ、［選択箇所と一致するように～を更新する］をクリック

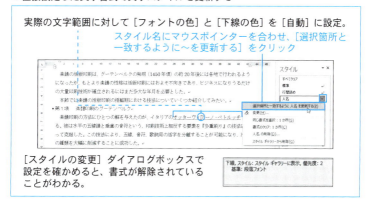

［スタイルの変更］ダイアログボックスで設定を確かめると、書式が解除されていることがわかる。

7-3 スタイルの作成と書式変更　　2013　2010　2007

197 段落スタイルの登録書式を解除する

段落スタイルに登録した書式を解除するには、前項同様に必要な書式だけを登録した箇所に文字カーソルを置いて更新するか、または［スタイルの変更］ダイアログボックスを呼び出して［基準にするスタイル：］の段落スタイルと同じ書式を登録します。下図は［標準］スタイルを基準とする段落スタイルから、登録した書式を解除した例です。

▼段落スタイルから登録書式を解除する

［フォントの色］［下線］［下線の色］［字下げインデント］を登録した例。

これらの書式を［標準］スタイルと同じ設定に変えると一覧から消える。

198 [リスト段落] スタイルに箇条書きの書式を登録する

[標準] スタイルの段落上で [ホーム] - をクリックすると箇条書きの体裁に変わり、[リスト段落] スタイルが適用されます。ただし、[リスト段落] スタイルに箇条書きの書式が登録されているわけではありません。したがって、 を使わずに直接 [リスト段落] スタイルを適用しても箇条書きにはなりません。

は手軽ですが、見出しや本文などを段落スタイルで処理する場合は、箇条書きもまた段落スタイルで処理した方が合理的です。 による場合と異なり、いつでも確実に同じ書式を設定できます。

箇条書きの段落スタイルを作る場合、1種類しか使わないことがわかっていれば、[リスト段落] スタイルに箇条書きの書式を登録する方法が便利です。

操作 箇条書きの書式を [リスト段落] スタイルに登録するには、 を使って箇条書きを設定し、[リスト段落] スタイルの書式内容を更新します。

▼箇条書きの書式を [リスト段落] スタイルに登録する

箇条書きの段落に文字カーソルを置き、[リスト段落] にマウスポインターを合わせて [選択箇所と一致するようにリスト段落を更新する] をクリック

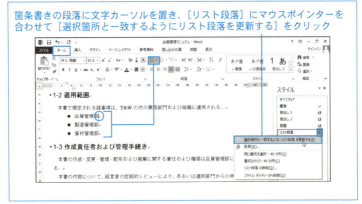

補足 [リスト段落] スタイルに段落間の空きオプションを設定すれば、箇条書きの前後だけ自動的に空けることができます。※。

→ 222ページ「162 箇条書きと本文との間だけを自動的に空ける」参照。

注意 和文字と半角英数字でフォントを使い分ける場合、Word2010/2007 では半角英数字の箇所に文字カーソルを置いて更新してください。和文字の箇所で更新すると、半角英数字にも和文フォントが適用されるという不具合が生じます。

不具合が生じた場合は［スタイル］ウィンドウ下端の [スタイルの管理］で［スタイルの管理］ダイアログボックスを呼び出し、そのまま［OK］をクリックすれば治ります。

箇条書きの「左インデント」と「ぶら下げインデント」を［段落］ダイアログボックスで変えると不具合が生じるので避けてください。

箇条書きの段落スタイルでこれらのインデントを調整するには、［スタイルの変更］ダイアログボックスを閉じ、箇条書き段落内で右クリックしてショートカットメニューの［リストのインデントの調整...］をクリックします*。

→ 次項参照。

Tips 箇条書きが［リスト段落］スタイルに変わらないようにする

Word2007 以降では、[標準]スタイルの段落に対して箇条書きを設定すると自動的に［リスト段落］スタイルに変わります。Word2003 以前と同様に［標準］スタイルのままにする場合は次のオプションをオンにします。

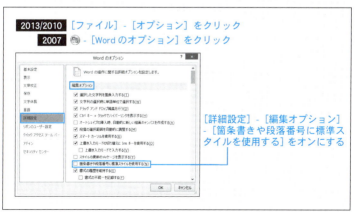

2013/2010 ［ファイル］-［オプション］をクリック
2007 -［Word のオプション］をクリック

［詳細設定］-［編集オプション］-［箇条書きや段落番号に標準スタイルを使用する］をオンにする

7-4 箇条書きスタイル

199 箇条書き用の段落スタイルを作る

箇条書きの種類がひとつであれば、前項で紹介したように［リスト段落］スタイルに箇条書きの書式を登録する方法が簡単ですが、数種類を使い分ける場合はそれぞれの段落スタイルを用意する必要があります。

操作 箇条書き用の段落スタイルを作るには、［標準］スタイルの段落に文字カーソルを置いて次のように操作します。

▼箇条書き用の段落スタイルを作る

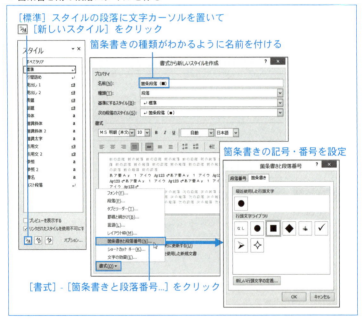

補足 ［標準］スタイルの段落上で箇条書きの記号・番号をあらかじめ で設定してから上図のダイアログボックスを呼び出す方法もあります。

この場合は［基準にするスタイル：］に［リスト段落］スタイルが設定されるので、［標準］スタイルを選択し直してください。

箇条書きの段落スタイルの「左インデント」と「ぶら下げインデント」を調整するには、［スタイルの変更］ダイアログボックスを閉じ、下図のように箇条書き段落内で右クリックしてショートカットメニューの［リストのインデントの調整…］をクリックします。

［リストのインデントの調整］ダイアログボックスを閉じると次のメッセージが表示され、［はい］をクリックすれば段落スタイルのインデント設定が更新されます。同じ段落スタイルを適用した箇所にも反映されます。

▼箇条書き用段落スタイルのインデントを調整する

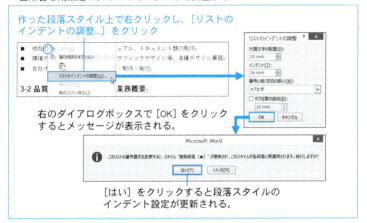

注意　段落スタイルのインデントは［スタイルの変更］ダイアログボックスの［書式］-［段落…］から調整できますが、箇条書きのインデントと［段落］ダイアログボックスのインデントは別の書式です。箇条書きに対して［段落］ダイアログボックスのインデント設定を変えると不具合が生じるので避けてください。

なお、Word には最初から［箇条書き］～［箇条書き 5］という段落スタイルが用意されていますが、これらは Word2003 以前の仕様になっています。とくに Word2007 でこれらの段落スタイルを使うと高い確率で Word がトラブルを起こすので避けてください*。

→ 277 ページの Tips「箇条書きスタイルはトラブルのもと」参照。

200 アウトライン形式の箇条書きスタイルを作る

7-4 箇条書きスタイル

前項で紹介した［スタイルの変更］ダイアログボックスの［箇条書きと段落番号］ダイアログボックスにはアウトライン形式の書式はありません。アウトライン形式の段落スタイルを作るには別の方法をとる必要があります。

操作 ［標準］スタイルの段落に対して［ホーム］-［アウトライン］でアウトライン形式の箇条書きを設定し*、次の手順で新しい段落スタイルを作ります。

→ 227ページの図「アウトライン形式の箇条書きを設定する」参照。

▼アウトライン形式の箇条書き用段落スタイルを作る

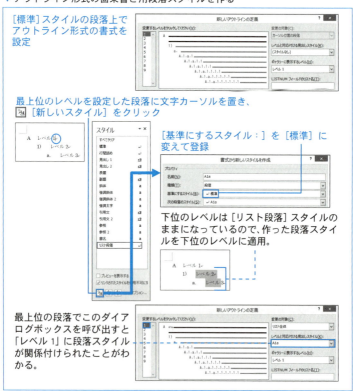

|補足| アウトライン形式の書式は段落スタイルとは独立しており、段落スタイルに書式を登録するには、書式と段落スタイルを関係付ける必要があります。それが［レベルと対応付ける見出しスタイル：］です。最上位のレベルに文字カーソルを置いて段落スタイルを作ると、「レベル1」の同項目に段落スタイルが設定されます。

箇条書きの場合、この関係付けは「レベル1」についてのみ行えばよく、「レベル2」以下は［(スタイルなし)］のままとします。

アウトライン形式の各段落のレベルを変えるには次のショートカットキーを押します。ただし、箇条書きの先頭段落で押すと、全体のインデントが増減します。また、箇条書き以外の段落でこのショートカットキーを押すと、［見出し］スタイルが適用されます。

ショートカットキー	機能
[Alt] + [Shift] + [←]	アウトラインのレベルを上げる
[Alt] + [Shift] + [→]	アウトラインのレベルを下げる

Tips 文書を開き直すと箇条書きのインデントが変わってしまう

箇条書きの段落スタイルを作り、インデントを設定しても、文書を開き直すとインデントが変わってしまうことがあります。原因は、その段落スタイルの［基準にするスタイル：］として選択している段落スタイルにインデントが設定されているためです。解決するには、基準スタイルの「左インデント」と「ぶら下げインデント」を「0」に設定します。

Tips ［箇条書き］スタイルはトラブルのもと

Wordには最初から［箇条書き］～［箇条書き5］という段落スタイルが用意されていますが、これらは Word2003 以前の仕様になっています。Word2007 以降では、箇条書きの［番号に続く空白の扱い：］オプションで［タブ文字］を選択している場合、箇条文1行目の左端は「ぶら下げインデント」に揃いますが、Word2003 以前では別途左揃えタブが設定されており、箇条文1行目はこの位置に揃うようになっています。Word2007 以降でも仕様上の不都合はありませんが、Word2007 の場合、同スタイルを適用した段落上で［ホーム］-［アウトライン］-［新しいアウトラインの定義...］をクリックすると、高い確率で Word が停止します。

なお、Word2007 以降の箇条書きで左揃えタブを使いたい場合は、［箇条書き］スタイルを使わずに設定してください。

7-4 箇条書きスタイル

201 段落番号をショートカットキーで「1」から起番する

番号形式の箇条書き段落スタイルを作った場合、適用箇所が離れていても自動的に連番になります。ショートカットメニューを呼び出せば「1」から起番できますが、面倒であればこのコマンドにショートカットキーを割り当てるとよいでしょう。コマンド名は「RestartNumbering」です。

操作 [Alt] + [Ctrl] + [+]（テンキー）を押し、マウスポインターが ⌘ に変わったら次のように操作します。[+]キーはメインキーボードではなく、テンキーを使ってください。

▼箇条書きを「1」から起番するコマンドにショートカットキーを割り当てる

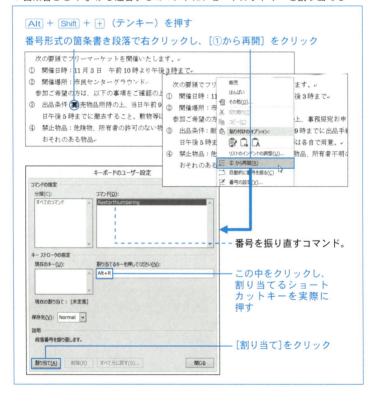

[Alt] + [Shift] + [+]（テンキー）を押す
番号形式の箇条書き段落で右クリックし、[①から再開]をクリック

- 番号を振り直すコマンド。
- この中をクリックし、割り当てるショートカットキーを実際に押す
- [割り当て]をクリック

7-5 見出しスタイル　　2013　2010　2007

202 見出しスタイルに「章節項」などの番号を付ける

Wordには見出し専用の［見出し1］〜［見出し9］という段落スタイルがありますが、最初の設定では番号や記号は設定されていません。番号・記号を付けるには、次の手順で番号書式を［見出し］スタイルに関係付けます。

▼アウトライン形式の番号書式を［見出し］スタイルに関係付ける

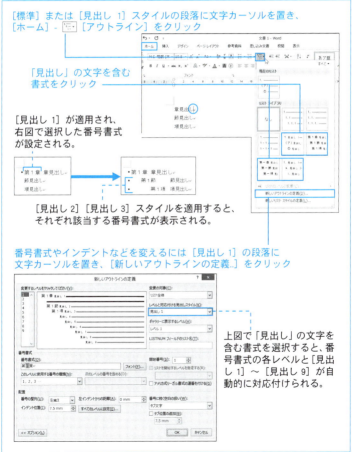

［標準］または［見出し1］スタイルの段落に文字カーソルを置き、［ホーム］-［アウトライン］をクリック

「見出し」の文字を含む書式をクリック

［見出し1］が適用され、右図で選択した番号書式が設定される。

［見出し2］［見出し3］スタイルを適用すると、それぞれ該当する番号書式が表示される。

番号書式やインデントなどを変えるには［見出し1］の段落に文字カーソルを置き、［新しいアウトラインの定義..］をクリック

上図で「見出し」の文字を含む書式を選択すると、番号書式の各レベルと［見出し1］〜［見出し9］が自動的に対応付けられる。

203 章にかかわらず節を通し番号にする

前項で紹介したようにアウトライン形式の番号書式を［見出し］スタイルと関連づけると、［見出し］スタイルを適用した段落に章節項などの番号が表示されるようになります。節・項など、下位レベルの番号は、通常は上位の番号が変わると「1」に戻るようになっています。

操作 章が変わっても節番号を前章からの通し番号にするには、次の手順で節番号のオプション設定を変えます。

▼ 節番号を通し番号にする

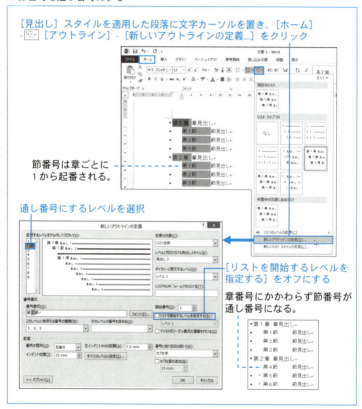

204 章番号を途中から振り直す

アウトライン形式の番号書式を[見出し]スタイルと関連付けると、[見出し]スタイルを適用した段落に章節項などの番号が表示されるようになります*。章番号は通常は「1」から起番されますが、文書を章単位で複数のファイルに分ける場合などは、文書ごとに章番号の起番を変える必要があります。

→ 「見出しスタイルに章節項などの番号を付ける」参照。

操作 章番号の起番を設定するには次のように操作します。

▼ 章番号の起番を設定する

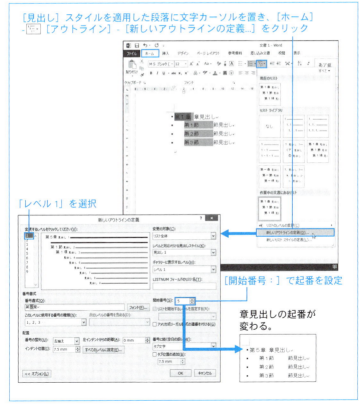

205 見出し番号に続くタブ文字を削除する

アウトライン形式の見出し番号と見出し文との間には、番号と一体の「タブ文字」が設定されており、タブ文字に続く見出し文の左端は番号書式に設定されている「ぶら下げインデント」の位置に揃うようになっています。したがって、見出し文の左端の位置を調整するには「ぶら下げインデント」の位置を調整すればいいのですが、少し面倒です。

見出しで「ぶら下げインデント」が効果を発揮するのは見出し文が2行以上にわたる場合です。したがって、すべての見出しが1行であれば、「ぶら下げインデント」を使う意味はありません。この場合はタブ文字を使わずに、別の方法で見出し番号と見出し文の間を空ける方が簡単です。

操作 見出し番号と見出し文との間を調整するには次のように操作します。

▼見出し番号と見出し文との間をスペースで空ける

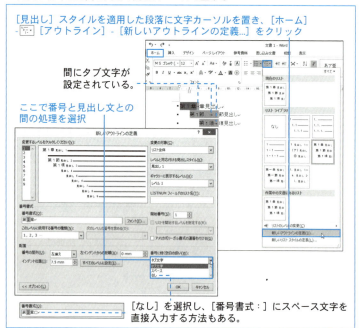

7-5 見出しスタイル　　　　　　　　　　　　　　2013　2010　2007

206 見出しの前で自動的に改ページする

「章や節などの前で必ず改ページにしたい」という場合は、章や節に使う[見出し]スタイルに改ページオプションを設定しておくと便利です。[見出し]スタイルを適用するだけで、自動的に改ページされるようになります。

操作 [見出し 1]～[見出し 9]はそれぞれ独立した段落スタイルです。書式やオプションを設定するには、設定したいスタイルから[スタイルの変更]ダイアログボックスを呼び出し、次のように操作します。

▼[見出し]スタイルに改ページオプションなどを設定する

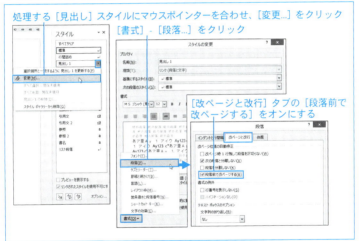

補足 段落の前で自動的に改ページするには上図の[段落前で改ページする]をオンにします。

[見出し]スタイルでは[次の段落と分離しない]が最初からオンになっています。これは、見出しだけがページ下端に取り残されるのを防ぐオプションです。自動改ページを設定した場合、このオプションはオン・オフどちらでもかまいません。

複数行からなる項見出しなどでは、[段落を分離しない]をオンにすれば、段落内でのページ別れを防ぐことができます。

7-5 見出しスタイル　　　　　　　　　　2013　2010　2007

207 本文段落の先頭部分に見出しスタイルを適用する

小見出しを本文段落の先頭に置いて目立たせるには、文字スタイルを作って適用する方法が簡単です。しかし、Wordの目次機能では文字スタイルを目次に反映させることはできません。そこで役立つのが「リンクスタイル」です。リンクスタイルは段落スタイルの一種で、段落内の文字範囲に適用すると文字書式だけが反映されます。通常はお勧めしませんが、下図のような例では役に立ちます。［見出し 1］〜［見出し 9］はリンクスタイルです。

操作　［スタイル］ウィンドウの［リンクされたスタイルを使用不可にする］をオフにした上で、該当箇所に［見出し］スタイルを適用します。

▼［見出し］スタイルを本文段落内に適用する

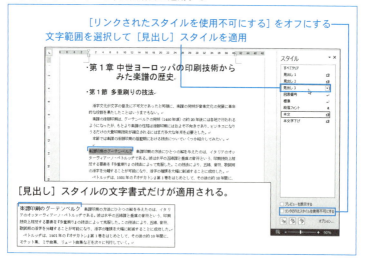

補足　リンクスタイルを文字範囲に適用すると、そのスタイルのインデントや見出し番号は反映されません。上図のように小見出しの有無でインデントを変える場合は、本文側の段落スタイルを使い分ける必要があります。上図では、小見出しが入る段落には［本文］スタイルを、そうでない段落には［本文字下げ］スタイルを使っています。

7-5 見出しスタイル　　2013　2010　2007

208　見出し段落と本文段落を ひとつの段落としてまとめる

「スタイルセパレーター」を使うと、異なる段落スタイルの段落をつなげてひとつの段落のように見せかけることができます。前項で紹介した「リンクスタイル」の場合と異なり、段落書式や見出し番号も有効です。この方法は見出しの先頭だけを目次化する場合にも利用できます*。

→ 399ページ「317 長い見出しの先頭だけを目次化する」参照。

操作 前側の段落に文字カーソルを置いて [Alt] + [Ctrl] + [Enter] キーを押すと、その段落の段落記号 ↵ がスタイルセパレーター ▯ と半角スペースに変わります。スタイルセパレーターは編集記号の一種です。画面で確かめるには [ホーム] - ¶ [編集記号の表示/非表示] をオンにしてください。

▼ 見出し段落と本文段落をつなげる

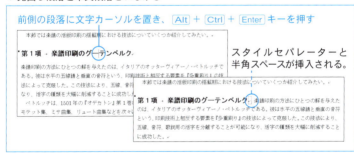

補足 スタイルセパレーターを挿入した箇所のインデント、段落配置、段落間の空きは前側段落の設定に、行高は後側段落の設定に従います。
見出し番号を付けた段落の左インデントとぶら下げインデントは [新しいアウトラインの定義] ダイアログボックスで調整してください。[段落] ダイアログボックスなどで調整すると不具合が生じます。

注意 スタイルセパレーターは [Delete] キーや [Back Space] キーで削除できますが、いきなり削除すると前側の段落スタイルが後側にも適用されます。それぞれの段落スタイルを維持するには、後側の先頭で [Enter] キーを押してからスタイルセパレーターを削除します。

7-6 スタイルの管理

209 各所の段落スタイル名を段落の左に表示する

各所に適用されている段落スタイルが適切かどうかを確かめるには、段落スタイル名を左に表示するオプションが便利です。ただし、このオプションが働くのは「下書き」表示モードと「アウトライン」表示モードだけです。

操作 段落スタイル名を表示するには［Word のオプション］ダイアログボックスで次のオプションにスタイル名表示欄の幅を設定します。

▼ 段落スタイル名を表示する

2013/2010 ［ファイル］-［オプション］をクリック
2007 ［Word のオプション］をクリック

［詳細設定］-［表示］-［下書き表示およびアウトライン表示でのスタイル名表示領域：］に「0」より大きい値を設定する

［表示］タブの［下書き］または［アウトライン］をクリック

286

7-6 スタイルの管理　　　　2013　2010　2007

210 文書中のスタイルの一覧を印刷する

文書で使う書式をきちんと管理するには「スタイル」機能を使うのが標準的な方法です。スタイル印刷の機能を使うと、文書内に保存されているスタイルの一覧が、詳細な書式内容付きで印刷されます。

操作 スタイルの一覧を印刷するには印刷画面を呼び出し、印刷対象として[スタイル]を選択します。

▼ スタイルの一覧を印刷する

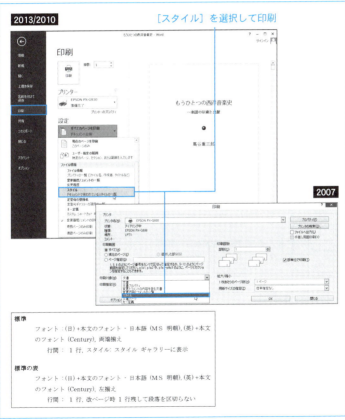

211 [推奨するスタイル] を変える

最初の設定では、[スタイル] ウィンドウには「推奨されたスタイル」として定義されているスタイルと、文書に保存されているスタイルが表示されます。「推奨されたスタイル」は未使用でも表示されるので、とくに新しい文書では便利です。

ただし、最初に表示されるスタイルが用途に合うとは限りません。とくに、[本文]スタイル、[本文字下げ]スタイルが推奨されていないのは不便です*。そこで、[推奨されたスタイル] の設定を変える方法を紹介します。

→ 262 ページ「189 標準スタイルの箇所を本文スタイルに変える」参照。

操作 [推奨されたスタイル] の設定を変えるには [スタイルの管理] ダイアログボックスを呼び出し、次のように操作します。

▼[推奨されたスタイル] の設定を変える

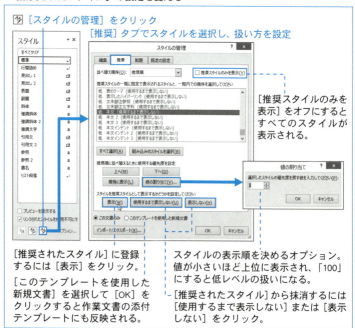

[スタイルの管理] をクリック

[推奨] タブでスタイルを選択し、扱い方を設定

[推奨スタイルのみを表示] をオフにするとすべてのスタイルが表示される。

[推奨されたスタイル] に登録するには [表示] をクリック。
[このテンプレートを使用した新規文書] を選択して [OK] をクリックすると作業文書の添付テンプレートにも反映される。

スタイルの表示順を決めるオプション。値が小さいほど上位に表示され、「100」にすると低レベルの扱いになる。

[推奨されたスタイル] から抹消するには [使用するまで表示しない] または [表示しない] をクリック。

7-6 スタイルの管理

2013 2010 2007

212 使えるスタイルを制限する

ひとつの文書を共同作業で仕上げる場合などは、各自が勝手にスタイルを使うと書式が混乱してしまいます。このような場合は使えるスタイルを制限すると便利です。制限されたスタイルは、[スタイル]ウィンドウでどの表示オプションを選択しても表示されなくなります。なお、[標準]スタイルなど、最も基本的なスタイルは制限できません。

操作 使えるスタイルを制限するには[スタイルの管理]ダイアログボックスを呼び出し、次のように操作します。

▼ 使えるスタイルを制限する

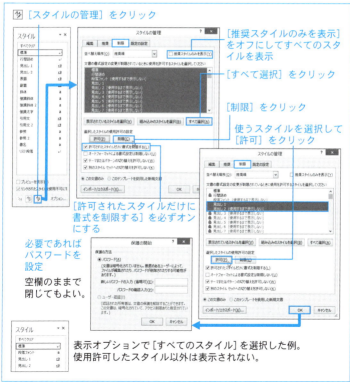

213 文書で作ったスタイルを テンプレートに反映させる

複数の文書で書式を統一するには、専用のテンプレート上でスタイルを作り、そのテンプレートから各文書を作るのが標準的な方法です。

新しい文書を作ると、そのときに選択したテンプレートのスタイルが文書にコピーされます。テンプレートは「添付テンプレート」として文書に関係付けられますが、文書とテンプレートは独立しており、それぞれ独自にスタイルを管理することができます。そのため、文書側でスタイルを作成したり書式内容を変えた場合は、その内容をテンプレートにも反映させないと、他の文書との間で書式の不統一が生じてしまいます。

文書側で行ったスタイルの作成・変更をテンプレートに反映させるには、そのつど反映させる方法と、文書側のスタイルをテンプレートにまとめてコピーする方法*があります。ここでは前者の方法を紹介します。

→ 292 ページ「215 文書間・テンプレート間でスタイルをコピーする」参照。

操作 スタイルの作成・変更のダイアログボックスで、[このテンプレートを使用した新規文書]を選択し、文書の保存時に表示される下図のメッセージで[はい]をクリックします。

▼スタイルの作成・変更を添付テンプレートにも保存

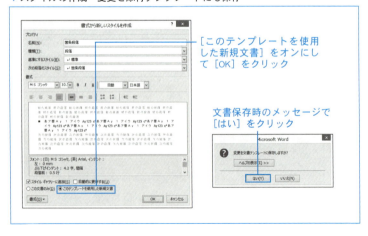

[このテンプレートを使用した新規文書]をオンにして[OK]をクリック

文書保存時のメッセージで[はい]をクリック

7-6 スタイルの管理　　　　　　　　　　　2013　2010　2007

214 テンプレートのスタイル変更を文書に反映させる

新しい文書を作ると、そのときに選択したテンプレートのスタイルが文書にコピーされます。テンプレートは「添付テンプレート」として文書に関係付けられますが、文書とテンプレートは独立しており、それぞれ独自にスタイルを管理することができます。

テンプレート側で行ったスタイルの作成・変更は、以降に作る文書には反映されますが、既存の文書に対してはそのままでは反映されません。前項で解説した方法で生じた変更も同様です。

操作 テンプレート側のスタイルの内容を既存の文書に反映させるには [開発] タブを呼び出し*、次のように操作します。

→ 741 ページの Tips「開発タブを表示する」参照。

▼テンプレート側のスタイルを既存のテンプレートに反映させる

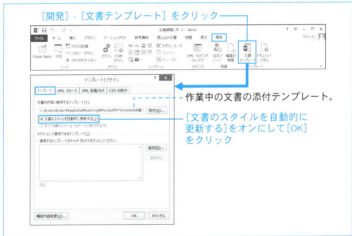

補足 上図のオプションをオンにしたままで文書を保存して閉じると、以降は文書を開くたびに自動的に更新されます。したがって、基本的には上図の操作後にあらためて同ダイアログボックスを開き、オプションをオフに戻してから保存することをお勧めします。

291

215 文書間・テンプレート間でスタイルをコピーする

個々の文書やテンプレートに保存されているスタイルを別の文書やテンプレートで利用するにはスタイルをコピーします。文書→テンプレート間、テンプレート→文書間でのコピーもできます。

操作 スタイルを文書やテンプレート間でコピーするには、コピー元となる文書、またはコピー元テンプレートが添付された文書を開き、次のように操作します。

▼ スタイルを文書間、テンプレート間でコピーする

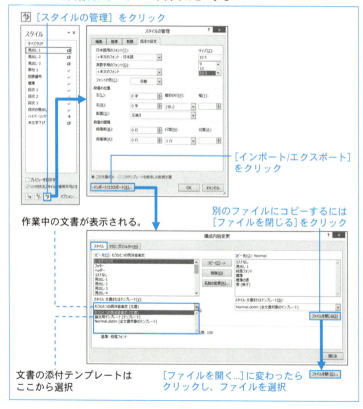

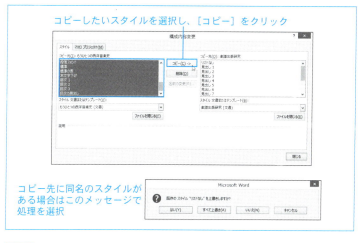

補足 [構成内容の変更]ダイアログボックスを開いた直後は、左側には作業中の文書、右側には「Normal.dotm」が表示されます。「Normal.dotm」とは「白紙の文書」テンプレートのことです。Wordでいろいろな種類の文書を作る場合、このテンプレートはなるべく汎用的に使える状態にした方が便利です。その意味で、「Normal.dotm」のスタイルは変えない方が無難です。

[構成内容の変更]ダイアログボックスでは、左→右、右→左のどちらの方向へもコピーできます。対象となるファイルは[ファイルを閉じる]→[ファイルを開く...]をクリックすれば変更できます。

なお、[ファイルを開く...]をクリックすると[ファイルを開く]ダイアログボックスが呼び出されますが、その時点では自動的にテンプレート用のフォルダーが開かれ、表示ファイルのオプションが[すべてのWordテンプレート]になります。したがって、テンプレートではなく文書を開く場合は、表示オプションを[すべてのWord文書]などに変えてください。

スタイルの一覧では、[Ctrl]キーを押したままでクリックすれば、複数のスタイルを選択できます。いずれかのスタイル名をクリックし、[Shift]キーを押したままで別のスタイル名をクリックすれば、その間のスタイルをまとめて選択できます。

216 文書からスタイルを削除する

いったん使ったスタイルは文書に保存され、使用を止めても文書に残ります。使う予定がなければ、文書から削除した方がすっきりします。ただし、[標準][段落フォント]および[見出し]スタイルは削除できません。

操作 スタイルを削除するには、[スタイル]ウィンドウから操作する方法と、[スタイルの管理]ウィンドウから操作する方法があります。

▼[スタイル]ウィンドウでスタイルを削除する

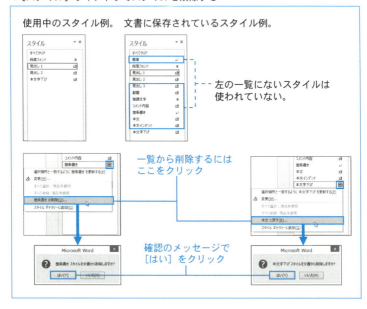

補足 Wordに最初から用意されているスタイルのほとんどは[標準]スタイルを基準としていますが、[本文字下げ]は[本文]を、[本文字下げ2]は[本文インデント]を基準としています。これらのスタイルを一覧から削除する場合、基準スタイルが文書に保存されていれば、上図右の例のように[～に戻す...]と表示されます。そのスタイルを使っている箇所があれば、該当箇所は基準スタイルに変わります。

▼［スタイルの管理］ダイアログボックスを使ってスタイルを削除する

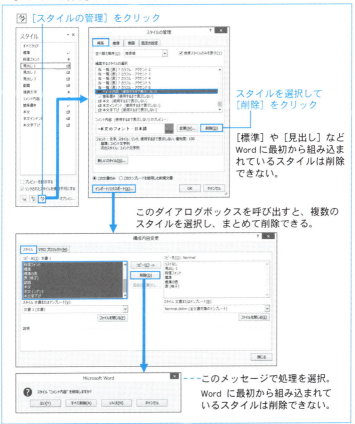

|補足| 上図［構成内容の変更］ダイアログボックスでは、Ctrlキーを押したままでクリックすれば複数のスタイルを選択できます。また、いずれかのスタイル名をクリックし、Shiftキーを押したままで別のスタイル名をクリックすれば、その間のスタイルをまとめて選択できます。

|注意| ［見出し］スタイルは文書にいったん保存されると削除できなくなりますが、［スタイルの管理］ダイアログボックスで［表示しない］設定に変えれば、［スタイル］ウィンドウから消すことができます*。

→ 288ページ「211 推奨するスタイルを変える」参照

217 スタイルセットの基本と注意点

「スタイルセット」とは、あらかじめ用意したスタイルを文書のスタイルに上書きする機能です。スタイルセットを文書に適用すると、文書側のスタイルの書式内容が変わり、各スタイルの適用箇所に反映されます。つまり、スタイルセットを変えることで文書の書式を簡単に変えることができます。

スタイルセットが持っているのは「推奨されたスタイル」として[スタイル]ウィンドウに最初に表示される 16 種類と、[見出し 3]～[見出し 9][目次の見出し][段落フォント][図表番号][リストなし][標準の表]の計 28 種類だけですが、段落スタイルのほとんどは[標準]スタイルを基準としているので、[標準]スタイルが変わればほとんどの段落スタイルも変わります。

とくに注意したいのは「段落配置」です。和文の段落配置は「両端揃え」が基本ですが、ほとんどのスタイルセットの[標準]スタイルは「左揃え」になっているので、適用すると「左揃え」に変わってしまいます。その場合は[標準]スタイルの段落配置を「両端揃え」に変えれば、ほとんどの段落スタイルに反映されます。

そのほか、Word には最小限必要な書式を決める「既定の設定」*がありますが、スタイルセットを適用すると「既定の設定」も変わります。とくに、ほとんどのスタイルセットでは段落間と行高の「既定の設定」が変わります。あとからこれらの設定を変えるには、Word2013 では[デザイン]-[段落の間隔]から操作する方法が簡単です。Word2010/2007 では[スタイルの管理]ダイアログボックスで「既定の設定」を変えてください。

→ 269 ページ「195 標準スタイルの書式を変える」参照。

なお、「既定の設定」で定義されている書式項目のうち、スタイル側でとくに定義していないものは「既定の設定」に従います。

スタイルセットを適用すると添付テンプレートのスタイルとは書式が異なることになります。スタイル更新のオプション*をオンにした状態で文書を開き直すと添付テンプレートのスタイル内容に戻るので注意してください。

→ 291 ページ「214 テンプレートのスタイル変更を文書に反映させる」参照。

7-7 スタイルセットとテーマ　　2013　2010　2007

218 新しいスタイルセットを作る

同じスタイルを複数の文書で利用するにはスタイルを保存した同じテンプレートから文書を作るのが標準的な方法ですが、「スタイルセット」を利用すると、テンプレートにかかわらず同じスタイルを利用することができます。

操作 新しいスタイルセットを作るには、適当な文書上でスタイルの書式を設定した上で、次のように操作します。

▼新しいスタイルセットを作る

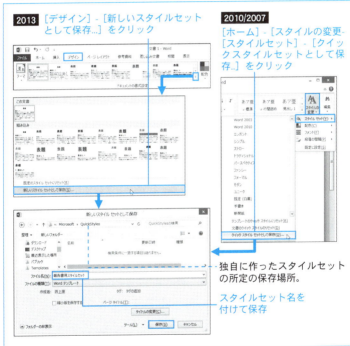

2013　[デザイン] - [新しいスタイルセットとして保存...] をクリック

2010/2007　[ホーム] - [スタイルの変更 - [スタイルセット] - [クイックスタイルセットとして保存..] をクリック

独自に作ったスタイルセットの所定の保存場所。

スタイルセット名を付けて保存

補足 スタイルセットを適用した場合に文書に反映されるのは、前項で解説した 28 種類のスタイルと独自に作ったスタイルだけです。たとえば [本文] スタイルや [本文字下げ] スタイルなどは反映されません。

219 スタイルセットとテーマをテンプレートに適用する

各文書のスタイルを統一するには同じテンプレートから文書を作る方法が最良です。文書側で作成・変更したスタイルを添付テンプレートに反映させる方法は別項*で解説しましたが、「スタイルセット」の対象となる28種類のスタイル*と独自に作ったスタイルに限っては、簡単にテンプレートにコピーすることができます。ただし、スタイルとともに「テーマ」もコピーされます。

→ 290ページ「213 文書で作ったスタイルをテンプレートに反映させる」、292ページ「215 文書間・テンプレート間でスタイルをコピーする」参照。

→ 296ページ「217 スタイルセットの基本と注意点」参照。

操作 スタイルセットの対象となるスタイルと独自のスタイルおよびテーマを作業中の文書から添付テンプレートへコピーするには次のように操作します。

▼ スタイルセット関連スタイルと独自のスタイルをテンプレートに反映させる

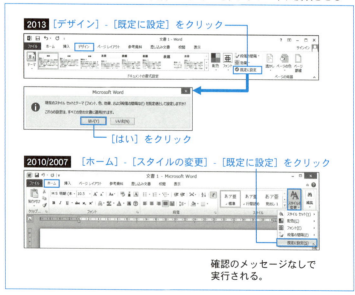

7-7 スタイルセットとテーマ　　　2013　2010　2007

220 独自に作ったスタイルセットを別のパソコンで利用する

独自に作った「スタイルセット」はテンプレートファイルとして所定のフォルダーに保存されます。そのファイルをコピーして別のパソコンの同じ場所に保存すれば、コピー先のパソコンでも利用することができます。

操作 作成時と同じ手順*で[新しいスタイルセットとして保存]ダイアログボックスを開けば、所定のフォルダーからデスクトップなどへコピーできます。コピー先のパソコンでも、同様の方法でデスクトップなどから所定のフォルダーへ移動できます。

→ 297ページ「218 新しいスタイルセットを作る」参照。

▼独自に作ったスタイルセットをデスクトップにコピーする

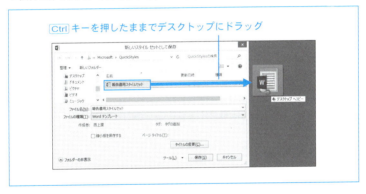

Tips 独自に作ったスタイルセットを削除する

独自に作ったスタイルセットは、Word2013ではスタイルセットの一覧で該当スタイルを右クリックし、[削除...]をクリックすれば削除できます。Word2010/2007には削除の機能は用意されていませんが、前ページの図と同様の手順で保存フォルダーを開けば、Deleteキーで削除できます。

7-7 スタイルセットとテーマ

2013 2010 2007

221 独自に作ったテーマを別のパソコンで利用する

「テーマ」とは、「見出しと本文のフォント」、文字や図形の「配色」、SmatArtやグラフの「視覚効果」をあらかじめ定義したもので、適用するテーマを変えるだけで文書全体のイメージを変えることができます。

「視覚効果」は通常の方法では作成できませんが、「フォント」と「配色」は独自の組み合わせを定義することもできます。独自に作ったテーマはファイルとして所定の場所に保存されるので、そのファイルをコピーすれば、別のパソコンでも利用できるようになります。

操作 独自に作ったテーマファイルの保存場所は次のとおりです。

C:¥Users¥(ユーザー名)¥AppData¥Roaming¥Microsoft¥Templates
¥Document Themes

ただし、途中が「隠しフォルダー」扱いになっているので、Windowsの「エクスプローラー」からたどるには、隠しフォルダーが表示されるように Windows の表示オプション*を変える必要があります。

→ 239 ページの Tips「隠しファイル、隠しフォルダーを表示する」参照。

▼ 独自に作ったテーマの保存フォルダー

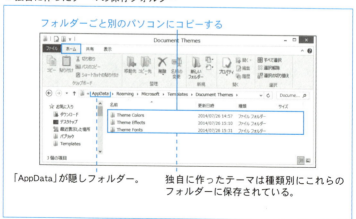

フォルダーごと別のパソコンにコピーする

「AppData」が隠しフォルダー。　独自に作ったテーマは種類別にこれらのフォルダーに保存されている。

Chapter 8

検索・置換・ジャンプの
テクニック

8-1 検索・置換・ジャンプの基本操作　　2013 2010 2007

222 [ナビゲーション]ウィンドウの基本操作

[ナビゲーション]ウィンドウはWord2010から登場した機能で、従来の[見出しマップ][縮小表示]および垂直スクロールバー下端にあった ◎ [ジャンプ先の選択]が統合され、さらに検索結果の一覧機能も追加されています。「印刷レイアウト」に限らずどの表示モードでも利用できます。

操作 [ナビゲーション]ウィンドウを呼び出すには[表示]-[ナビゲーション]をオンにします。また、[ホーム]-[編集]-[検索]や Ctrl + F キーでも呼び出せます。Word2013 ではステータスバー左端の[ページ]をクリックする方法もあります。

補足 [ナビゲーション]ウィンドウには3つの画面があります。

▼[ナビゲーション]ウィンドウの[見出し]表示

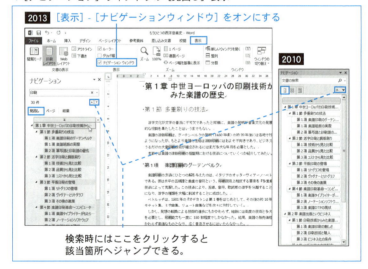

検索時にはここをクリックすると該当箇所へジャンプできる。

　　[見出し]は、文書内で設定されている[表題][副題][見出し]スタイルの適用箇所がアウトライン形式で表示され、クリックすれば右側の文書画面は該当箇所にジャンプします。検索ボックスで検索すると、該当箇所を含む見出しが強調表示されます。

▼ [ナビゲーション] ウィンドウの [ページ] 表示

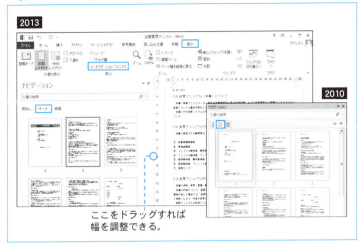

ここをドラッグすれば幅を調整できる。

　[ページ] は各ページの縮小イメージが表示され、クリックすると、右側の文書画面はそのページにジャンプします。また、[ナビゲーション] ウィンドウの幅を広げれば、まとめてたくさんのページを確認でき、レイアウトのくずれなどを素早く見つけることができます。

▼ [ナビゲーション] ウィンドウの [結果] 表示

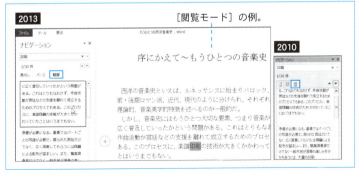

[閲覧モード] の例。

　[結果] は、検索ボックスに入力した内容を含む箇所を表示し、クリックすれば該当箇所へジャンプします。なお、検索ボックスによる検索は [見出し][ページ][結果] のいずれでも行えます。

▼[ナビゲーション]ウィンドウのオプション

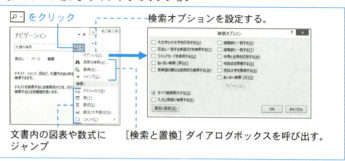

8-1 検索・置換・ジャンプの基本操作

223 [見出し]マップのフォントサイズを変える

Word2007では、[見出しマップ]に専用の段落スタイルが割り当てられています。この段落スタイルの設定を変えればフォントサイズを変えることができます。

操作 [見出しマップ]スタイルは[スタイル]ウィンドウに表示されていないので、少し変則的ですが簡単な方法を紹介します。

▼[見出しマップ]スタイルの設定を変える

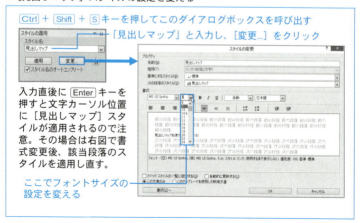

8-1 検索・置換・ジャンプの基本操作　2013　2010　2007

224 [検索と置換] ダイアログボックスのジャンプ機能を活用する

[検索と置換] ダイアログボックスの [ジャンプ] タブを使うと、図表やページなどの単位でジャンプできます。

操作 [ジャンプ] タブを素早く呼び出すには、Ctrl + G キーを押すか、[ホーム] - [検索] - [ジャンプ] をクリックします。Word2010/2007 ではステータスバー左の [ページ] をクリックしても呼び出せます。

▼[ジャンプ] タブでジャンプする

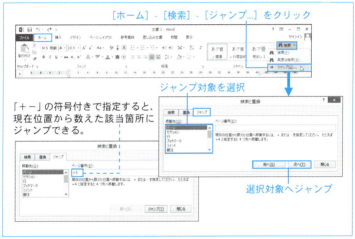

補足 [ジャンプ] タブで1回ジャンプしたあとは、ダイアログボックスを閉じても次のショートカットキーで前後の該当箇所へジャンプできます。たとえば [ページ] 単位で「+3」のように設定した場合は、ショートカットキーでも3ページ置きにジャンプします。

ショートカットキー	機能
Ctrl + Page Up	前の該当箇所へジャンプ
Ctrl + Page Down	次の該当箇所へジャンプ

225 前回文書を閉じたときのカーソル位置にジャンプする

Word2013では、文書を開いた直後に垂直スクロールバーのメッセージをクリックすれば、前回閉じたときの文字カーソル位置またはその近くにジャンプできます。また、Word2013/2010では Shift + F5 キーでもジャンプできます。これは、直前に操作した箇所へジャンプするショートカットキーです。

Word2007にはそのような機能はないので、別の方法を工夫する必要があります。それは、次回開きたい位置に「ブックマーク」を設定するという方法です。ブックマークへのジャンプは、文書を開いた直後に限らずいつでも利用できます。したがって、Word2013/2010でも役に立つ方法です。

操作 ブックマークを設定するには、設定位置に文字カーソルを置いて[ブックマーク]ダイアログボックスを呼び出し、ブックマーク名を登録します。同ダイアログボックスを呼び出すには Ctrl + Shift + F5 キーが便利です。これは[挿入]-[リンク]-[ブックマーク]に相当するショートカットキーです。上記の Shift + F5 キーに Ctrl キーを併用すればよいので、両方覚えることをお勧めします。

▼ブックマークを設定する

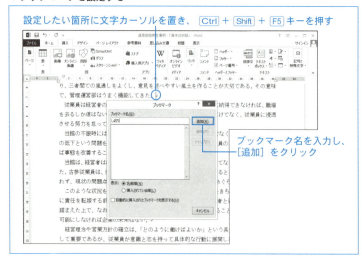

ブックマークの設定箇所にジャンプするには、[検索と置換]ダイアログボックスの[ジャンプ]タブを使う方法と[ブックマーク]ダイアログボックスを使う方法があります。

前者はブックマークに限らずいろいろな要素にジャンプできますが、後者はブックマークの削除や再設定もできるので、この場合は後者の方が便利です。

▼ブックマークの設定箇所にジャンプする

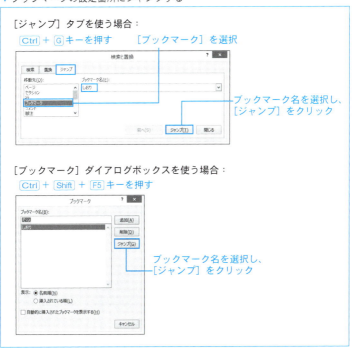

|補足> いったん登録したブックマーク名は、削除するまでは有効です。同じ名前で別の箇所に設定する場合は、設定したい箇所で[ブックマーク]ダイアログボックスを呼び出し、既存のブックマーク名を選択して[追加]をクリックすれば、設定位置を変えることができます。

226 [検索と置換] ダイアログボックスのオプションを活用する

[検索と置換] ダイアログボックスでは、たんに語句を検索・置換するだけでなく、オプションを使って検索条件を補うことができます。Word2013/2010では、[ナビゲーション] ウィンドウから操作することもできます。

▼ 検索条件のオプション

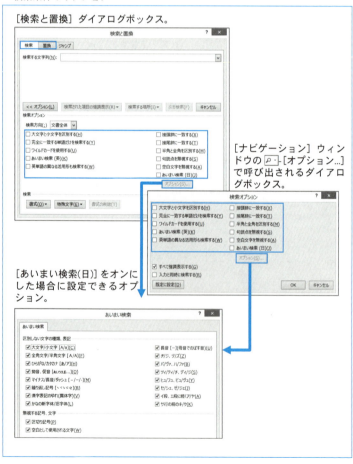

[検索と置換] ダイアログボックス。

[ナビゲーション] ウィンドウの ▢ - [オプション...] で呼び出されるダイアログボックス。

[あいまい検索(日)] をオンにした場合に設定できるオプション。

前ページの図に見られるように11種類のオプションがあります。欧字でしか意味を持たないオプションもあるので注意してください。

オプション	機能
[大文字と小文字を区別する]	欧字の大文字・小文字を区別する。 全角文字でも有効
[完全に一致する単語だけを検索する]	単語として一致するものだけ検索。 半角の欧字・数字にのみ有効 【例】 main で検索→ 　　　remain や maintenance には不一致
[ワイルドカードを使用する]	文字並びのパターンで検索 → 312ページ「228 ワイルドカードを活用する」参照。
[あいまい検索(英)]	発音の似た英単語を区別せずに検索。 半角英字にのみ有効 【例】 cat で検索→ cut にも一致
[英単語の異なる活用形も検索する]	動詞の活用形を区別せずに検索。 半角英字にのみ有効 【例】 be で検索→ 　　　be is are was being などに一致
[接頭辞に一致する]	単語の先頭部分を検索。途中の一致は無視される。 和英で有効 【例】 京都 で検索→ 　　　京都府 に一致、東京都 は不一致
[接尾辞に一致する]	単語の末尾部分を検索。途中の一致は無視される。 和英で有効。ただし、和文では段落の末尾のみが対象となる 【例】 ing で検索→ 　　　going に一致、singer には不一致
[半角と全角を区別する]	検索条件に従って半角・全角を区別。 和英で有効
[句読点を無視する]	句読点、ピリオド、！？；：・などの区切り文字を無視して検索 【例】 東西 で検索→ 東・西 にも一致
[空白文字を無視する]	スペース文字を無視して検索 【例】 佐藤 で検索→ 佐　藤 にも一致
[あいまい検索(日)]	文字種や表記の違いを無視して検索 【例】 バイオリン で検索→ 　　　ヴァイオリン にも一致

8-1 検索・置換・ジャンプの基本操作　　2013　2010　2007

227 [検索と置換] ダイアログボックスの特殊文字を活用する

文字の中には[検索と置換]ダイアログボックスに直接入力できないものがあります。たとえば段落記号↵やタブ文字→がそうです。このような文字を検索・置換するには、「特殊文字」と呼ばれる代替文字を使います。特殊文字は、他の文字や特殊文字と組み合わせて使うこともでき、うまく使えば検索・置換の応用範囲が拡がります。

操作 特殊文字の入力には専用のメニューがありますが、特殊文字自体は普通の文字なので、ダイアログボックス内に直接入力することもできます。とくにWord2013/2010の[ナビゲーション]ウィンドウには専用メニューがないので、よく使う特殊文字は覚えた方が便利です。

補足 特殊文字には検索用と置換用があります。また、[ワイルドカードを使用する]オプションのオン・オフによって、使える特殊文字は異なります。下図はオフの場合の例です。
なお、[あいまい検索(日)][あいまい検索(英)][英単語の異なる活用形も検索する]をオンにした状態では特殊文字は使えません。

▼ 検索・置換の特殊文字を使う

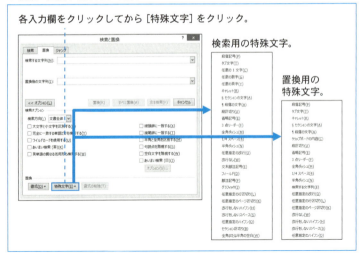

下表は[ワイルドカードを使用する]をオフにした場合の特殊文字一覧です。オンの場合については次項をご参照ください。

種類	表記	説明
段落記号	^p	
タブ文字	^t	
キャレット	^^	全角半角共通
セクションの文字	^%	§ (「セクション」で入力→変換できる)
段落の文字	^v	¶ (「パラグラフ」で入力→変換できる)
段区切り	^n	文書中では [Shift] + [Ctrl] + [Enter]
省略記号	^i	...または…。文書中では [Alt] + [Ctrl] + [.]
3点リーダー	^j	上記の省略記号と同じ文字
全角ダッシュ	^+	—。文書中では [Alt] + [Ctrl] + [-] (テンキー)
1/4スペース	^q	文書中では [記号と特殊文字] ダイアログボックスで挿入
半角ダッシュ	^=	–。文書中では [Ctrl] + [-] (テンキー)
任意指定の改行	^x	英単語中の強制改行に使う。文書中では [記号と特殊文字] ダイアログボックスで挿入
改行なし	^z	前後の文字の行分かれを防ぐ。文書中では [記号と特殊文字] ダイアログボックスで挿入
任意指定の行区切り	^l	段落内での強制改行に使う。 文書中では [Shift] + [Enter]
任意指定のページ区切り	^m	強制改ページ記号。文書中では [Ctrl] + [Enter]
改行をしないハイフン	^~	前後の単語または文字の行分かれを防ぐ。 文書中では [Ctrl] + [Shift] + [-]
改行をしないスペース	^s	前後の単語または文字の行分かれを防ぐ。 文書中では [Ctrl] + [Shift] + [スペース]
任意指定のハイフン	^-	ハイフネーションの位置を強制する。 文書中では [Ctrl] + [-]
任意の1文字	^?	検索専用。全角半角共通
任意の数字	^#	検索専用。全角半角共通
任意の英字	^$	検索専用。全角半角共通
セクション区切り	^b	検索専用
全角または半角の空白	^w	検索専用。スペース文字とタブ文字が並んだ箇所
フィールド	^d	検索専用
文末脚注記号	^e	検索専用
脚注記号	^f	検索専用
グラフィック	^g	検索専用。[行内] 形式で配置された図を検索
クリップボード	^c	置換専用。コピーまたは切り取った内容に置換
検索する文字列	^&	置換専用。検索した文字列を置換結果に残す

228 「ワイルドカード」を活用する

[検索と置換]ダイアログボックスの[ワイルドカードを使用する]をオンにすると、たとえば「任意の英単語」「カッコで囲まれた語句」「任意の桁数の数字」といった文字並びのパターンを検索することができます。「ワイルドカード」とは本来、任意の文字を表すジョーカーのような特殊文字のことです。

操作 [ワイルドカードを使用する]をオンにて[特殊文字]をクリックすると、パターン検索で使用可能な特殊文字が表示されます。特殊文字自体は普通の文字なので、直接入力することもできます。

▼パターン検索で検索・置換の特殊文字を使う

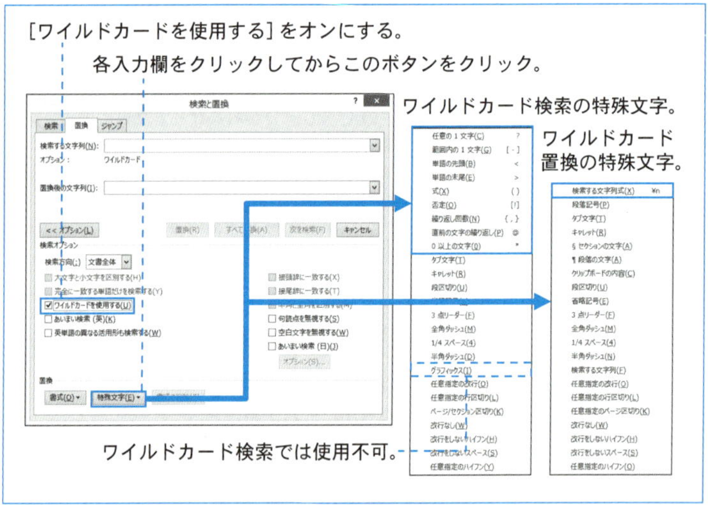

[ワイルドカードを使用する]をオンにする。
　各入力欄をクリックしてからこのボタンをクリック。
ワイルドカード検索の特殊文字。
ワイルドカード置換の特殊文字。
ワイルドカード検索では使用不可。

　上図の枠線で囲んだ特殊文字がパターン検索・置換専用で、それ以外は通常の検索・置換に共通です。共通の特殊文字については前項をご参照ください。[グラフィックス]はパターン検索では使えません。上図の一覧には段落記号 ↵ はありませんが、検索には ^13 を使い、置換後の文字列には通常検索と同様に ^p を使います。置換後の文字列で ^13 を使うと不都合が生じるので避けてください。

以下、パターン検索の特殊文字と使い方の例を紹介します。

種類	表記	解説と使い方
任意の1文字	?	任意の1文字を表す。 単独でも、他の文字と組み合わせて使うこともできる。 【例】 日本??会社 で検索→ 　　　日本株式会社 日本合同会社 などに一致
単語の先頭	<	単語の先頭を表す。 (段落先頭、スペースや句読点・記号類に続く文字) 【例】 <従って で検索→ 　　　段落先頭やセンテンス先頭の 従って に一致、 　　　に従って などには不一致
単語の末尾	>	単語の末尾を表す。 (段落末尾、スペースや句読点、記号類が続く文字) 【例】 る> で検索→ 　　　である。 する。 には一致、 　　　するとき いる場合 などには不一致
範囲内の1文字	[-]	[ ] の任意の1文字を表す。[A-Z]のように指定すると、「A」から「Z」までの文字範囲を表す。 【例】 [上中下]段 で検索→ 　　　上段 中段 下段 に一致 【例】 [A-Z]で検索→すべての半角英大文字に一致 【例】 [A-Za-z]で検索→すべての半角英字に一致 【例】 [0-9]で検索→すべての半角数字に一致 【例】 [0-9０-９]で検索→すべての数字に一致 【例】 [ぁ-け]で検索→すべてのひらがなに一致 　　　(「ゝゞ」などは除外) 【例】 [ァ-ケー]で検索→すべての全角カタカナに一致 　　　(「ヽヾ」、小文字の「ヮ」などは除外) 【例】 [ｦ-ﾟ]で検索→すべての半角カタカナに一致
否定	[!]	! に続く文字以外の1文字を表す。 【例】 [!^13^t] を検索→ 　　　段落記号とタブ文字以外の1文字に一致 　　　^13 は段落記号、^t はタブ文字を表す特殊文字 【例】 田[!山川島]氏 を検索→ 　　　田山氏 田川氏 田島氏 には不一致、田岡氏 田代氏 田辺氏 には一致
直前の文字の繰り返し	@	基本的に異なる2つの文字の間に置いて使う。 【例】 [a-z]@ing で検索→「ing」で終わる英単語に一致

0以上の文字	*	任意の文字並びを表す。単独で使うと任意の1文字しか表さないので、基本的に異なる2つの文字の間に置いて使う。この場合、* 自身は前後の2つ以外の文字を表す。 【例】「*」 で検索→「 」で囲まれた語句に一致。 【例】 ^13*^13 で検索→段落記号間の文字範囲に一致 * はすべての文字範囲に一致する。たとえば 「*」は複数段落にまたがる範囲でも一致するので注意。
繰り返し回数	{m,n}	{,} の直前に指定した文字がm個以上n個以内続く箇所を表す。とくに、範囲内の1文字を表す特殊文字 [ ] と組み合わせると威力を発揮する。mは省略不可。nを省略すると上限が「255個」に設定される。 【例】 [0-9]{4,} を検索→4〜255桁の半角数字に一致 【例】 [A-Za-z]{1,} を検索→任意の半角英単語に一致 【例】 [ｦ-ﾟ]{1,} で検索→半角カタカナの語句に一致
式	( )	置換の特殊文字 ¥n と組み合わせて使う。 検索文字列の一部を ( ) で囲むと、その部分を置換結果に残すことができる。 ( ) を1組だけ使う場合、置換後の文字列ではその部分を ¥1 で表す。複数組使う場合は、その位置に従って各部分を ¥1 ¥2……のように表す。 【例】 (環太平洋火山予知連絡)会議 で検索し、¥1 協議会 に置換。単純な置換で処理できる場合でも、置換文字列の誤入力を防ぐ利点がある。 【例】「(*)」で検索し、 『¥1』 に置換。 * は任意の文字列を表す特殊文字。この置換を実行すると、語句を囲む「」が『』に変わる。 【例】 (*)^t(*) で検索し、¥2^t¥1 に置換。 ^t はタブ文字を表す特殊文字。この置換を実行すると、タブ文字の前後の語句が入れ替わる。
検索する文字列式	¥n	検索の特殊文字 ( ) と組み合わせて使う。説明と例については上記の「式」の項目を参照。

　　　　[ワイルドカードを使用する] をオンにした場合、上記の検索用特殊文字自身を検索するには、特殊文字の前に ¥ を組み合わせます。たとえば [は ¥[、@ は ¥@、¥ は ¥¥ のように指定します。ただし、他の特殊記号と組み合わせた場合、¥¥ ではうまく検索されないことがあります。その場合は [¥¥] のように指定してください。

　　　　また、¥ は置換後の文字列では特殊記号として扱われるので、そのままでは使えません。¥ に置換する場合は ^92 のように指定します。これは、¥ の文字コード（ASCII10進）です。

8-2 検索・置換のテクニック　　2013 2010 2007

229 複数の語句をまとめて検索する

ワイルドカードを利用すると複数の語句をまとめて検索できます。ただし、想定外の語句にも一致するおそれがあるので一括置換は避けた方が無難です。

操作　[ワイルドカードを使用する]をオンにして、次のようなパターンで検索します。

検索条件例	一致する語句
[東京都大阪府]{3,3}	東京都 京都府 大阪府 などに一致 (東京大、大東京、京都大などにも一致)
[東京大][京阪都][都府]	東京都 京都府 大阪府 などに一致 (大京都、大阪都などにも一致)
日本[株式合資]{2,2}会社	日本株式会社 日本合資会社 などに一致
[最尤]も	最も 尤も に一致

8-2 検索・置換のテクニック　　2013 2010 2007

230 検索結果を一括選択する

[検索]タブの[検索する場所]を使うと、検索条件に一致する箇所をまとめて選択できます。ダイアログボックスを閉じても選択状態が維持されるので、置換では処理できない操作を行う場合などに便利です。

▼ 検索結果を一括選択する

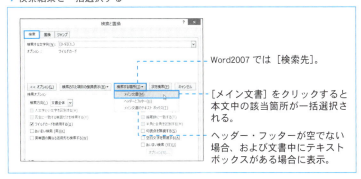

- Word2007 では[検索先]。
- [メイン文書]をクリックすると本文中の該当箇所が一括選択される。
- ヘッダー・フッターが空でない場合、および文書中にテキストボックスがある場合に表示。

231 検索結果を別文書に抽出する

前項で紹介した検索結果の一括選択を使うと、検索箇所をコピーし、別文書に貼り付けるといった処理を行うことができます。たとえば重要語句の抽出などに便利です。

ただし、Word2010/2007 では、貼り付けると検索結果の先頭語句と末尾の語句の順序が入れ替わるので、その部分だけ手作業で直す必要があります。Word2013 では正しい順序で貼り付けられます。

▼検索結果を別文書に抽出する

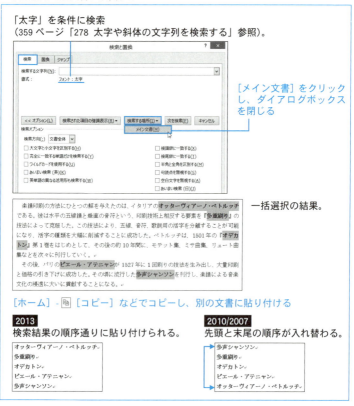

8-2 検索・置換のテクニック　　　2013　2010　2007

232 複数の文書で同じ検索・置換を繰り返す

[検索と置換] ダイアログボックスは、開いたままでも文書を切り替えることができます。また、いったん閉じても、開き直した直後は前回の設定が残っています。このしくみを利用すれば、複数の文書で同じ検索・置換を繰り返すのは簡単です。とくに、次のショートカットキーを使えば、ショートカットキーだけで切り替えと検索・置換を実行することができます。

ショートカットキー	機能
Ctrl + F	[検索] タブを呼び出す (Word2007) [ナビゲーション] ウィンドウを呼び出す (Word2013/2010)
Ctrl + H	[置換] タブを呼び出す
Tab	ダイアログボックス内で項目を選択
Shift + Tab	ダイアログボックス内で逆順で項目を選択
↓ ↑	[検索方向：] [書式] で設定項目を選択
Alt + 英字キー	ダイアログボックス内の各項目を実行 【例】　Alt + J で [あいまい検索(日)] をオン・オフ 　　　　Alt + F で「次を検索」
Ctrl + Tab	操作対象をダイアログボックス←→本文間で切り替える
Alt + Tab	アプリケーションまたは文書を切り替える
Ctrl + F6	文書を切り替える

補足 Word2013/2010 では [検索] タブを直接呼び出すショートカットキーはありませんが、[置換] タブを呼び出した直後に Shift + Tab キーを押して ← キーを押せば、[検索]タブに切り替えることもできます。
[検索と置換] ダイアログボックスを開いたままで文書を切り替えるには Alt + Tab キーが便利です。これは現在開いているウィンドウを切り替えるショートカットキーで、他のアプリケーションも対象になります。別の文書に切り替えたら Ctrl + Tab キーを押し、操作をダイアログボックスに戻します。

また、Ctrl + F6 キーを押せば Word 文書だけが切り替わります。ただし、この場合はあらかじめ Ctrl + Tab キーを押して操作を本文に移す必要があります。別文書に切り替えたらあらためて Ctrl + Tab キーを押し、操作をダイアログボックスに戻してください。

233 [検索と置換]ダイアログボックスを閉じて検索を続ける

8-2 検索・置換のテクニック　2013 2010 2007

[検索と置換] ダイアログボックスで設定した検索条件は、少なくとも1回検索または置換を実行すれば、別の設定で検索・ジャンプするか、Wordを終了するまで有効です。途中で別の操作を行っても設定は維持されます。
また、ダイアログボックスを閉じた状態でも、下記のショートカットキーで検索を続行できます。別の文書に切り替えても同じ検索条件で検索できるので重宝します。
これらの操作は、すべてショートカットキーで実行可能です。下記以外のダイアログボックス内での操作については前項をご参照ください。

ショートカットキー	機能
Ctrl + F	[検索] タブを呼び出す（Word2007） [ナビゲーション] ウィンドウを呼び出す（Word2013/2010）
Ctrl + H	[置換] タブを呼び出す
Alt + F	検索を実行
Esc	ダイアログボックスを閉じる
Ctrl + Page Up	前の該当箇所を検索
Ctrl + Page Down	次の該当箇所を検索

補足 Word2010/2007では、[ジャンプ先の選択]の上下の[前を検索]、[次を検索]でも検索を続行できます。

Word2013/2010では、[ナビゲーション] ウィンドウで行った検索も続行できます。たとえばある文書の同ウィンドウで検索してから別の文書に切り替えて Ctrl + Page Down キーを押すと、同じ条件で検索されます。また、Ctrl + F キーを押すと、同ウィンドウの検索条件が更新されます。

ただし、ショートカットキーによる検索を行わない状態では、各文書の [ナビゲーション] ウィンドウの検索条件は更新されません。
なお、ショートカットキーによる検索続行は、[ナビゲーション] ウィンドウを閉じた状態でも有効です。

8-3 英字の検索・置換　　　2013　2010　2007

234 任意の英単語を検索する

「任意の英字」は通常検索の特殊文字「^$」で検索できますが、単語単位で検索するには［検索と置換］ダイアログボックスの［ワイルドカードを使用する］をオンにした上で、次のような条件で検索します。

検索条件	検索対象
[A-Za-z]{1,}	半角の英字が1文字以上続く文字列
[A-Z]{1,}	半角の大文字だけが1文字以上続く文字列
[a-z]{1,}	半角の小文字だけが1文字以上続く文字列
[A-Z][a-z]{1,}	先頭が半角大文字で、半角の小文字が1文字以上続く文字列
［Ａ-Ｚａ-ｚ］{1,}	全角の英字が1文字以上続く文字列

補足　通常検索の特殊文字「^$」では全角・半角は区別されないので、1文字検索の場合でも、全角・半角を区別する場合は、たとえば［Ａ-Ｚａ-ｚ］あるいは[A-Za-z]のように指定します。{1,}を付けると単語単位、付けなければ1文字単位になります。

8-3 英字の検索・置換　　　2013　2010　2007

235 アクセントやウムラウト付きの文字を検索する

「à」や「ö」などの文字は、ショートカットキー*を使えば［検索と置換］ダイアログボックスでも入力できます。置換も可能です。

→ 99ページ「056 アクセントやウムラウト付きの文字を入力する」参照。

ただし、この方法では Word2013/2010 の［ナビゲーション］ウィンドウには入力できません。同ウィンドウからこれらの文字を検索する場合は、検索したい文字をいったん本文上に入力して［ホーム］-［切り取り］などで切り取り、同ウィンドウの検索ボックスに 貼り付けてください。ただし、この貼り付けには［貼り付け］は使えないので、Ctrl + V キーを使う必要があります。

319

8-3 英字の検索・置換　　　　　　　　　　　　　2013　2010　2007

236 ギリシャ文字を検索・置換する

ギリシャ文字の単語を検索するには、[検索と置換]ダイアログボックスの[ワイルドカードを使用する]をオンにした上で、次のような条件で検索します。ギリシャ文字は「あるふぁ」「べーた」などの読みで入力→変換できます。

検索条件	検索対象
[A-Ωα-ω]{1,}	ギリシャ文字が1文字以上続く文字列
[A-Ω]{1,}	ギリシャ大文字だけが1文字以上続く文字列
[α-ω]{1,}	ギリシャ小文字だけが1文字以上続く文字列
[A-Ω][α-ω]{1,}	先頭がギリシャ大文字で、ギリシャ小文字が1文字以上続く文字列

注意 ギリシャ文字には全角・半角ともに同じ文字コードが割り当てられているので、全角と半角を区別することはできません。

8-3 英字の検索・置換　　　　　　　　　　　　　2013　2010　2007

237 英字だけ全角←→半角変換する

全角←→半角変換は［ホーム］-［文字種の変換］で処理できますが、英字だけを処理するオプションはありません。

操作 英字だけ全角←→半角変換するには、まず［検索と置換］ダイアログボックスの［検索］タブで次のように設定します。

　　　検索条件：検索オプションはすべてオフにする
　　　検索する文字列：^$　　……^$ は任意の英字を表す特殊文字

この設定で［検索する場所］-［メイン文書］をクリックして検索対象を一括選択し*、ダイアログボックスを閉じます。最後に、選択された英単語を［ホーム］-［文字種の変換］で全角←→半角変換します。

→ 315ページ「230 検索結果を一括選択する」参照。

8-3 英字の検索・置換

2013　2010　2007

238 半角英大文字の略号などを全角に変換する

縦書き文書では、英大文字による略号などは和文字同様に縦向きにする方法が一般的です。Wordでは、とくに設定しなければ半角英数記号は横向きになり、全角は縦向きになります。したがって、英大文字の略号を縦向きにするには全角文字に変換すればよいことになります。

ただし、置換機能では全角←→半角変換はできないので、検索による一括選択と文字種の変換機能を併用します。

操作 半角大文字の略号だけ全角に変換するには、まず[検索と置換]ダイアログボックスの[検索]タブで次のように設定します*。

→ 319ページ「234 任意の英単語を検索する」、

　検索条件：[ワイルドカードを使用する]＝オン
　検索する文字列：[A-Z]{1,}[!a-z]

この設定で、[検索する場所]-[メイン文書]をクリックして検索対象を一括選択し*、ダイアログボックスを閉じます。最後に、選択された英単語を[ホーム]-[Aa▼][文字種の変換]で全角変換します。

→ 315ページ「230 検索結果を一括選択する」参照。

補足 検索条件を[A-Z]{1,}[!a-z]とする理由は、大文字に始まる通常の英単語を除外するためです。パターン検索で[!]は否定を表す特殊文字*で、[!a-z]は「英小文字以外」を表します。

→ 312ページ「228 ワイルドカードを活用する」参照。

この検索を実行すると「英大文字の文字並び＋小文字以外の1文字」が選択されるので、「小文字以外の1文字」も全角変換されることになります。しかし、現実的には英大文字の略号に半角の文字が続くことはほとんどないと思われます。もし全角変換されては困る文字がある場合は、[!a-z]の中に列挙してください。たとえば半角スペースや半角数字が続くことがあれば、[A-Z]{1,}[!a-z0-9]などのように設定します。

239 全角の英数字の行分かれを防ぐ

通常の設定では、半角の英数字は行分かれしないように処理されます*が、全角の場合はなりゆきで行分かれしてしまいます。横書きではすべての英数字を半角で統一すればよいのですが、縦書きでは「ＷＨＯ」「５Ｗ１Ｈ」のような略号を全角で縦向きにする方法も一般的です。

→ 203 ページ「145 行頭・行末のスペースを正しく表示させる」参照。

操作 全角英数字の行分かれを防ぐには次の設定で置換します*。

→ 319 ページ「234 任意の英単語を検索する」参照。

　　検索条件：［ワイルドカードを使用する］＝オン
　　検索する文字列：([Ａ-Ｚ０-９])([Ａ-Ｚ０-９])　…英数字は全角
　　置換後の文字列：¥1^z¥2

補足 置換後の文字列の ^z は、「改行なし」という編集記号を表す特殊文字です。この記号の箇所は改行禁止となり、その前後の文字は必ず同じ行内に表示されます。

ちなみに、「改行なし」を本文中に入力するには［挿入］-［記号と特殊文字］-［その他の記号］による［記号と特殊文字］ダイアログボックスで、［特殊文字］一覧下端の［改行なし］を選択します。

▼ 全角英単語の行分かれを防いだ例

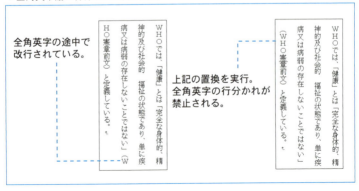

8-3 英字の検索・置換

240 英単語の途中改行を許可した文書で途中改行を防ぐ

Wordの最初の設定では、段落途中の行頭・行末に入力したスペース文字は右余白部に追い出されます。これは英文用の機能で、単語間のスペースが行頭・行末に残るのを防ぐのが目的です*。

→ 203ページ「145 行頭・行末のスペースを正しく表示させる」参照。

スペースを正しく表示させるには[段落]ダイアログボックスで英単語の途中改行を許可すればいいのですが、英単語を含む文書では困ります。

操作 英単語の途中改行を許可した文書で途中改行を防ぐには、次の置換を続けて2回実行します*。

→ 319ページ「234 任意の英単語を検索する」参照。

検索条件:[ワイルドカードを使用する]=オン
検索する文字列:([A-Za-z])([A-Za-z])
置換後の文字列:¥1^z¥2

補足 置換後の文字列の ^z は、「改行なし」という編集記号を表す特殊文字です。この記号の箇所は改行禁止となり、その前後の文字は必ず同じ行内に表示されます。

上記の検索文字列では半角の英字だけを対象としています。全角も対象とする場合は ([A-Za-zA-Ｚａ-ｚ])([A-Za-zA-Ｚａ-ｚ]) のように全角を追加してください。

なお、上記の置換は必ず続けて2回実行する必要があります。たとえば「abcd」という単語は、1回目では「a 改行なし bc 改行なし d」となり、未処理の部分が残ってしまいます。2回実行すると、すべての英字間に「改行なし」が挿入されます。

ちなみに、「改行なし」を本文中に入力するには[挿入]-[記号と特殊文字]-[その他の記号]による[記号と特殊文字]ダイアログボックスで、[特殊文字]一覧下端の[改行なし]を選択します。

8-4 数字・漢数字の検索・置換

241 任意の桁数の数字を検索する

「任意の数字」は通常検索の特殊文字「^#」で検索できますが、任意の桁数の数字を検索するには［検索と置換］ダイアログボックスの［ワイルドカードを使用する］をオンにした上で、次のような条件で検索します。

検索条件	検索対象
[0-9]{1,}	半角の数字が1文字以上続く箇所
[０-９]{1,}	全角の数字が1文字以上続く箇所（０と９は全角で入力）
[0-9０-９]{1,}	半角または全角の数字が1文字上続く文字列

補足 通常検索の特殊文字「^#」では全角・半角は区別されないので、1文字検索の場合でも、全角・半角を区別する場合は、［０-９］あるいは[0-9]のように指定します。{1,}を付けると任意の桁数、付けなければ1文字単位になります。

8-4 数字・漢数字の検索・置換

242 漢数字の並びを検索する

アラビア数字が並んだ箇所は前項のように[0-9]{1,}で検索できますが、漢数字については［〇-九]{1,}では検索できません。[-]は文字コードの範囲を表す特殊文字ですが、漢数字の文字コードは不連続のため、この方法は使えません。

操作 漢数字の並びを検索するには、［検索と置換］ダイアログボックスで次のように設定します。

　　検索条件：［ワイルドカードを使用する］＝オン
　　検索する文字列：[〇一二三四五六七八九]{1,}

補足 単位も検索する場合は[〇一二三四五六七八九十千万億兆]{1,}のように単位も列挙してください。

8-4 数字・漢数字の検索・置換　　　2013 2010 2007

243 アラビア数字を漢数字に変換する

アラビア数字を漢数字に一括置換することはできませんが、検索機能と日本語入力システムの再変換機能を利用すれば、少しだけ作業が楽になります。

操作 まず[検索と置換]ダイアログボックスを呼び出し、次のような条件で1回だけ検索します。

> **検索条件**：[ワイルドカードを使用する]＝オン
> **検索する文字列**：[0-9]{1,}

1回も検索せずにダイアログボックスを閉じると検索条件の設定が無効になるので、必ず[次を検索]をクリックしてください。
1回検索したらダイアログボックスを閉じ、最初の検索箇所で次のキーを押せば再変換できます。

> MS-IME の場合： [変換] キー
> ATOK の場合： [Shift] + [変換] キー

以降は、[Ctrl] + [Page Down] キーまたは [Ctrl] + [Page Up] キーで前後の該当箇所へジャンプし、同様に再変換します。

8-4 数字・漢数字の検索・置換　　　2013 2010 2007

244 漢数字をアラビア数字に変換する（ATOK）

日本語入力システム ATOK では、前項と同様に漢数字を検索して再変換すれば、アラビア数字に変換できます。MS-IME では漢数字→アラビア数字の再変換は1文字ずつしか行えないので、ここで紹介する方法は使えません。
漢数字は次の設定で検索できます。

> **検索条件**：[ワイルドカードを使用する]＝オン
> **検索する文字列**：[〇一二三四五六七八九十千万億兆]{1,}

245 アラビア数字を漢数字で表示する

文書中のアラビア数字を、見かけだけ漢数字で表示させることができます。同じ数字を「一二三四」形式、「千二百三十四」形式、「壱千弐百参拾四」形式で表示できます。

操作 まず[検索と置換]ダイアログボックスを呼び出し、次のような条件で1回だけ検索します。

　　検索条件：[ワイルドカードを使用する]＝オン
　　検索する文字列：[0-9]{1,}

1回も検索せずにダイアログボックスを閉じると検索条件の設定が無効になるので、必ず[次を検索]をクリックしてください。
1回検索したらダイアログボックスを閉じ、下図の手順で該当箇所を順次フィールド化します。

▼ 検索対象へジャンプ→フィールド化を繰り返す

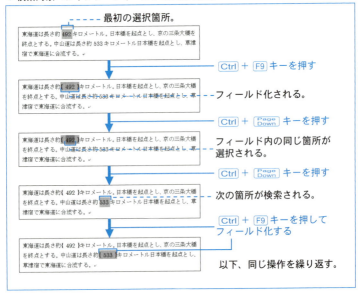

前ページに示した「ジャンプ→フィールド化」はいずれも [Ctrl] キーを使うので、実際には [Ctrl] キーを押したままで「[Page Down] → [Page Down] → [F9]」を繰り返せばよいことになります。

フィールド化を終えたら、次の条件で一括置換します。

検索条件：[ワイルドカードを使用する] ＝オン
検索する文字列：[0-9]{1,}
置換後の文字列：=^& ^92*dbnum1

検索文字列の [0-9]{1,} は先の検索条件と同じです。置換後の文字列の ^& は検索結果自身を表す特殊文字、^92 は ￥ の文字コードです。[ワイルドカードを使用する] をオンにした場合、￥ は特殊記号として働くので、かわりに ^92 のように表します。

上記の置換を実行すると、アラビア数字の箇所は「=(数字)￥*dbnum1」のように置換されます。￥* は数字の表示書式を決める文字で、「スイッチ」と呼びます。dbnum1 は具体的な書式を表し、次の種類があります。上記の置換は、表示したい書式に合わせて変えてください。

スイッチ	機能
￥*dbnum1	単位を含まない漢数字で表示
￥*dbnum2	十、百、千などの単位付き漢数字で表示
￥*dbnum3	壱弐参表記の単位付き漢数字で表示
￥*dbnum4	(不具合のため、正しく表示されない)

置換の実行後、該当範囲全体を選択して [F9] キーを押し、さらに [Alt] + [F9] キーを押すと、該当箇所が漢数字で表示されます。

▼ フィールドを漢数字表示化する

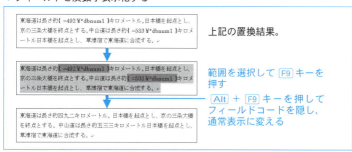

246 数字に桁区切りのカンマを入れる

置換機能を利用して数値に桁区切りのカンマを入れる場合、4桁以下の数字しかなければ1度の置換で処理できますが、5桁以上の数値も含まれている場合は少し工夫が必要です。

操作 任意の桁数の数値に桁区切りのカンマを入れるには、次の置換を繰り返し実行し、置換結果のカウントが「0」になるまで実行します。

検索条件：［ワイルドカードを使用する］＝オン
検索する文字列：([0-9])([0-9]{3,3}[!0-9])
置換後の文字列：\1,\2

▼置換機能で数値に桁区切りのカンマを入れる

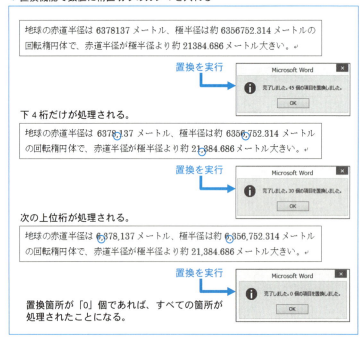

補足 桁区切りのカンマを入れる場合、単純に数値を検索しても、カンマの入れ場所を特定できません。そこで、数値を上位1桁と下3桁に分けて検索し、両者の間にカンマを補います。

1桁の数値は [0-9]、3桁の数値は [0-9]{3,3} で表せます。したがって、([0-9])([0-9]{3,3}) で検索し、¥1,¥2 に置換すればよい*ことになりますが、文書の前方から後方へ向かって検索すると、5桁以上の数値は正しく処理できません。たとえば「12345」は最初の「1234」に一致した時点で「1,234」のように置換され、「1,2345」になってしまいます。

→ 検索文字列の ( ) と置換後の文字列の ¥1¥2 については 314 ページの表参照。

正しい位置にカンマを補うには、必ず数値の下4桁だけを処理するように工夫します。そのしかけが ([0-9])([0-9]{3,3}[!0-9]) で、[!0-9] は「半角の数値以外の1文字」を表します。

たとえば「12345」では、「1234」の部分は数字「5」が続くので不一致となり、そのまま検索が続行されます。次の「2345」は、続く文字が数字でなければ検索条件に一致し、「2,345」のように置換されます。その結果、「12345」は「12,345」となります。

さらに桁数の多い箇所、たとえば「12345678」は、最初の置換では末尾の「5678」だけが一致するので「12345,678」となります。置換を繰り返すと、次の置換では「2345」の部分だけが一致し、「12,345,678」となります。このように、置換を繰り返せばすべての該当箇所を処理できます。

実際には「[すべて置換]のクリック→確認メッセージの[OK]のクリック」を数回繰り返すだけです。キーボードで操作する場合は、[Alt]+[A]キーと[Enter]キーの繰り返しで処理できます。

注意 ここで紹介した方法は、小数点以下3桁までの数値であれば対応できます。小数点以下4桁以上の数値を含む場合は、あらかじめ小数点の前後を区別する必要があります。

たとえば [0-9]{1,}. を検索すると、小数点で終わる箇所だけ、つまり整数部分だけを特定できます。この検索箇所に対して置換でフォントの色や下線などを設定し、先の検索条件にその文字書式を追加すれば、整数部だけ処理することができます。処理を終えたら、余計な文字書式を置換で解除します。

247 縦書きのアラビア数字に桁区切りの読点を入れる

縦書きの文書では、縦並びの数値の桁区切りには読点を使います。ただし、普通の字送りでは間が空き過ぎるので、字送りを調整する必要があります。

操作 縦書きの数値には全角が使われているはずです。そこで、任意の桁数の全角数値に桁区切り読点を入れるには、全角数字の並ぶ箇所を検索し、置換機能を使って3桁ごとに読点を挿入します。

ただし、桁区切り読点は字送りを狭くしないと普通の読点と区別が付きません。そこで、適当な箇所に読点を入力して字送りを調整し、[ホーム]-[コピー]などでコピーします。その上で次の置換を繰り返し実行*すれば字送り調整済みの読点を挿入できます。

→ しくみについては328ページ「246 数字に桁区切りのカンマを入れる」参照。

検索条件:[ワイルドカードを使用する]=オン
検索する文字列:([0-9])([0-9]{3,3}[!0-9]) ……0と9は全角
置換後の文字列:¥1^c¥2 ……^c はコピー内容を表す特殊文字

▼縦書きの数値に桁区切りの読点を入れる

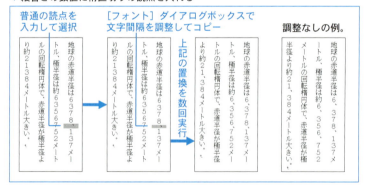

補足 読点の字送りを狭くするには、読点を選択し、[フォント]ダイアログボックスの[文字幅と間隔]タブの[文字間隔]で[狭く]を選択して[間隔]に値を設定します*。

→ 333ページの「補足」参照。

8-4 数字・漢数字の検索・置換

2013 2010 2007

248 桁区切りのカンマを読点に置換する

横書き文書を縦書きに変える場合、桁区切りのカンマは読点に直す必要がありますが、カンマが数値以外の場所にも使われていれば、単純な置換では処理できません。

操作 縦書きの数値には全角が使われているはずです。そこで、全角の数字に挟まれたカンマを検索し、読点に置換します。

ただし、桁区切り読点は字送りを狭くしないと普通の読点と区別が付きません。そこで、適当な箇所を読点に修正して字送りを調整し、[ホーム] - [コピー] などでコピーします。その上で次の設定で置換します。

検索条件：[ワイルドカードを使用する] =オン
検索する文字列：([０-９]),([０-９])　……０と９は全角
置換後の文字列：\1^c\2　……^c はコピー内容を表す特殊文字

▼桁区切りのカンマを読点に置換する

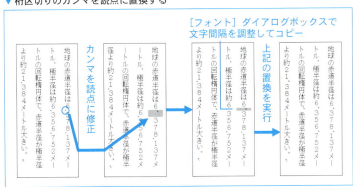

補足 読点の字送りを狭くするには、読点を選択し、[フォント] ダイアログボックスの [文字幅と間隔] タブの [文字間隔] で [狭く] を選択して [間隔] に値を設定します*。

→ 333ページの「補足」参照。

249 漢数字に桁区切り読点を入れる

縦書きでは、桁区切りにはアラビア数字でも漢数字でも読点を使います。アラビア数字の処理方法については前項をご参照ください。ここでは漢数字に読点を入れる方法を紹介します。

操作 任意の桁数の漢数字に桁区切り読点を入れるには、漢数字の並びを検索*し、置換機能を使って3桁ごとに読点を挿入します。

→ 324ページ「242 漢数字の並びを検索する」参照。

ただし、桁区切り読点は普通の読点より字送りを狭くしないと普通の読点と区別が付きません。そこで、適当な箇所に読点を補って字送りを調整し、[ホーム]-[コピー]などでコピーした上で、次の置換を繰り返し実行します*。

→ しくみについては328ページ「246 数字に桁区切りのカンマを入れる」参照。

検索条件：[ワイルドカードを使用する] ＝オン
検索する文字列：([〇一二三四五六七八九])([〇一二三四五六七八九]{3,3}[!〇一二三四五六七八九])
置換後の文字列：¥1^c¥2　……^c はコピー内容を表す特殊文字

▼ 漢数字に桁区切り読点を入れる

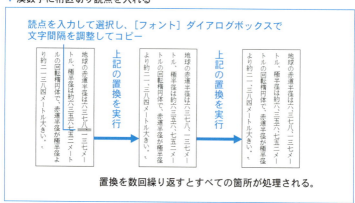

置換を数回繰り返すとすべての箇所が処理される。

また、「―」は文字自身の上下が空いているので、他の読点よりもさらに詰めないとバランスがよくありません。そこで、上記の置換を終えたら、次の置換で「―」の前後を詰めます。この場合もあらかじめ字送りを調整した「、―」または「―、」をコピーして置換します。

検索条件：[ワイルドカードを使用する]＝オン
検索する文字列：([〇一二三四五六七八九])、―
置換後の文字列：¥1^c
検索する文字列：―、([〇一二三四五六七八九])
置換後の文字列：^c¥1

▼「―」の前後だけ字送りを調整する

「―」と読点が並ぶ箇所は他の数字間と同じ設定では間延びして見える。

「―」の上下を調整した例。

|補足| 読点の字送りを狭くするには、読点を選択し、[フォント]ダイアログボックスの[文字幅と間隔]タブの[文字間隔]で[狭く]を選択して[間隔]に値を設定します。

読点の字送りは、通常の字送りの 1/2 が一般的です。ただし、同ダイアログボックスの[間隔]の値は半角に対する値で、全角では[間隔]の倍に換算されます。したがって、通常の字送りの 1/4 に設定します。たとえば通常の字送りが 12pt の場合、読点の字送りは[狭く][3pt]に設定します。

また、「―」は文字自身の上下が通常の字送りの 1/4 ずつ空いています。したがって、「―、」の箇所は「―」の下側の空き 1/4 を詰めればよいので、半角換算で通常の字送りの 1/8 に設定します。「、―」の箇所は「、」の下側の空き 1/2 と「―」の上側の空き「1/4」の計 3/4 を詰めればよいので、半角換算で通常の字送りの 3/8 に設定します。

250 小数点のピリオド「.」をナカグロ「・」に置換する

8-4 数字・漢数字の検索・置換　　2013　2010　2007

縦書きの小数点は、アラビア数字でも漢数字でもナカグロ「・」を使います。ただし、そのままでは通常のナカグロと小数点の区別が付きません。そこで、小数点のナカグロには半角文字「･」を使います。

操作 小数点のピリオドを「･」に変えるには次の設定で置換します。

　　検索条件：[ワイルドカードを使用する] ＝オン
　　検索する文字列：([0 - 9]).([0 - 9])……全角のアラビア数字の場合
　　検索する文字列：([〇一二三四五六七八九]).([〇一二三四五六七八九])
　　　　　　　　……漢数字の場合
　　置換後の文字列：\1･\2　　……･ は半角

なお、Word の縦書きでは半角文字は自動的に横向きになるため、半角のナカグロ「･」は文字位置が少し右にずれてしまいます。気になる場合は、置換を利用して文字位置を調整します。

　　検索条件：検索オプションはすべてオフにする
　　検索する文字列：･
　　置換後の文字列：[書式] - [フォント...] で文字位置を設定

▼半角ナカグロの文字位置を調整する

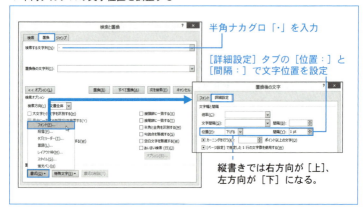

半角ナカグロ「･」を入力

[詳細設定] タブの [位置：] と [間隔：] で文字位置を設定

縦書きでは右方向が [上]、左方向が [下] になる。

8-4 数字・漢数字の検索・置換　　　2013　2010　2007

251　負の数値だけ括弧で囲む

操作　「−」の付いた数値だけカッコで囲むには次の設定で置換します。

　　検索条件：[ワイルドカードを使用する]＝オン
　　検索する文字列：−[0-9]{1,}
　　置換後の文字列：(^&)

補足　^& は検索対象自身を表す特殊文字です。置換後の文字列の（ ）は実際に囲むカッコの種類に合わせて変えてください。

操作　「−」が計算式の中でも使われている場合は、たんなる負号か計算式中の引き算かを区別する必要があります。計算式中の「−」は直前の文字も数字のはずなので、否定を表す特殊文字 [!] を利用し、次の設定で置換します。

　　検索条件：[ワイルドカードを使用する]＝オン
　　検索する文字列：([!0-9])(−[0-9]{1,})
　　置換後の文字列：¥1(¥2)

8-4 数字・漢数字の検索・置換　　　2013　2010　2007

252　数値の「−」だけ「▲」に置換する

操作　「−」が負の値にのみ使われていることがわかっていれば単純な置換で処理できますが、計算式の中でも使われている場合は前項同様に [!] を利用し、次の設定で置換します。

　　検索条件：[ワイルドカードを使用する]＝オン
　　検索する文字列：([!0-9])−([0-9]{1,})
　　置換後の文字列：¥1▲¥2

「−」の前後の文字をそれぞれ（ ）で囲み、¥1 と ¥2 で置換結果に残します。これで、「−」の部分だけを▲に置換することができます。

8-4 数字・漢数字の検索・置換　　2013　2010　2007

253 数字だけ全角←→半角変換する

全角←→半角変換は［ホーム］-[Aa▼]［文字種の変換］で処理できますが、数字だけを処理するオプションはありません。

操作 数字だけ全角←→半角変換するには、まず［検索と置換］ダイアログボックスの［検索］タブで次のように設定します。

　　検索条件：検索オプションはすべてオフにする
　　検索する文字列：^#　　……^# は任意の数字を表す特殊文字

この設定で［検索場所の指定］-［メイン文書］をクリックして検索対象を一括選択し*、ダイアログボックスを閉じます。最後に、選択された数字を［ホーム］-[Aa▼]［文字種の変換］で変換します。

→ 315 ページ「230 検索結果を一括選択する」参照。

8-4 数字・漢数字の検索・置換　　2013　2010　2007

254 1桁と3桁以上の数値だけ全角に変える

縦書きで数字を縦向きにする場合、2桁に限っては「縦中横」とし、1桁と3桁以上は全角にするという方法が一般的です。そこで、文書内の1桁の半角数字と3桁以上の半角数値に限り全角に置換する方法を紹介します。

操作 1桁の半角数値および3桁以上の半角数値は次の条件で検索できます。

　　検索条件：［ワイルドカードを使用する］＝オン
　　検索する文字列：[!0-9][0-9][!0-9]　……数字以外に挟まれた数値
　　検索する文字列：[0-9]{3,}　　　　……3桁以上の数値

それぞれの検索条件で一括選択し*、［ホーム］-[Aa▼]［文字種の変換］で全角に変換します。なお、上記の1桁の場合は前後の文字も全角になるので、不都合であれば別の方法を工夫する必要があります。

→ 315 ページ「230 検索結果を一括選択する」参照。

8-5 記号の検索・置換

2013 2010 2007

255 「 」や（ ）で囲まれた文字列を検索する

「 」や（ ）で囲まれた文字列など、検索可能な箇所に「太字」や「下線」などの文字書式を適用する場合は、置換を利用すると便利です。

操作 カッコで囲まれた語句は、次の条件で検索します。半角の（ ）と [ ] はパターン検索では特殊文字として扱われるので、これらのカッコをを検索するには ¥ を組み合わせる必要があります*。

> **検索条件**：[ワイルドカードを使用する] ＝オン
> **検索する文字列**：「*」　……「 」に囲まれた語句
> **検索する文字列**：¥(*¥)　……半角の（ ）に囲まれた語句
> **検索する文字列**：¥[*¥]　……半角の [ ] に囲まれた語句

検索結果に太字などの文字書式を設定する場合は、[置換後の文字列] は空欄のままで、文字書式だけを設定します*。

→ 360ページ「279 太字や斜体を置換で設定・解除する」参照。

補足 上記の検索では、「 」が正しく対応していなければ思わぬ箇所に一致することがあります。したがって、置換作業を行う場合は確信がなければ [すべて置換] は避け、[次を検索] で確かめながら置換することをお勧めします。

なお、次の条件で検索すれば、少なくとも段落にまたがる「 」は検索から除外することができます。

> **検索条件**：[ワイルドカードを使用する] ＝オン
> **検索する文字列**：「[!^13」]{1,}」

[!] は否定を表す特殊文字です。したがって、[!^13」] は段落記号と 」以外の文字を表します。

なお、先の「*」ではカッコの間に文字がない箇所も検索されますが、上記の条件では検索されません。

8-5 記号の検索・置換

256 「」を『』" " ' ' などに置換する

操作 「 」をたとえば『 』などに置き換えるには、前項で紹介した検索条件「*」を利用し、次のように置換すれば処理できます。

検索条件：［ワイルドカードを使用する］＝オン
検索する文字列：「(*)」
置換後の文字列：『¥1』

補足 * は任意の文字列を表す特殊文字で、置換後の文字列の ¥1 は検索文字列の（）で囲まれた部分を表す特殊文字です。

操作 クォーテーションマークに置き換える場合は、あらかじめ下図に示す「入力オートフォーマット」のオプションをオフにします。

▼入力オートフォーマットのクォーテーションマーク対応付けオプション

［Word のオプション］ダイアログボックスの［文章校正］-［オートコレクトのオプション］をクリックしてこのダイアログボックスを呼び出す
または [Alt] + [T] キーに続けて [A] キーを押す

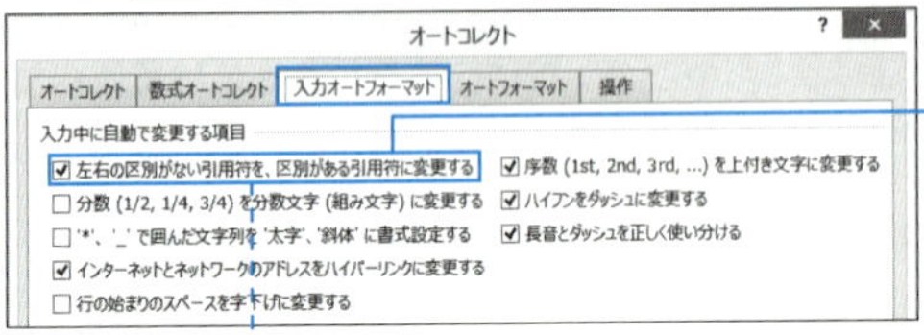

［左右の区別がない引用符を、区別がある引用符に変更する］をオフにする

Word2010/2007 では［' ' を ' 'に変更する］オプション。

「 」をストレート型の " " に置換する場合、" " は一般に半角を使い、前後に半角スペースを補うことが多いので、上図のオプションをオフにした上で、次の設定で置換します。オプションをオンにした状態で置換すると、" " のように背中合わせに置換されてしまいます。

検索条件：［ワイルドカードを使用する］＝オン
検索する文字列：「(*)」
置換後の文字列：_"¥1"_　……_ の部分は半角スペースを入力

「 」を 向かい合わせ型の " " や ' ' に置換する場合も、前ページの入力オートフォーマットのオプションをオフにした上で置換します。オンにした状態で置換すると、段落途中のクォーテーションマークは背中合わせになるという不具合があります。

検索条件：[ワイルドカードを使用する]＝オン
検索する文字列：「(*)」
置換後の文字列："¥1"

|補足| " " や ' ' は日本語入力システムで入力できますが、変換候補がわかりにくい場合は次の方法を覚えておくと便利です。

　　"　　……201c と入力して [Alt] + [X] キーを押す
　　"　　……201d と入力して [Alt] + [X] キーを押す
　　'　　……2018 と入力して [Alt] + [X] キーを押す
　　'　　……2019 と入力して [Alt] + [X] キーを押す

数字は文字コード (Unicode16 進) です。文字コードの直後に文字カーソルを置いて [Alt] + [X] キーを押すと普通の文字に変換され、普通の文字の直後で押すと文字コードに変換されます。

ただし、¥1 に続けて 201d と入力すると変換対象が 1201d となってしまい、正しく変換されません。このような場合は先にコード変換で " " を入力し、あとから " " の間に ¥1 を補ってください。

また、[ワイルドカードを使用する] などの検索オプションをオフにした状態で [Alt] + [X] キーを押すと [接頭辞に一致する] オプションがオンになるので、その場合はオフに戻してください。

なお、向かい合わせ型のクォーテーションマークは全角・半角ともに同じ文字コードが割り当てられており、検索・置換では区別できません。全角・半角を統一するには、次の設定で該当箇所を一括選択し*、[ホーム] - [Aa▼] [文字種の変換] で設定してください。

→ 315 ページ「230 検索結果を一括選択する」参照。

検索条件：[ワイルドカードを使用する]＝オン
検索する文字列：[""]　　……" " は全角・半角のどちらでもよい

8-5 記号の検索・置換　　　　　2013　2010　2007

257 " " ←→ " " に置換する

クォーテーションマークには " ' のようなストレート型と、" " ' ' のように起こしと閉じが対になったものがあります。統一するには置換機能を利用できますが、置換結果にクォーテーションマークが含まれる場合、前項で解説した「入力オートフォーマット」のカッコ対応オプションを必ずオフにします。オンにした状態では対形式のクォーテーションに置換されるだけでなく、向きが正しく処理されない場合があります。

操作 " " → " " のように対形式からストレート型のクォーテーションマークに置換する場合は次のように設定します。

　　検索条件：[ワイルドカードを使用する] ＝オン
　　検索する文字列："(*)"　……" " は全角・半角のどちらでもよい
　　置換後の文字列："\1"

操作 " " → " " のようにストレート型から対形式のクォーテーションマークに置換する場合、置換結果が全角になるか半角になるかは各所の状態によって異なります。したがって、場合によっては置換後に全角・半角を設定し直す必要があります(「補足」参照)。

　　検索条件：[ワイルドカードを使用する] ＝オン
　　検索する文字列："(*)"
　　置換後の文字列："\1"

補足 ダイアログボックス内に半角ストレート型のクォーテーションマークを入力するには日本語入力システムをオフにします。

対形式のクォーテーションマークを入力するには日本語入力システムを使いますが、ダイアログボックス内ではわかりにくいので、あらかじめ本文中に入力して Ctrl + X キーで切り取り、ダイアログボックス内へは Ctrl + V キーで貼り付ける方法をお勧めします。

また、ダイアログボックス内でも前項の文字コードに続けて Alt + X キーを押す方法を使えば、直接入力することができます。

向かい合わせ型のクォーテーションマークは全角・半角とも文字コードが同じなので、検索条件にかかわらず全角・半角とも検索されます。置換結果が全角・半角のどちらになるかは各所の状態によって異なります。全角・半角を統一するには次の設定で該当箇所を一括選択し*、[ホーム] - Aa [文字種の変換] で設定してください。

→ 315 ページ「230 検索結果を一括選択する」参照。

検索条件：[ワイルドカードを使用する] ＝オン
検索する文字列：[" "]　　……" " は全角・半角のどちらでもよい

Tips カッコの非対応をまとめて修正する

「入力オートフォーマット」のカッコ対応オプションを利用すると、起こしのカッコのあとに適当な閉じカッコを入力すれば、自動的に適切なカッコに置換されます。たとえば 「 を入力した箇所のあとで ） などを入力すると 」 に変わります。

「入力オートフォーマット」は入力時に働く機能ですが、「一括オートフォーマット」の [かっこを正しく組み合わせる] オプションを使えば、すでに入力済みのカッコも正しく対応付けることができます。

一括オートフォーマットの
カッコ対応オプション。

ただし、閉じカッコの種類を起こしのカッコに合わせるだけなので、起こしの括弧が誤っていれば両方誤ることになります。また、和文字のカッコとクォーテーションは修正されません。

「一括オートフォーマット」の実行方法については 408 ページ「324 一括オートフォーマットで文書の体裁を整える」をご参照ください。

8-5 記号の検索・置換

258 字下げ以外のスペースを一括削除する

文書の中には、インデントを使わずにスペースで体裁を整えているものがあります。しかし、スペースではきれいに揃わないだけでなく、手間もかかります。そのような文書を整形する場合は、余計なスペースをいったん削除し、インデントやタブ文字で整形しなおす方が効率的です*。

→ 344 ページ「260 スペースとタブ文字の混在を整理する」参照。

操作 すべてのスペースを削除する場合は次の置換で処理できます。

> 検索する文字列：＿　……＿の部分は半角または全角スペース
> 置換後の文字列：　　……空欄のまま

半角スペースだけ、全角スペースだけを削除する場合は［あいまい検索(日)］をオフにしたうえで、［半角と全角を区別する］をオンにしてください。

段落先頭の字下げに全角スペースを使っている場合、そのスペースは残して段落内のスペースだけを削除するには次の設定で置換します。

> 検索条件：［ワイルドカードを使用する］＝オン
> 検索する文字列：([!^13])[＿＿]{1,}
> 　　　　　　……＿の部分は半角スペースと全角スペースを入力
> 置換後の文字列：¥1

補足 段落先頭のスペースの前は段落記号です。したがって、「直前が段落記号ではないスペース」を検索すれば、段落先頭のスペースを除外できます。文頭段落の先頭のスペースも除外されます。
［ワイルドカードを使用する］をオンにした場合、段落記号は ^13 で表します。([!^13])[＿＿]{1,} は、「段落記号以外の 1 文字」に半角または全角のスペースが 1 文字以上続くパターンを表します。この検索結果に対し、¥1 を使って「段落記号以外の 1 文字」だけを残せば、スペースを削除できることになります。

Tips 和文字と英数字間のスペースだけを削除する

テキストファイルでは、和文字と英数字間に半角スペースを補う方法が一般的です。しかし、Word には和文字と英数字間を自動的に空けるオプション（176 ページ「124 和文字と英数字の間を詰める」参照）があるので、文字間調整のスペースは不要です。

このようなテキストファイルを Word 文書で開いて整形する場合、和文字と英数字間のスペースだけ削除し、英単語間の空きを残すにはとても便利な方法があります。それは「一括オートフォーマット」の［日本語と英数字の間の不要なスペースを削除する］オプションです。

「一括オートフォーマット」の実行方法については 408 ページ「324 一括オートフォーマットで文書の体裁を整える」をご参照ください。

8-5 記号の検索・置換　　　　　　　　　　2013　2010　2007

259 空段落以外の段落先頭に全角スペースを一括挿入する

電子メールや Web ページでは、段落先頭を字下げしない方法が一般的です。このようなテキストを Word に取り込んで整形する場合、字下げインデントを設定する方法と、全角スペースを補う方法があります。

操作 空段落以外のすべての段落の先頭に全角スペースを挿入するには次の設定で置換します。ただし、文頭の段落だけは処理できません。

> 検索条件：［ワイルドカードを使用する］＝オン
> 検索する文字列：(^13)([!^13])
> 置換後の文字列：¥1＿¥2　　……＿の部分は全角スペースを入力

補足 ［ワイルドカードを使用する］をオンにした場合、段落記号は ^13 で表します。(^13)([!^13]) は「段落記号」と「段落記号以外の 1 文字」が続くパターンを表し、両者の間が段落先頭になります。また、空段落では必ず段落記号が 2 つ続くので、これで空段落を除外できます。

→ 特定の段落スタイルの先頭にのみ全角スペースを挿入する方法については 375 ページ「296 標準スタイルの段落先頭に全角スペースを挿入する」参照。

260 スペースとタブ文字の混在を整理する

Wordでは、段落内の文字位置を強制するには「タブ位置の設定」と「タブ文字」の併用が定番です。タブ位置を設定せずにスペースやタブ文字で調整している例を見かけますが、この方法では手間がかかるだけでなく、きれいに揃えることは困難です。

このような場合はスペースとタブ文字の混在を整理してタブ文字にまとめ、タブ位置を設定する方法をお勧めします。タブ位置は段落書式なので、書式をコピーすれば他の段落にも反映できます。

操作 次の設定で置換すると、スペースやタブ文字が並んだ箇所をタブ文字ひとつにまとめることができます。

検索条件：検索オプションはすべてオフにする
検索する文字列：^w
置換後の文字列：^t

補足 ^w はスペースやタブ文字が並んだ箇所を表す特殊文字、^t はタブ文字を表す特殊文字です。

置換を実行したら、各段落にタブ位置を設定します。

▼ スペースとタブ文字の混在を整理して整形する

8-5 記号の検索・置換　　　　　　　　　　　2013　2010　2007

261 タブ文字で区切られた用語を " " で囲み、カンマで区切る

Wordで作った一覧データを他のアプリケーションで利用する場合は、そのアプリケーションの機能に合わせた形でデータを整形する必要があります。一般によく使われるのは、タブ文字やカンマで区切る形式ですが、中にはデータを " " で囲んだ上で、項目間をカンマで区切る形式もあります。

操作 タブ文字で区切られた一覧表のデータを、"氏名","住所","年齢"のような形式に変えるには、次の設定で置換を実行します。

　　　検索条件：[ワイルドカードを使用する] ＝オン
　　　検索する文字列：([!^t^13]{1,})^t([!^t^13]{1,})^t([!^t^13]{1,})
　　　置換後の文字列："\1","\2","\3"

補足 タブ文字で区切られたデータ部分は、「タブ文字と段落記号を含まない文字列」として特定できます。それが [!^t^13]{1,} で、^t はタブ文字を表す特殊文字、^13 は段落記号を表す特殊文字です。

ここでは各データを置換結果に残す必要があるので ( ) で囲んでいます。データ間の ^t は囲んでいないので、置換結果からは削除されます。

置換後の文字列では、検索文字列の各部を \1\2\3 で取り出し、" " とカンマを補っています。

上記は3つの項目からなるデータの置換例です。項目数が異なる場合は ^t([!^t^13]{1,}) の数を適宜増減してください。Ctrl + C キーでコピーし、Ctrl + V キーで貼り付ければ簡単に増やすことができます。

▼ タブ区切り形式の一覧を " " とカンマ形式に置換する

```
阿波野□弘　→　徳島県→34歳         "阿波野□弘","徳島県","34歳"
上島□春子　→　青森県→37歳         "上島□春子","青森県","37歳"
枝川□義人　→　福島県→33歳         "枝川□義人","福島県","33歳"
```

262 タブ文字で区切られた一覧の項目順を入れ替える

8-5 記号の検索・置換　　2013 2010 2007

「年齢→氏名→住所」のようにタブ文字で区切られた一覧を「氏名→住所→年齢」のように変えるには、「矩形選択」を使う方法、表に変えて列を入れ替える方法があります。しかし、矩形選択は範囲が広いと操作しにくく、表の列の入れ替えは量が多いと動作が遅くなります。

▼ タブ文字で区切られた項目順を、矩形選択で入れ替える

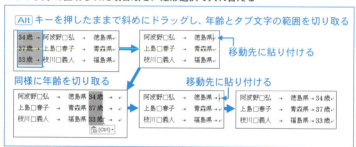

操作 たとえば上図のような入れ替えを行うには次の設定で置換します。

> **検索条件**：[ワイルドカードを使用する]＝オン
> **検索する文字列**：([!^t^13]{1,})^t([!^t^13]{1,})^t([!^t^13]{1,})
> **置換後の文字列**：¥2^t¥3^t¥1

補足 タブ文字で区切られたデータ部分は、「タブ文字と段落記号を含まない文字列」として特定できます。それが [!^t^13]{1,} で、^t はタブ文字を表す特殊文字、^13 は段落記号を表す特殊文字です。

ここでは各データを置換結果に残す必要があるので（ ）で囲んでいます。データの順序は、（ ）に対応する ¥1¥2¥3 の順序を変えれば入れ替えることができます。

なお、この検索条件ではタブ文字が続く箇所、つまり空の項目を含む段落は検索できません。その場合は ^t^t を ^t●^t などのように置換して不要な文字を補い、入れ替え後にその文字を置換で削除します*。

→ 478 ページ「384 大きな表の列を入れ替える」参照。

8-5 記号の検索・置換

2013　2010　2007

263 強制改行された段落を1つにまとめる

テキストファイルでは段落の途中も強制改行している例をよく見かけます。このようなファイルを Word で開いて整形する場合は、段落途中の強制改行を削除しないと何かと不便です。

操作 本来の段落の先頭が全角スペースで字下げされていれば、段落途中の強制改行とは簡単に区別が付くので、次の置換で処理できます。

検索条件：[ワイルドカードを使用する]＝オン
検索する文字列：^13([!＿^13]) ……＿の部分は全角スペースを入力
置換後の文字列：¥1

補足 ^13 は段落記号を表す特殊文字、[!] は否定を表す特殊文字です。したがって、^13([!＿^13]) は段落記号に「全角スペースおよび段落記号以外の1文字」が続くパターンを表します。これで、全角スペースで始まる段落の直前の段落記号は除外できます。

[!] の中に ^13 も入れているのは、段落記号が2つ続く場所、つまり空段落の箇所を除外するためです。空段落も削除してよければ、検索文字列は ^13([!＿]) としてください。

操作 本来の段落の先頭を示すものがない場合は、手がかりのある箇所から処理します。たとえば、行の末尾が「。」以外で終わっている箇所を強制改行と判断できれば、次の置換で処理できます。

検索条件：[ワイルドカードを使用する]＝オン
検索する文字列：([!。])^13
置換後の文字列：¥1

あとは検索文字列を (。)^13 に変え、[次を検索] で確かめながら置換すれば、手間を減らすことができます。

見出しのように「。」で終わらない箇所がある場合は、あらかじめ [見出し] スタイルなどを適用します。これで、上記の置換では本文の段落スタイルを検索条件に加えることで見出し段落を除外できます。

8-5 記号の検索・置換

2013 | 2010 | 2007

264 Macintoshの段落記号をWindowsの段落記号に置換する

一部の段落の段落書式を変えると、文書内のすべての段落が変わってしまうことがあります。これには2つの原因が考えられます。ひとつは段落スタイルの自動更新オプション*がオンになっている場合、もうひとつは誤った段落記号が使われている場合です。ここでは後者の解決方法について解説します。

→ 264ページ「191 新しいスタイルを作る」参照。

操作 見た目だけの誤った段落記号を正しい段落記号に修正するには、次の設定で置換します。

検索条件：検索オプションをすべてオフにする
検索する文字列：^13
置換後の文字列：^p

補足 強制改行に使われる文字はWindowsとMacintoshでは異なっており、Macintoshで作ったテキストファイルをWordで開くと、見た目にかかわらず全体がひとつの段落として扱われます。

Macintoshで使われる強制改行文字は ^13 で検索できます。^13 は[ワイルドカードを使用する]をオンにした場合の段落記号検索にも使いますが、これは便宜的な方法に過ぎず、段落記号の正式な特殊文字は ^p です。そこで、^13 を ^p に置換すればよいことになります。

8-5 記号の検索・置換

2013 | 2010 | 2007

265 空段落を一括削除する

たとえば見出しの前や箇条書き前後を空段落で空けている例があります。それでもかまいませんが、空きの大きさを調整しにくいのが欠点です。このような場所がたくさんある場合は、空段落ではなく段落前後の空きオプションを使うと便利です。もちろん、直接設定ではなく、見出しや箇条書き用の段落スタイルの書式として登録します。

操作 空段落を削除するには、次の設定で置換します。

> 検索条件：[ワイルドカードを使用する] ＝オン
> 検索する文字列：^13{2,}
> 置換後の文字列：^p

補足 空段落とは段落記号 ↵ だけの段落のことです。空段落の直前は必ず段落記号なので、空段落を削除するには「段落記号の連続」を段落記号ひとつに置換すればよいことになります。

[ワイルドカードを使用する]をオンにした場合、段落記号の検索には ^p ではなく ^13 を使います。したがって、^13{2,} は「段落記号が 2 つ以上続くパターン」を表します。

この検索箇所を段落記号ひとつに置換するには、置換後の文字列として ^p を指定します。同じ段落記号ですが、置換後の文字列に ^13 を使うと不都合が生じるので避けてください。

なお、文頭の空段落はその前に段落記号がないので、上記の置換では処理できません。

8-5 記号の検索・置換　　　2013　2010　2007

266 Wingdings フォントを検索する

「Wingdings」フォントによる特殊文字を入力するには[記号と特殊文字]ダイアログボックスを使う必要がありますが、同ダイアログボックスは[検索と置換]ダイアログボックスや Word2013/2010 の[ナビゲーション]ウィンドウでは使えません。

操作 「Wingdings」フォントの文字を検索するには、あらかじめ本文上に入力した上で切り取り、[検索と置換]ダイアログボックスあるいは[ナビゲーション]ウィンドウに貼り付けます。ただし、[ホーム]タブのボタンは使えないので、貼り付けには Ctrl + V キーを使います。ちなみに、切り取りは Ctrl + X キー、コピーは Ctrl + C キーで操作できます。

8-5 記号の検索・置換　　　　　　　　　　　　　　2013　2010　2007

267 Wingdings フォントに置換する

「Wingdings」フォントによる特殊文字を入力するには［記号と特殊文字］ダイアログボックスを使う必要がありますが、同ダイアログボックスは［検索と置換］ダイアログボックスや Word2013/2010 の［ナビゲーション］ウィンドウでは使えません。

操作　「Wingdings」フォントの文字に置換するには、あらかじめ本文上に入力した上で切り取り、置換後の文字列では ^c を使います。^c は、コピーあるいは切り取った内容を表す特殊文字です。

8-5 記号の検索・置換　　　　　　　　　　　　　　2013　2010　2007

268 セクション記号を検索してセクションの書式をコピーする

文書の一部だけ段数を変えると前後に「セクション区切り」が入りますが、そのセクションの書式はセクション末尾の「セクション区切り」が持っています*。このしくみを利用すれば、各セクションの書式を置換で統一することができます。たとえば各所に設定した多段組みの書式を統一するような場合に便利です。

→ 54 ページ「024 文書内で異なるページサイズを混在させる」参照。

操作　セクションの書式を別のセクションにコピーするには、コピーしたいセクション末尾のセクション区切りを選択して［ホーム］-［コピー］などでコピーし、次の設定で置換します。
一括置換すると文末以外の全セクションが変わってしまうので、［次を検索］で確かめながら置換してください。文末のセクションにはセクション区切りがないので、置換の対象にはなりません。

　　検索条件：検索オプションはすべてオフにする
　　検索する文字列：^b　……^b はセクション区切りを表す特殊文字
　　置換後の文字列：^c　……^c はコピー内容を表す特殊文字

8-6 漢字と仮名文字の検索・置換　　　2013　2010　2007

269 漢字を検索する

漢字を検索すると、たとえば文書内で使われている漢字の一覧を抽出したり、検索箇所へのジャンプ機能＊を使って効率よくルビを振るといった処理を行えるようになります。

→ 318ページ「233 検索と置換ダイアログボックスを閉じて検索を続ける」参照。

操作 漢字が並ぶ箇所を検索するには、［検索と置換］ダイアログボックスで次のように設定します。

  検索条件：［ワイルドカードを使用する］＝オン
  検索する文字列：[㐀-舘]{1,}

補足 上記の検索条件［㐀-舘］で検索されるのは、Unicodeで「CJK統合漢字拡張A」「CJK統合漢字」「CJK互換漢字」として区分されている文字で、「㐀」と「舘」はその先頭と末尾の文字です。

「㐀」と「舘」は、本文中では［挿入］-［記号と特殊文字］-［その他の記号...］による［記号と特殊文字］ダイアログボックスから挿入できますが、［検索と置換］ダイアログボックスではその方法は使えません。そこで、次の方法で入力します。

  㐀　　……3402 と入力して Alt + X キーを押す
  舘　　……FA6D と入力して Alt + X キーを押す

数字は文字コード（Unicode16進）です。文字コードの直後に文字カーソルを置いて Alt + X キーを押すと普通の文字に変換され、普通の文字の直後で押すと文字コードに変換されます。

注意 Wordで扱えるCJK漢字には上記の3つの区分のほかに「CJK統合漢字B」がありますが、この区分に属する文字は［ワイルドカードを使用する］をオンにした場合の［ ］内で指定すると正しく検索されないので除外しています。

8-6 漢字と仮名文字の検索・置換　　　2013　2010　2007

270 ひらがなを検索する

操作 ひらがなが並ぶ箇所を検索するには、[検索と置換] ダイアログボックスで次のように設定します。

　　検索条件：[ワイルドカードを使用する] ＝オン
　　検索する文字列：[ぁ-ゖ]{1,}　　……「ぁ」と「ゖ」はともに小文字

補足 ひらがなの文字コード（Unicode 16 進）範囲は「ぁ」と「ゖ」で表します。MS IME では「あ」「け」の読みで変換できます。
ATOK では「ぁ」は「あ」の読みで変換できますが、「ゖ」への変換はできません。そこで 3096 と入力し、直後に [Alt] + [X] キーを押して変換します。「3096」は「ゖ」の文字コードです。
そのほか、「ぁ」はローマ字入力モードでは「la」でも入力できます。
なお、[ぁ-ゖ] の文字範囲には「゛゜ゝゞゟ」は含まれません。これらも含める場合は [ぁ-ゟ] のように設定してください。「ゟ」を入力するには、309F と入力して [Alt] + [X] キーを押します。

8-6 漢字と仮名文字の検索・置換　　　2013　2010　2007

271 全角・半角のカタカナを検索する

カタカナは用語として使われることが多いので、表記統一その他、検索・置換の対象としたいことが少なくありません。ここではカタカナ検索の基本について解説し、次項以降で具体的な置換例をいくつか紹介します。

操作 全角のカタカナが並ぶ箇所を検索するには、[検索と置換] ダイアログボックスで次のように設定します。

　　検索条件：[ワイルドカードを使用する] ＝オン
　　検索する文字列：[ァ-ヶ]{1,}　　……「ァ」「ヶ」は小文字

|補足| 上記の文字範囲には、「ヴギヱヂヽヾ」および「ラリルレロ」など通常使われないカタカナは含まれていません。これらのカタカナも検索する場合は［ァ-ヂー-ロ］のように設定してください。

「ァ」「ヶ」はそれぞれ「あ」「け」の読みで変換できます。「ヱ」は 30fa に続けて [Alt] + [X] キーを押してください。

「ロ」は、MSIME では「ろ」の読みで変換できます。ATOK では 31ff と入力し、続けて [Alt] + [X] キーを押してください。

|操作| 半角のカタカナが並ぶ箇所を検索するには次のように設定します。

  検索条件：［ワイルドカードを使用する］＝オン
  検索する文字列：[ｦ-ﾟ]{1,}　……いずれも半角で入力

|補足| 半角の「ｦ」は「を」に続けて [F8] キーを押せば入力できます。「ﾟ」は「ぱ」に続けて [F8] キーを押し、「ﾊﾟ」の「ﾊ」を削除します。

8-6 漢字と仮名文字の検索・置換　　2013　2010　2007

272 カタカナ間の「・」を置換・削除する

外来語のカタカナ表記では、単語間を「・」や半角スペース文字で区切る方式がよく使われます。置換を使えば、これらの区切り文字の種類を変えたり削除することができます。ただし、「・」や半角スペースがカタカナの区切り以外にも使われていれば、単純な置換では処理できません。

|操作| カタカナの単語区切りに使われている「・」を半角スペースに変える、または削除するには、次の設定で置換します。

  検索条件：［ワイルドカードを使用する］＝オン
  検索する文字列：([ァ-ヶ]{1,})・([ァ-ヶ]{1,})
  置換後の文字列：¥1_¥2　……半角スペースに置換する場合。
  　　　　　　　　　　　　　_ の部分は半角スペースを入力
  置換後の文字列：¥1¥2　……「・」を削除する場合

273 カタカナ英語の語尾の長音記号「ー」を削除する

カタカナ英語の末尾の長音記号「ー」は、省略する方式と補う方式があります。省略方式の場合、JIS規格では「語尾の「ー」より前が3文字以上であれば省略、2文字以下であれば残す」という形を提案しています。ただし、「ャュョ」は文字数に数えないことになっています。そのため、「ー」の前が3文字の場合は「ャュョ」を含むかどうかで処理が異なります。

なお、ここで紹介する置換は、文字カーソルを文末に置き、[検索方向] を [上へ] に設定して実行してください。文頭→文末では該当箇所を検索できません。文末に文字カーソルを移動するには Ctrl + End キーが便利です。

操作 「ー」の前が4文字以上のカタカナについて、末尾の「ー」を削除するには、次の設定で置換します。

　　検索条件：[ワイルドカードを使用する] =オン
　　検索する文字列：([ァ-ヶー]{4,})ー
　　置換後の文字列：¥1
　　検索方向：[上へ]

補足 「ー」の前が4文字以上のカタカナは [ァ-ヶ]{4,}ー で検索できます。ただし、末尾以外にも「ー」が入る語句もあるので、[ ] の中にも「ー」を含める必要があります。この条件で文頭から検索すると、たとえば「コンピューター」は [ァ-ヶ]{4,} だけで一致することになり、続く「ー」が条件に合いません。文末→文頭であれば末尾の「ー」が先にチェックされるので、正しく検索されます。

操作 「ー」の前が3文字のカタカナについて、末尾の「ー」を削除するには、次の設定で置換します。

　　検索条件：[ワイルドカードを使用する] =オン
　　検索する文字列：([ァ-モヤユヨ-ヶー]{3,3})ー([!ァ-ヶ])
　　置換後の文字列：¥1¥2
　　検索方向：[上へ]

> 補足　「ー」の前が 3 文字のカタカナは ［ァ-ケー］{3,3}ー で検索できます。ただし、「ャュョ」は数えないので、それらを条件から除外する必要があります。そこで ［ァ-モヤユヨ-ケー］ のように指定し、「モ」と「ヨ」の間に含まれる「ャュョ」を除外します。
>
> 4 文字以上の場合と異なり、［ァ-モヤユヨ-ケー］{3,3}ー だけでは長いカタカナ語句の途中も一致する可能性があります。そこで、必ずカタカナ語句の末尾だけが検索されるように、［!ァ-ケ］を補っています。

8-6 漢字と仮名文字の検索・置換　　　2013　2010　2007

274　カタカナ英語に長音記号を追加する

カタカナ英語の末尾に長音記号「ー」が必要かどうかは語句によって異なるので一括置換はできませんが、逐次置換で手間を減らすことは可能です。

操作　カタカナ用語の末尾に「ー」を補うには、次の設定で置換します。一括ではなく、［次を検索］で確かめながら処理してください。

　　　検索条件：［ワイルドカードを使用する］＝オン
　　　検索する文字列：([ァ-ケ])([!ァ-ケー])　……「ァ」「ケ」は小文字
　　　置換後の文字列：¥1ー¥2　　……ーの部分は長音記号を入力

> 補足　カタカナ用語の末尾は、次の文字がカタカナ以外になっているはずです。したがって、カタカナ用語に「ー」を補うには、「カタカナ」と「カタカナ以外」が並んでいる箇所を検索し、2 つの文字の間に長音記号「ー」を補えばよいことになります。
>
> ただし、すでに「ー」で終わっている箇所は処理不要なので除外します。「ー」以外のカタカナは ［ァ-ケ］、「カタカナ以外」の文字は [!ァ-ケー] で表すことができます*。
>
> → 352 ページ「271 全角・半角のカタカナを検索する」参照。
>
> この置換では「カタカナ」と「カタカナ以外」の各文字を置換結果に残す必要があるので、それぞれを ( ) で囲んで置換後の文字列の ¥1 と ¥2 で取り出し、間に「ー」を補います。

8-6 漢字と仮名文字の検索・置換

2013　2010　2007

275 カタカナの全角←→半角を一括変換する

全角←→半角変換は［ホーム］-[Aa▼]［文字種の変換］で処理できますが、カタカナだけを処理するオプションはありません。

操作 カタカナだけ全角←→半角変換するには、まず［検索と置換］ダイアログボックスの［検索］タブで次のように設定します。

> 検索条件：[ワイルドカードを使用する] ＝オン
> 検索する文字列：[ァ-ヶー]{1,}　……全角カタカナの場合。
> 　　　　　　　　　　　　　　　　　「ァ」「ヶ」は小文字
> 検索する文字列：[ｦ-ﾟ]{1,}　　　……半角カタカナの場合。
> 　　　　　　　　　　　　　　　　　いずれも半角で入力

この設定で［検索場所を指定］-［メイン文書］をクリックして検索対象を一括選択し＊、ダイアログボックスを閉じます。最後に、選択されたカタカナを [Aa▼]［文字種の変換］で全角←→半角変換します。

→ 315 ページ「230 検索結果を一括選択する」参照。

補足 上記の文字範囲には、「ヴヸヹヺ ヽヾ」および小さな「ラリルレロ」など通常使われないカタカナは含まれていません。これらのカタカナも検索する場合は［ァ-ヺー-ロ］のように設定してください。

「ァ」「ヶ」はそれぞれ「あ」「け」の読みで変換できます。「ヺ」は 30fa に続けて [Alt] + [X] キーを押してください。

「ロ」は、MSIME では「ろ」の読みで変換できます。ATOK では 31FF と入力し、続けて [Alt] + [X] キーを押してください。

半角の「ｦ」は「を」に続けて [F8] キーを押せば入力できます。「ﾞ」は「ぱ」に続けて [F8] キーを押し、「ﾊﾞ」の「ﾊ」を削除します。

注意 {1,} を付けずに検索すると、語句ではなく 1 文字単位で選択されます。全角→半角はそれでも差し支えありませんが、半角→全角の場合は、たとえば「ﾊﾞ」→「ハ゛」のように濁点あるいは半濁点が独立した 1 文字として変換されてしまいます。

Tips ひらがな←→カタカナを変換する

ひらがな←→カタカナを置換する場合は、[検索と置換]ダイアログボックスではなく[ホーム]-[Aa▾][文字種の変換]を使います。あらかじめ文字範囲を選択し、同ボタンのサブメニュー[カタカナ]または[ひらがな]をクリックすれば文字種が変わります。
このコマンドの対象になるのは仮名文字だけなので、選択範囲に漢字や英数記号が含まれていてもかまいません。したがって、文書全体の仮名文字を変換するには文書全体を選択すればよく、あえて仮名文字部分を選択する必要はありません。

8-6 漢字と仮名文字の検索・置換　　　　　　　2013　2010　2007

276 動詞の「したがって」だけ「従って」に置換する

接続詞の「したがって」はひらがな、動詞の「従う」「従って」などは漢字で表記する方式が一般的です。表記の使い分けが混乱している場合は、次の方法で統一できます。

操作 動詞の「従って」がセンテンスの先頭に来ることはありません。そこで、接続詞の「従って」を「したがって」に置換する場合は、「。」または「、」に続く「従って」を検索すればよいことになります。

　　検索条件：[ワイルドカードを使用する]=オン
　　検索する文字列：([。、])従って
　　置換後の文字列：¥1したがって

操作 動詞の「したがって」が句読点に続くことはありません。そこで、動詞の「したが」を「従」に置換する場合は、「。」「、」以外の文字に続く箇所を検索すればよいことになります。
また、「したが」だけでは「でしたが」「としたが」などと区別できないので、活用語尾も付けて検索します。

　　検索条件：[ワイルドカードを使用する]=オン
　　検索する文字列：([!。、])したが([わいうえおっ])
　　置換後の文字列：¥1従¥2

8-6 漢字と仮名文字の検索・置換　　2013　2010　2007

277 「〜する時」「〜の時」だけ「とき」に置換する

一般に、「〜する時」「〜の時」のように、タイミングを表す「時」を1文字で使う場合は「とき」のようにひらがなで表記します。「の時は来た」のような使い方もあるので一括置換はできませんが、「日時」「時間」などを除外して検索することは可能です。

操作　「〜する時」「〜の時」のように単独で使われる「時」は、その前がひらがなのはずです。また、続く文字はひらがなまたは句読点です。そこで、次の設定で検索すれば、効率よく置換できます。

検索条件：[ワイルドカードを使用する]＝オン
検索する文字列：([ぁ-け])時([ぁ-け。、])
置換後の文字列：¥1 とき¥2

補足　「ぁ時」「え時」「時お」「時ま」などはあり得ないので、前後のひらがなはもっと絞り込むこともできますが、ここではわかりやすくするために、単純に「ひらがな」を表す文字パターン*を使いました。
→ 352ページ「270 ひらがなを検索する」参照。

Tips 「ですます」体←→「である体」を変換する

Wordの文章校正機能を使うと、「ですます体」「である体」をチェックして修正することができます。

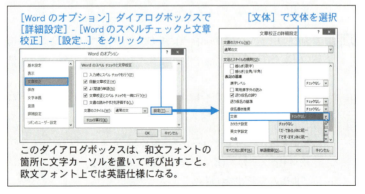

[Wordのオプション] ダイアログボックスで [詳細設定] - [Wordのスペルチェックと文章校正] - [設定...] をクリック

[文体]で文体を選択

このダイアログボックスは、和文フォントの箇所に文字カーソルを置いて呼び出すこと。欧文フォント上では英語仕様になる。

8-7 書式とスタイルの検索・置換　　2013　2010　2007

278 太字や斜体の文字列を検索する

Wordの検索機能では文字書式を検索することができます。検索条件として、語句と書式の両方を設定することも、書式だけ設定することもできます。

操作 検索条件として文字書式を設定するには［検索と置換］ダイアログボックスの［検索する文字列］内をクリックし、［書式］-［フォント...］をクリックして書式を選択します。文字書式のショートカットキーがわかっていれば、ショートカットキーを押すだけで設定できます。

▼検索条件として文字書式を設定する

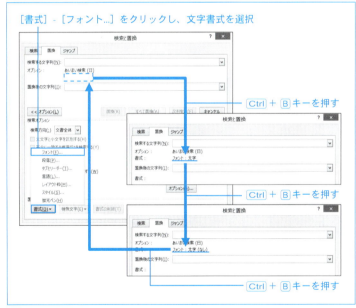

補足 Ctrl + B キーを繰り返し押すと、［太字］→［太字(なし)］→書式設定解除の順に設定が変わります。［太字(なし)］とは、文字どおり「太字ではない箇所」を表します。

8-7 書式とスタイルの検索・置換

279 太字や斜体を置換で設定・解除する

Wordの置換機能を使うと、検索結果の文字書式を設定・解除できます。語句と書式の両方を置換することも、書式だけ置換することもできます。

操作 検索箇所の文字書式を設定・解除するには［検索と置換］ダイアログボックスの［置換後の文字列］内をクリックし、［書式］-［フォント...］をクリックして書式を選択します。書式のショートカットキーがわかっていれば、ショートカットキーを押すだけで設定できます。

▼置換で文字書式を設定・解除

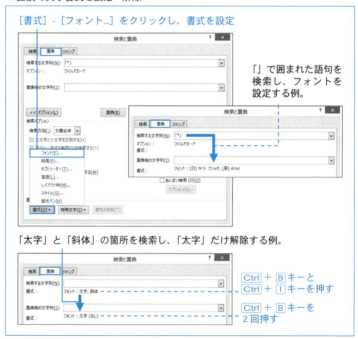

補足 Ctrl + B キーを繰り返し押すと、［太字］→［太字(なし)］→書式設定解除の順に設定が変わります。置換後の文字列で［太字(なし)］を設定すると、検索箇所の「太字」が解除されます。

8-7 書式とスタイルの検索・置換　　　2013　2010　2007

280 検索箇所の半角英数記号だけ欧文フォントを置換する

欧文フォントは半角の英数記号にしか設定できず、検索箇所に全角文字や半角のカタカナが含まれていても無視されます。したがって、半角の英数記号を別の欧文フォントに置換する場合、検索条件としてあえて文字種を特定する必要はありません。

▼「下線」の箇所の欧文フォントを置換する

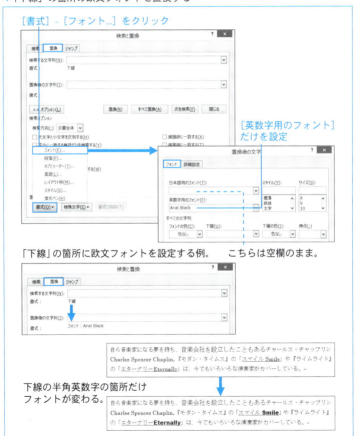

281 検索箇所の全角文字だけ和文フォントを置換する

Wordの最初の設定では、範囲を選択して和文フォントを設定すると、範囲に含まれる半角の英数記号も和文フォントになります*。

→ 140ページ「093 半角の英数記号への和文フォント適用を禁止する」参照。

しかし、置換で和文フォントを設定した場合、検索箇所に半角の英数記号が含まれていても無視され、全角文字と半角カタカナだけが処理されます。
したがって、全角文字と半角カタカナを別の和文フォントに置換する場合、検索条件としてあえて文字種を特定する必要はありません。

▼「下線」の箇所のフォントを置換する

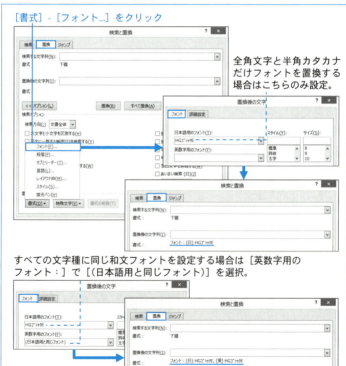

8-7 書式とスタイルの検索・置換　　　　2013　2010　2007

282 検索箇所に文字の「囲み線」や網かけを一括設定する

[検索と置換]ダイアログボックスの[書式]には文字の「囲み線」や網かけの項目はありませんが、検索結果の一括選択機能*を利用するか、文字スタイルを作っておけば一括設定できます。

→ 315 ページ「230 検索結果を一括選択する」参照。

操作 [検索]タブで検索条件を設定し、[検索する場所]-[メイン文書]をクリックしてダイアログボックスを閉じます。最後に、[ホーム]-A[文字の囲み線]、A[文字の網かけ]、あるいは[罫線]-[線種とページ罫線と網かけの設定]をクリックします。

操作 「囲み線」や「網かけ」を登録した文字スタイルを作り*、その文字スタイルに置換します。[置換後の文字列]に文字スタイルを設定するには、[書式]-[スタイル...]クリックします。

→ 158 ページ「108 複雑な囲み線、文字の網かけを簡単に設定する」参照。

8-7 書式とスタイルの検索・置換　　　　2013　2010　2007

283 検索箇所に「割注」を一括設定する

[検索と置換]ダイアログボックスの[書式]には「割注」の項目はありませんが、文字スタイルを作って「割注」を登録すれば*、「割注」を一括設定できます。

→ 144 ページ「097 割注を先指定する」参照。

操作 たとえば『』で囲んだ箇所の『』を削除し、中身を割注に変えるには、次の設定で置換します。[置換後の文字列]に文字スタイルを設定するには、[書式]-[スタイル...]クリックします。

　　検索条件：[ワイルドカードを使用する]＝オン
　　検索する文字列：『(*)』
　　置換後の文字列：¥1　（＋割注用の文字スタイル）

8-7 書式とスタイルの検索・置換

284 「縦中横」文字で数字と単位の行分かれを防ぐ

たとえば「20km」のように半角の英数字が並ぶ箇所は、通常は行分かれしない設定になっています*。しかし、たとえば「20」「km」のようにそれぞれ「縦中横」文字に設定すると、両者の間で行分かれします。この行分かれを防ぐには、「改行なし」という編集記号を利用します。

→ 203 ページ「145 行頭・行末のスペースを正しく表示させる」参照。

操作 一般に、「縦中横」文字の対象とするのは半角 2 文字または 3 文字の場合です。半角数字「2〜3 文字」と半角英字「2〜3 文字」の間に「改行なし」を入れるには、次の設定で置換します。

検索条件:［ワイルドカードを使用する］=オン
検索する文字列:([!0-9][0-9]{2,3})([A-Za-z]{2,3}[!A-Za-z])
置換後の文字列:¥1^z¥2

補足 単純に [0-9]{2,3} のように検索すると、それ以上の文字数の箇所も処理されてしまいます。行分かれを防ぐという意味では差し支えありませんが、「縦中横」文字以外の半角文字並びはそのままでも行分かれしないので、あえて入れる意味はありません。前後に [!0-9] と [!A-Za-z] を補えば、確実に「2〜3 文字」の箇所だけ処理できます。

8-7 書式とスタイルの検索・置換

285 「20ml」のような数字と単位を「縦中横」文字に一括置換する

[検索と置換] ダイアログボックスの [書式] には「縦中横」の項目はありませんが、文字スタイルを作って「縦中横」を登録すれば*、「縦中横」文字に置換できます。

→ 145 ページ「098 縦中横文字を先指定する」参照。

一般に、「縦中横」文字の対象となるのは半角英数字が「2〜3 文字」並ぶ箇所ですが、単純な置換では手間がかかるので、少し工夫が必要です。

操作 たとえば「20ml」に対して「20」と「ml」のように個別に「縦中横」文字を設定する場合、置換で処理すると「20ml」全体が横並びになってしまいます。そこで、「縦中横」文字を適用する前に、両者の間に「改行なし」という編集記号を入れておきます*。

→ 前項「縦中横文字などで、数字と単位の行分かれを防ぐ」参照。

このさい、該当箇所の前後にも「改行なし」を入れておくと、「縦中横」文字への置換で「2～3文字の箇所」だけを確実に処理できます。

検索条件：［ワイルドカードを使用する］＝オン
検索する文字列：([!0-9])([0-9]{2,3})([A-Za-z]{2,3})([!A-Za-z])
置換後の文字列：\1^z\2^z\3^z\4 ……^z は改行なしを表す特殊文字

次に、「改行なし」に半角数字と半角英字が「2～3文字」続く箇所を検索し、あらかじめ作った「縦中横」文字用の文字スタイルを適用します。［置換後の文字列］にスタイルを設定するには、［書式］-［スタイル...］をクリックしてスタイルを選択します。

検索条件：［ワイルドカードを使用する］＝オン
検索する文字列：^z[0-9A-Za-z]{2,3}
置換後の文字列：(「縦中横」文字の文字スタイル)

上記の置換によって「改行なし」も「縦中横」文字になるので、たとえば「20」「ml」は「20ml」全体が横並びになります。そこで、「改行なし」の書式を次の置換で解除します。［段落フォント］スタイルは［書式］-［スタイル...］から選択します（367ページの図参照）。

検索条件：［ワイルドカードを使用する］＝オンのままでも可
検索する文字列：^z
置換後の文字列：(［段落フォント］スタイル)

最後に「縦中横」文字の前後の「改行なし」を次の置換で削除します。

検索条件：［ワイルドカードを使用する］＝オン
検索する文字列：([!0-9])^z
置換後の文字列：\1

8-7 書式とスタイルの検索・置換　　2013　2010　2007

286 蛍光ペンの色を置換する

操作　[蛍光ペン]の色を置換するには、あらかじめ[ホーム]-[蛍光ペンの色]で置換後の色を選択してから、[蛍光ペン]を[蛍光ペン]に置換します。

▼[蛍光ペン]を[蛍光ペン]に置換する

[書式]-[蛍光ペン]をクリックして[蛍光ペン]を条件に設定

8-7 書式とスタイルの検索・置換　　2013　2010　2007

287 蛍光ペンを解除する

文書中の「蛍光ペン」をまとめて解除するには、文書全体を選択して[ホーム]-[蛍光ペンの色]を2回クリックする方法が簡単です。
置換で確かめながら解除する場合は、前項同様に[検索する文字列]として[蛍光ペン]を設定し、[置換後の文字列]で[書式]-[蛍光ペン]を2回クリックします。これで[蛍光ペン(なし)]という書式が設定され、置換すれば解除されます。

8-7 書式とスタイルの検索・置換　　2013　2010　2007

288 文字書式、文字スタイルを置換で解除する

文字書式、文字スタイルを「解除する」とは、各所の段落スタイルの文字書式に合わせることです。

特定の文字書式だけを解除する方法は文字書式によって異なります。たとえば「太字」や「斜体」は「太字(なし)」「斜体(なし)」に置換します*。

→ 360ページ「279 太字や斜体を置換で設定・解除する」参照。

操作 検索箇所の文字書式、文字スタイルをまとめて解除するには、次の設定で置換します。検索条件は任意です。

　　置換後の文字列：（[段落フォント] スタイル）

▼置換後の文字列に[段落フォント]を設定する

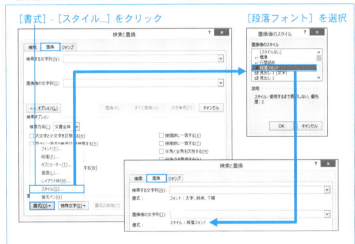

[書式]-[スタイル...]をクリック　　　　　　　　[段落フォント]を選択

補足 [段落フォント]とは具体的なスタイルではなく、各所の段落に適用されている段落スタイルの文字書式のことです。したがって、このスタイルを適用すれば解除できます。

なお、文書全体について解除する場合は、文書全体を選択して [Ctrl] + [スペース] キーを押す方法が便利です。

8-7 書式とスタイルの検索・置換　　2013　2010　2007

289 中央揃えや右揃えの段落を検索する

Wordの検索機能では段落書式を検索することができます。検索条件として、語句と書式の両方を設定することも、書式だけ設定することもできます。

操作 検索条件として段落書式を設定するには［検索と置換］ダイアログボックスの［検索する文字列］内をクリックし、［書式］-［段落...］をクリックして書式を選択します。［中央揃え］［左揃え］［右揃え］［両端揃え］はショートカットキーでも設定できます。

▼検索条件として段落書式を設定する

補足　Ctrl + E キーを繰り返し押すと、［中央揃え］が条件として設定←→解除されます。［左揃え］は Ctrl + L キー、［右揃え］は Ctrl + R キー、［両端揃え］は Ctrl + J です。

8-7 書式とスタイルの検索・置換

2013 2010 2007

290 「改ページ記号」を削除し、改ページオプションを設定する

「改ページ記号」を使うと段落を次ページに追い出すことができますが、改ページ記号には余計な書式が残ることもあり*、あまりいい方法ではありません。
→ 283ページ「206 見出しの前で自動的に改ページする」参照。

操作 一度の置換で改ページ記号を削除し、その次の段落に改ページオプションを設定することはできません。そこでまず次の設定で置換し、改ページ記号の段落と次の段落に改ページオプションを設定します。

> 検索条件：検索オプションはすべてオフにする
> 検索する文字列：^m^p^? ……^m は改ページ記号を表す特殊文字
> 置換後の文字列：（改ページオプションを設定）

▼置換後の文字列に改ページオプションを設定する

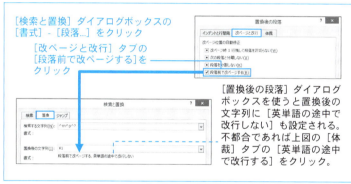

引き続き、次の置換で改ページ記号を含む段落の改ページオプションを解除し、改ページ記号を削除します。なお、この置換は文字カーソルを改ページ記号の直後以外の場所に置いて実行してください。改ページ記号の直後に置くと正しく処理されません。

> 検索条件：[ワイルドカードを使用する]＝オン
> 検索する文字列：^m(^13)
> 置換後の文字列：¥1　（＋改ページオプションの解除を設定）

291 段落先頭のタブ文字を削除し、左インデントを設定する

段落先頭の字下げはタブ文字でもできますが、複数行からなる段落全体を字下げする場合は「左インデント」を使う必要があります。また、同じインデントの箇所は類似書式の選択機能*で一括選択できるという利点もあります。

→ 120 ページ「075 選択箇所と同じ書式の箇所をまとめて選択する」

操作 字下げに使っているタブ文字のかわりに左インデントを設定してタブ文字を削除する場合、タブ文字が該当箇所以外に使われていなければ、検索結果の一括選択機能*で簡単に処理できます。

→ 315 ページ「230 検索結果を一括選択する」参照。

まず、[検索と置換] ダイアログボックスの [検索] タブで次のように設定します。

検索条件：検索条件はすべてオフにする
検索する文字列：^t

この設定で [検索する場所] - [メイン文書] をクリックしてタブ文字を一括選択し、ダイアログボックスを閉じます。
一括選択されたタブ文字の箇所に、インデントマーカーまたは [段落] ダイアログボックスでインデントを設定します。最後にそのまま Delete キーを押せば、一括選択されたタブ文字を削除できます。

タブ文字が字下げ以外の場所にも使われている場合、段落先頭のタブ文字は ^p^t で特定できますが、そのままインデントを設定すると直前の段落も処理されてしまいます。そこでまず、段落先頭のタブ文字を、文書内で使われていない記号などに置換します。

検索条件：検索オプションはすべてオフにする
検索する文字列：^p^t
置換後の文字列：^p★　……★ は文書内で使われていない記号

あとは、置換した記号を上記の場合と同様に一括選択して処理します。

8-7 書式とスタイルの検索・置換　　2013　2010　2007

292 検索箇所に段落罫線を一括設定する

[検索と置換] ダイアログボックスの [書式] には段落罫線や網かけの項目はありませんが、検索結果の一括選択機能*を利用すれば設定できます。

→ 315 ページ「230 検索結果を一括選択する」参照。

操作 段落罫線、段落の網かけを一括設定するには、まず [検索と置換] ダイアログボックスの [検索] タブで検索条件を設定し、[検索する場所] - [メイン文書] をクリックしてダイアログボックスを閉じます。検索箇所が一括選択された状態で、[ホーム] - [罫線] あるいは [線種とページ罫線と網かけの設定] ダイアログボックスを使って段落罫線を設定します。段落の網かけを設定するには [線種とページ罫線と網かけの設定] ダイアログボックスを使います。

補足 検索条件として、段落書式や段落スタイル、あるいは段落記号を含む範囲を選択した場合は [罫線] などで段落罫線を設定できますが、検索条件として文字を選択した場合は [線種とページ罫線と網かけの設定] ダイアログボックスを呼び出し、同ダイアログボックスの [設定対象：] で [段落] を選択する必要があります。

▼文字検索の結果に段落罫線を設定する

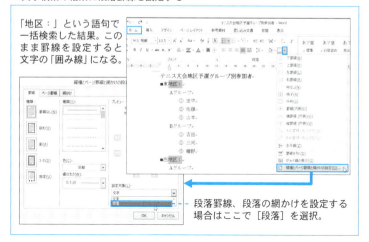

「地区：」という語句で一括検索した結果。このまま罫線を設定すると文字の「囲み線」になる。

段落罫線、段落の網かけを設定する場合はここで [段落] を選択。

371

8-7 書式とスタイルの検索・置換　　2013　2010　2007

293 ドロップキャップを検索機能で一括設定する

「ドロップキャップ」は、段落範囲や文書全体を選択して設定しても選択範囲の先頭段落が処理されるだけですが、検索結果の一括選択機能*を利用すれば、一括設定できます。

→ 315 ページ「230 検索結果を一括選択する」参照。

ただし、ドロップキャップはスペース文字またはタブ文字で始まる段落、および空段落には設定できません。そのため、検索箇所の先頭にそのような段落があると、[挿入] - [ドロップキャップの追加] をクリックできなくなります。

したがって、該当する箇所がある場合はあらかじめスペース文字、タブ文字、あるいは空段落を削除しておいてください。検索箇所の途中にある場合は無視されるだけなので、そのままでもかまいません。

操作 ドロップキャップを一括設定するには、まず [検索と置換] ダイアログボックスの [検索] タブで検索条件を設定し、[検索する場所] - [メイン文書] をクリックしてダイアログボックスを閉じます。

検索条件は該当箇所を特定できるものであれば何でもかまいません。たとえば本文段落をすべて処理する場合は、本文に適用した段落スタイルを条件とすればよいでしょう。

検索箇所が一括選択されたら、[挿入] - [ドロップキャップの追加] をクリックしてドロップキャップを設定します。

補足 検索条件として文字を設定した場合、該当箇所が段落先頭の単語またはその単語の一部であれば、単語全体がドロップキャップになります。したがって、たとえば該当箇所の先頭の単語に「太字」などを設定し、「太字」を検索条件として設定すれば、単語単位のドロップキャップを一括設定できます。

8-7 書式とスタイルの検索・置換　　2013　2010　2007

294 ドロップキャップの文字書式を一括置換する

「ドロップキャップ」のフォントサイズは文字によって自動調整されるため、不揃いになっています。置換機能を利用すれば、フォントサイズを揃えたり、フォントの種類を変えることができます。

操作　ドロップキャップは「レイアウト枠」という機能を利用しています。そこで、下図の条件で検索すれば文字書式を一括置換できます。

▼ドロップキャップの文字書式を置換する

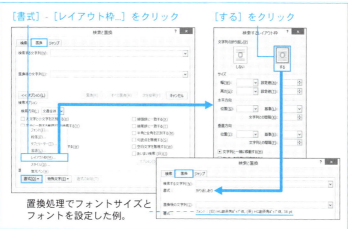

置換処理でフォントサイズとフォントを設定した例。

補足　ドロップキャップに全角文字と半角文字が混在している場合、フォントサイズを揃えると文字幅も混在してしまいます。このような場合は半角英字などのドロップキャップを検索機能で一括選択し、[ホーム] - [Aa▼] [文字種の変換] - [全角] で全角文字に統一すれば、文字幅を揃えることができます。

たとえば半角大文字のドロップキャップの箇所は、上記と同様に [検索する文字列] にレイアウト枠を設定し、次の条件を追加します。

　　検索条件：[ワイルドカードを使用する] ＝オン
　　検索する文字列：[A-Z]

373

295 ドロップキャップに罫線と網かけを設定する

8-7 書式とスタイルの検索・置換　　2013 2010 2007

「ドロップキャップ」の文字には「囲み線」や文字の網かけを設定できます。また、ドロップキャップの枠内には段落罫線や段落の網かけも設定できます。ただし、これらの書式はいずれも置換では設定できません。そこで検索結果の一括選択機能*を利用します。

→ 315 ページ「230 検索結果を一括選択する」参照。

操作 まず [検索と置換] ダイアログボックスの [検索] タブで前項同様に検索条件を設定し、[検索する場所] - [メイン文書] をクリックしてダイアログボックスを閉じます。

次に、[ホーム] タブのボタンで必要な書式を設定します。段落の網かけを設定する場合は [罫線] - [線種とページ罫線と網かけの設定] で [線種とページ罫線と網かけの設定] ダイアログボックスを呼び出してください。

補足 「囲み線」と段落罫線の体裁上の違いは、文字と罫線との空きです。段落罫線は空きオプションで調整できますが「囲み線」はできません。なお、罫線を設定するだけでは罫線と本文が密着してしまいます。間を空けるには次の設定で置換します。

▼ レイアウト枠と本文との空きを置換で設定する

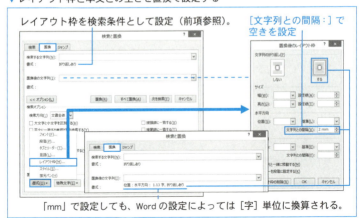

レイアウト枠を検索条件として設定（前項参照）。　[文字列との間隔：] で空きを設定

「mm」で設定しても、Word の設定によっては [字] 単位に換算される。

8-7 書式とスタイルの検索・置換　　2013　2010　2007

296 ［標準］スタイルの段落先頭に全角スペースを挿入する

［標準］スタイルにインデントを設定すると、他の段落スタイルに不具合が生じます。したがって、本文には［本文］スタイルや［本文字下げ］スタイルを使う方法をお勧めします*。

→ 262 ページ「189 標準スタイルの箇所を本文スタイルに変える」参照。

［標準］スタイルを使う場合、段落先頭の字下げには全角スペースを使う必要があります。

操作 ［標準］スタイルの段落先頭に全角スペースを挿入するには、次の設定で置換します。ただし、この置換は必ず文字カーソルを文頭に置いてから実行してください。段落の途中で実行すると、その位置にも全角スペースが挿入されます。文字カーソルを文頭に置くには Ctrl + Home キーが便利です。

　　検索条件：［ワイルドカードを使用する］＝オン
　　検索する文字列：[!^13]*^13　　（＋［標準］スタイル）
　　置換後の文字列：＿^&　　……＿ の部分は全角スペースを入力

補足 ［検索する文字列］としてスタイルを設定するには［書式］-［スタイル...］をクリックします。

［標準］スタイルの段落先頭に全角スペースを挿入するには、次の設定でよいはずですが、一括置換の場合、同じ段落スタイルが続く箇所はその先頭段落しか処理されないという不具合が見られます。

　　検索条件：［ワイルドカードを使用する］＝オン
　　検索する文字列：（［標準］スタイル）
　　置換後の文字列：＿^&　　……＿ の部分は全角スペースを入力

なお、この方法は条件設定が簡単な上、文字カーソルがどこにあっても実行できるという利点があります。Alt + R キーを押し続けて逐次置換すれば正しく処理されるので、これでもかまいません。

→ スタイルを区別せずに全角スペースを挿入する方法については 343 ページ「259 空段落以外の段落先頭に全角スペースを一括挿入する」参照。

8-7 書式とスタイルの検索・置換　　　2013　2010　2007

298 「・」で始まる段落に箇条書きの書式を適用する

文字書式や段落書式は置換条件に設定できますが、「箇条書き」という書式を置換条件として設定することはできません。そこで、検索箇所を箇条書きの体裁にするには、箇条書きの書式を登録した段落スタイル*を作り、そのスタイルに置換します。

→ 「7-4 箇条書きスタイル」の各項参照。

操作　「・」で始まる段落に段落スタイルを適用し、「・」を削除する方法は前項と同じです。

「・」が該当箇所にしか使われていない場合は、次の検索条件で一括選択し、段落スタイルを適用して Delete キーを押します。

　検索条件：[半角と全角を区別する]＝オン
　検索する文字列：・

「・」が段落先頭以外の場所にも使われている場合は、段落先頭の「・」を、文書内で使われていない記号などにを置換します。

　検索条件：[半角と全角を区別する]＝オン
　検索する文字列：^p・
　置換後の文字列：^p★　　……★ は文書内で使われていない記号

あとは、置換した記号を一括選択して処理します。

8-7 書式とスタイルの検索・置換　　　2013　2010　2007

299 番号で始まる段落に[見出し]スタイルを適用する

[見出し]スタイルを使うと、章節項などの連番を自動調整したり、目次として簡単に抽出できるなどの利点があります。Wordでは、章節項などで構成される文書は[見出し]スタイルを使うのが基本です。

操作 置換で［見出し］スタイルを適用する場合、該当箇所に番号や記号などの手掛かりがあれば、前項同様の方法で処理できます。

「1」「1.1」「1.1.1」のように上位のパターンが下位にも含まれている場合、上位から処理すると検索条件が複雑になるので、下位のパターンから処理します。たとえば「1.1.1」は次の設定で検索できます。

> 検索条件：［ワイルドカードを使用する］＝オン
> 検索する文字列：[0-9]{1,}.[0-9]{1,}.[0-9]{1,}

これで下位の見出しには［見出し 3］［見出し 2］などの段落スタイルが適用されるので、上位の検索では検索条件として［標準］スタイルを付け加えれば、下位の見出しを除外できます。

なお、見出し番号は書式として設定するので＊、直接入力された番号や記号は削除してください。

→ 279 ページ「202 見出しスタイルに章節項などの番号を付ける」参照。

8-7 書式とスタイルの検索・置換   2013 2010 2007

300 検索箇所の段落書式をまとめて解除する

検索箇所に適用する段落スタイルが同じであれば、その段落スタイルに置換することで段落書式を解除できます。

検索箇所の段落スタイルが混在しており、各所の段落スタイルを変えずに処理したい場合は、［検索］タブの［検索する場所］-［メイン文書］で一括選択して＊［スタイルの詳細設定］ダイアログボックスで解除します＊。

→ 315 ページ「230 検索結果を一括選択する」、172 ページ「121 同じ書式を設定した箇所の段落書式だけを解除する」参照。

該当箇所を確かめながら解除する場合は、［検索と置換］ダイアログボックスで 1 回だけ検索してダイアログボックスを閉じ、以降は Ctrl + Page Up キー、Ctrl + Page Down キーで検索する方法が便利です＊。検索箇所で Ctrl + Q キーを押せば、段落書式だけを解除できます。

→ 318 ページ「233 検索と置換ダイアログボックスを閉じて検索を続ける」参照。

8-8 フィールドの検索・置換

301 フィールドにジャンプして表示を更新する

「フィールド」とは関数のような機能で、与えられた条件に従っていろいろな情報を表示します。条件が変わった場合、自動的に更新されるものと、手動更新が必要なものがあります。手動で更新する場合はフィールドを選択して F9 キーを押します。

文書に含まれているすべてのフィールドを更新してよければ、文書全体を選択して F9 キーを押す方法が簡単です。個々のフィールドを更新するには、そのフィールドを選択して F9 キーを押します。

フィールドを選択するには、フィールドへのジャンプ機能を覚えておくと便利です。

ショートカットキー	機能
F11	次のフィールドへジャンプ
Shift + F11	前のフィールドへジャンプ

また、[検索と機能] ダイアログボックスの [ジャンプ] タブで [フィールド] を選択すると、フィールドの種類を特定してジャンプすることもできます。[ジャンプ] タブを呼び出すには Ctrl + G キーを押すか、[ホーム] - [編集] - [検索] - [ジャンプ] をクリックします。Word2010/2007 ではステータスバー左の [ページ] をクリックしても呼び出せます。

▼ [ジャンプ] タブでジャンプ先フィールドの種類を選択する

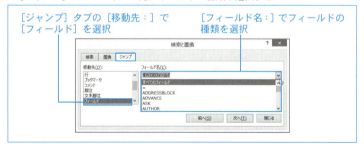

[ジャンプ] タブの [移動先：] で [フィールド] を選択
[フィールド名：] でフィールドの種類を選択

そのほか、Word2007 では垂直スクロールバーの ○ [ジャンプ先の選択] - [a] [フィールド単位でジャンプ] をクリックする方法もあります。

8-8 フィールドの検索・置換 2013 2010 2007

302 フィールドを検索する

「フィールド」の検索機能を利用すると、たとえば置換機能を使ってフィールドの箇所に文字書式を一括設定するといった処理を行うことができます。

操作 フィールドを検索するにはフィールドコードを表す特殊文字 ^d を使います。ただし、^d ではフィールドの種類は区別できません。
また、^d で検索するにはフィールドを通常表示から「フィールドコード」表示に切り替えておく必要があります。通常表示←→フィールドコード表示を切り替えるには [Alt] + [F9] キーを押します。

> 検索条件:検索オプションをすべてオフにする
> 検索する文字列:^d

特定のフィールドだけ検索する場合は、やはりフィールドコードを表示した上で、フィールドコード内のフィールド名などを検索します。たとえば [挿入] - [日付と時刻] で挿入される「現在の日時」を表すフィールド名は「Time」または「Date」です。

8-8 フィールドの検索・置換 2013 2010 2007

303 決まった語句をルビ付き文字に置換する

特殊な商品名など、決まった語句にルビを振る場合は、まず1箇所にルビを設定し、その範囲を選択して [ホーム] - [コピー] などでコピーすれば、次の置換で一括設定できます。

> 検索条件:検索オプションをすべてオフにする
> 検索する文字列:(コピーした語句と同じ文字列)
> 置換後の文字列:^c

^c は、コピーあるいは切り取った内容を表す特殊文字です。

8-8 フィールドの検索・置換

304 効率よくルビを振る

通常の方法では「ルビ」を自動設定することはできませんが、手順を工夫すれば効率を上げることは可能です。

操作 ルビは一度に 55 文字まで設定できます。ただし、選択範囲が熟語の途中で終わると、その部分のルビは正しく設定されないので、切りのよい範囲を確実に選択することが大切です。

読みやすさに配慮した通常の文章では、句読点で区切られた範囲が 55 文字を超えることはありません。そこで、段落記号と句読点を目安として、検索条件を次のように設定します。

　　検索条件：[ワイルドカードを使用する] ＝オン
　　検索する文字列：[!^13、。]{1,}[。、]

[!^13、。]{1,} は「段落記号と句読点以外の文字が 1 つ以上続く」パターンを表します。

上記の条件で一度だけ検索したら [検索と置換] ダイアログボックスを閉じ*、[ルビ] ダイアログボックスを呼び出してルビを設定します。

→ 318 ページ「233 検索と置換ダイアログボックスを閉じて検索を続ける」参照。

以降は「[Ctrl] + [Page Down] キーを 2 回押して→ルビ設定」を繰り返すだけで処理できます。

ルビを設定するには [ホーム] - [ルビ] をクリックしますが、このボタンのコマンド「FormatPhoneticGuide」にショートカットキーを割り当てておけば*、ジャンプとルビ設定をキーボードだけで済ませることができ、作業がさらに楽になります。

→ 746 ページ「591 コマンドなどにショートカットキーを割り当てる」参照。

なお、上記の検索条件では、検索範囲の全角カタカナにもルビが振られます。カタカナ*を除外するには次の条件で検索してください。

→ 352 ページ「271 全角・半角のカタカナを検索する」参照。

　　検索条件：[ワイルドカードを使用する] ＝オン
　　検索する文字列：[!^13、。ァ-ヶー]{1,}[。、]　……　ー は長音記号

8-8 フィールドの検索・置換　　2013　2010　2007

305 ルビの体裁をまとめて変更する

［ルビ］ダイアログボックスは、ルビの付け位置やフォントサイズなどの設定を変えても、あらためて呼び出すと元の設定に戻ってしまいます。そこで、設定を変えずにルビを振り、あとからまとめて変える方法を紹介します。

操作 「ルビ」は、「フィールド」を利用した特殊な機能です。ルビの設定を変えるには、フィールドを通常表示から「フィールドコード」表示に切り替えた上で、フィールドコードの該当箇所を置換します。

▼ルビのフィールドコード

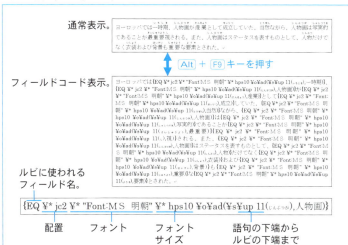

補足 「¥* jc」はルビの左右配置を表し、「jc0」～「jc4」のいずれかを設定します。フォントの部分は、たとえば「ＭＳ明朝」の「ＭＳ」は全角で、「明朝」との間には半角スペースが必要です。

「¥* hps」はルビのフォントサイズを表します。ただし、実際のフォントサイズは数値の半分になります。たとえば「hps10」は5ptです。

「¥up」は語句の下端からルビの下端までの距離です。語句の「フォントサイズ−1」で語句との空きが「0」になります。

306 ルビの付いた語句を置換する

ルビの付いた語句およびルビ文字は、Word2013/2010 ではそのまま検索・置換できます。ただし、[ナビゲーション] ウィンドウでは検索は可能ですが、強調表示されません。

Word2007 で検索するにはフィールドを通常表示から「フィールドコード」表示に切り替える必要があります。通常表示←→フィールドコード表示を切り替えるには [Alt] + [F9] キーを押します。

操作 ルビの付いた語句とルビをまとめて置換するには、[Alt] + [F9] キーを押してフィールドコードを表示します。Word2013/2010 でも、まとめて置換する場合はフィールドコードを表示する必要があります。

▼ルビのフィールドコードを表示する

通常表示。

[Alt] + [F9] キーを押す

フィールドコード表示。

{EQ ¥* jc2 ¥* "Font:ＭＳ 明朝" ¥* hps10 ¥o¥ad(¥s¥up 11(じんぶつが),人物画)}

　　　　　　　　　　　　　　　　　　　　　　　　　ルビ　　語句

ルビのフィールドコードのうち、図に示した半角の ( ) の中がルビです。ルビと語句を置換するには、たとえば次のように設定します。

　　検索条件：検索オプションをすべてオフにする
　　検索する文字列：(じんぶつが),人物画
　　置換後の文字列：(しょうぞうが),肖像画

▼ ルビの置換例

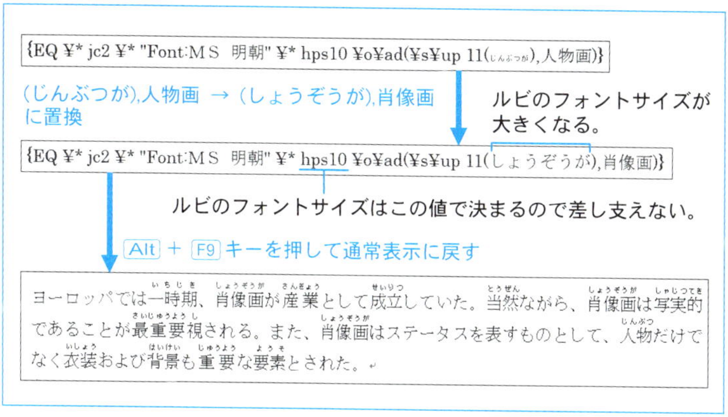

{EQ ¥* jc2 ¥* "Font:MS 明朝" ¥* hps10 ¥o¥ad(¥s¥up 11(じんぶつが),人物画)}

（じんぶつが),人物画 → (しょうぞうが),肖像画
に置換

ルビのフォントサイズが大きくなる。

{EQ ¥* jc2 ¥* "Font:MS 明朝" ¥* hps10 ¥o¥ad(¥s¥up 11(しょうぞうが),肖像画)}

ルビのフォントサイズはこの値で決まるので差し支えない。

Alt + F9 キーを押して通常表示に戻す

ヨーロッパでは一時期、肖像画が産業として成立していた。当然ながら、肖像画は写実的であることが最重要視される。また、肖像画はステータスを表すものとして、人物だけでなく衣装および背景も重要な要素とされた。

補足 置換結果のフォントサイズは、検索箇所の先頭部分に従います。上図では（ の部分がそうです。そのためルビ部分のフォントサイズが大きくなりますが、実際のルビのフォントサイズは「hps」に続く値で決まるので問題ありません。

なお、上記の置換では検索文字列と置換文字列の（ を省略できそうに見えますが、省略して置換すると語句のフォントサイズが小さくなるので避けてください。

▼ 置換設定を間違えるとフォントサイズが小さくなる

{EQ ¥* jc2 ¥* "Font:MS 明朝" ¥* hps10 ¥o¥ad(¥s¥up 11(じんぶつが),人物画)}

じんぶつが),人物画 → しょうぞうが),肖像画
に置換

置換結果はこのフォントサイズになる。

{EQ ¥* jc2 ¥* "Font:MS 明朝" ¥* hps10 ¥o¥ad(¥s¥up 11(しょうぞうが),肖像画)}

Alt + F9 キーを押して通常表示に戻す

ヨーロッパでは一時期、肖像画が産業として成立していた。当然ながら、肖像画は写実的であることが最重要視される。また、肖像画はステータスを表すものとして、人物だけでなく衣装および背景も重要な要素とされた。

ルビが振られる語句にはフィールドコード内のフォントサイズがそのまま反映される。

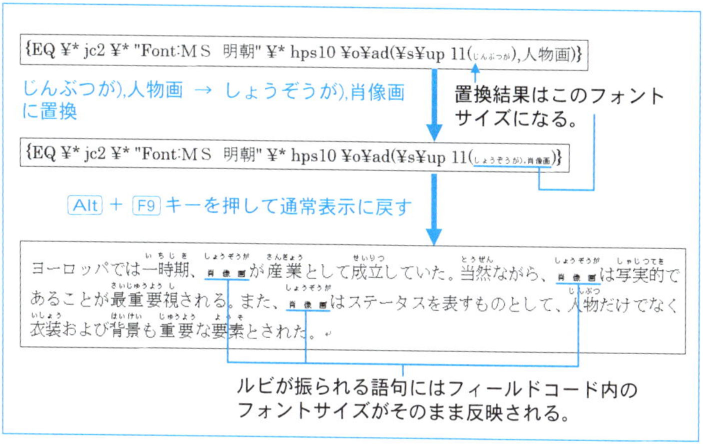

307 ルビを一括解除する

ルビを一括削除するには、置換機能を利用して、ルビのフィールドコードの中から語句の部分だけを取り出します。ただし、単純な置換ではうまくいかないので、少し工夫が必要です。

操作 ルビを一括削除するには、Alt + F9 キーを押してフィールドコードを表示し、次の設定で置換します。

> **検索条件**：［ワイルドカードを使用する］＝オン
> **検索する文字列**：EQ*,(*)¥)
> **置換後の文字列**：quote ¥1

置換を終えたらそのフィールドを含む範囲を選択し、F9 キーを押してフィールドの表示を更新します。最後に Ctrl + Shift + F9 キーを押せばフィールドが解除され、普通の文字に置き換わります。

▼ ルビのフィールドを解除する

ヨーロッパでは{EQ ¥* jc2 ¥* "Font:MS 明朝" ¥* hps10 ¥o¥ad(¥s¥up 11(いちじ),一時期)、{EQ ¥* jc2 ¥* "Font:MS 明朝" ¥* hps10 ¥o¥ad(¥s¥up 11(しょうぞう),肖像画)が{EQ ¥* jc2 ¥* "Font:MS 明朝" ¥* hps10 ¥o¥ad(¥s¥up 11(さんぎょう),産業)として{EQ ¥* jc2 ¥* "Font:MS 明朝" ¥* hps10 ¥o¥ad(¥s¥up 11(せいりつ),成立)していた。{EQ ¥* jc2 ¥* "Font:MS 明朝" ¥* hps10 ¥o¥ad(¥s¥up 11(とうぜん),当然)ながら、{EQ ¥* jc2 ¥* "Font:MS 明朝" ¥* hps10 ¥o¥ad(¥s¥up 11(しょうぞう),肖像画)は{EQ ¥* jc2 ¥* "Font:MS 明朝" ¥* hps10 ¥o¥ad(¥s¥up 11(しゃじつてき),写実的)であることが{EQ ¥* jc2 ¥* "Font:MS 明朝" ¥* hps10 ¥o¥ad(¥s¥up 11(さいじゅうよう),最重要){EQ ¥* jc2 ¥* "Font:MS 明朝" ¥* hps10 ¥o¥ad(¥s¥up 11(し),視))される。また、{EQ ¥* jc2 ¥* "Font:MS 明朝" ¥* hps10 ¥o¥ad(¥s¥up 11(しょうぞうが),肖像画)はステータスを表すものとして、{EQ ¥* jc2 ¥* "Font:MS 明朝" ¥* hps10 ¥o¥ad(¥s¥up 11(じんぶつ),人物)だけでなく{EQ ¥* jc2 ¥* "Font:MS 明朝" ¥* hps10 ¥o¥ad(¥s¥up 11(いしょう),衣装)および{EQ ¥* jc2 ¥* "Font:MS 明朝" ¥* hps10 ¥o¥ad(¥s¥up 11(はいけい),背景)も{EQ ¥* jc2 ¥* "Font:MS 明朝" ¥* hps10 ¥o¥ad(¥s¥up 11(じゅうよう),重要)な{EQ ¥* jc2 ¥* "Font:MS 明朝" ¥* hps10 ¥o¥ad(¥s¥up 11(ようそ),要素)とされた。

上記の置換を実行する

ヨーロッパでは{quote 一時期}、{quote 肖像画}が{quote 産業}として{quote 成立}していた。{quote 当然}ながら、{quote 肖像画}は{quote 写実的}であることが{quote 最重要}{quote 視}される。また、{quote 肖像画}はステータスを表すものとして、{quote 人物}だけでなく{quote 衣装}および{quote 背景}も{quote 重要}な{quote 要素}とされた。

範囲を選択して F9 キーを押す

ヨーロッパでは{quote 一時期}、{quote 肖像画}が{quote 産業}として{quote 成立}していた。{quote 当然}ながら、{quote 肖像画}は{quote 写実的}であることが{quote 最重要}{quote 視}される。また、{quote 肖像画}はステータスを表すものとして、{quote 人物}だけでなく{quote 衣装}および{quote 背景}も{quote 重要}な{quote 要素}とされた。

続けて Ctrl + Shift + F9 キーを押す

ヨーロッパでは一時期、肖像画が産業として成立していた。当然ながら、肖像画は写実的であることが最重要視される。また、肖像画はステータスを表すものとして、人物だけでなく衣装および背景も重要な要素とされた。

Chapter 9

長文で役立つテクニック

308 「見出しマップ」で章や節の見出しを追加する

章や見出しの書式設定に[見出し]スタイルを使っていれば、「見出しマップ」で全体の見出しを一覧することができます。また、Word2013/2010 の[ナビゲーション]ウィンドウでは「見出しマップ」上で見出しを追加することができます。文書画面で追加する場合はあらかじめ文字カーソルを移動する必要がありますが、「見出しマップ」に追加する場合、その必要はありません。

操作 「見出しマップ」で見出しを右クリックし、ショートカットメニューで追加位置と追加レベルを選択します。

▼ 章や節の見出しを追加する

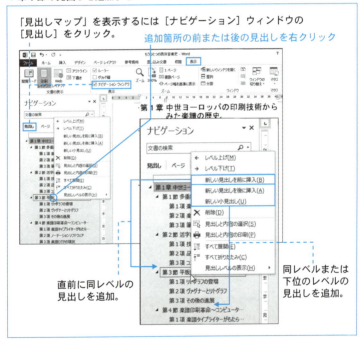

補足 [新しい見出しを後に挿入]と[新しい小見出し]は、クリック位置の直後ではなく、次の同レベルの見出しの直前に見出しを追加します。

9-1 章節単位の操作 2013 2010 2007

309 「見出しマップ」で章や節を移動・削除する

文書の一部を移動・コピー・削除するにはあらかじめ範囲を選択する必要がありますが、章や節などの見出し単位で移動・削除する場合、Word2013/2010では［ナビゲーション］ウィンドウの「見出しマップ」を使えば、範囲を選択せずに移動・削除できます。

操作 見出し単位で移動するには、「見出しマップ」の見出しを移動先にドラッグします。見出し単位で削除するには、「見出しマップ」の見出しを右クリックし、［削除］をクリックします。

▼見出し単位で移動・削除する

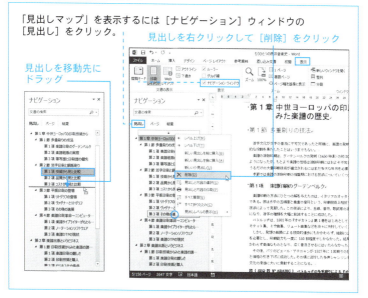

補足 「見出しマップ」を使うと、見出し単位の選択も簡単に行うことができます＊。
→ 119ページ「074 見出しとその中身を素早く選択する」参照。

310 文書を章単位で分けて保存する

文書を「グループ文書」に変えると、文書を見出し単位で「サブ文書」に分けることができます。文書が大きくなりすぎた場合や、章ごとに手分けして処理する場合などに便利です。

操作 文書を「グループ文書」化するには[アウトライン]表示モードで次のように操作します。

▼文書を「グループ文書」化する

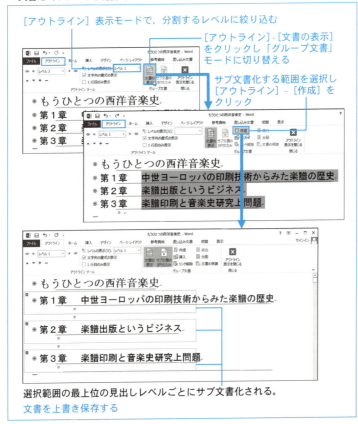

選択範囲の最上位の見出しレベルごとにサブ文書化される。
文書を上書き保存する

|補足| [アウトライン] - [文書の表示] をクリックすると「グループ文書」モードに入ります。

[見出し] スタイルを含む範囲を選択して [作成] をクリックすると、作業中の文書は「グループ文書」(親文書) になり、選択範囲は最上位の見出しレベル単位で「サブ文書」(子文書) 化されます。

ただし、[作成] をクリックしただけでは、サブ文書は保存されません。クリックしたらグループ文書を必ず上書き保存してください。

前ページの図では、わかりやすくするために表示レベルを[レベル1]に絞り込んでから [作成] をクリックしていますが、絞り込まずに操作してもかまいません。

グループ文書から作ったサブ文書には、グループ文書のテンプレートが添付されます。したがって、テンプレート経由で両者のスタイルの書式を統一できます*。

→ 290 ページ「213 文書で作ったスタイルをテンプレートに反映させる」、291 ページ「214 テンプレートのスタイル変更を文書に反映させる」参照。

グループ文書を開くと、サブ文書はグループ文書の一部として表示され、加筆削除など、すべての操作をグループ文書上で行うことができます。[印刷レイアウト] 表示モードでも操作できます。

サブ文書は、通常の方法で直接開くこともできます。また、グループ文書上でサブ文書の左上に表示されるアイコン 🗐 をダブルクリックすると、サブ文書が別ウィンドウで開かれます。

サブ文書を開いた状態ではグループ文書側のサブ文書の🗐に 🔒 が付き、「ロック」されます。サブ文書を閉じるとロックが解除されます。

|注意| [見出し] スタイルに番号を付けている場合、グループ文書上では連番になりますが、サブ文書上ではそれぞれ「1」から起番されます。グループ文書として印刷する場合はそのままでかまいませんが、サブ文書として独立させる場合は、章に合わせて起番を変える*必要があります。

→ 281 ページ「204 章番号を途中から振り直す」参照。

グループ文書はサブ文書をまとめるコンテナのようなもので、実際の文書の中身は各サブ文書に保存されます。したがって、サブ文書を移動・削除するとグループ文書からも失われるので注意してください。

9-1 章節単位の操作

311 章ごとに作った文書をひとつにまとめる

章ごとに手分けして執筆した原稿をまとめたり、既存の文書を集めて再構成するような場合は、「グループ文書」機能を利用すると便利です。

操作 複数の文書をまとめるには、あらかじめ統合用の「グループ文書」を用意し、その中で各文書への「リンク」を設定します。リンクされた文書は「サブ文書」と呼ばれ、グループ文書上で編集できます。

サブ文書とグループ文書に同じ名前のスタイルが使われている場合はグループ文書の書式が採用されます。したがって、グループ文書をサブ文書と同じテンプレートから作れば、書式の混乱を避けることができます。サブ文書の添付テンプレートが文書によって異なる場合は、グループ文書上でスタイルを整理してください。

▼ グループ文書にサブ文書を取り込む

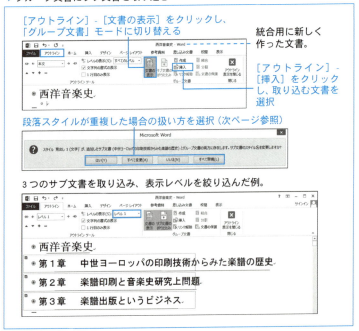

補足 前ページの図のように［アウトライン］-［挿入］をクリックして文書を選択すると、その文書への「リンク」が設定され、文書の内容が「サブ文書」としてグループ文書内に表示されます。

このさい、サブ文書とグループ文書に同名で書式の異なる段落スタイルが含まれていると、前ページのようなメッセージが表示されます。ただし、書式が同じでも表示されることもあります。

メッセージで、［はい］または［すべて変更］をクリックすると、サブ文書の段落スタイルの文字書式が、新しい文字スタイルとして保存されます。［いいえ］または［すべて無視］をクリックすると、グループ文書の段落スタイルだけが残ります。

サブ文書はグループ文書の一部として扱われ、普通の文書と同様に手を加えることができますが、中身自体はサブ文書に保存されています。したがって、配布する場合はグループ文書とサブ文書の関係を維持したままで配布する必要があります。

グループ文書を単独のファイルとして扱いたい場合は、サブ文書との「リンク」を解除します。これでサブ文書の中身がグループ文書に取り込まれます。この場合、同じ内容がグループ文書とサブ文書の両方に保存されることになります。

▼サブ文書への「リンク」を解除する

リンクを解除したい範囲を選択し、［アウトライン］-［リンク解除］をクリック

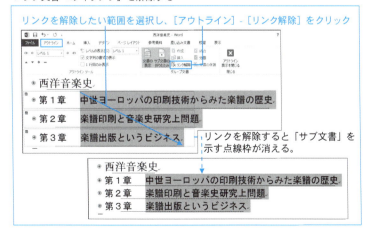

リンクを解除すると「サブ文書」を示す点線枠が消える。

312 [行内] 形式の図に図番号を一括挿入する

[行内] 形式とは、図を段落内に文字のように埋め込んで配置する形式です。すでに配置済みの [行内] 形式の図のあとに図番号を一括挿入するには置換機能を利用します。ただし、Word2007 では描画キャンバスの扱いに注意が必要です。

操作 Word2013/2010 では、まず適当な箇所に図番号を挿入し、その段落全体を切り取ります。

▼ 図番号を挿入して切り取る

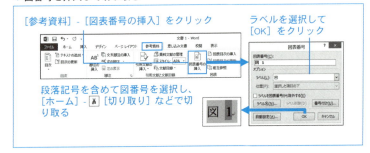

次に、下記の設定で置換します。

> **検索条件**：検索オプションはすべてオフにする
> **検索する文字列**：^g^p
> **置換後の文字列**：^&^c

補足 ^g は [行内] 形式の図を表す特殊文字、^p は段落記号を表す特殊文字です。したがって、^g^p で [行内] 形式の図を配置した段落を表すことができます。

置換後の文字列の ^& は、検索結果自身を表す特殊文字です。したがって、^& のあとに図番号を表すものを指定すればよいことになります。ただし、置換後の文字列として図番号を直接指定することはできないので、あらかじめ挿入した図番号を切り取り、その内容を ^c で表します。

操作 Word2007でも、写真やSmartArtだけであれば前記の方法で置換できます。しかし、[行内]形式のグラフや描画キャンバスは[検索と置換]ダイアログボックスの[置換]タブでは ^g 単独でしか検索できないという不具合があります([検索]タブでは ^g^p も可能です)。そこで、検索条件を変えて次の設定で置換します。

> **検索条件：検索オプションはすべてオフにする**
> **検索する文字列：^g**
> **置換後の文字列：^&^p^c**

置換後の文字列を単純に ^&^c とすると、[行内]形式の図と同じ段落内に図番号が挿入されてしまいます。そこで、図と図番号の間に ^p を補っています。

なお、[行内]形式の描画キャンバスに対して上記の設定で一括置換すると、描画キャンバスが[前面]形式に変わるという不具合が見られます。したがって、該当箇所がある場合は[次を検索]で確かめながら逐次置換してください。一括置換で不具合が生じたらクイックアクセスツールバーの ↶ [元に戻す]で置換を取り消してください。

上記の置換の結果、図番号の段落のあとに空段落が追加されるので、次の置換で空段落を削除します。

> **検索条件：検索オプションはすべてオフにする**
> **検索する文字列：^p^p**
> **置換後の文字列：^p**

文書内のすべての空段落を削除してよければ一括置換、そうでなければ[次を検索]で確かめながら置換してください。

なお、そのつど[参考資料]-[図表番号の挿入]を使って挿入した図表番号は自動的に連番になりますが、図表番号のコピーを挿入した時点では同じ番号が表示されるだけです。連番にするには、さらに図表番号を「更新」する必要があります*。

→ 398ページ「315 図表番号を一括更新する」参照。

9-2 図表番号

313 表の前に表番号を一括挿入する

Word の検索機能では表は検索できないので一括置換で処理することはできませんが、表へのジャンプ機能を利用すれば手間を減らすことは可能です。

操作 まず、表の中に文字カーソルを置き、次のように操作して表番号を挿入します。

▼ 表を選択して表番号を挿入する

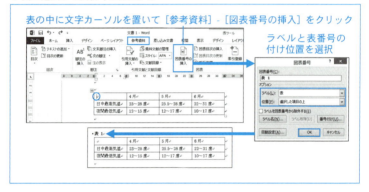

次に、ジャンプ機能を使って表へジャンプします。Word2010/2007 では垂直スクロールバー下端の ◎ [ジャンプ先の選択] が便利です。Word2013 では Ctrl + G キーで [検索と置換] ダイアログボックスの [ジャンプ] タブを呼び出し、表にジャンプしてダイアログボックスを閉じます。

表番号を表の上に付けた場合、最初のジャンプではその表にジャンプします。そこで、引き続き Ctrl + Page Down キーを押して次の表へジャンプしてください。目的の表にジャンプしたら、F4 キーを押せば表番号が挿入されます。以降は、「Ctrl + Page Down キーを2回押して F4 キーを押す」という操作を繰り返せば、表番号を順次挿入できます。なお、Word2013/2010 では [ナビゲーション] ウィンドウでも表へジャンプできますが、[ナビゲーション] ウィンドウが選択された状態では F4 キーは効きません。

9-2 図表番号

2013 2010 2007

314 図表番号の起番を設定する

図表番号には「Seq」フィールドが使われています。これは連番専用のフィールドで、オプションを付ければ起番を設定することができます。

操作 起番を設定したい図表番号の直前に文字カーソルを置き、次のように操作します。

▼ 図表番号の起番を設定する

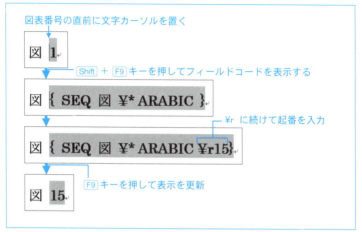

Tips 図表の作成時に番号を自動挿入する

Excel のグラフやワークシート、あるいは PowerPoint のスライドなどを Word 文書に挿入して図表番号を付ける場合は、図表番号の自動挿入オプションを利用すると便利です。
［参考資料］-［図表番号の挿入］をクリックし、［図表番号］ダイアログボックスの［自動設定...］をクリックして、図表などの種類とラベルの対応付けを設定します。

9-2 図表番号　　　　　　　　　　　　　　　　　2013　2010　2007

315 図表番号を一括更新する

[参考資料] - [図表番号の挿入] で挿入した図表番号は自動的に連番になりますが、その図表番号をコピーして貼り付けた場合はコピー元と同じ番号が表示され、そのままでは連番にはなりません。

操作 文書内の図表番号を連番にするには、まず Alt + F9 キーを押して文書内のフィールドコードをすべて表示します。

次に、[検索と置換] ダイアログボックスの [検索] タブで次のように設定します。

検索条件：検索オプションはすべてオフにする
検索する文字列：seq

この設定で [検索する場所] - [メイン文書] をクリックして検索対象を一括選択し*、ダイアログボックスを閉じます。

→ 315 ページ「230 検索結果を一括選択する」参照。

最後に F9 キーを押して一括更新し、 Alt + F9 キーを押して通常表示に戻します。

9-2 図表番号　　　　　　　　　　　　　　　　　2013　2010　2007

316 図と図番号をまとめて本文横に置く

[四角] 形式で配置した図を選択して図表番号を挿入すると、図表番号はテキストボックス内に配置されます。したがって、図とテキストボックスを「グループ化」すれば、両者をまとめてドラッグできるようになります。
[行内] 形式で配置した図は、図と図番号の段落を選択し、[挿入] - [テキストボックス] - [横書きテキストボックスの描画] をクリックすれば、選択範囲全体がテキストボックスに囲まれ、自由にドラッグできるようになります。
なお、[挿入] - [図形] の [テキストボックス] では選択範囲を囲むことはできません。

9-3 目次・索引

2013 2010 2007

317 長い見出しの先頭だけを目次化する

たとえば長い章見出しの先頭部分だけを目次化し、後続部分を目次から隠したいという場合は「スタイルセパレーター」を利用します。

操作 まず目次化する部分としない部分を別の段落に分け、前側には［見出し］スタイルを、後ろ側にはそれ以外のスタイルを適用します。次に前側の段落内に文字カーソルを置き、[Alt] + [Ctrl] + [Enter] キーを押します。これで、実際の見出しはひとつの段落として表示され、目次には先頭部分だけを取り出すことができます。

▼ 2つの段落を「スタイルセパレーター」でつなぐ

この状態で目次を作ると、見出し段落全体が目次に表示される。

・第1章 楽譜印刷の黎明期～中世ヨーロッパの印刷技術と楽譜印刷

見出しを途中で分け、後半には［見出し］以外の段落スタイルを適用する

・第1章 楽譜印刷の黎明期
～中世ヨーロッパの印刷技術と楽譜印刷

前側の段落内に文字カーソルを置き、[Alt] + [Ctrl] + [Enter] キーを押す

・第1章 楽譜印刷の黎明期 ～中世ヨーロッパの印刷技術と楽譜印刷

スタイルセパレーターを確かめるには［ホーム］-［編集記号の表示/非表示］をオンにする。

・第1章 楽譜印刷の黎明期 ～中世ヨーロッパの印刷技術と楽譜印刷

補足 スタイルセパレーターを挿入した箇所のインデント、段落配置、段落間の空きは前側段落の設定に、行高は後側段落の設定に従います。
見出し番号を付けた段落の左インデントとぶら下げインデントは［新しいアウトラインの定義］ダイアログボックスで調整してください。
この方法は本文段落の先頭に見出しを置く場合にも利用できます*。

→ 285ページ「208 見出し段落と本文段落をひとつの段落としてまとめる」参照。

注意 スタイルセパレーターをいきなり削除すると前側の段落スタイルが後側にも適用されます。それぞれの段落スタイルを維持するには、後側の先頭で [Enter] キーを押してから削除してください。

319 索引登録作業を効率よく行う

9-3 目次・索引 | 2013 2010 2007

Wordの自動索引機能で索引を作るには、該当箇所に「索引登録フィールド」を挿入する必要があり、かなり手間がかかります。登録方法自体を変えることはできませんが、手順を工夫すれば、キーボードだけで登録できるようになります。

操作 まず、[ホーム] - [蛍光ペンの色] をクリックし、索引として登録したい語句をひととおりマーキングします。

次に、[検索と置換] ダイアログボックスで [蛍光ペン] を検索条件として設定し、1回だけ検索してダイアログボックスを閉じます。

▼蛍光ペンでマーキングした箇所を検索する

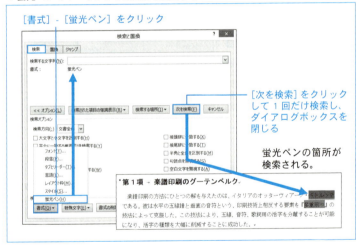

次に、検索箇所が選択された状態で [Alt] + [Shift] + [X] キーを押して [索引登録] ダイアログボックスを呼び出し、[Alt] + [M] キーまたは [Enter] キーで登録します。

以降は、[Ctrl] + [Tab] キーで操作を本文に移して [Ctrl] + [Page Down] キーで次を検索し、[Ctrl] + [Tab] キーで操作をダイアログボックスに戻して登録……という操作を繰り返します。

▼索引用語を登録する

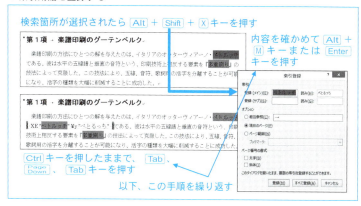

操作対象の移動と次の検索先へのジャンプにはいずれも Ctrl キーを使うので、Ctrl キーを押したままで Tab、Page Down、Tab キーを順に押せばよく、Ctrl キーをそのつど離す必要はありません。

索引用語の登録を終えたら、蛍光ペンによるマーキングを解除してください*。設定したままではマーキングが索引にも反映されます。

→ 366 ページ「287 蛍光ペンを解除する」参照。

9-3 目次・索引

2013 2010 2007

320 索引を「親子孫」形式にする

前項の[索引登録]ダイアログボックスには[メイン]と[サブ]の項目がありますが、[サブ]の項目に「子:孫」のように半角コロンで分けて入力すれば、「親子孫」形式の索引を作ることができます。

▼索引を「親子孫」形式にする

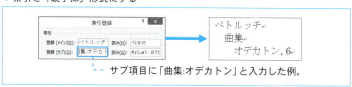

サブ項目に「曲集:オデカトン」と入力した例。

321 目次や索引の更新を防ぐ

9-3 目次・索引 | 2013 2010 2007

Wordの目次作成機能で作った目次、索引作成機能で作った索引はその全体がひとつのフィールドでできており、いつでも更新できますが、目次や索引の書式を直接変えた場合、フィールドを更新すると書式も解除されます。

操作 目次・索引の更新を防ぐには、目次・索引の中に文字カーソルを置いて Ctrl + F11 キーを押し、フィールドを「ロック」します。
あとから目次・索引を更新する必要が生じた場合は、目次・索引の中に文字カーソルを置いて Ctrl + Shift + F11 キーを押します。

補足 目次・索引の中に文字カーソルを置いて Ctrl + Shift + F9 キーを押せば、フィールドを解除して普通の文字に変えることができます。

322 複数文書の総目次・総索引を作る

9-3 目次・索引 | 2013 2010 2007

複数の文書から総目次を作るには、総目次用の文書を作って本文文書と同じフォルダーに保存した上で「RD」フィールドを入力し、本文文書への参照を設定します。この状態で目次を作ると、参照先の内容に基づいて総目次が作成されます。総索引も同様です。

▼総目次用の文書に本文参照用のフィールドを挿入する

[ホーム] - [編集記号の表示/非表示] をオンにする

Ctrl + F9 キーを押してフィールド記号を挿入する

{ rd "第 1 章.docx" }
{ } の中に「RD "ファイル名.拡張子"」のように入力する

{ rd "第 1 章.docx" }
{ rd "第 2 章.docx" }
{ rd "第 3 章.docx" }

必要な文書への参照をひととおり用意する

通常の手順で目次を作り、[編集記号の表示/非表示] をオフにする

Chapter 10
支援機能のテクニック

Chapter 10　支援機能のテクニック

10-1 オートフォーマット　　2013 / 2010 / 2007

323 入力オートフォーマットで文字を自動修正する

「入力オートフォーマット」とは、入力した内容に従って書式を自動的に整える機能です。「余計もの」扱いされることが多い機能ですが、ぜひ活用したい機能、覚えておきたい機能もあります。

操作 入力オートフォーマットの設定を変えるには、[Wordのオプション]ダイアログボックスから[オートコレクト]ダイアログボックスを呼び出します。また、[Alt]+[T]キーに続けて[A]キーを押せば、[オートコレクト]ダイアログボックスを直接呼び出すことができます。

下図は入力オートフォーマットの最初の設定ですが、とくに活用したいのは色枠で示した4つです。

▼「入力オートフォーマット」の設定を変える

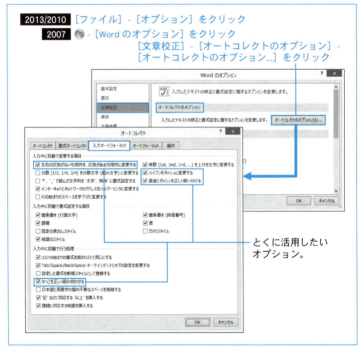

2013/2010 [ファイル]-[オプション]をクリック
2007 ⊙-[Wordのオプション]をクリック
[文章校正]-[オートコレクトのオプション]-[オートコレクトのオプション...]をクリック

とくに活用したいオプション。

406

[左右の区別がない引用符を、区別がある引用符に変更する]

Word2010/2007では['' を '' に変更する]というオプション名です。このオプションをオフにすると、'""はそのまま入力されます。基本的に""を使う場合はオフに、''""を使う場合はオンにします。ただし、置換結果に''""を使う場合は注意が必要です*。

→ 338ページ「256 「 」を『 』 "" '' などに置換する」参照。

[ハイフンをダッシュに変更する]

「1 - 100」のように「-」の前後にスペースを入力すると、「1 – 100」のようにハイフンが「–」に変わります。

[長音とダッシュを正しく使い分ける]

「東京ー大阪」のように単語間に長音記号「ー」を入力すると、「東京―大阪」のように長音記号がダッシュ「―」に変わります。

[かっこを正しく組み合わせる]

閉じカッコを入力すると、それより前に入力されている起こしの括弧に合わせてカッコの種類が変わります。

このほか、[箇条書き(行頭文字)]、[箇条書き(段落番号)]オプションをオンにすると、次の手順で箇条書きを設定できます。

最初の文字	次の文字	結果
■◇●☆などの記号類	Tabキー	記号式の箇条書き
*（半角）	Tabキー	●に始まる箇条書き
1 A a ー ア イ	。 -) > 続けて Tab キーを押すか、箇条文を入力して Enter キーを押す	番号式の箇条書き

箇条書きを終えるには、箇条書きを解除したい段落で箇条文を入力せずに Enter キーを押します。アウトライン形式の箇条書きでレベルを下げている場合は、レベルの数だけ Enter キーを押します。

以上のほか、Chapter6でも入力オートフォーマットの活用方法を解説しているのでご参照ください*。

→ 221ページ「161 箇条文の先頭語句の文字書式を自動設定する」、243ページ「176 段落罫線をキーボードで設定する」参照。

10-1 オートフォーマット　2013 2010 2007

324 一括オートフォーマットで文書の体裁を整える

前項で紹介した入力オートフォーマットは文字どおり入力時に働くのに対し、「一括オートフォーマット」は文書全体に対してオートフォーマットを一挙に実行します。オプションをきちんと理解していないとお勧めできませんが、作業によってはとても役に立ちます*。

→ 341ページのTips「カッコの非対応をまとめて修正する」、343ページのTips「和文字と英数字間のスペースだけを削除する」参照。

操作 [オートコレクト] ダイアログボックスの [オートフォーマット] タブは、一括オートフォーマットのオプションを設定できるだけで、実行用のボタンなどはありません。一括オートフォーマットを実行するには、[Alt] + [O]、[A]キーを押して [一括オートフォーマット] ダイアログボックスを呼び出します。

▼一括オートフォーマットを実行する

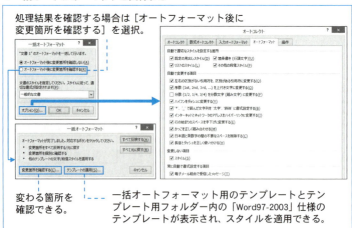

処理結果を確認する場合は [オートフォーマット後に変更箇所を確認する] を選択。

変わる箇所を確認できる。

一括オートフォーマット用のテンプレートとテンプレート用フォルダー内の「Word97-2003」仕様のテンプレートが表示され、スタイルを適用できる。

補足 [Alt] + [Ctrl] + [K]キーを押すと、現在のオプション設定に従って一括オートフォーマットをすぐに実行できます。

一括オートフォーマットの結果は、直後であればクイックアクセスツールバーの [元に戻す] で取り消すこともできます。

10-2 オートコレクト

2013 2010 2007

325 オートコレクトで入力を楽にする

「オートコレクト」とは、あらかじめ登録した語句を入力すると自動的に別の内容に置き換える機能です。本来の目的は文字どおり「自動訂正」で、たとえば「abotu」と入力すると「about」に訂正してくれます。また、たとえば「(c)」と入力すると「©」に置き換わるなど、入力しにくい文字の代替入力にも使われます。

Word で入力した文字を置き換える方法としては、日本語入力システムや文書パーツもありますが、オートコレクトは変換や置換操作が不要で、瞬時に置き換わります。

操作 オートコレクトの内容は自由に登録できます。たとえば「①②③……」などの丸付き数字を頻用する場合は、「1) 2) 3)……」のようにキーボードから直接入力できる代替文字で登録すれば、日本語入力システムによる変換の手間を省くことができます。

[オートコレクト] ダイアログボックスを呼び出すには [Alt] + [T] キーに続けて [A] キーを押す方法が便利です。

▼ オートコレクトに登録する

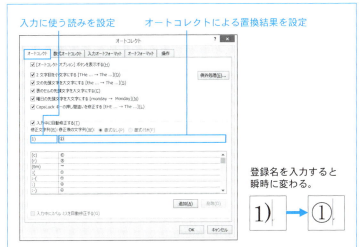

登録名を入力すると瞬時に変わる。

326 オートコレクトで書式付きの署名を入力する

担当者の部署名と氏名などを頻繁に入力する場合は、文字書式や段落書式付きで「オートコレクト」に登録しておくと便利です。

操作 語句を書式付きでオートコレクトに登録するには、あらかじめ書式を設定した文字範囲を選択してから [Alt] + [T] キーに続けて [A] キーを押し、[オートコレクト] ダイアログボックスを呼び出します。

▼ 署名をオートコレクトに登録する

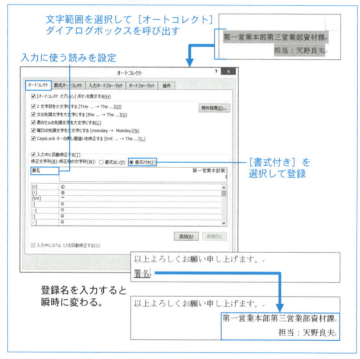

補足 あらかじめ段落記号 ↵ を含む範囲を選択すると、自動的に [書式付き] が選択され、含まない範囲を選択すると [書式なし] が選択されます。このオプションは必要に応じて変えてください。

10-2 オートコレクト

327 オートコレクトとスペルチェックを連動させる

2013 2010 2007

「オートコレクト」のおもな機能は英単語の誤った綴りの自動修正ですが、修正されるのはあらかじめ登録された綴りだけです。一方、Wordには強力な「スペルチェック」機能があり、誤った綴りは赤い波下線で示されます。このスペルチェックとオートコレクトを連動させると、スペルチェックで判断される正しい候補がひとつだけの場合に限り自動修正されます。条件に該当しても修正されない場合もありますが、修正の手間を多少は省くことができます。

操作 [Wordのオプション]ダイアログボックスでスペルチェック機能をオンにした上で、[オートコレクト]ダイアログボックスの[入力中にスペルミスを自動修正する]をオンにします。

▼オートコレクトとスペルチェックを連動させる

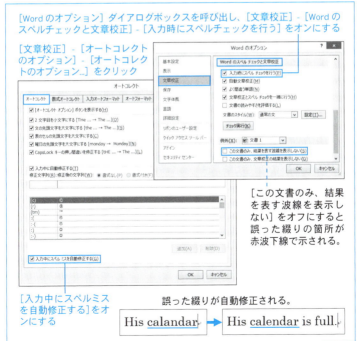

10-2 オートコレクト

2013 2010 2007

328 オートコレクトで図を挿入する

「オートコレクト」には文字だけでなく図や表も登録できます。たとえば文章中に会社や商品のロゴをたくさん使う場合や、オートシェイプによる飾りを入れる場合などに便利です。

操作 あらかじめ配置した図を選択し、[Alt]+[T]キーに続けて[A]キーを押して[オートコレクト]ダイアログボックスを呼び出します。
ただし、Word2013では[Alt]キーを単独で押してからいったん離し、あらためて[T]、[A]キーを順に押してください。[Alt]キーから離さずに[T]キーを押してもうまく呼び出せません。

▼図をオートコレクトに登録する

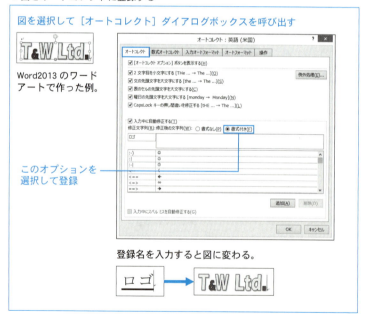

補足 図を選択すると、自動的に[書式付き]が選択されるので、そのまま登録名を入力してください。[書式なし]では正しく登録されません。

10-2 オートコレクト　　　2013　2010　2007

329 オートコレクトを別のパソコンにコピーする

オートコレクトに登録した内容は、ファイルとして保存されます。したがって、そのファイルを所定の場所にコピーすれば、別のパソコンでも利用できます。オートコレクトの保存先は、[書式なし]と[書式付き]で異なります。

[書式なし]の保存先ファイル名：MSO1033.acl
　保存場所：C:¥Users¥(ユーザー名)¥AppData¥Roaming¥Microsoft¥Office
[書式付き]の保存先ファイル名：Normal.dotm
　保存場所：C:¥Users¥(ユーザー名)¥AppData¥Roaming¥Microsoft¥Templates

保存先の途中の「AppData」フォルダーは「隠しフォルダー」の扱いになっています。同フォルダーをエクスプローラーからたどる場合は、隠しフォルダーが表示されるように Windows の表示オプションを変えてください。
Windows Vista、7 ではエクスプローラーの[整理]-[フォルダーと検索のオプション]をクリックし、[表示]タブの[隠しファイル、隠しフォルダー、および隠しドライブを表示する]を選択します。Windows 8 ではエクスプローラーの[表示]-[隠しファイル]をオンにします。

注意　これらのファイルを別のパソコンにコピーする場合は、Word を終了した状態で行ってください。また、コピーすると、コピー先のオートコレクト情報は失われます。

とくに、[書式付き]オートコレクトの保存先「Normal.dotm」は Word で最も重要な標準テンプレートで、オートコレクトだけでなくいろいろな情報が保存されます。したがって、「Normal.dotm」の働きについて理解していない場合、上書きコピーは避けた方が無難です。

ちなみに、「白紙の文書」テンプレートとは「Normal.dotm」のことで、Word2010/2007 の起動時に表示される「文書1」は「Normal.dotm」から作られています。

330 [フィールド] ダイアログボックスを使う

「フィールド」とは関数のような機能で、与えられた条件に従っていろいろな情報を表示します。たとえば最も使用頻度の高い「Page」フィールドは、そのフィールドが置かれているページ番号を表示します。また、図表番号に使われる「Seq」フィールド*は同じフィールドの箇所に連番を表示します。

→ 397 ページ「314 図表番号の起番を設定する」参照。

操作 ページ番号や図表番号など、使用頻度の高いフィールドはリボン上に専用の挿入ボタンがありますが、それ以外のフィールドを使う場合や、フィールドのオプションを設定する場合は [フィールド] ダイアログボックスを呼び出します。

▼[フィールド] ダイアログボックスを呼び出す

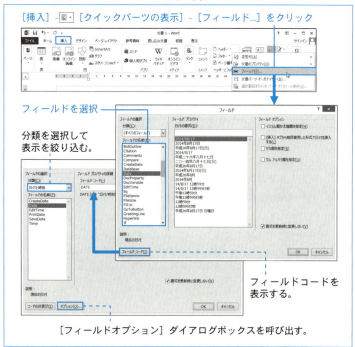

補足 ［フィールドの名前：］欄にはすべてのフィールドが ABC 順に表示されます。［分類：］でフィールドの種類を選択すれば、一覧の表示を絞り込むことができます。

フィールドを選択するとオプションが表示されます。オプションの種類や内容はフィールドによって異なります。フィールドのオプションをさらに細かく設定するには［フィールドコード］をクリックします。フィールドによっては、［フィールド］ダイアログボックスの右下に［書式を更新時に変更しない］というオプションが表示されます。これは、フィールドの更新時に文字書式を維持するオプションです。

たとえば「Ref」フィールドは他の場所を参照してその内容を表示する機能を持っています。このフィールドに文字書式を設定した場合、同オプションをオフにして更新すると、文字書式も参照先に従って更新されます。オンにすれば、フィールドに設定した文字書式は維持されます。

各フィールドのオプションなどについては、Word のオンラインヘルプで「フィールド」を検索すれば詳しい情報を得ることができます。

10-3 フィールドのテクニック　　2013　2010　2007

331 フィールドからダイアログボックスを呼び出す

フィールドを右クリックし、［フィールドの編集...］をクリックすると［フィールド］ダイアログボックスを呼び出すことができます。フィールドコードが長すぎて作業しにくい場合や、オプションを変える場合などに便利です。

▼ フィールドから［フィールド］ダイアログボックスを呼び出す

フィールド内で右クリックし、
［フィールドの編集...］

334 選択肢表示→選択入力のしかけを作る（AutoTextList）

回覧文書で回覧先を選択したり、Fax 送付状で「大至急」「要返信」などのコメントを付ける場合、そのつど入力していたのでは手間がかかるだけでなく誤入力のおそれもあります。「AutoTextList」フィールドを使えば、あらかじめ用意した選択肢から素早く入力することができます。

選択肢入力は「コンテンツコントロール」でも行えますが、以前の Word 形式（.doc 形式）で保存すると機能が失われてしまいます。「AutoTextList」フィールドは以前の Word 形式でも有効です。

操作 「AutoTextList」フィールドは文書パーツを選択肢として表示する機能を持っています。表示する選択肢を限定するには、専用の段落スタイルを作り、段落スタイルを適用した箇所を文書パーツに登録します。

▼ 選択肢を文書パーツに登録する

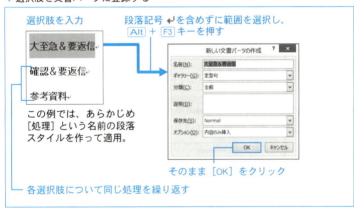

次に、選択入力する箇所に文字カーソルを置き、「AutoTextList」フィールドのフィールドコードを入力します。同フィールドの書式は「AutoTextList "表示語句" ¥s スタイル名」です。フィールド名の大文字・小文字は区別されないので、すべて小文字で入力してもかまいません。"表示語句" は、選択前に表示する文字です。「スタイル名」の部分は " " で囲まないように注意してください。

▼「AutoTextList」フィールドで選択入力のしかけを作る

選択入力の箇所に文字カーソルを置いて Ctrl + F9 キーを押す
フィールド記号の中に「autotextlist "表示語句" ¥s スタイル名」のように入力

▼ 選択入力する

右クリックすると選択肢が表示される。

選択肢をクリックすると表示が変わる。

補足 「AutoTextList」フィールドは、¥s で指定した段落スタイルの文書パーツが見つからなければ、すべての文書パーツを一覧表示します。したがって、先に文書パーツを登録することをお勧めします。
文書パーツに段落記号を含めると、選択入力の結果にも段落記号が反映され、登録した段落スタイルが適用されます。段落記号を含めずに登録すると、段落スタイルは無視され、語句だけが変わります。

注意 「AutoTextList」フィールドの中身を入力したら、必ず F9 キーを押してから Shift + F9 キーを押してください。F9 キーを省略するとエラーメッセージが表示されます。エラーメッセージが表示された場合は、あらためて F9 キーを押し、Shift + F9 キーを押してください。
文書パーツを登録した後で文書中の段落スタイル名を変えても、文書パーツに登録済みの段落スタイル名は変わりません。その場合、本文側と文書パーツ側で異なる段落スタイルが存在することになります。

10-3 フィールドのテクニック　　2013　2010　2007

335 仮名称を正式名称に一括更新する（DocProperty）

正式名称未定の新製品などを仮名称で入力し、正式名称が決まったら一括更新する方法を紹介します。利用するのは「DocProperty」フィールドです。同フィールドは「文書のプロパティ」として設定された情報を表示します。

操作 まず、名称用に独自のプロパティを作ります。

▼ 名称用のプロパティを作る

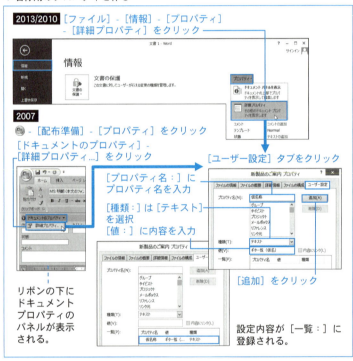

次に、名称を表示する箇所に「DocProperty」フィールドのフィールドコードを入力します。同フィールドの書式は「DocProperty プロパティ名」です。フィールド名の大文字・小文字は区別されないので、すべて小文字で入力してもかまいません。

▼「DocProperty」フィールドを入力する

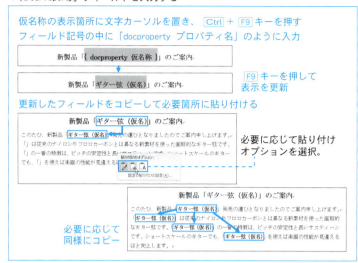

正式名称が確定したらあらためて[プロパティの詳細設定]ダイアログボックスを呼び出し、値を正式名称に変えた上で表示を更新します。

▼プロパティの値を変えて更新する

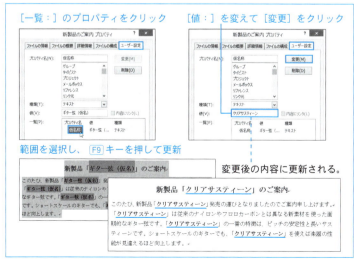

336 現在の1カ月後の日付を自動表示する（Date、Time、=）

「Date」フィールドまたは「Time」フィールドを使えば現在の日付を表示できますが、WordにはExcelのような日付関数がないので、たとえば「1カ月後の今日」のような日付を表示するには工夫が必要です。

操作 日付を計算するには、「年」「月」「日」で表示を分け、計算の必要な部分は「=」フィールドを使って計算式を設定します。下図では「Date」フィールドを使っていますが、「Time」フィールドでも同様です。
それぞれ [Ctrl] + [F9] キーでフィールド記号を入力し、フィールドコードを入力したら [F9] キーで更新します。

▼現在の1カ月後の日付を自動表示する

補足 月を表す「MM」は、分を表す「mm」と区別するため、大文字で入力します。「MM」では2桁表示、「M」では1桁表示になります。
年は単純に { = { date ¥@yyyy } +10 } のように計算できますが、月の場合は「12月」に「1」を足せば「13月」になってしまいます。そこで、「12月」を超えたら「1月」に戻るしかけが必要です。それには、現在月を12で割り、その余りに「1」を足します。
余りの計算には「Mod」関数を使い、「=Mod(n,m)」のように記述します。これで「n÷m」の余りが表示されます。現在月に「1」を足すには { = { mod({ date ¥@MM },12)+1 } のように記述します。
日付の計算は月によって日数が異なるのでかなり複雑になります。不可能ではありませんが避けた方が無難です。

10-3 フィールドのテクニック　　　2013　2010　2007

337 計算表の合計金額を転記する（Ref）

「Ref」フィールドを使うと、別の場所を参照し、その内容を表示することができます。ただし、参照先に手を加えた場合は F9 キーによる更新が必要です。参照先としては、[見出し]スタイルやブックマークなどを設定できます。ここでは計算表の金額を本文中に転記するという例を紹介します。

操作 まず、参照したい範囲を選択し、[挿入]-[リンク]-[ブックマーク]でブックマークを設定します。

次に、ブックマークを参照する箇所に文字カーソルを置いて Ctrl + F9 キーを押し、フィールド記号内に「ref ブックマーク名」のように記述して更新します。フィールド名の大文字・小文字は区別されないので、すべて小文字で入力してもかまいません。

▼「Ref」フィールドを入力する

フィールド記号の中に「ref ブックマーク名」のように入力

項目	数量	単価	金額
帽子	1	5,200	5,200
ハンカチ	3	1,000	3,000
ベルト	1	7,500	7,500
消費税（8％）			1,256
総合計			16,956

お問い合わせいただきました内容につきまして、下記のとおりお見積もり申し上げます。
合計金額＝{ ref 総合計 }円（{ ref 消費税 }円を含む）。

ブックマーク名「消費税」を設定済み。
ブックマーク名「総合計」を設定済み。

▶ F9 キーを押して更新し、文字書式を変更（太字、下線など）

お問い合わせいただきました内容につきまして、下記のとおりお見積もり申し上げます。
合計金額＝**16,956** 円（**1,256** 円を含む）。

文字書式を変えると自動的に「¥* MERGEFORMAT」が追記される。

合計金額＝{ ref 総合計 ¥* MERGEFORMAT }円（{ ref 消費税 ¥* MERGEFORMAT }円を含む）。

補足 文字書式を変えるとフィールドコードに自動的に「¥* MERGEFORMAT」と追記されます。これは参照先を更新しても文字書式が更新されないようにするオプションで、[フィールド]ダイアログボックスの[書式を更新時に変更しない] *に対応しています。

→ 414 ページ「330 フィールドダイアログボックスを使う」参照。

10-3 フィールドのテクニック　　2013　2010　2007

338 必要事項の入力欄を印刷時に呼び出す（Ask）

「Ask」フィールドは、更新すると入力用のダイアログボックスを表示する特殊なフィールドです。入力内容は「Ask」フィールドで指定する「ブックマーク」に保存されます。入力内容を実際に表示するには、前項で紹介した「Ref」フィールドを使ってブックマークを参照します。

操作 まず、文頭に文字カーソルを置いて [Ctrl] + [F9] キーを押し、フィールド記号内に「ask ブックマーク名 プロンプト名 ¥d 既定値」のように記述して更新します。フィールド名の大文字・小文字は区別されないので、すべて小文字で入力してもかまいません。

「プロンプト名」とはダイアログボックスの入力欄に表示される語句、「既定値」とはブックマークに最初に割り当てる語句のことです。

▼宛先用と時候用の「Ask」フィールドを入力する

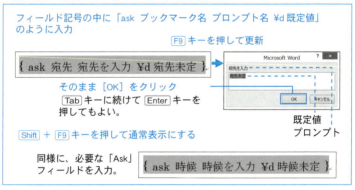

「Ask」フィールドは、通常表示では見えなくなります。手直しする場合は [Alt] + [F9] キーを押し、文書全体のフィールドコードを表示させる方法が便利です。

次に、入力結果を実際に表示する箇所に文字カーソルを置いて [Ctrl] + [F9] キーを押し、フィールド記号内に「Ref ブックマーク名」のように記述して更新します。

▼「Ref」フィールドを入力する

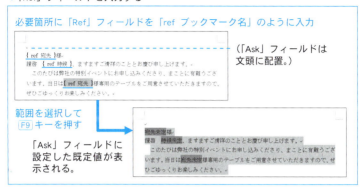

|補足| 「Ask」フィールドによるダイアログボックスを呼び出すには更新が必要なので、一般には自動更新のしかけを設定します。

自動更新の方法としては、印刷時のフィールド更新オプション*を使う方法が簡単です。このオプションを利用すれば、差し込み印刷時に必要箇所を逐次変更するということもできます。

→ 417ページ「333 印刷時にフィールドを自動更新させる」参照。

なお、「Ask」フィールドを差し込み印刷で使う場合はどこに置いてもかまいませんが、通常印刷で使う場合は必ず「Ref」フィールドよりも前に置いてください。順序を逆にすると、「Ask」フィールドの更新結果が「Ref」フィールドに反映されずに印刷されてしまいます。

▼フィールドを更新して印刷

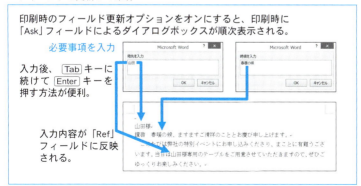

339 新規文書作成時に入力欄を呼び出す（FillIn）

帳票類などのテンプレートでは、必須項目の入力箇所に「FillIn」（フィルイン）フィールドを配置すると便利です。そのテンプレートから新しい文書を開くと自動的に入力用ダイアログボックスが呼び出され、素早く入力できるようになります。

操作 まず、入力項目の表示位置に文字カーソルを置いて [Ctrl] + [F9] キーを押し、フィールド記号内に「fillin プロンプト名 ¥d 既定値」のように記述して更新します。フィールド名の大文字・小文字は区別されないので、すべて小文字で入力してもかまいません。

「プロンプト名」とはダイアログボックスの入力欄に表示される語句、「既定値」とは「FillIn」フィールドに割り当てる語句のことです。

▼「FillIn」フィールドを入力する

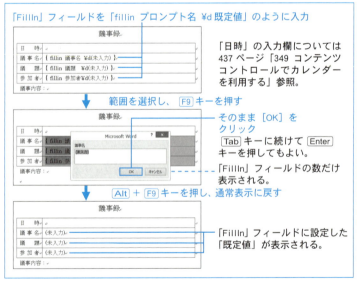

上図の状態でテンプレートとして保存すれば、同テンプレートから新しい文書を開くと入力ダイアログボックスが呼び出されます。

10-3 フィールドのテクニック

`2013` `2010` `2007`

340 見積書の条件によって請求金額を変える（If）

「If」フィールドを使うと、条件によって表示を変えることができます。差し込み印刷の表示制御*などがおもな用途ですが、工夫しだいでいろいろな使い方が考えられます。ここでは、「請求金額が 20,000 円を超えた場合に 10％の値引きを表示する」という例を紹介します。

→ 663 ページ「524 宛先によって敬称を変える」参照。

操作 フィールド内で別の箇所の値を参照する場合は、参照先にブックマークを付けておきます。下図では「総合計」の金額に「総合計」というブックマーク名を付けています。

次に、「If」フィールドを配置する箇所に文字カーソルを置いて [Ctrl] + [F9] キーを押し、フィールド記号内に「If 条件 成立時の結果 不成立時の結果」のように記述します。各要素の間は半角スペースで区切ります。フィールド名の大文字・小文字は区別されないので、すべて小文字で入力してもかまいません。

▼「If」フィールドを入力する

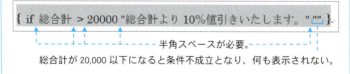

「If」フィールドを「If 条件 成立時の結果 非成立時の結果」のように入力

{ if 総合計 >20000 "総合計より 10％値引きいたします。" "" }

半角スペースが必要。

総合計が 20,000 以下になると条件不成立となり、何も表示されない。

補足 半角スペースは「>」や「=」などの演算子の前後にも必要です。省略すると常に「条件成立」となり、正しく表示されません。

10-3 フィールドのテクニック

341 ブックマークの値を設定する (Set)

「Ref」フィールドを使うとブックマークを参照できますが*、ブックマークをあちこちに設定するのは手間がかかる上に、メンテナンスも不便です。

→ 423ページ「337 計算表の合計金額を転記する (Ref)」

そこで活用したいのが「Set」フィールドです。同フィールドは「set ブックマーク名 値」という書式になっており、更新すると、その位置にブックマークと値が設定されます。同フィールドは通常表示では見えないので、文頭にまとめて配置すれば、メンテナンスが楽になります。

操作 文頭に文字カーソルを置いて [Ctrl] + [F9] キーを押し、下図のようにフィールドコードを記述します。フィールド名の大文字・小文字は区別されないので、すべて小文字で入力してもかまいません。

▼「Set」フィールドを入力する

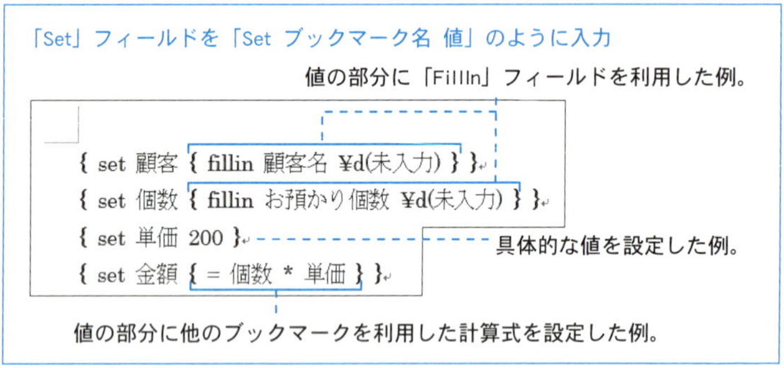

「Set」フィールドを「Set ブックマーク名 値」のように入力

値の部分に「FillIn」フィールドを利用した例。

```
{ set 顧客 { fillin 顧客名 ¥d(未入力) } }
{ set 個数 { fillin お預かり個数 ¥d(未入力) } }
{ set 単価 200 }              具体的な値を設定した例。
{ set 金額 { = 個数 * 単価 } }
```

値の部分に他のブックマークを利用した計算式を設定した例。

補足 「顧客」と「個数」の「Set」フィールドでは、値の部分に「FillIn」フィールドを使っています。これは入力メッセージを表示するフィールドで*、入れ子にすると入力した値をブックマークに割り当てることができます。

→ 426ページ「339 新規文書作成時に入力欄を呼び出す (FillIn)」参照。

注意 文書全体を選択してフィールドを更新すると、文頭から順に処理されます。そのため、上図の例では「= 個数*単価」を「個数」や「単価」よりも後に記述しないと、正しい計算結果は得られません。

操作　「Set」フィールドでブックマークを定義したら、必要箇所に「Ref」フィールドを入力します。

▼「Set」フィールドのブックマークを「Ref」フィールドで参照する

「Ref」フィールドを「Ref ブックマーク名」のように入力

```
手荷物お預かり伝票。
{ ref 顧客 }様。
手荷物{ ref 個数 }個を下記の通りお預かりいたしました。代金{ ref 金額 }円を手荷物のお
引き渡し時にお支払いください。
お名前　{ ref 顧客 }
個　数　{ ref 個数 }　単　価　{ ref 単価 }　金　額　{ ref 金額 }
```

入力を終えたら [Alt] + [F9] キーを押して文書全体のフィールドコードを通常表示に切り替え、文書全体を選択して [F9] キーで更新します。「FillIn」フィールドを使っている場合は入力ダイアログボックスが表示されるので、そのまま [OK] をクリックしてください。

なお、「Set」フィールドは通常表示では見えなくなります。したがって、余計な段落記号 ↵ を削除すれば、空段落を消すことができます。

▼「Set」フィールドと見出しをひとつの段落にまとめた例

注意　上記の例では「金額」を「Set」フィールド内で計算しています。計算式を実行するにはフィールドの更新が必要ですが、「FillIn」フィールドを含む範囲を更新すると入力ダイアログボックスが再度呼び出されるので、通常、このような処理にはマクロプログラムを使います。なお、「FillIn」フィールドを使ったテンプレートから新規文書を開くと、同フィールドによる入力ダイアログボックスが自動表示されます。それ以外の場合は、文書全体を選択して [F9] キーを押せば入力ダイアログボックスが表示され、他のフィールドも更新されます。

10-3 フィールドのテクニック

342 セクションやページへのジャンプボタンを作る（GoToButton）

「GoToButton」フィールドを使うと、「セクション3」や「20ページ」などの所定の位置へのジャンプボタンを作ることができます。

操作　「GoToButton」フィールドを配置する箇所に文字カーソルを置いて Ctrl + F9 キーを押し、フィールド記号内に「gotobutton ジャンプ先 表示名」のように記述します。

フィールド名の大文字・小文字は区別されないので、すべて小文字で入力してもかまいません。先頭から「20ページ目」へジャンプするには、「ジャンプ先」に「p20」のように記述します。「セクション3」へジャンプするには「s3」のように記述します。

▼［GoToButton］フィールドを入力する

「GoToButton」フィールドを「gotobuton ジャンプ先 表示名」のように入力

{ gotobutton s3 セクション3へ }

F9 キーを押して表示を更新

セクション3へ　　更新結果に文字の「囲み線」を設定した例。

表示名のかわりに画像を使う場合は「IncludePicture」フィールドを
入れ子にして、画像の保存フォルダーとファイル名を設定。

{ gotobutton s3 { includepicture "C:¥¥Users¥¥Tanaka¥¥Pictures¥¥arrow.png" } }

F9 キーを押して表示を更新　　¥¥を2つずつ入れることに注意。

ダブルクリックすると該当箇所へジャンプする。

補足　文書内で別の場所へジャンプするには「ハイパーリンク」を設定する方法もありますが、［見出し］スタイルの段落以外へジャンプするにはブックマークを設定する必要があります。「GoToButton」でもブックマークへジャンプできますが、「セクション3」や「20ページ」などであればブックマークは不要です。

10-3 フィールドのテクニック　2013　2010　2007

343 マクロ実行用のしかけを文書内に作る

Wordのコマンドや独自に作ったマクロは、通常はリボンのボタンやショートカットキーで実行しますが、文書内に「MacroButton」フィールドを配置すると、フィールドのダブルクリックでコマンドやマクロを実行できるようになります。

操作　「MacroButton」フィールドを配置する箇所に文字カーソルを置いて Ctrl + F9 キーを押し、フィールド記号内に「macrobutton コマンド名 表示名」のように記述します。

フィールド名の大文字・小文字は区別されないので、すべて小文字で入力してもかまいません。「コマンド名」には、Wordのコマンド名、またはマクロ名を記述します。ここでは例として、文頭にジャンプするコマンド「StartOfDocument」を利用してみます。

▼ Wordのコマンド実行用フィールドを配置する

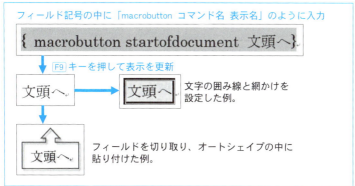

「MacroButton」フィールドをダブルクリックすると、コマンドまたはマクロが実行されます。上図の場合は文字カーソルが文頭にジャンプします。

補足　「MacroButton」フィールドはそのままでは普通の文字が表示されるだけです。したがって、たとえば上図のように文字書式やオートシェイプで飾るなど、実行ボタンであることを示す工夫が必要です。

350 コンテンツコントロールで選択入力する

[ドロップダウンリストコンテンツコントロール]、[コンボボックスコンテンツコントロール]を使うと、あらかじめ登録した選択肢から選択入力できます。前者で入力できるのは選択肢だけですが、後者は選択肢にない語句も入力できます。

操作 [開発]-[デザインモード]をオンにした上で次のように操作します。

▼コンテンツコントロールで選択入力のしかけを作る

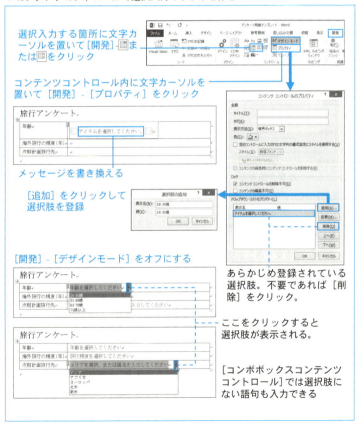

選択入力する箇所に文字カーソルを置いて[開発]-🗒 または 🗒 をクリック

コンテンツコントロール内に文字カーソルを置いて[開発]-[プロパティ]をクリック

メッセージを書き換える

[追加]をクリックして選択肢を登録

[開発]-[デザインモード]をオフにする

あらかじめ登録されている選択肢。不要であれば[削除]をクリック。

ここをクリックすると選択肢が表示される。

[コンボボックスコンテンツコントロール]では選択肢にない語句も入力できる

10-4 コンテンツコントロールのテクニック　2013　2010　2007

351 コンテンツコントロールで文書パーツを選択する

🖼[文書パーツギャラリーコンテンツコントロール]を使うと、登録済みの「文書パーツ」を選択して挿入できます。文書パーツには文字だけでなく図表も登録できるので、アイデアしだいでいろいろな使いみちが考えられます。ここでは回覧先一覧を文書パーツに登録し、コンテンツコントロールで選択表示する例を紹介します。

操作 🖼[文書パーツギャラリーコンテンツコントロール]に表示する内容は、文書パーツギャラリーの種類と分類で絞り込むしくみになっています。そこで、必要な文書パーツをあらかじめ同じ種類と分類で登録します。

▼回覧先一覧を文書パーツに登録する

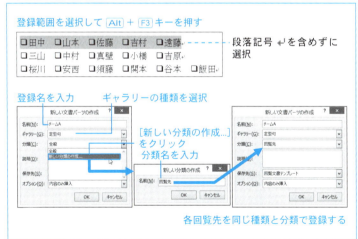

文書パーツは、たとえば[クイックパーツギャラリー]などから挿入することがなければ[定型句]に登録します。さらに[分類]で新しい分類を作り、用途に応じた名前を付けておけば、🖼[文書パーツギャラリーコンテンツコントロール]の設定がわかりやすくなります。

文書パーツを用意したら、[開発] - [デザインモード] をオンにした上で、次のように操作します。

▼ [文書 パーツギャラリーコンテンツコントロール] を挿入する

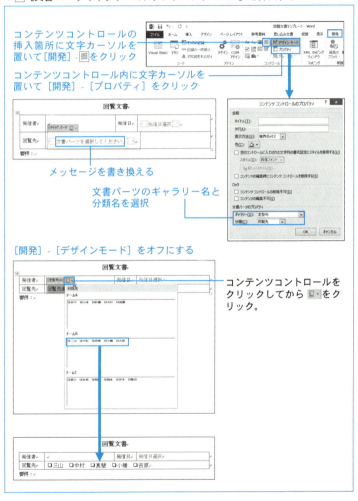

補足 あとから同じ種類と分類で文書パーツを登録すれば、以降はその文書パーツも上図の一覧に表示されるようになります。

10-4 コンテンツコントロールのテクニック　2013　2010　2007

352 コンテンツコントロールで画像を簡単に挿入する

たとえば履歴書や社員カードなどで写真の挿入位置に [画像コンテンツコントロール] を利用すると、Wordの操作に不慣れな人に配布する場合などに便利です。

操作 [画像コンテンツコントロール] を挿入する場合、[開発] - [デザインモード] はオン・オフどちらでもかまいません。挿入位置に文字カーソルを置いて次のように操作します。

▼ [画像コンテンツコントロール] を挿入する

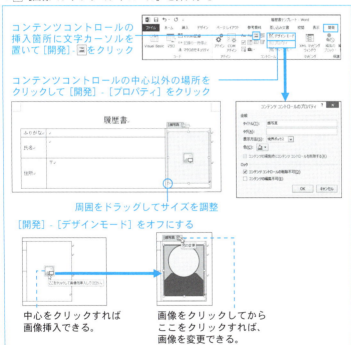

コンテンツコントロールの挿入箇所に文字カーソルを置いて [開発] - をクリック

コンテンツコントロールの中心以外の場所をクリックして [開発] - [プロパティ] をクリック

周囲をドラッグしてサイズを調整

[開発] - [デザインモード] をオフにする

中心をクリックすれば画像挿入できる。

画像をクリックしてからここをクリックすれば、画像を変更できる。

補足 [画像コンテンツコントロール] と画像の縦横比が異なる場合は、長辺優先で短辺が調整されます。

353 コンテンツコントロールで帳票の行を増減する

Word2013 には、[セクションコンテンツ繰り返しコントロール]という機能があります。これは、本文段落あるいは表の行を、簡単な操作で増減できる機能です。たとえば下図に示す帳票のように、事前に行数を確定できない入力欄などにコンテンツコントロールを使う場合に役立ちます。

操作 [セクションコンテンツ繰り返しコントロール]を挿入する場合、[開発]-[デザインモード]はオン・オフどちらでもかまいません。繰り返したい範囲を選択して次のように操作します。

▼[セクションコンテンツ繰り返しコントロール]を挿入する

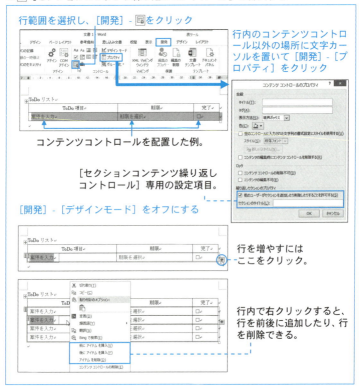

Chapter 11

表操作のテクニック

11-1 表の作成・削除・解除

354 表罫線の描画モードで表を作る

2013 2010 2007

表を作るには、「行数×列数」を指定して挿入する方法、入力済みの文字範囲を選択して表化する方法、表罫線の描画モードで作る方法があります。
「行数×列数」指定と、文字範囲選択→表化では、表は本文の段落間に配置されますが、表罫線の描画モードで作る場合は、描く場所によって本文に対する配置結果が異なるので注意が必要です。

▼ 表罫線の描画モードでは描く場所によって結果が異なる

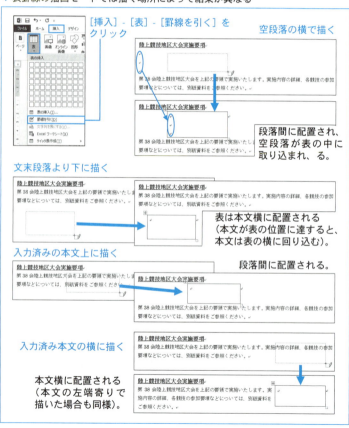

11-1 表の作成・削除・解除　　　　　　　　　　2013　2010　2007

355　入力済みの本文を表に変える

入力済みの文字範囲を選択して表化することができます。この機能は、作表だけでなく表の加工にも役立ちます。表化する範囲内の項目間をタブ文字や半角カンマで区切っておけば、行数と列数は自動調整されます。

▼文字範囲を選択して表化する

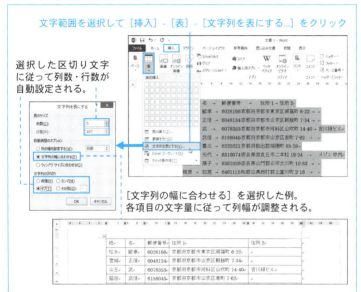

補足 列幅を指定する場合は［列の幅を固定する］を選択します。このオプションで［自動］を選択すると、表幅は本文幅に合わせて調整され、列幅は均等割りされます。ただし、選択範囲の全段落に同じタブ位置を設定していれば、タブ位置の間隔に合わせて列幅が設定されます。
［文字列の幅に合わせる］を選択すると、各項目の文字量に従って列幅が調整されます。文字を入力・削除すれば列幅も変わります。
［ウィンドウサイズに合わせる］を選択すると、本文幅に合わせて表幅が調整され、各列幅は均等割りされます。

445

Chapter 11 表操作のテクニック

11-1 表の作成・削除・解除

2013　2010　2007

356 縦書き文書で複数ページにわたる表を作る

Wordの表には横書き仕様しかありません。縦書き文書内に表を置くことも、中の文字を縦書きにすることもできますが、列と行の扱いは横書き仕様のままです。そのため、たとえば住所録で1件のデータを増やすには表の列を増やす必要があります。とくに複数ページにわたる名簿などを表で作るのは大変な手間がかかり、非現実的です。

このような場合は、表機能ではなく「段落罫線」と「縦線タブ」を使う方法が便利です。1件のデータはひとつの段落なので、Enter キーを押すだけで簡単に増減できます。

操作 段落罫線で表のような体裁にするには、範囲全体を選択して[ホーム] - [田・] [罫線] - 田 [格子] をクリックします。罫線の仕様をこまかく設定する場合は [田・][罫線] - [線種とページ罫線と網かけの設定...] をクリックし、[線種とページ罫線と網かけの設定] ダイアログボックスを呼び出してください。

▼ 縦書き文書で段落罫線を設定する

段落罫線を設定する段落範囲を選択し、[ホーム] - [田・] - 田 [格子] をクリック

タブ位置を正確に決めるには［タブとリーダー］ダイアログボックスを使う必要がありますが、見た目で決めるには水平ルーラーのタブマーカーが便利です。縦書きのままでは水平ルーラーを使うことはできませんが、文書を一時的に横書きに変えれば設定可能です。

▼縦書き文書で縦線タブを設定する

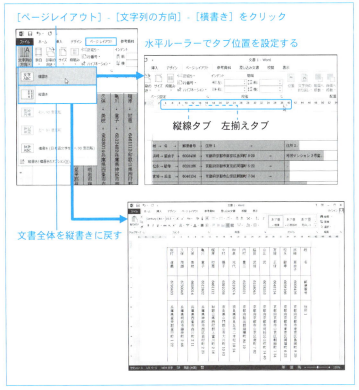

Tips 縦書き文書に表を挿入するとページから飛び出してしまう

［挿入］-［表］で「行数×列数」を指定して作った表の表幅は、本文幅に合わせて自動調整されますが、縦書き文書では本文高に合わせて調整されます。そのため、ページ設定が縦長の場合は表幅が本文幅より長くなり、ページから飛び出してしまいます。

11-1 表の作成・削除・解除

357 各表を同じ体裁で作る ～「クイック表」

同じ体裁の表をたくさん作る場合、配置場所が最初からわかっていれば「コピー→貼り付け」で処理できますが、そうでなければ「クイック表」あるいは「オートコレクト」を使います。ここではクイック表について解説します。
クイック表を作るポイントは、できるだけ汎用的な体裁で仕上げることです。行数は簡単に増やせるので、「項目行」「項目列」「データ行」などの基本的な体裁を決め、最小限の行を用意します。列も増減できますが、どちらかといえば減らす方が簡単なので、想定できる最大数で作っておきます。

操作 クイック表に登録するには、基本となる表を作り、表の移動ハンドル ⊞ をクリックして表全体を選択した上で、次のように操作します。

▼表をクイック表に登録する

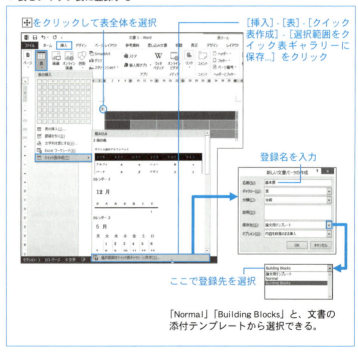

補足 「クイック表」は文書パーツの一種です。前ページの図の手順で操作すると、[ギャラリー]は自動的に[表]になります。表ギャラリーに登録した文書パーツは[挿入]-[表]-[クイック表作成]に表示され、クリックすれば挿入できます。

文書パーツの標準的な登録先は「Normal」と「Building Blocks」で、これらに登録した文書パーツは全文書で利用できます。ただし、「Normal」(白紙の文書)テンプレートはトラブルなどで削除せざるを得ない場合もあるので、避けた方が無難です。

「Normal」以外のテンプレートから作った文書では、[保存先:]にその添付テンプレートも表示されます。特定の文書でしか使わない文書パーツは添付テンプレートに保存することをお勧めします。

表の行は右下端のセル内で [Enter] キーを押せば簡単に増やすことができます。列を増減するには該当列の上端を右クリックしてショートカットメニューをクリックします。

表の設定によっては、列を減らすと表幅が狭くなります。その場合は次のように操作すれば、列幅を本文幅に合わせることができます。

▼列幅を本文幅に合わせる

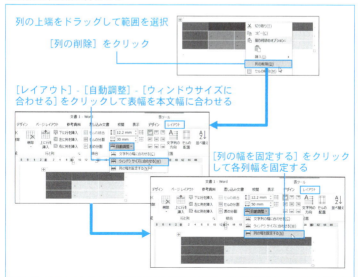

11-1 表の作成・削除・解除

358 各表を同じ体裁で作る 〜オートコレクト

「オートコレクト」*には語句だけでなく図表も登録できます。登録語句を入力すると登録内容に瞬時に変わるので、とくに文章の入力中にキーボードから表を挿入する場合に便利です。オートコレクトに登録した内容は、すべての文書で利用できます。

→ 「10-2 オートコレクト」の各項参照。

表をいろいろな文書で利用するには、できるだけ汎用的な体裁で仕上げることが大切です。行数は簡単に増やせるので、「項目行」「項目列」「データ行」などの基本的な体裁を決め、最小限の行を用意します。列も増減できますが、どちらかといえば減らす方が簡単（前ページ参照）なので、想定できる最大数で作っておきます。

操作 表をオートコレクトに登録するには、基本となる表を作り、表の移動ハンドル ⊞ をクリックして表全体を選択した上で、次のように操作します。

▼ 表をクイック表に登録する

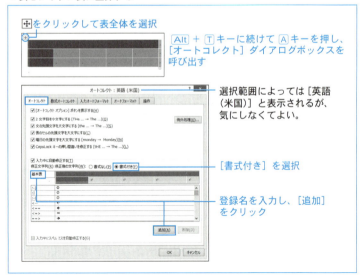

11-1 表の作成・削除・解除

2013 2010 2007

359 表をすばやく削除する

表を削除するには、表の中をクリックし、表の [レイアウト] - [削除] - [表の削除] をクリックするのが標準的な方法ですが、もっと簡単な方法もあります。

操作 表だけを削除するには、表の移動ハンドル⊞をクリックして表全体を選択し、[ホーム] - [切り取り] をクリック、または [Ctrl] + [X] キーを押します。

また、表の前または後の段落を含めて範囲を選択すれば、[Delete] キーで削除できます。表だけを選択して [Delete] キーを押すと、表ではなく中身が削除されるので注意してください。

▼表をすばやく削除する

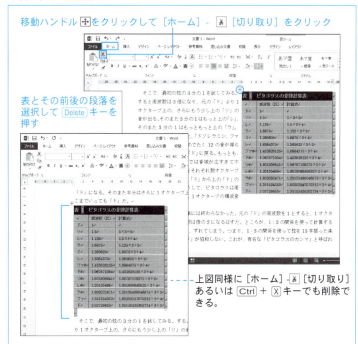

移動ハンドル⊞をクリックして [ホーム] - [切り取り] をクリック

表とその前後の段落を選択して [Delete] キーを押す

上図同様に [ホーム] - [切り取り] あるいは [Ctrl] + [X] キーでも削除できる。

Chapter 11　表操作のテクニック

11-1 表の作成・削除・解除　　　2013　2010　2007

360 本文横の表を解除する

表を解除して中身の文字を取り出すには、表の中に文字カーソルを置き［レイアウト］-［表の解除］をクリックします。本文横の表、より正確には［表のプロパティ］ダイアログボックスの［本文の折り返し］で［する］を設定した表を解除すると、表の中身が「レイアウト枠」で囲まれます。この場合はそのまま Ctrl + Q キーを押せば、レイアウト枠を解除して中身を取り出すことができます。ただし、中身の段落書式も解除されます。

▼ 本文横の表を解除する

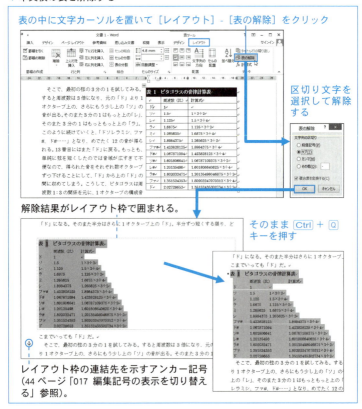

表の中に文字カーソルを置いて［レイアウト］-［表の解除］をクリック

区切り文字を選択して解除する

解除結果がレイアウト枠で囲まれる。

そのまま Ctrl + Q キーを押す

レイアウト枠の連結先を示すアンカー記号（44ページ「017 編集記号の表示を切り替える」参照）。

452

11-2 表内の入力と編集

361 表の中をキーボードで移動・選択する

2013 2010 2007

文字カーソルの移動や範囲選択はマウスが手軽ですが、表の中身を修正するような場合は、キーボードによる移動と範囲選択を覚えておくと便利です。

▼ 表の中をキーボードで移動する

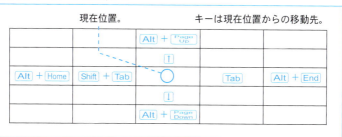

▼ 表の中をキーボードで選択する

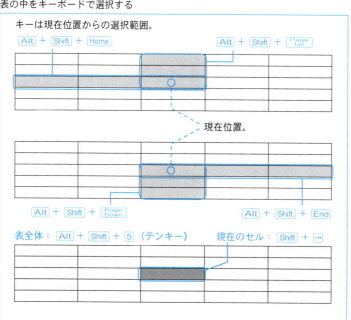

362 文書内の表を次々に処理する

文書内の表に対して同じ処理を繰り返す場合は、表へのジャンプ機能と、ジャンプのショートカットキーが便利です*。

→ 305 ページ「224 検索と置換ダイアログボックスのジャンプ機能を活用する」参照。

ただし、表の書式設定ではリボンのボタンを使うことが多いので、マウスで操作した方が便利です。マウスで表にジャンプするには、Word2010/2007 ではまず垂直スクロールバーの ○ [ジャンプ先の選択] - ▦ [表単位でジャンプ] でジャンプし、以降は ○ [ジャンプ先の選択] の上下の ▴ [前の表]、▾ [次の表] をクリックすればジャンプできます。

また、Word2013/2010 では [ナビゲーション] ウィンドウでも表を検索できます。同ウィンドウによる方法では表全体が選択状態になります。ただし、F4 キーによる繰り返しは効きません。

▼ [ナビゲーション] ウィンドウによる表検索

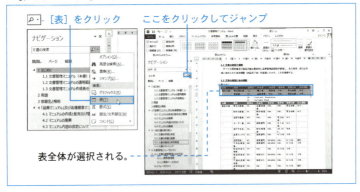

なお、同じ処理の繰り返しは F4 キーが便利ですが、[デザイン] -表スタイルの適用は F4 キーでは繰り返せないので、少し工夫が必要です*。

→ 522 ページ「418 同じ表スタイルを各表に素早く適用する」参照。

11-2 表内の入力と編集　　2013　2010　2007

363 表の中にタブ文字を入力する

Tabキーは、表の中ではセル間の移動に使われます。表の中にタブ文字を入力するには Ctrl + Tab キーを押します。

▼表の中にタブ文字を入力する

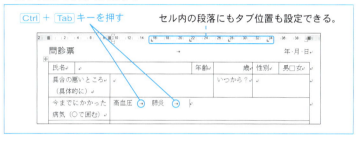

11-2 表内の入力と編集　　2013　2010　2007

364 複数のセルに同じ内容をまとめて入力する

表のセル範囲を選択して［ホーム］-［貼り付け］をクリックすると、事前にコピーした内容が各セルに貼り付けられます。このしくみを利用すれば、複数のセルに同じ内容を簡単に入力することができます。

▼同じ内容を複数のセルに貼り付ける

365 行の内容をコピーして列に貼り付ける

リーグ方式の対戦表のように行と列に同じ項目名が並ぶ場合、行または列に入力した内容をコピーして他方に貼り付けることができれば便利です。しかし、単純なコピー→貼り付けでは望む結果は得られません。

▼ 行→列は、単純なコピー→貼り付けでは処理できない

行をコピーして列に貼り付ける。　　コピー元の左端のセル内だけが貼り付けられる。

操作 行の内容をコピーして列に貼り付けるには、セル結合と貼り付けのオプションを利用します。セルを結合すると表の形が変わりますが、コピー直後に ⤺ [元に戻す] をクリックすれば元の形に戻ります。

▼ 行の内容をコピーして列に貼り付ける

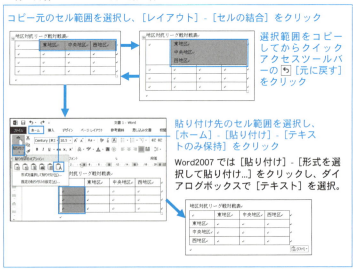

コピー元のセル範囲を選択し、[レイアウト] - [セルの結合] をクリック

選択範囲をコピーしてからクイックアクセスツールバーの ⤺ [元に戻す] をクリック

貼り付け先のセル範囲を選択し、[ホーム] - [貼り付け] - [テキストのみ保持] をクリック

Word2007では[貼り付け] - [形式を選択して貼り付け...]をクリックし、ダイアログボックスで[テキスト]を選択。

11-2 表内の入力と編集　　　　　　　2013　2010　2007

366 列の内容をコピーして行に貼り付ける

前項では行の内容を列にコピーする方法を紹介しましたが、逆の場合も単純なコピー→貼り付けでは望む結果は得られません。

操作 列の内容をコピーして列に貼り付けるには、セル分割と貼り付けのオプションを利用します。セルを分割すると表の形が変わりますが、コピー直後に [元に戻す] をクリックすれば元の形に戻ります。

▼ 列の内容をコピーして行に貼り付ける

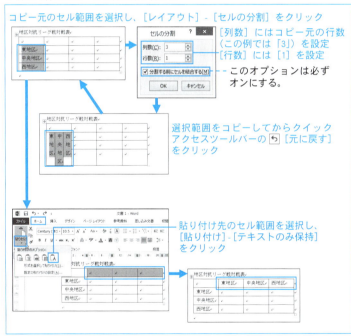

補足 Word2007 では単純に列のセル範囲をコピーし、行のセル範囲を選択してから [ホーム] - [貼り付け] - [形式を選択して貼り付け...] をクリックしてダイアログボックスで [テキスト] を選択するだけで処理できます。

457

11-3 表整形

367 表作成のオプションと表幅・列幅・行高の関係

表を整形するにあたっては、表幅・列幅・行高のオプションを理解する必要があります。これらのオプションは、表の作り方によって設定が異なります。

▼表作成時のオプション

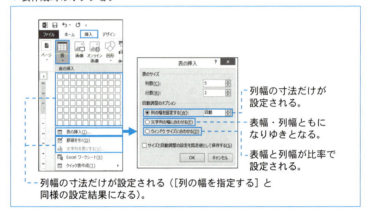

上図の「行数×列数」のパネルで作った場合、および［罫線を引く］［文字列を表にする...］で作った場合は列幅だけが寸法設定されます。つまり［列の幅を固定する］と同じ設定方式になります。

［ウィンドウサイズに合わせる］を選択した場合、表幅と列幅は本文幅に対する比率で設定されます。Word2010/2007 では表幅 100％です。ただし、この設定では表の両端が本文幅より飛び出します*。Word2013 では本文幅にちょうど合うように調整されるため、比率は本文幅によって異なります。

→ 460 ページ「369 表の両端を本文幅に揃える」参照。

行高は、［罫線を引く］で描いた場合のみ寸法の最小値が設定され、それ以外では「設定なし」、つまり中身によってなりゆきとなります。

なお、表の右下の「サイズハンドル」をドラッグすると、表全体の幅と高さを見た目で調整できます。この場合、元の状態が表幅・列幅ともに設定なしの場合に限り、表幅だけが寸法設定されます。他の状態では表幅・列幅ともに設定方法は変わりません。行高は、いずれの場合も最小値が設定されます。

11-3 表整形

368 表幅を設定する（列幅との関係）

表幅を設定するには［レイアウト］-［プロパティ］をクリックして［表のプロパティ］ダイアログボックスを呼び出します。

表幅と列幅は、一方だけ設定することも両方設定することもできます。ただし、両方設定すると矛盾が生じる場合があります。とくに表幅を設定する場合は列幅の決め方を正しく理解することが大切です。

▼表幅・列幅を設定する

比率で設定する場合はこちらを選択。

表幅	列幅	結果
設定なし	設定なし	列幅は中身の文字量で調整される
	寸法で設定	表幅は列幅に従ってなりゆきとなる
	比率で設定	各列幅は列幅の合計に対する比率で調整される。ただし、基準となる寸法がないので動作が不安定になる
寸法で設定	設定なし	表幅が固定され、各列幅は文字量の比率で調整される
	寸法または比率で設定	表幅が固定され、各列幅は列幅の合計に対する比率で調整される
比率で設定	設定なし	表幅が本文幅に対する比率で固定され、各列幅は文字量の比率で調整される
	比率または寸法で設定	表幅が本文幅に対する比率で固定され、各列幅は列幅の合計に対する比率で調整される

列幅だけを設定すると表幅はなりゆきとなり、表幅だけを設定すると列幅は中身によって自動調整されます。

両方設定すると表幅優先となり、列幅はその合計に対する比率で調整されます。たとえば3列の表の各列幅が「30mm」「15mm」「15mm」の場合、各列幅は表幅に対して「30/60」「15/60」「15/60」の割合で調整されます*。

→ 461ページ「370 列幅を実際の寸法に合わせて再設定する」参照。

369 表の両端を本文幅に揃える

Word2010/2007では、本文幅に合わせて表を作ると両端が本文端から飛び出します。これは、表の外枠ではなく中身の文字を本文幅に揃える仕様になっているためです。Word2013では表の外枠が本文幅に揃う仕様に変わりました。

操作 Word2010/2007で表の両端を本文幅に揃えるには、本文幅に合わせて表幅を設定し、表全体を「中央揃え」で配置します。ただし、そのままでは列幅の設定値が実際の寸法と一致しないので（前項参照）、［レイアウト］-［自動調整］-［列の幅を固定する］をクリックします。

▼表の両端を本文幅に揃える

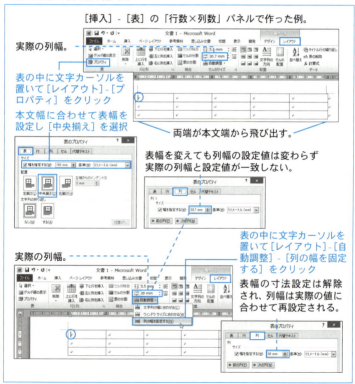

11-3 表整形　　　　　　　　　　　　　　　　2013　2010　2007

370 列幅を実際の寸法に合わせて再設定する

表幅と列幅の両方を設定すると表幅が優先され、各列幅は全列の合計に対する比率で調整されます。そのため、列幅の設定値は実際の寸法と異なることがあります（前項参照）。表幅と列幅の両方をきちんと決めるには、表幅は設定せずに、列幅の合計が目的の表幅になるように設定します。

操作 すでに表幅を設定した場合は、[レイアウト] - [自動調整] - [列の幅を固定する] をクリックすれば、列幅の設定値が実際の寸法に従って再設定され、表幅の寸法設定は解除されます。

▼列幅を実際の寸法に合わせて再設定する

列幅 10mm×5 列の表の表幅をあとから 120mm に設定した例。

実際の寸法は、表幅は設定どおりになり、列幅は設定と一致しない。

表の中に文字カーソルを置いて [レイアウト] - [自動調整] - [列の幅を固定する] をクリック

列幅が正しい値に再設定され、表幅の設定はオフになる。

補足 表幅と列幅の両方を設定している場合、列間をドラッグすると表幅と列幅が実際の寸法に合わせて再設定されます。ただし、表幅が固定されているので、[表のプロパティ] ダイアログボックスを使って列幅を変えると、列幅の設定値はまた実際の寸法とは合わなくなります。

371 表幅なりゆきで列幅を調整する

列幅を変えるには列間をドラッグする方法が簡単ですが、この場合はドラッグ箇所の列幅が変わり、表幅は変わりません。

操作 表幅なりゆきで特定箇所の列幅を変えるには、[Shift]キーを押したまま変更列の右側をドラッグするか、または変更列内に文字カーソルを置いて[レイアウト]-[列の幅の設定]欄で値を設定します。

▼表幅なりゆきで列幅を調整する

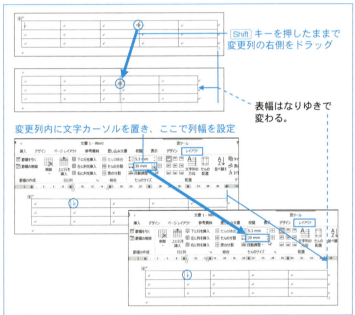

補足 列幅調整の結果、表幅が本文幅を超えると、自動的に表幅の値が設定されます。いったん表幅が設定されると、本文幅以下に再調整しても表幅の値は設定されたままです。この状態から表幅の値を解除して列幅の値だけを残すには、[レイアウト]-[自動調整]-[列の幅を固定する]をクリックします。

11-3 表整形　　　　　　　　　　　　　　　　　　　　　2013　2010　2007

372 表幅を変えずに列幅を調整する

列幅を変えるには列間をドラッグする方法が簡単ですが、場合によっては列ごとの調整が必要になります。

操作 [Ctrl] キーを押したままで変更列の右側をドラッグすると、表幅を変えずに各列幅の比率を保ったままで列幅を調整できます。

▼ 各列幅の比率と表幅を維持して列幅を調整する

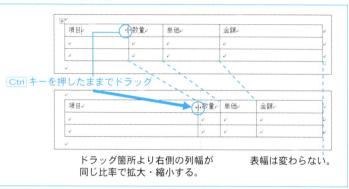

ドラッグ箇所より右側の列幅が　　表幅は変わらない。
同じ比率で拡大・縮小する。

補足 列幅を揃える場合は [レイアウト] - [幅を揃える] が便利です。

▼ 列幅を揃える

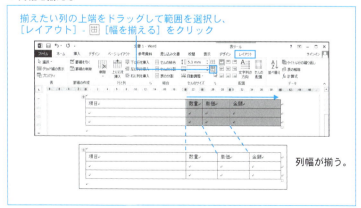

11-3 表整形

373 列幅の自動調整機能を活用する

表の列幅は、各列の中身に合わせて調整する方法と中身にかかわらず列幅を固定する方法があります。また、固定方式では寸法で固定する方法と本文幅に対する比率で固定する方法があります。列幅の自動調整オプションを活用すれば、これらの設定を簡単に変えることができます。

操作 表の中に文字カーソルを置き、次のように操作します。

▼ 列幅の自動調整オプションを活用する

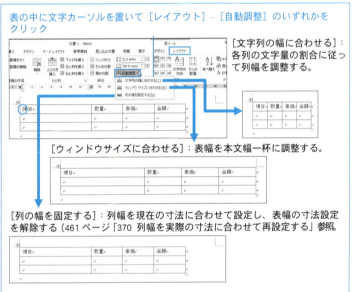

表の中に文字カーソルを置いて［レイアウト］-［自動調整］のいずれかをクリック

［文字列の幅に合わせる］：各列の文字量の割合に従って列幅を調整する。

［ウィンドウサイズに合わせる］：表幅を本文幅一杯に調整する。

［列の幅を固定する］：列幅を現在の寸法に合わせて設定し、表幅の寸法設定を解除する（461 ページ「370 列幅を実際の寸法に合わせて再設定する」参照。

補足 列幅を［文字列の幅に合わせる］で調整する場合は、適当な行にあらかじめ列幅調整用の文字を入力してからクリックし、続いて［自動調整］-［列の幅を固定する］をクリックすれば、ちょうどよい列幅に固定できます。文字数が多ければ自動的に折り返されますが、折り返しを禁止することもできます*。

→ 509 ページ「408 列幅の自動調整時にセル内容の折り返しを禁止する」参照。

11-3 表整形 | 2013 2010 2007

374 縦書きの表の列幅を調整する

前項で解説した [レイアウト] - [自動調整] - [文字列の幅に合わせる] は、縦書きの表では文字量ではなく段落数に従って調整されます。たとえば列内の段落数が1であれば、文字量が多くても列幅は1行分になります。また、セル内の左右の空きオプション*は正しく処理されません。

→ 469ページ「378 セル余白を調整する」参照。

操作 縦書きの表で行数に合わせて列幅を自動調整するには、あらかじめ高さを調整して必要行数を調べ、空段落を補います。

▼ 縦書きの表の列幅を調整する

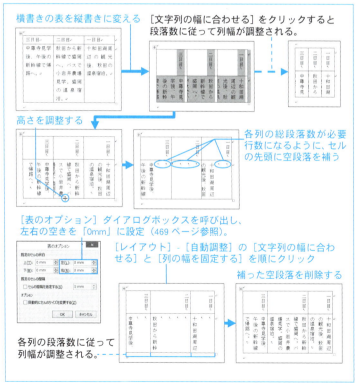

11-3 表整形

375 表の行高を調整する

表の行高は、とくに設定しなければ中身に従って自動調整されます。行高を強制する場合は寸法を指定するか、各行の下端をドラッグします。なお、表幅と異なり、表高を設定するオプションはありません。

操作 行高を寸法で調整するには[表のプロパティ]ダイアログボックスの[行]タブを呼び出し、次のように操作します。

▼行高を設定する

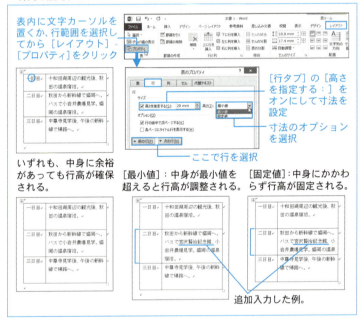

補足 [最小値]は、行の中身が空でも最小値の行高が確保され、中身が最小値に収まらなければなりゆきで調整されます。行高未設定の状態で行の下端をドラッグした場合は「最小値」が設定されます。
[固定値]は、行の中身にかかわらず行高が固定されます。中身が収まらなければその部分は見えなくなります。

11-3 表整形　　　　　　　　　　　　　　　　　2013　2010　2007

376 縦書きの表の行高を調整する

行高未設定の表を横書きから縦書きに変えると、行高は自動的に「20mm」、行高のオプションは[最小値]に設定されます。また、横書きの表では行高の寸法設定を解除すれば中身に合わせて自動調整されますが、縦書きの表ではたんに1行表示されるだけです。

基本的に、縦書きの表では行高の自動調整はできないので、寸法で指定するか、行の下端をドラッグして調整する必要があります。

→ 縦書きの表の列幅調整については 465 ページ「374 縦書きの表の列幅を調整する」参照。

▼縦書きの表の行高を調整する

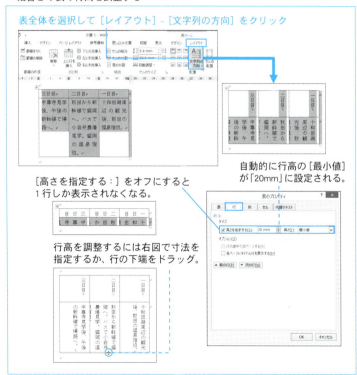

377 文書の末尾を表で終える

Wordでは、文書を表で終えることはできず、必ず最後に段落が入ります。そのため、文末の表が本文下端に達すると、そのあとに空段落だけの余計なページが残ってしまいます。

文末に空段落だけのページを作らないようにするには、文末段落の行高を最小に設定し、ページ内に収める方法が簡単です。

操作 段落の行高は最小「0.7pt」(約0.25mm)に設定できます。そこで、文末段落に文字カーソルを置いた上で次のように操作します。

▼ 文末段落の行高を最小に設定する

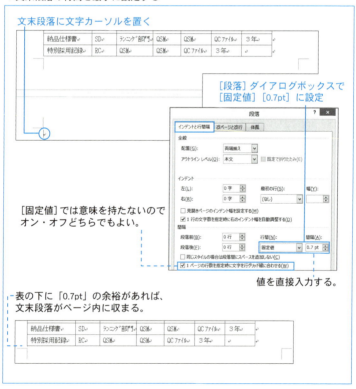

11-3 表整形　　　2013　2010　2007

378 セル余白を調整する

「セル余白」(セル枠とセル内段落との間隔)は、最初は左右「1.9mm」、上下「0mm」に設定されていますが、この空きは自由に調整できます。表全体の空きを統一することも、一部のセルだけ設定を変えることもできます。

操作 表全体のセル余白を調整するには[表のオプション]ダイアログボックスを呼び出し、次のように操作します。

▼ 表全体のセル余白を調整する

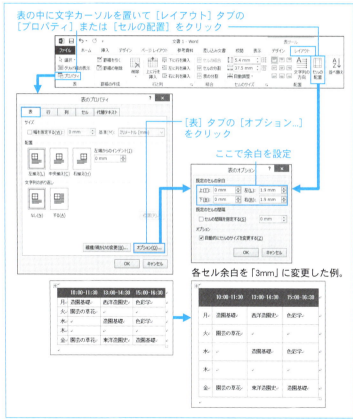

一部のセルのセル余白を調整するには、あらかじめセル範囲を選択した上で次のように操作します。

▼ 一部のセルのセル余白を調整する

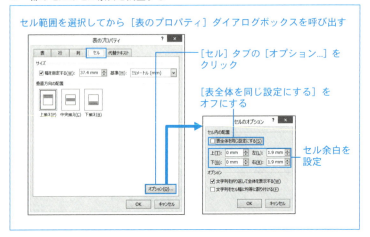

セル範囲を選択してから［表のプロパティ］ダイアログボックスを呼び出す

［セル］タブの［オプション...］をクリック

［表全体を同じ設定にする］をオフにする

セル余白を設定

補足 列幅・行高を設定していない場合、セル余白を変えると前ページの例のように列幅・行高はなりゆきで変わります。

列幅・行高を固定している場合、セル余白を大きくすると中身が狭くなります。そのため、セル内段落の行幅が狭くなったり、行が隠れることがあるので注意してください。

また、Word2010/2007では、段落間に「左揃え」で配置した表の左端は左セル余白の分だけ本文から飛び出す仕様になっているので、場合によっては表幅の調整が必要です*。

→ 460ページ「369 表の両端を本文幅に揃える」参照。

Tips 左右のセル余白が「1.9mm」に戻ってしまう

左右のセル余白は最初は「1.9mm」に設定されています。この値を「2mm」に変えても、［表のオプション］ダイアログボックスを閉じて開き直すと「1.9mm」に戻ります。ちょうど「2mm」に設定するにはいったん「2.5mm」以上に設定して同ダイアログボックスを閉じ、あらためて開いて「2mm」に設定すれば解決できます。

11-3 表整形

379 セルとセルの間を空ける

最初の設定では表は格子状に表示されますが、セルどうしの間隔を空けてパネルのように見せることもできます。

操作 セル間隔を空けるには表の中に文字カーソルを置き、次のように操作します。

▼ セル間隔を空ける

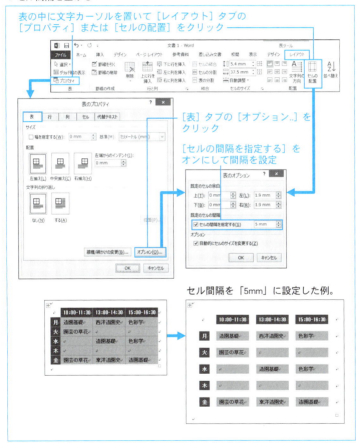

表の中に文字カーソルを置いて［レイアウト］タブの［プロパティ］または［セルの配置］をクリック

［表］タブの［オプション..］をクリック

［セルの間隔を指定する］をオンにして間隔を設定

セル間隔を「5mm」に設定した例。

380 一部の列のセルを数行ごとに結合する

たとえば左端列のセルを数行ごとに結合して見出しを付けるような場合、セル結合を繰り返さなくても簡単に処理できる方法があります。答えは「セル分割」です。

操作 特定の列だけセルを数行ごとに結合するには、列を選択して次のように操作します。

▼特定の列のセルを数行ごとに結合する

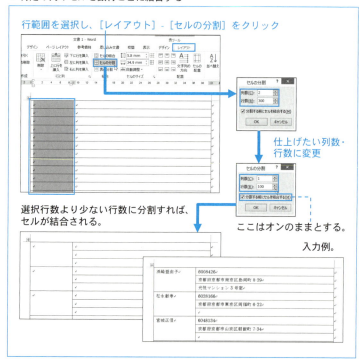

補足 [行数:]では、選択範囲の行数をちょうど割り切れる値が表示される。たとえば上図のように3行ごとに結合するには、3の整数倍の行数を選択し、選択行数の3分の1の値を指定する。

11-3 表整形　　　　　　　　　　　　　　　　　　2013　2010　2007

381 複数列の表を1列にまとめる

表幅に比べて列数が多いと、個々の列幅が狭まり、体裁がよくありません。そのような場合は行ごとにセルを結合し、1列にまとめるという方法もあります。インデントやタブ位置を活用すれば、それなりに見やすく仕上げることができます。

操作 複数列のセルを行ごとに結合して1列にまとめるには、表の中に文字カーソルを置き、次のように操作します。

▼ セルを行ごとに結合する

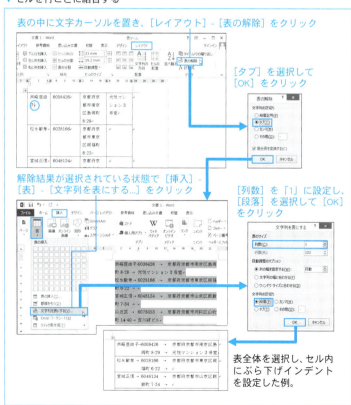

表の中に文字カーソルを置き、[レイアウト]-[表の解除]をクリック

[タブ]を選択して[OK]をクリック

解除結果が選択されている状態で[挿入]-[表]-[文字列を表にする...]をクリック

[列数]を「1」に設定し、[段落]を選択して[OK]をクリック

表全体を選択し、セル内にぶら下げインデントを設定した例。

382 一部の列だけ結合する

住所録の「番地」と「建物」の列をひとつの列にまとめたいといった場合は、「表の解除」と「文字列の表化」を活用します。

操作 表の一部の列だけ行ごとに結合するには、その範囲をコピーして別文書に貼り付け、加工してから元表に戻します。作業用の別文書を作るには Ctrl + N キーを覚えておくと便利です。

▼結合する列をコピーし別の文書に貼り付けて加工する

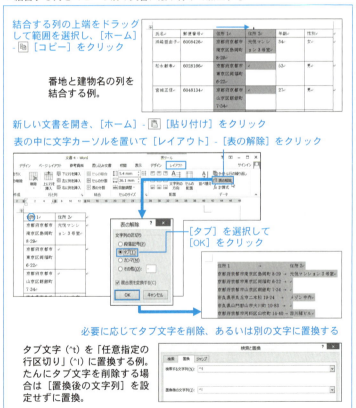

結合する列の上端をドラッグして範囲を選択し、[ホーム] - [コピー] をクリック

番地と建物名の列を結合する例。

新しい文書を開き、[ホーム] - [貼り付け] をクリック
表の中に文字カーソルを置いて [レイアウト] - [表の解除] をクリック

[タブ] を選択して [OK] をクリック

必要に応じてタブ文字を削除、あるいは別の文字に置換する

タブ文字(^t)を「任意指定の行区切り」(^l)に置換する例。たんにタブ文字を削除する場合は [置換後の文字列] を設定せずに置換。

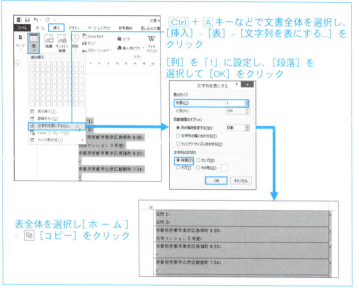

▼ 加工した表を元表に貼り付けて仕上げる

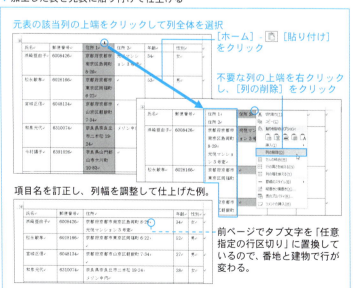

383 一部の列だけ複数列に分割する

たとえば住所録の住所欄を「番地」と「建物名」に分ける場合、単純に列を分割しても空の列が追加されるだけで、中身を振り分けることはできません。

操作 一部の列だけ複数列に分割し、中身を各列に振り分けるには、まず該当列をコピーして別の文書に貼り付け、次のように操作します。

▼分割したい列をコピーし、別文書に貼り付けて加工する

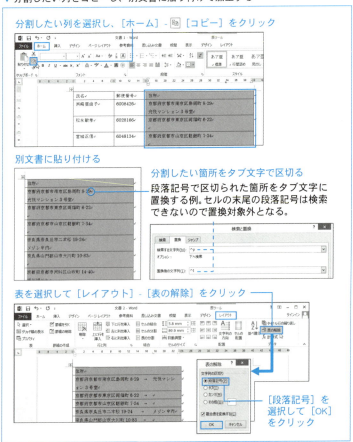

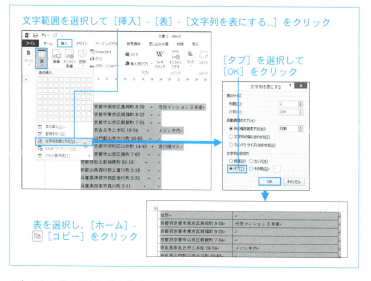

▼加工した表を元表に貼り付ける

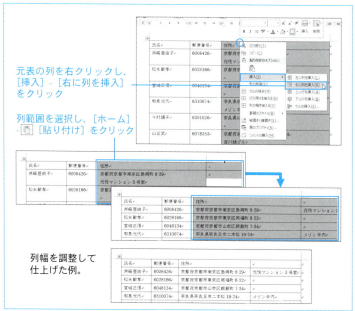

384 大きな表の列を入れ替える

表の列の入れ替えは、「列の切り取り」→「列の貼り付け」を繰り返せば処理できますが、数ページにまたがるような大きな表では処理に気をつかうだけでなく、動作が遅く、処理に時間が掛かります。

操作 大きな表の列を入れ替えるには、表をいったん解除して置換機能で項目順を入れ替え*、元表と同じ列数であらためて表化します。ただし、空白の項目があると正しく置換処理できないので、なんらかの方法で空白を埋めておく必要があります。

→ 346ページ「262 タブ文字で区切られた一覧の項目順を入れ替える」参照。

▼ 大きな表の列を入れ替える

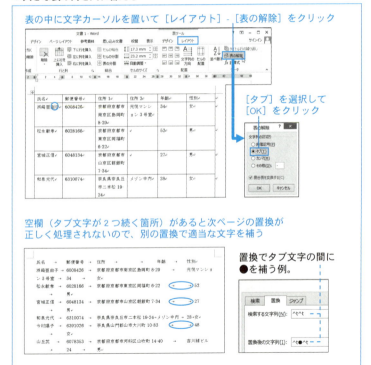

前ページの置換で補った記号。

[ワイルドカードを使用する]をオンにして、語句の並びを置換する（346ページ参照）。

▼ 項目を入れ替えた文字範囲を表化する

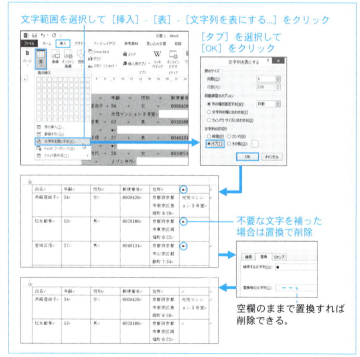

文字範囲を選択して［挿入］-［表］-［文字列を表にする...］をクリック

［タブ］を選択して［OK］をクリック

不要な文字を補った場合は置換で削除

空欄のままで置換すれば削除できる。

385 行と列を転置する（Wordで処理）

11-3 表整形　　2013　2010　2007

行と列の転置は、Excel があれば簡単に処理できます（次項参照）が、Word だけで処理する場合は少し工夫が必要です。

操作 行と列を転置するには、各列を結合した上で表を解除し、あらためて表化します。このさい、解除と表化ともに［段落記号］を区切り文字として選択するのがポイントです。

▼ 行と列を転置する

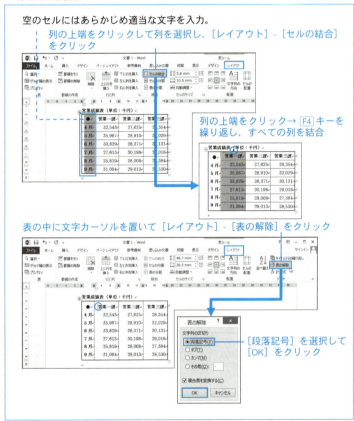

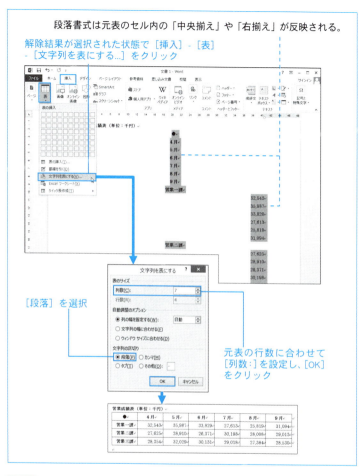

|補足| ここで紹介した方法は、各列内の段落数が揃わないとうまくいきません。結合セル内に空のセルがあると、その部分の段落記号は残らないので段落数が減ってしまいます。そこで、空のセルにはあらかじめ適当な文字を補い、加工後に削除します。

列の結合は、1箇所を結合したあとは「列の選択→ F4 キー」で処理できます。 F4 キーは、直前に行った操作を繰り返すショートカットキーです。

386 行と列を転置する（Excel を利用）

Excel には、ワークシートの中身の行と列を転置して貼り付けるオプションがあります。この機能を利用すれば、Word の表の転置も簡単に処理できます。

操作 転置したい表範囲を選択してコピーし、Excel 上で転置して Word に戻します。

▼ Word の表を Excel で転置する

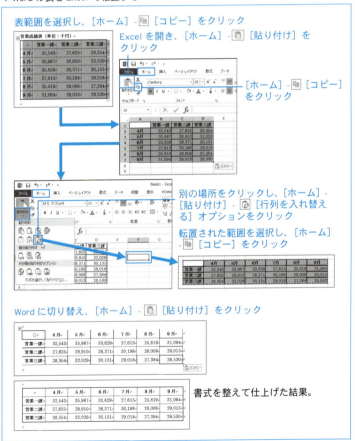

書式を整えて仕上げた結果。

11-3 表整形

2013 2010 2007

387 横書き仕様のセルの並び順を縦書き用に入れ替える

横書き文書内と縦書き文書内では表内容の並び順が異なります。入力済みの表を作り替える場合は手順を工夫する必要があります。

→ 446ページ「356 縦書き文書で複数ページにわたる表を作る」参照。

操作 横書き仕様のセルの並び順を縦書き用に入れ替えるには、行を逆順に並べ替えた上で行と列を転置します*。並べ替えに利用できる列がない場合は、行内に文字カーソルを置き、[Alt]+[Shift]+[↑]キー、[Alt]+[Shift]+[↓]キーを押して並べ替えます。行数が多い場合は、列を追加して連番を振り、並べ替えるという方法もあります*。

→ 480ページ「385 行と列を転置する(Wordで処理)」、前項「行と列を転置する(Excelを利用)」、520ページ「416 箇条書きを使わずに連番を振る」参照。

▼横書き仕様のセルの並び順を縦書き用に入れ替える

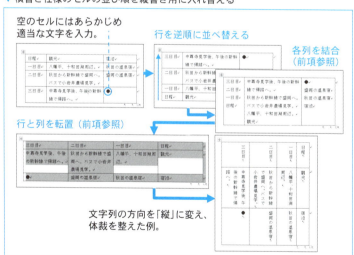

補足 縦書き文書では、表を解除すると中身が「レイアウト枠」で囲まれます。レイアウト枠を解除するには、表を解除した直後に[Ctrl]+[Q]キーを押す方法が簡単です。解除した表が画面から消えた場合も同様に操作してみてください。

388 表全体に影を付ける

表自体の修飾機能は罫線と網かけしかありませんが、テキストボックスの書式を利用すれば、表に影を付けたり3D（立体）化することができます。テキストボックスの中に表を作ることもできますが、加工しにくくなるので、先に表を作ってからテキストボックスで囲む方法が便利です。

操作 表をテキストボックスで囲むには、[レイアウト]-[自動調整]-[列の幅を固定する]をクリックし、表の列幅をあらかじめ固定してから次のように操作します。

▼表全体に影を付ける

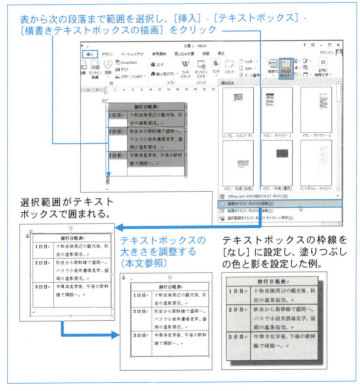

補足 テキストボックスの中に表だけを入れることはできません。したがって、必ず表の後の段落も含めて範囲を選択してください。
作成直後のテキストボックスは、中身との空きが設定されています*。Word2013 では、左の空きを「0mm」に、右の空きをセルの右余白*より少し大きめの値を設定すれば、テキストボックスの幅を表幅に合わせることができます。Word2010/2007 では、左右ともにセル余白に合わせて設定します。

→ 580 ページ「463 テキストボックスのサイズと中身の文字位置を調整する」、469 ページ「378 セル余白を調整する」参照。

なお、テキストボックス内の表に対して［レイアウト］-［自動調整］-［ウィンドウサイズに合わせる］をクリックすると、いろいろな不具合が生じるので避けてください。
テキストボックスの高さは表に続く段落も含めて調整されます。テキストボックスの高さを表に合わせるには、テキストボックスの下端をドラッグして調整します。また、表に続く段落の行高を最小に設定する方法もあります*。

→ 468 ページ「377 文書の末尾を表で終える」参照。

Word2013/2010 では、テキストボックスを塗りつぶさずに影を付けると、下図左のように表罫線、セルの網かけ、中身の文字にも影が表示されます。表に色を付けずに影だけを付けるには、テキストボックスを［白］に塗りつぶしてください。
Word2007 で影を付けるにはテキストボックスを塗りつぶす必要があります。

▼影、面取り、3D の設定例

Word2013

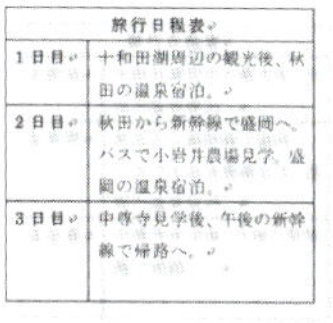

旅行日程表	
1日目	十和田湖周辺の観光後、秋田の温泉宿泊。
2日目	秋田から新幹線で盛岡へ。バスで小岩井農場見学、盛岡の温泉宿泊。
3日目	中尊寺見学後、午後の新幹線で帰路へ。

塗りつぶさずに影を付けた例。

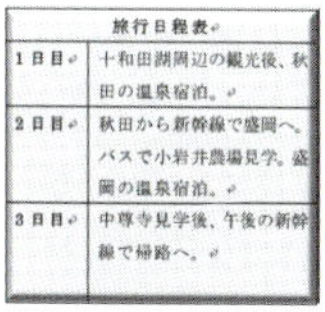

旅行日程表	
1日目	十和田湖周辺の観光後、秋田の温泉宿泊。
2日目	秋田から新幹線で盛岡へ。バスで小岩井農場見学、盛岡の温泉宿泊。
3日目	中尊寺見学後、午後の新幹線で帰路へ。

［面取り］の例。

Word2007

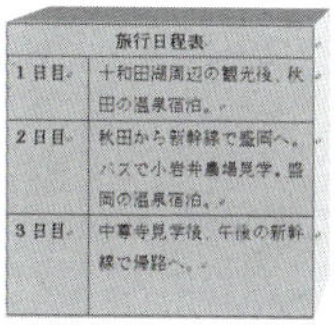

旅行日程表	
1日目	十和田湖周辺の観光後、秋田の温泉宿泊。
2日目	秋田から新幹線で盛岡へ。バスで小岩井農場見学、盛岡の温泉宿泊。
3日目	中尊寺見学後、午後の新幹線で帰路へ。

3D の例。

1
2
3
4
5
6
7
8
9
10
11
12
13
14
15
ショートカットキー

389 表の各セルを3D化する

下図のような事例はテキストボックスだけでも処理できますが、縦横に整列する場合は表を利用すると便利です。表にはセル内の文字位置を調整したり、セル間隔を広げる機能があるので、テキストボックスだけで処理するよりも楽に仕上げることができます。

操作 表の中にテキストボックスを埋め込むには、あらかじめテキストボックスを［行内］形式で配置して必要な書式を設定し、範囲を選択して表化すれば簡単に処理できます。

▼テキストボックスを表化する

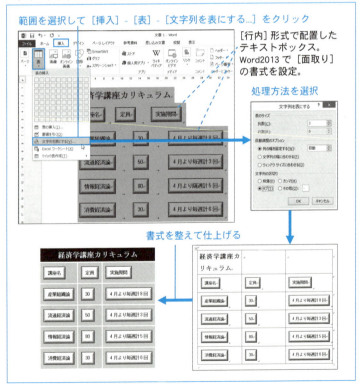

11-4 表の配置　　　　　　　　　　　　　　　　2013　2010　2007

390 段落間の表を本文領域の左・中央・右に揃える

［挿入］-［表］の行数×列数パネルなどで作った表は、本文の段落間に「左揃え」で配置されます。この表の左右の位置は、配置オプションと、次項で解説する表の左インデントで決まります。

操作 段落間に置いた表を本文幅の「左」「中央」「右」に揃えるには、表の移動ハンドル⊞をクリックし、［ホーム］-≡≡≡≡ をクリックします。≡［両端揃え］は「左揃え」になります。

▼表を本文幅の「左」「中央」「右」に揃える

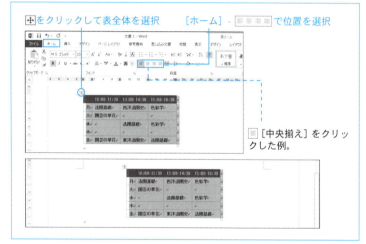

≡［中央揃え］をクリックした例。

補足 表の中に文字カーソルを置いたり、表の一部だけを選択した状態でこれらのボタンをクリックすると、表ではなくその段落の左右配置が変わります。

また、表全体を選択した場合でも、≡［均等割り付け］をクリックすると、表ではなく表の中の段落が均等割り付けになります。

Word2010/2007 では、「左揃え」で配置しても、表に設定した左側のセル余白の分だけ本文端から飛び出します。表の左端を本文端に揃えるには、次項で解説する表の［左インデント］を設定します。

391 段落間の表の位置を調整する

11-4 表の配置 | 2013 2010 2007

段落間に置いた表の左端の位置は表の「左インデント」で決まります。

操作 表の「左インデント」を調整するには、[表のプロパティ] ダイアログボックスを呼び出し、[配置] を [左揃え] に設定した上で、[左インデント] で位置を設定します。また、水平スクロールバーで表の左端の位置をドラッグしても調整できます。

▼ 段落間の表の位置を調整する

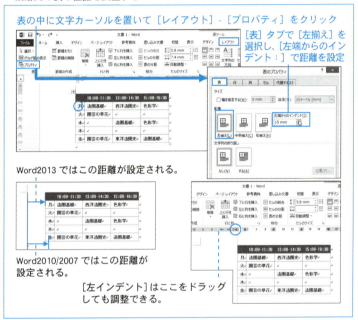

表の中に文字カーソルを置いて [レイアウト] - [プロパティ] をクリック

[表] タブで [左揃え] を選択し、[左端からのインデント:] で距離を設定

Word2013 ではこの距離が設定される。

Word2010/2007 ではこの距離が設定される。

[左インデント] はここをドラッグしても調整できる。

補足 [左インデント] は、Word2013 では本文左端から表の左端までの距離になりますが、Word2010/2007 では本文左端から左側のセル余白*の分だけ飛び出します。本文の左端に揃えるには、左側のセル余白に合わせて [左インデント] を設定します。

→ 469 ページ「378 セル余白を調整する」参照。

11-4 表の配置　　　　　　　　　　　　　　　　　2013　2010　2007

392 段落間の表を本文の横に置く

表罫線の描画モード*で作った表は描く場所によって段落間または本文横に配置されますが*、それ以外の方法で作った表はすべて段落間に配置されます。

→ 444ページ「354 表罫線の描画モードで表を作る」参照。

操作 段落間に配置した表を本文の横に置くには表の中に文字カーソルを置いて次のように操作します。

▼段落間の表を本文の横に置く

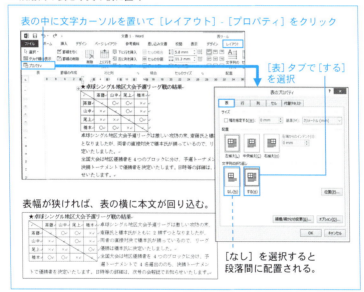

補足 表を本文横に置くには移動ハンドル ⊞ でドラッグするという方法もありますが、レイアウト上の不都合を生じる場合があります*。文章内容が確定している場合はドラッグでもかまいませんが、あとから手を加える予定があれば、ドラッグによる方法は避け、表の位置オプション*を正しく設定することをお勧めします。

→ 492ページ「394 本文横の表と本文段落との位置関係を修正する」、次項「本文横の表の位置を決める」参照。

11-4 表の配置

393 本文横の表の位置を決める

本文横に置いた表の位置は、基準からの縦位置と横位置で決まります。基準は縦方向・横方向それぞれについて設定します。表の縦位置は、本文段落に連動させることも、連動させずにページ上に固定することもできます。

操作 本文横の表の位置をきちんと決めるには、表の中に文字カーソルを置いて次のように操作します。

▼本文横の表の位置を決める

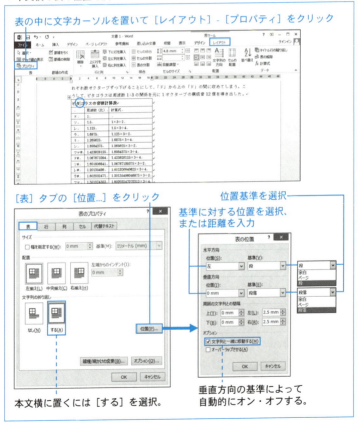

補足 縦方向の基準には［ページ］［余白］［段落］の3種類があります。［ページ］はページの上端、［余白］は本文領域の上端、［段落］は表の直前の段落の下端です。

基準に対する距離を設定する場合は［位置］に寸法を直接入力します。［段落］以外の基準では、［位置］の ▾ をクリックすれば、［上］［下］などの位置を設定することもできます。

表の縦位置を本文と連動させるには［段落］を基準として設定します。ちなみに、［文字列と一緒に移動する］は表の上下の位置を本文と連動させるオプションですが、縦方向の基準によって自動的にオン・オフするので、とくに設定する必要はありません。

注意 本文横に配置した表は、見かけは本文横でも、実際には本文の段落と地続きになっており、本文と表には前後関係があります。表より前の本文に加筆すると、表の下端または全体が次ページに追い出されます。ただし、見た目と実際の前後関係が一致するとは限らず、表がページの上方にあっても、下端が追い出されることがあります。解決するには、表と本文との前後関係を修正します（次項参照）。

▼本文段落と本文横の表との前後関係

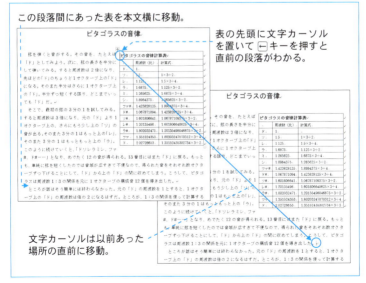

394 本文横の表と本文段落との位置関係を修正する

表の位置を決めるには「移動ハンドル」 ⊞ をドラッグする方法と、[表の位置] ダイアログボックスを使う方法がありますが、いずれの方法でも本文との前後関係が不適切になり、不都合を生じる場合があります（前ページ参照）。

操作 本文横の表を適切な段落間に移動するには、表を切り取って移動先の段落間に貼り付けます。

▼本文横の表を切り取って貼り付ける

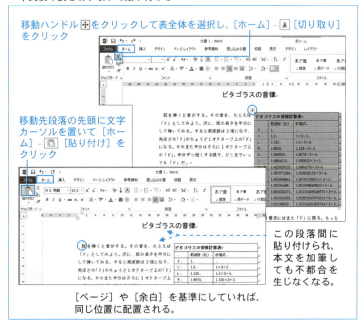

移動ハンドル ⊞ をクリックして表全体を選択し、[ホーム] - [切り取り] をクリック

移動先段落の先頭に文字カーソルを置いて [ホーム] - [貼り付け] をクリック

[ページ] や [余白] を基準にしていれば、同じ位置に配置される。

この段落間に貼り付けられ、本文を加筆しても不都合を生じなくなる。

補足 本文横の表を切り取って貼り付けても、[表の位置] ダイアログボックスの設定は変わりません。したがって、[ページ] や [余白] を基準にしていれば、貼り付けたページの同じ箇所に配置されます。[段落] を基準にしている場合は、貼り付けた箇所の直前の段落を基準として配置されます。

11-4 表の配置

395 表を左右に並べる

表を左右に並べるにはいくつかの方法がありますが、比較的扱いやすいのは「複合表」です。これは表を入れ子にする機能です。

操作 複合表を作るには、表の中で表を作る方法と、表を切り取って別の表の中に貼り付ける方法があります。どちらの方法でも差し支えありませんが、どちらかと言えば「切り取り→貼り付け」の方が簡単です。

▼ 複合表を使って表を左右に並べる

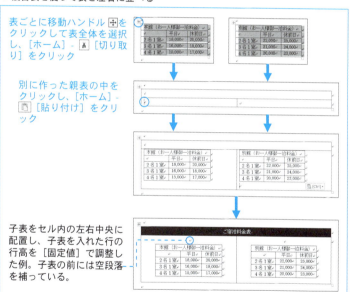

表ごとに移動ハンドル ⊞ をクリックして表全体を選択し、[ホーム] - [切り取り] をクリック

別に作った親表の中をクリックし、[ホーム] - [貼り付け] をクリック

子表をセル内の左右中央に配置し、子表を入れた行の行高を[固定値]で調整した例。子表の前には空段落を補っている。

補足 [表のプロパティ]ダイアログボックスなどを使って表の書式を設定する場合、文字カーソルを子表の中に置けば子表が対象となり、子表以外の親表内に置けば親表が対象となります。

セル内での子表の位置は、移動ハンドル ⊞ をクリックし、[ホーム] - をクリックするか、[表の位置]ダイアログボックスで調整します。

11-4 表の配置

396 縦書き文書で表の位置を決める

縦書き文書では、表を段落間に置くことはできず、常に本文の上や下に置いた状態になります。また、一部に不具合が見られるので注意が必要です。

操作 縦書き文書で表の位置を決めるには、表の中に文字カーソルを置いて次のように操作します。

▼ 縦書き文書で表の位置を決める

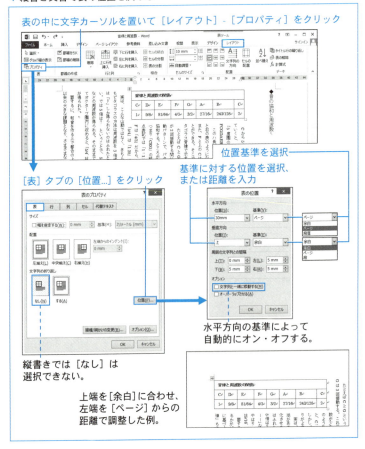

補足　縦書き文書の場合、水平方向の基準で［余白］を選択すると正しく処理されません。そこで、本文段落と連動させずに表の位置を決める場合は、前ページの図に示したように［ページ］を基準としてページの左端からの距離を設定します。たとえば本文領域の左端に揃えるには、左余白と同じ値を設定します。

▼水平方向の基準で［余白］を選択すると正しく処理されない

［水平方向］で［余白］［左］を選択

ページの左端に配置される。

水平方向の基準で［段落］を選択すると［文字列と一緒に移動する］がオンになり、表の前の本文を加筆・削除すれば表も連動して左右に動きます。ただし、表がページ内に収まらなければ単純にページの左側へ消え、上図と同様の結果になります。

したがって、縦書き文書では表がページ内に収まるように位置や表幅を調整する必要があります。縦書き文書で数ページにまたがる表を作るには、段落罫線による方法が便利です*。

→ 446 ページ「356 縦書き文書で複数ページにわたる表を作る」参照。

ちなみに、表は本文と地続きになっており、本文と表には前後関係があります。表の左上端にセルに文字カーソルを置いて ← キーを押せば、表の直前の段落がわかります。

注意　垂直方向の基準として［ページ］または［余白］を選択しても、ダイアログボックスを閉じて開き直すと［段］に変わってしまいます。したがって、［ページ］または［余白］を基準とする場合は、ダイアログボックスを開くたびに設定し直す必要があります。

397 縦書き文書で表を段落間に置く

縦書き文書の表は、そのまま本文の段落間に配置することはできません。段落間に配置するにはテキストボックスを利用します。

操作 縦書き文書で表を段落間に配置するには、表全体を切り取り、[行内]形式で配置したテキストボックスの中に貼り付けます。文書や表の中身が縦書きでも、テキストボックス自体は横書き用を使います。

▼ テキストボックスを利用して、表を段落間に配置する

表の移動ハンドル ⊞ をクリックし、[ホーム] - [切り取り] をクリック

テキストボックスを描き、アンカー記号を空段落へドラッグ

アンカー記号が表示されない場合は [ホーム] - [編集記号の表示/非表示] をクリック。

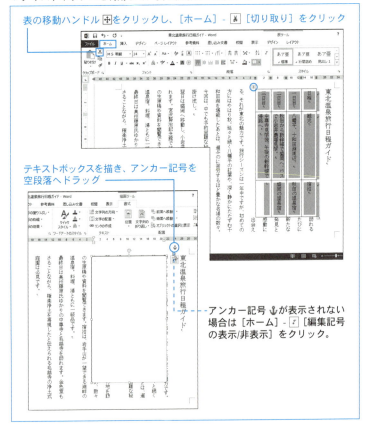

テキストボックスを選択し、[書式] - [文字列の折り返し]
- [行内] をクリック

テキストボックス内をクリックし [ホーム]
- [貼り付け] をクリック

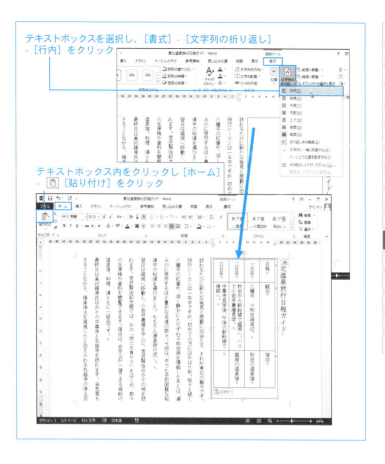

Tips 縦書き文書での表の切り取り→貼り付けには注意

縦書き文書では、垂直方向の位置基準で[段]を選択した表を切り取って本文上に貼り付けると、表全体が「レイアウト枠」で囲まれます。レイアウト枠は以前のWordで図表などのレイアウト用に使われていた機能ですが、Word2007以降のWordではその用途はほとんどありません。
表のレイアウト枠を解除するにはレイアウト枠をダブルクリックして[レイアウト枠]ダイアログボックスを呼び出し、[レイアウト枠の削除]をクリックします。また、表の中の段落書式を解除してよければ、[Ctrl]+[Q]キーを押す方法が簡単です。

11-4 表の配置

398 縦書き文書で表の上下から本文を追い出す

横書き文書では表を段落間に配置すれば表の横から本文を追い出すことができますが、縦書き文書では表を段落間に配置することはできません。そこで、表の上下から本文を本文を追い出すには、前項のようにテキストボックス内に配置するか、あるいは表の空きオプションを利用します。ここでは後者の方法を紹介します。

操作 表の空きオプションを使って本文を追い出すには、表の中に文字カーソルを置いて次のように操作します。

▼表の上下から本文を追い出す

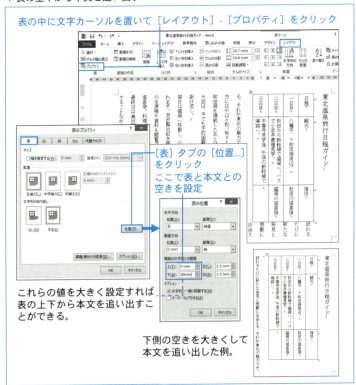

11-4 表の配置

2013 | 2010 | 2007

399 表の中の文字を横向きにする

表の文字量や列数が多すぎて本文幅に収めるのが困難な場合、表を横向きにすれば、本文高一杯まで利用できます。横向きにするには、中身の文字を横向きにする方法と、表を回転する方法があります。ここでは前者の方法を紹介します。後者については次項と次々項をご参照ください。なお、紙面の都合上、ここでは小さな表を使っていますが、大きな表でも手順は同じです。

操作 表の中身がすでに横向き用で並んでいれば文字方向を変えるだけでよいのですが、そうでなければ中身の順序を入れ替える必要があります。それには行と列を転置*した上で、行を逆順に並べ替えます。

→ 480ページ「385 行と列を転置する（Wordで処理）」、482ページ「386 行と列を転置する（Excelを利用）」参照。

▼ 表の中身を横向きにする

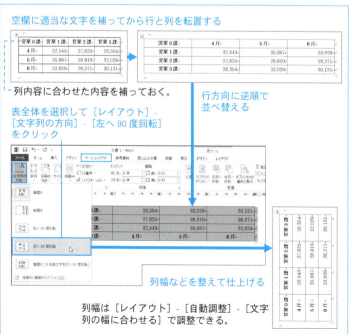

Chapter 11　11-4 表の配置　　2013　2010　2007

表操作のテクニック

表全体を回転する（テキストボックス利用）

表の文字量や列数が多すぎて本文幅に収めるのが困難な場合、表を横向きにすれば、本文高一杯まで利用できます。横向きにするには、前項で紹介したように中身の文字を横向きにする方法と、表を回転する方法があります。

Word2013/2010 ではテキストボックスを回転できるので、テキストボックスの中に表を入れることで表を回転できます。Word2007 については次項をご参照ください。

操作 表全体を横向きにするには、あらかじめ［レイアウト］-［自動調整］-［列の幅を固定する］をクリックして列幅を固定した上で、次のように操作します。

▼ 表全体をテキストボックスに入れて回転する

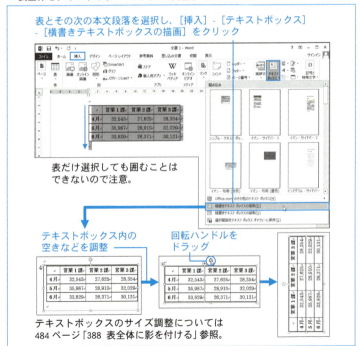

11-4 表の配置　　　2013　2010　2007

401 表全体を回転する（画像化）

表の文字量や列数が多すぎて本文幅に収めるのが困難な場合、表を横向きにすれば、本文高一杯まで利用できます。横向きにするには、中身の文字を横向きにする方法*と、表を回転する方法があります。

→ 499 ページ「399 表の中の文字を横向きにする」参照。

Word2013/2010 では前項で紹介したテキストボックスを使えば回転できますが、Word2007 ではテキストボックスの中身の文字を回転することはできません。そこで、テキストボックスで囲んだ表全体を画像化して回転する方法を紹介します。画質はよくありませんが、手間がかからないのが利点です。この方法は Word2013/2010 でも可能です。

操作 テキストボックスの枠線をクリックし、次のように操作します。

▼テキストボックスで囲んだ表を画像化する（Word2007 の例）

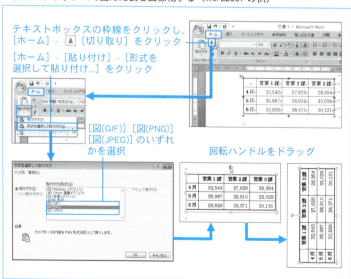

補足 上図の［図(Windows メタファイル)］を選択すれば、テキストボックスで囲まずに画像化できますが、罫線は正しく処理されません。

Chapter 11 表操作のテクニック

11-4 表の配置

2013 | 2010 | 2007

402 表どうしを重ねて配置する

表のオーバーラップオプションを利用すると、表どうしを重ね合わせることができます。

操作 表の重ね順は、現在の並び順に従って背面→前面になります。必要であれば表の順序を並べ替えてから次のように操作してください。

▼表どうしを重ねて配置する

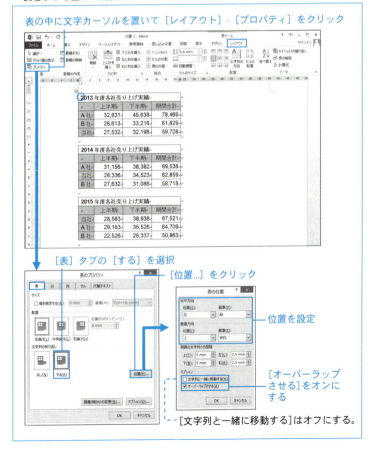

| 補足 | 表を重ねた場合、塗りつぶしを「なし」に設定していると背面の表が透けて見えます。透過を避けるには、上側の表を適当な色で塗りつぶしてください。色を付けたくない場合は［白］で塗りつぶします。

表の位置決めはドラッグでもできますが、他表の中にドラッグすると複合表になってしまいます。したがって、基本的には［表の位置］ダイアログボックスを使うことをお勧めします。

もし複合表になった場合はクイックアクセスツールバーの ［元に戻す］で取り消してください。ドラッグで取り出すと、［オーバーラップさせる］がオフに戻るので、再設定が必要になります。

［文字列と一緒に移動する］はオーバーラップとは無関係ですが、オンにすると本文の加筆・削除によって表どうしの位置関係がずれてしまうおそれがあるので、オフにしたほうが無難です。

表の重ね順は、本文に対する表の位置で決まります。背面の図を前面に移動するには、表を切り取ってから文字カーソルをなるべく後方へ移動し、貼り付けてください*。

→ 492 ページ「394 本文横の表と本文段落との位置関係を修正する」参照。

11-4 表の配置

405 表の前で改ページする

表の前で改ページするには、表の前に「改ページ」記号を挿入するか、表の左上のセルの先頭段落に改ページオプションを設定します。

操作 表の前に「改ページ」記号を挿入するには、表の先頭に文字カーソルを置いて [Ctrl] + [Enter] キーを押すか、[ページレイアウト] - [区切り] - [改ページ] をクリックします。

▼ 表の前に改ページ記号を挿入する

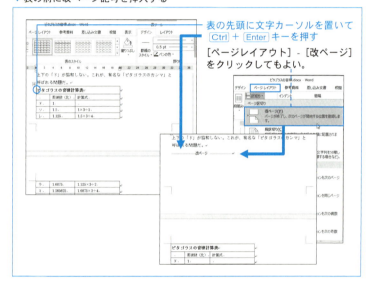

先頭段落に改ページオプションを設定するには、その位置で [段落] ダイアログボックスを呼び出し、次のオプションをオンにします。

▼ 表の先頭段落に改ページオプションを設定する

11-4 表の配置

2013　2010　2007

406 表を描画キャンバス上に配置する

表を描画キャンバス上に直接配置することはできませんが、テキストボックスの中に入れれば可能です。

操作 表はテキストボックスの中で作ることもできますが、作業しにくいので本文上で作り、描画キャンバス上に描いたテキストボックス内に表を貼り付ける方法をお勧めします。表は［レイアウト］-［自動調整］-［列の幅を固定する］をクリックし、表の列幅をあらかじめ固定しておきます。

▼表を描画キャンバス上に配置する

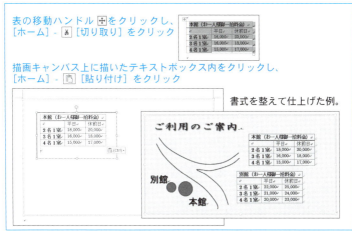

表の移動ハンドル 田 をクリックし、
［ホーム］-［切り取り］をクリック

描画キャンバス上に描いたテキストボックス内をクリックし、
［ホーム］-［貼り付け］をクリック

書式を整えて仕上げた例。

補足 Word2007 ではテキストボックスを描画キャンバスの内外にドラッグできますが、Word2013/2010 ではできません。

また、描画キャンバス外に配置したテキストボックスを切り取って描画キャンバス内に貼り付けた場合、Word2013/2010 では表は失われ、中身の文字だけが残ります。したがって、最初から描画キャンバス上に描いたテキストボックス内に貼り付ける必要があります。

→ テキストボックスの空き調整などについては 580 ページ「463 テキストボックスのサイズと中身の文字位置を調整する」参照。

407 セル内の文字位置を調整する

セル内の文字位置は、位置オプション、セル余白*、セル内段落の段落書式（段落配置、インデント、行高、段落間の空きなど）で決まります。位置オプションの左右の位置と段落配置は連動していますが、それ以外はいずれも独立した機能です。これらを活用すればセル内の文字位置を自在に調整できます。

→ 469 ページ「378 セル余白を調整する」参照。

操作 セル内の文字位置は全体から細部へ決めていくのが合理的です。具体的には「セル余白」→「位置オプション」→「段落書式」の順に設定します。左右の揃え方を決める「段落配置」はセル内の段落ごとに設定できますが、位置オプションは常にセル全体に働きます。したがって、先に位置オプションを設定します。

▼ セル内の文字位置を調整する

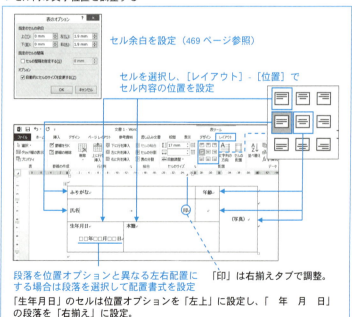

セル余白を設定（469 ページ参照）

セルを選択し、［レイアウト］-［位置］でセル内容の位置を設定

段落を位置オプションと異なる左右配置にする場合は段落を選択して配置書式を設定

「印」は右揃えタブで調整。

「生年月日」のセルは位置オプションを「左上」に設定し、「　年　月　日」の段落を「右揃え」に設定。

11-5 表の書式設定　　　2013　2010　2007

408 列幅の自動調整時にセル内容の折り返しを禁止する

列幅の自動調整機能*を使うと、各列の文字量の比率に応じて列幅が自動調整され、文字量が列幅に収まらなければ自動的に折り返されます。しかし、たとえば項見出しなど、折り返しを避けたいセルもあります。

→ 464ページ「373 列幅の自動調整機能を活用する」参照。

操作 セル内容の折り返しを禁止するには、セル範囲を選択して次のように操作します。

▼ セル内容の折り返しを禁止する

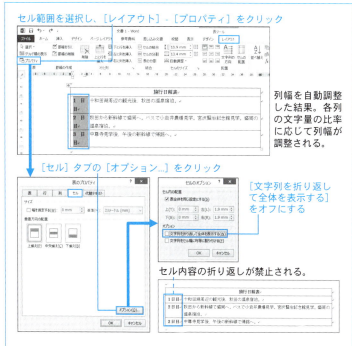

補足 上図のオプションをすべてのセルに対してオフにすると設定が無視され、オンにした場合とほとんど同じ結果になります。

509

11-5 表の書式設定

409 セル幅に合わせて文字間隔と文字幅を調整する

列の項目名などをセル幅一杯に割り付けるには、「段落の均等割り付け」を使う方法と「セルの均等割り付け」を使う方法があります。セル幅に余裕があれば前者が簡単です。狭いセル幅に文字を押し込む場合は後者を使います。

操作 段落の均等割り付けを使うには、段落またはセル範囲を選択して次のように操作します。

▼セル内の段落を均等に割り付ける

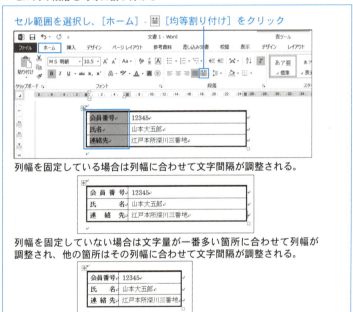

補足 [レイアウト] - [自動調整] - [文字列の幅に合わせる] *をクリックした場合、列幅は列内で一番文字量が多い箇所に合わせて調整され、それより少ない箇所は列幅に合わせて文字間が調整されます。

→ 464ページ「373 列幅の自動調整機能を活用する」参照。

操作 セル内容を均等に割り付けるには、セル範囲を選択して次のように操作します。

▼ セルに均等割り付けのオプションを設定する

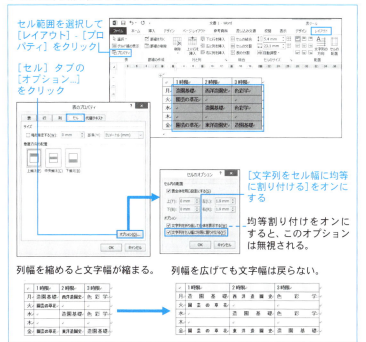

補足 セルの均等割り付けが設定されている箇所に文字カーソルを置くと、水色の太い下線が表示されます。セルの均等割り付けを含む箇所の列幅は固定され、列幅の自動調整機能*は無視されます。

→ 464 ページ「373 列幅の自動調整機能を活用する」参照。

セルの均等割り付けの箇所は列幅を狭くすると文字幅が縮小します。ただし、縮小後に列幅を広くしても、文字幅は戻りません。この場合は同じ手順で[文字列をセル幅に均等に割り付ける]をオフにします。また、均等割り付け以外の文字書式も解除してよければ、セル範囲を選択して [Ctrl] + [スペース] キーを押す方法が便利です。この場合は文字幅が元に戻るだけで、セルの均等割り付けは解除されません。

410 表の行ごとにインデントを変える

Wordには、表の行ごとにインデントを設定したり、一部だけ「右揃え」などに設定する機能が備わっています。ただし、この機能を利用するには設定用のボタンをクイックアクセスツールバーに組み込む必要があります。

▼表の行設定用のボタンをクイックアクセスツールバーに組み込む

2013/2010 [ファイル] - [オプション] をクリック
2007 ● - [Wordのオプション] をクリック
[クイックアクセスツールバー] をクリック
[リボンにないコマンド] を選択
[行の高さ...] を選択し、[追加] をクリック

Word2007 では [ユーザー設定]。

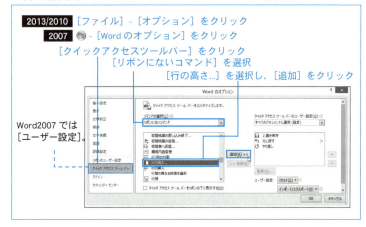

操作 列幅を設定せずに行のインデントを変えると形がくずれやすくなるので、あらかじめ [レイアウト] - [自動調整] - [列の幅を固定する] をクリックしてから行を選択し、次のように操作します。

▼行のインデントを設定する

行を選択し、クイックアクセスツールバーに組み込んだ
[行の高さ] をクリック

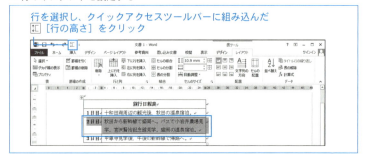

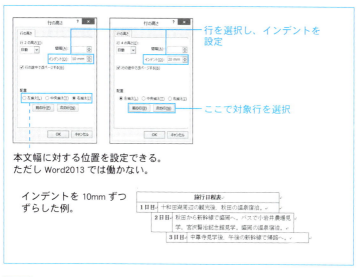

行を選択し、インデントを設定

ここで対象行を選択

本文幅に対する位置を設定できる。
ただし Word2013 では働かない。

インデントを 10mm ずつずらした例。

|補足| 行のインデントを使う場合はセル間隔*を空けるとさらに効果的です。ただし、インデントを設定してからセル間隔を変えると形が崩れ、整形が難しくなるので、先にセル間隔を設定してください。

→ 471 ページ「379 セルとセルの間を空ける」参照。

下図はセル間隔を空け、表の外枠だけ罫線を[なし]に設定して行のインデントを変えた例です。

▼ セル間隔と行のインデントを併用した例

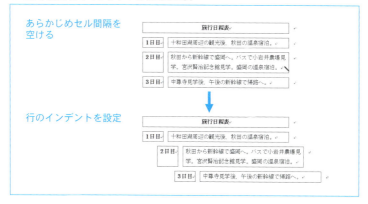

あらかじめセル間隔を空ける

行のインデントを設定

11-5 表の書式設定

411 表内段落のインデントを変える

通常の本文段落と同様に、表の中にもインデントやタブ位置を設定できます。設定位置の基点はセル幅からセル余白を除いた位置です。

操作 表内段落のインデントの設定方法は、通常の本文上での操作とまったく同じです。セル範囲または段落範囲を選択し、インデントマーカーまたは［段落］ダイアログボックスで設定します。

インデントマーカーを使う場合は、表の右端よりも外側の ↵ を選択範囲に含めないように注意してください。この範囲を含めるとインデントマーカーは使えません。

▼表のセル内にインデントを設定する

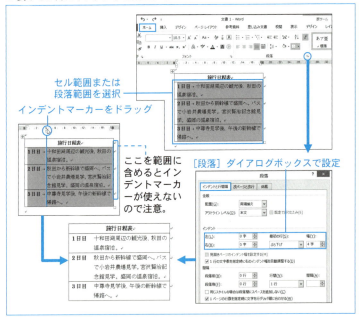

補足 表のセル内では、[Tab]キーはセル間移動に使われます。タブ文字を入力するには[Ctrl] + [Tab]キーを押します。

11-5 表の書式設定　　　2013　2010　2007

412 行方向に連番を振る

表の中に連番を振るには箇条書き*の段落番号を使う方法が一番簡単です。空のセルに番号だけを振ることもできます。行を追加・削除すると、連番は自動調整されます。

→ 箇条書きの書式の詳細については「6-7 箇条書き」の各項参照。

操作 行方向に連番を振るには行範囲を選択し、次のように操作します。

▼ 行方向に連番を振る

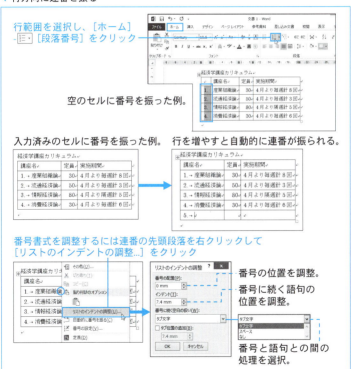

補足 複数の列ごとに行方向に連番を振る場合は、1列ずつ処理してください。複数列を選択すると、選択範囲のセル全体が連番になります。

413 列方向に連番を振る

表の中に連番を振るには箇条書き*の段落番号を使う方法が一番簡単です。空のセルに番号だけを振ることもできます。列を追加・削除すると、連番は自動調整されます。

→ 箇条書きの書式の詳細については「6-7 箇条書き」の各項参照。

操作 列方向に連番を振るには列範囲を選択し、次のように操作します。複数行を選択すると、列方向優先で全体に連番が振られます。

▼列方向に連番を振る

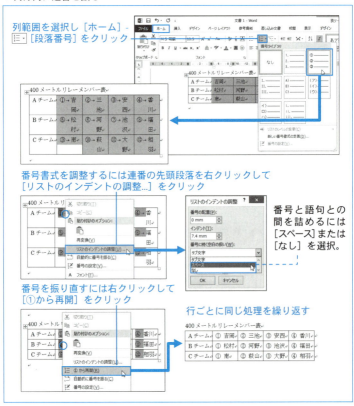

11-5 表の書式設定

2013 2010 2007

414 表に「09:00」「10:00」のような時刻形式の連番を振る

箇条書きの連番の書式には、ピリオドや括弧など、番号以外の文字を補うことができます。この機能を利用すれば、時刻形式の連番を振るのは簡単です。

操作 時刻形式の連番を振るにはセル範囲を選択し次のように操作します。

▼ 時刻形式の連番を振る

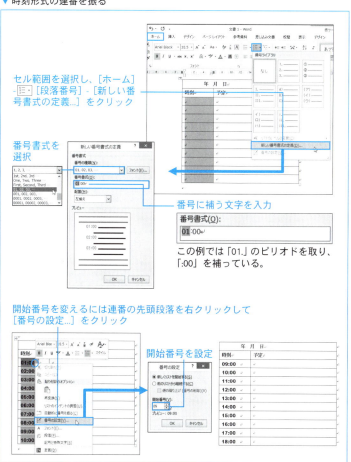

415 表に「09:00」「09:30」のような30分刻みの連番を振る

「09:00」「10:00」のような1時間刻みの連番は「:00」の部分が共通なので、前項に示したように単純な箇条書きで処理できます。「09:00」「09:30」のような30分刻みの連番は分の部分が交互に変わるので、少し工夫が必要です。

操作 30分刻みの連番を振るにはアウトライン形式の箇条書きを利用します。まず2つのセルを選択して次のように操作し、箇条書きの基本書式を設定します。

▼30分刻みの連番を振る

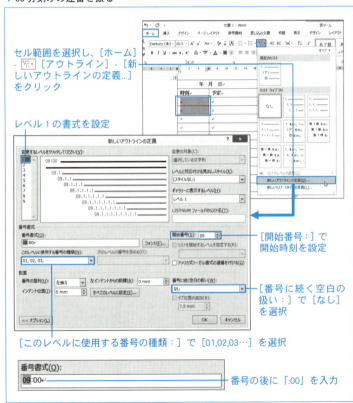

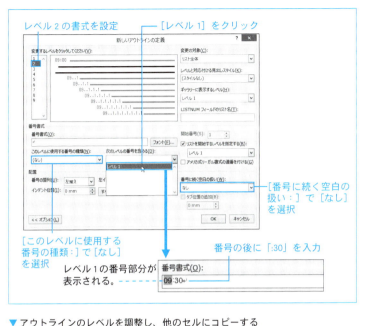

▼ アウトラインのレベルを調整し、他のセルにコピーする

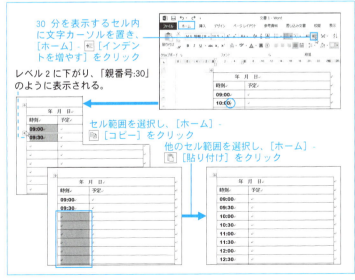

418 同じ表スタイルを各表に素早く適用する

11-5 表の書式設定 | 2013 2010 2007

文書内の表書式を統一するには「表スタイル」が便利ですが、[デザイン]タブによる表スタイルの適用は F4 キーで繰り返すことはできません。表スタイルの適用を繰り返すには、「TableAutoFormatStyle」コマンドを利用します。

操作 表の中に文字カーソルを置いて次のように操作します。

▼同じ表スタイルを各表に素早く適用する

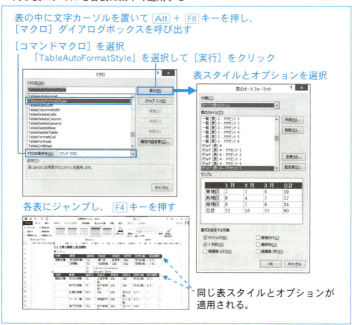

補足 表にジャンプするには、Word2010/2007 では垂直スクロールバー下方の ○ [ジャンプ先の選択] が便利です。Word2013 では、[ナビゲーション] ウィンドウでジャンプすると F4 キーが効かないので、[検索と置換] ダイアログボックスを使ってください*。

→ 305 ページ「224 検索と置換ダイアログボックスのジャンプ機能を活用する」参照。

11-5 表の書式設定　　　2013　2010　2007

419 表の中でオートシェイプを利用する

チャート図などを作るには描画キャンバスが定番ですが、表の中にオートシェイプを入れる方法もあります。とくに Word2010 では描画キャンバス上の整列機能が正しく働かないので、表を使った方が便利です。

操作 表の中にオートシェイプを配置するには次のように操作します。

▼ 表の中にオートシェイプを配置する

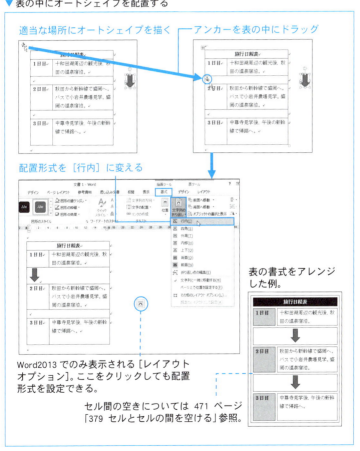

523

420 表計算の基本

Wordの表には、セル間の計算を行う「表計算」機能があります。この機能を利用するには、計算の対象となる「セル番地」の表し方、計算式の設定方法、計算結果の書式の表し方、計算の実行と再計算の方法を知る必要があります。

▼表計算で使われるセル番地

a1	b1	c1	d1
a2	b2	c2	d2
a3	b3	c3	d3
	b4	c4	d4
a5		b5	c5
a6			b6

補足 Wordのセル番地は列方向に「a, b, c, ……」、行方向に「1, 2, 3, ……」のように規定されています。上図の「a5」「a6」のように列を結合した箇所があっても、列方向のセル番地は単純に「a, b, c, ……」となるので注意してください。上図の「a3」のように行を結合した場合、「a4」は欠番となり、欠番のセルの値は「0」として扱われます。

操作 計算式を設定するには、そのセル内に文字カーソルを置いて次のように操作します。

▼計算式の設定方法

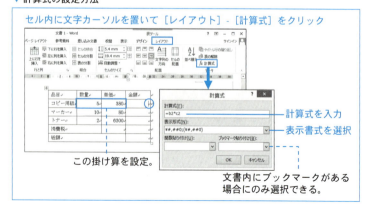

セル内に文字カーソルを置いて[レイアウト]-[計算式]をクリック

この掛け算を設定。

計算式を入力
表示書式を選択

文書内にブックマークがある場合にのみ選択できる。

|補足| 計算式は「=」に続けてすべて半角で入力します。計算式には演算子のほか、関数も利用できます。乗算は「*」、除算は「/」で表します。計算対象となるセルは、「b2*c2」などのようにセル番地で表します。また、文書内にブックマークを設定した箇所があれば［ブックマーク貼り付け］でブックマークを選択し、計算対象とすることができます。文字カーソル位置より左側・上側に数値のセルがあると［計算式：］は自動的に「=SUM(LEFT)」または「=SUM(ABOVE)」のようになります。異なる計算式を設定する場合は「=」を残して修正してください。ちなみに、「SUM」は合計を計算する関数です。「LEFT」「ABOVE」は計算対象の範囲を表す引数で、このほかに「RIGHT」「BELOW」があります。また、セル範囲は「a1:a5」のように2つのセル番地を「:」でつないで表すこともできます。

［表示形式］では計算結果の表示形式を選択します。桁区切りのカンマや「¥」記号などを表示する形式があります。数値だけであれば空欄のままでかまいません。また、表示形式で「%」を使った箇所を参照して計算すると、たとえば「8%」は「0.08」として計算されます。

|注意| Wordの表計算の最大の欠点は、値や計算式を変えた場合、計算式のセルを「更新」しないと正しい結果が得られないことです。印刷して配布する場合はフィールドの自動更新オプション*が使えますが、そうでなければ必ず更新操作を忘れないように注意してください。

→ 417ページ「333 印刷時にフィールドを自動更新させる」参照。

更新するには、範囲を選択して F9 キーを押します。通常は、Ctrl ＋ A キーで文書全体を選択するか、表の移動ハンドル ⊞ をクリックして表全体を選択する方法が簡単です。

なお、MSIMEの日本語入力システムをオンにしている場合、選択範囲によっては更新されないことがあります。したがって、基本的にはオフにした状態で更新してください。

Wordの表計算のもうひとつの欠点は、フィールドの更新が左から右へ、上から下へ進むしくみになっていることです。そのため、後方のセルの計算結果を前方の計算式で使うと正しい結果が得られません。たとえば総額欄を目立たせるために上方に置き、「=SUM(BELOW)」のように計算するのは禁物です。

421 計算結果の表示形式をアレンジする

11-6 表計算 | 2013 | 2010 | 2007

表計算の結果には、桁区切りのカンマや「¥」などの記号を自動的に付けることができます。[計算式]ダイアログボックスの[表示形式]にはよく使われる形式があらかじめ登録されていますが、表し方を理解すれば自由にアレンジできます。表示形式は次の記号で表します。

記号	機能
#	桁数をなりゆきで表示
0	少なくとも0で示した桁数を表示
;	正負それぞれの形式を設定

「0」は表示桁数を強制する場合に使います。たとえば表示形式を「000」とすると、計算結果が3桁以上であればそのまま表示され、2桁以下の場合は総桁数が3になるように上位に「0」が補われます。たとえば「18」は「018」となります。

桁区切りのカンマを表示する形式は、[表示形式]の一覧では「#,##0」のようになっていますが、たんに「#,0」としても同じ結果が得られます。

なお、「#」あるいは「0」で指定した桁数より下位の数値は四捨五入されます。たとえば表示形式を「0.0」とすると「3.17」は「3.2」となります。

上記の記号以外はそのまま表示されます。たとえば「$#,##0」とすると「$5,600」のようになります。下表は、計算結果と表示形式との関係を示したものです。

計算結果	表示形式	表示結果
0	#	（空白）
	0	0
12	#	12
	000	012
1200	#,##0	1,200
	0.00	1200.00
1234.56	#,##0	1,235
	0.0	1234.6
－567	0;▼0	▼567

11-6 表計算

2013 2010 2007

422 「¥」と数字の間を詰めて表示する

[計算式]ダイアログボックスの[表示形式]の選択肢には「¥#,##0;(¥#,##0)」という形式があります。これは、計算結果に「¥」を付け、負の場合は( )で囲むという形式です。ただし、「¥#,##0」は4桁表示になっているので、値が3桁以下では「#」の部分が空いてしまいます。

操作 「¥」と数字の間を空けずに表示させるには、[計算式]ダイアログボックスを呼び出して「¥#,##0;(¥#,##0)」を「¥#,0;(¥#,0)」のように修正します。負の値が不要であれば「¥#,0」でもかまいません。

▼「¥」と数字の間を空けずに表示させる

この表示形式では、計算結果が3桁以下の場合「¥」と数字の間が空いてしまう

表示形式を「¥#,0」に修正

桁数にかかわらず「¥」と数字の間が詰められる。

Tips 計算式の表示形式で「¥¥」のように重複表示される

上図の[表示形式]欄で選択肢の「¥#,##0;(¥#,##0)」を使わずに「¥」を直接入力すると、ダイアログボックスを開き直したときに「¥¥」のように重複表示されるという現象が見られます。これは、選択肢の「¥」と、日本語キーボードから入力される「¥」とでは文字コードが異なることから生じる不具合です。

解決するには、「¥」のかわりに「a5」と入力し、その直後で [Alt] + [X] キーを押します。これで「a5」は選択肢と同じ文字コードの「¥」を入力できます。

11-6 表計算

423 表計算の関数を活用する

Wordでは、下表に示す種類の関数を利用できます。

下表の「値」には、具体的な数値、数値を表す計算式、数値を表すセル番地、数値を表すブックマークが使えます。

「式」とは具体的な数値、あるいは計算式のことです。

「セル範囲」とは、連続するセル範囲、あるいはセル番地の列挙です。たとえば、「=SUM(LEFT)」、「=PRODUCT(a1,b3,c5)」「=AVERAGE(b1:e1)」などのように表します。

関数	機能
=ABS(値)	絶対値を返す
=AND(式,式)	2つの「式」が成立すれば「1」、そうでなければ「0」を返す
=AVERAGE(セル範囲)	セル範囲の平均値を返す
=COUNT(セル範囲)	セル範囲内の数値項目の数を返す
=DEFINED(対象)	対象(セル番地あるいはブックマーク)が存在すれば「1」、存在しなければ「0」を返す
=FALSE	「0」を返す
=IF(式,値1,値2)	「式」が成立すれば「値1」、成立しなければ「値2」を返す
=INT(値)	値の小数部を切り捨てた値を返す
=MAX(セル範囲)	セル範囲内の最大値を返す
=MIN(セル範囲)	セル範囲内の最小値を返す
=MOD(値,除数)	「値」を「除数」で割った余りを返す
=NOT(式)	「式」が成立すれば「0」、成立しなければ「1」を返す
=OR(式,式)	2つの式の両方またはいずれかが成立すれば「1」、2つとも不成立であれば「0」を返す
=PRODUCT(セル範囲)	セル範囲内の値の積を返す
=ROUND(値,桁)	「桁」が正の場合:「値」の小数部の「桁」位置に四捨五入される 「桁」が0の場合:小数部が四捨五入される 「桁」が負の場合:整数部の「桁」位置が四捨五入される
=SIGN(値)	「値」が0より大きければ「1」、0であれば「0」、0より小さければ「-1」を返す
=SUM(セル範囲)	セル範囲の合計値を返す
=TRUE(式)	「式」が成立すれば「1」を、成立しなければ「0」を返す

11-6 表計算

424 計算式フィールドを直接入力する

表計算の計算式には「=」フィールドが使われています。フィールドの扱い方を理解すれば、計算式フィールドを直接入力したり計算式をアレンジすることもできます。

なお、桁区切りカンマや「¥」などの表示形式を設定するには、「¥# "表示形式"」のように記述します。ただし、表示形式を指示するスイッチ「¥#」の「¥」と表示形式に使う円記号「¥」は文字コードが異なるので注意してください。スイッチの「¥」は日本語用キーボードの ¥ キーで入力できますが、円記号の「¥」を入力するには「a5」に続けて Alt + X キーを押します。

操作 計算式フィールドを直接入力するには、該当セルに文字カーソルを置いて次のように操作します。セルが狭くて入力しにくければ、本文上に入力し、切り取って貼り付けるとよいでしょう。

▼計算式フィールドを直接入力する

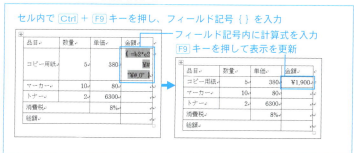

▼計算式フィールドを本文上に入力する

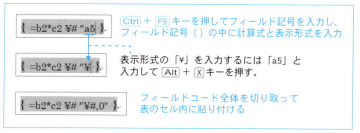

11-6 表計算

425 セル番地を使った計算式を楽に入力する

表計算の計算式はコピーして貼り付けることができますが、たとえば「=a1*b1」のような計算式を各行に設定する場合、貼り付けた計算式の行番号を「=a2*b2」「=a3*b3」……のように修正する必要があります。そこで、各行共通の計算式を効率よく入力する方法を紹介します。

操作 同じ計算式を各行に設定する場合、列番号は同じで行番号は連番になります。そこで、連番を表す「Seq」フィールドを使って計算式の中身となる式を先に入力し、でき上がった式をコピーして表のセル内に貼り付けます。

▼計算式の中身を作る

セル番地の列番号、演算子などはそのまま入力。

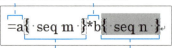

行番号の部分は [Ctrl] + [F9] キーを押してフィールド記号を入力し、フィールドコードを「seq 識別子」のように入力。「識別子」は他の連番と区別するための標識。この例では2つのセル番地を使うので、「m」「n」とした。

▼計算式の中身を表に貼り付け、フィールドを解除する

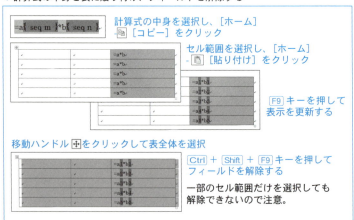

▼各計算式をフィールド化する

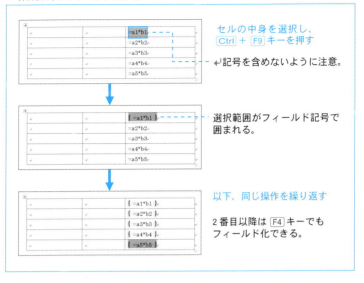

セルの中身を選択し、
Ctrl + F9 キーを押す

↵記号を含めないように注意。

選択範囲がフィールド記号で囲まれる。

以下、同じ操作を繰り返す

2番目以降は F4 キーでもフィールド化できる。

補足 フィールド化する範囲は、[検索と置換] ダイアログボックスを使って選択する方法もあります。次の条件で1度だけ検索してダイアログボックスを閉じ、あとは Ctrl キーを押したままで「F9 → Page Down → Page Down キー」を繰り返せば処理できます。

検索条件：[ワイルドカードを使用する] =オン
検索する文字列：=[!^13]{1,}

[!^13] は段落記号↵以外の任意の文字を表し、{1,} は直前の文字が1個以上255以内続くことを表します*。したがって、=[!^13]{1,} は「=」で始まり、段落記号以外の文字が続く範囲を表します。

→ 312ページ「228 ワイルドカードを活用する」参照。

なお、計算式を最初から { = a{ seq m }*b{seq n} } のように作る方法も考えられますが、エラーが発生し、フィールドを更新できないので避けてください。

531

11-6 表計算

426 表計算の結果に色を付ける

たとえば「値が負の場合は赤い色にしたい」といった場合は、計算式のフィールドコードを直接操作します。ここではわかりやすくするために、計算結果が負の場合は「▼数値」という形式で、色と下線を付けて表示する例を紹介します。

操作 計算結果の正負で表示形式を使い分けるには、「¥# "正;負"」のように間を半角のセミコロン(;)で区切り、それぞれの形式を設定します*。

計算式の直前に文字カーソルを置いて次のように操作します。

→ 527ページ「422 ¥と数字の間を詰めて表示する」参照。

▼表計算の結果に色や下線を付ける

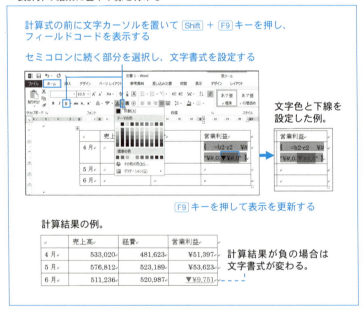

補足 処理する箇所がたくさんある場合は、[Alt] + [F9] キーを押せば文書全体のフィールドコードを表示できます。通常表示に戻すにはやはり [Alt] + [F9] キーを押します。

11-6 表計算

427 Word 上で Excel のワークシートを利用する

Excel がインストールされていれば、Word 上で Excel のワークシートを利用できます。すでに Word で表を作っていれば、その表を切り取ってワークシートに貼り付けることもできますが、計算式はワークシート上であらためて設定する必要があります。

ワークシートは、Word 上では図と同様の扱いになるので、拡大・縮小や位置決めも簡単です。ここでは、前項の表をワークシート化する例を紹介します。

操作 表の移動ハンドル ⊞ をクリックして表全体を選択し、次のように操作します。

▼ Word の表を Excel のワークシートに変える

移動ハンドル ⊞ をクリックし、[ホーム] - [切り取り] をクリック

ワークシートの挿入位置に文字カーソルを置き、[挿入] - [表] - [Excel ワークシート...] をクリック

Word の表スタイルを適用した例。

ワークシート内の貼り付け位置をクリックし、[ホーム] - [貼り付け] をクリック

Excel 用のリボンに変わる。

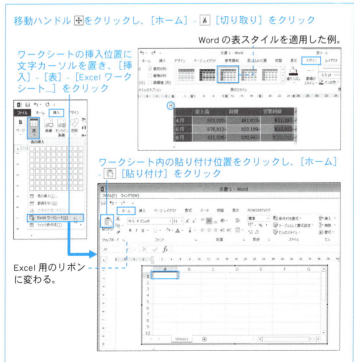

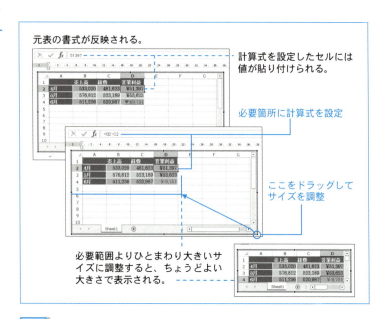

補足　Excel 用のリボンを閉じて Word に戻るには、ワークシート以外の場所をクリックします。これで、Word 上では図の一種として扱えるようになります。あらためてワークシートの機能を利用するには、図をダブルクリックします。

▼ワークシートの図の書式を設定する

11-6 表計算　2013 2010 2007

428 Excel のワークシートを利用する

他のアプリケーションによるファイルを Word に取り込むには、[挿入] - [オブジェクト] を使う方法と、元のアプリケーションでコピーし、Word 上に貼り付ける方法があります。Excel のワークシートを取り込む場合、前者の方法では貼り付け形式を選択できず、常に図として貼り付けられますが、後者の方法では表形式やテキスト形式も選択できます。ここでは後者の方法を紹介します。

操作 Excel 上で流用範囲をコピーし、Word 上で次のように操作します。

▼ Excel のワークシートを Word に貼り付ける

[元の書式を保持]
[リンク(元の書式を保持)]

[貼り付け先のスタイルを使用]
[リンク(貼り付け先のスタイルを使用)]

オプション	書式
[元の書式を保持] [リンク(元の書式を保持)]	Excel 上の書式が維持される
[貼り付け先のスタイルを使用] [リンク(貼り付け先のスタイルを使用)]	Word の既定の表スタイルが適用される
[図]	写真と同様の扱いになる
[テキストのみ保持]	文字だけが取り出され、セル間はタブ文字で区切られる

535

補足 Wordの最初の設定では、[貼り付け]をクリックした場合は[元の書式を保持(K)]と同じ結果になります。

[リンク(元の書式を保持)][リンク(貼り付け先のスタイルを使用)]オプションで貼り付けると、コピー元への参照情報が「フィールド」としてWord文書に埋め込まれます。Wordの最初の設定ではフィールドをクリックすると網かけで表示されます。

また、貼り付けた表の先頭に文字カーソルを置いて [Shift] + [F9] キーを押せばフィールドの中身を見ることができます。元の状態に戻すにはまた [Shift] + [F9] キー キーを押します。

▼リンク形式で貼り付けるとフィールドが埋め込まれる

[リンク(元の書式を保持)]の場合。

表の先頭で [Shift] + [F9] キーを押すとフィールドコードが表示される。

{ LINK Excel.Sheet.12 "C:¥¥Users¥¥User¥¥Documents¥¥営業資料¥¥営業実績表.xlsx" "Sheet1!R1C1:R4C4" ¥a ¥f 4 ¥h }

[リンク(貼り付け先のスタイルを使用)]の場合。

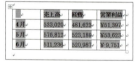

{ LINK Excel.Sheet.12 "C:¥¥Users¥¥User¥¥Documents¥¥営業資料¥¥営業実績表.xlsx" "Sheet1!R1C1:R4C4" ¥a ¥f 5 ¥h ¥* MERGEFORMAT }

リンク形式では、Excel側でのデータ変更はWord側に自動的に反映されます。Word側の変更はExcel側には反映されません。

また、[Wordのオプション]ダイアログボックスの[詳細設定]-[全般]-[文書を開いたときにリンクを自動的に更新する]をオンにすれば、文書を開くときに自動的に更新させることができます。最初の設定ではオンになっています。

フィールドの更新は、手動更新に変えたり、更新をロックすることもできます。それには表の中を右クリックしてショートカットメニューの[リンクされたワークシートオブジェクト]-[リンクの設定...]をクリックします。リンク形式で貼り付けた表から元のワークシートを呼び出すには、ショートカットメニューの[リンクされたワークシートオブジェクト]-[編集]をクリックします。

Chapter 12

図の操作のテクニック

429 文書内の図を検索する

文書内の図の箇所へは、下表に示す方法でジャンプできます。検索方法とその結果は、Word のバージョンによって異なります。

検索方法	検索結果
2013	
[ナビゲーション]ウィンドウの 🔍▼ - [グラフィックス]をクリック	文書内の図が選択状態になる。ただし、F4キーによる繰り返し処理は効かない。また、浮動配置の図を操作するにはあらためて図をクリック
[検索と置換]ダイアログボックスで特殊文字 ^g を検索	行内配置の図が選択状態になる
[検索と置換]ダイアログボックスの[ジャンプ]タブで[図]を選択	行内配置の図は直前に文字カーソルが移動。Shift + →キーを押せば図を選択できる。浮動配置の図は連結段落に移動
2010	
[ナビゲーション]ウィンドウの 🔍▼ - [グラフィックス]をクリック	文書内の図が選択状態になる。ただし、F4キーによる繰り返し処理は効かない。また、浮動配置の図を操作するにはあらためて図をクリック
[検索と置換]ダイアログボックスで特殊文字 ^g を検索	行内配置の図が選択状態になる
[検索と置換]ダイアログボックスの[ジャンプ]タブで[図]を選択	行内配置の図は直前に文字カーソルが移動。Shift + →キーを押せば図を選択できる。浮動配置の図は連結段落に移動
垂直スクロールバー下方の ● [ジャンプ先の選択] - 🖼 [グラフィックス単位でジャンプ]	
2007	
[検索と置換]ダイアログボックスで特殊文字 ^g を検索	行内配置の画像に移動。ワードアートは選択状態になる。オートシェイプ、描画キャンバスは直前に文字カーソルが移動。Shiftキーを押したまま → ←キーを押せば選択できる
[検索と置換]ダイアログボックスの[ジャンプ]タブで[図]を選択	行内配置の図の直前に文字カーソルが移動。Shift + →キーを押せば図を選択できる
垂直スクロールバー下方の ● [ジャンプ先の選択] - 🖼 [グラフィックス単位でジャンプ]	

▼ 文書内の図を検索する

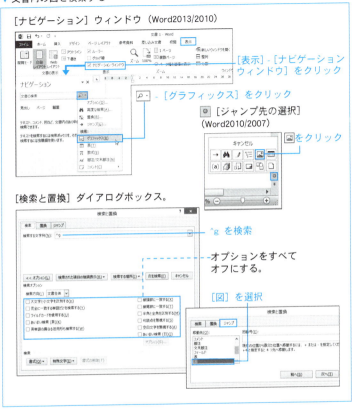

補足 > 図の配置形式には「行内配置」と「浮動配置」があります。Word2013/2010 では浮動配置の図も検索できますが、Word2007 ではできません。行内配置形式の図に書式設定などの処理を加える場合は、[検索と置換] ダイアログボックスで ^g を検索する方法が便利です。ほとんどの場合は検索された図が選択状態になるので、すぐに操作できます。また、ダイアログボックスを閉じても Ctrl + Page Down キー、Ctrl + Page Up キーで検索を続行できるので、一度検索して必要な処理を行った後は、「検索→ F4 キー」で同じ処理を繰り返すことができます。F4 は直前の処理を繰り返すショートカットキーです。

Chapter 12　12-1 図の編集とレイアウト　　2013　2010　2007

図の操作のテクニック

430 ページ内の図を[選択]ウィンドウで操作する

Word2013/2010では[選択]ウィンドウを使うとページ内の図をまとめて選択したり、重ね順を変えるなどの操作を行うことができます。

→ Word2007については568ページのTips「Word2007で図形の一覧を表示する」参照。

▼[選択]ウィンドウを使う

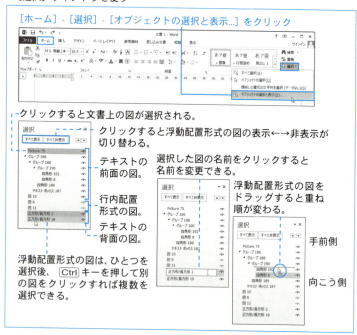

|補足| 浮動配置形式は 🔲、行内配置形式は 🔲 で区別されます(Word2010では 🔲 と 🔲)。浮動配置形式の図は、このアイコンをクリックすれば表示←→非表示が切り替わります。

[すべて非表示]をクリックするとページ内の浮動配置形式の図がすべて隠れます。その結果、次ページの図が追い込まれることがありますが、もう一度クリックするとその図も隠れます。

12-1 図の編集とレイアウト　　　2013　2010　2007

431　図をドラッグで複製する

複製は［ホーム］-［コピー］と［貼り付け］が定番ですが、図や写真を複製するにはもっと簡単な方法があります。それは [Ctrl] キー＋ドラッグです。また、浮動配置形式の図は [Shift] キーを併用すれば、ドラッグ方向を水平方向または垂直方向に強制できます。

▼ 図をドラッグで複製する

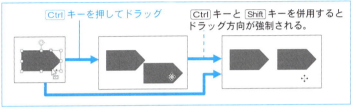

12-1 図の編集とレイアウト　　　2013　2010　2007

432　図を素早くたくさん複製する

位置揃えは後回しにして、ともかく素早く複製したいという場合は [Ctrl] + [D] キーが便利です。図をクリックしてこのショートカットキーを押すと、行内配置形式の図はその直後に、浮動配置形式の図は右下方向に複製されます。また、Word2007 では、浮動配置形式の図を複製した直後にドラッグし、その図を同様に複製すると、以降は右下ではなく同じ方向に複製されます。

▼ 図を素早くたくさん複製する

12-1 図の編集とレイアウト

433 図を自在に回転する

2013 2010 2007

図を回転するには、回転ハンドルをドラッグする方法、90度に回転する方法、回転角度を指定する方法があります。

操作 回転ハンドルをドラッグする場合は、[Shift]キーを併用すると回転角度を15度刻みに強制できます。また、Word2007では[Ctrl]キーを併用すると回転ハンドルの対角点を中心として回転できます。

90度に回転するには［書式］-［オブジェクトの回転］を、回転角度を指定するには［レイアウト］ダイアログボックスを使います。

▼図を回転する

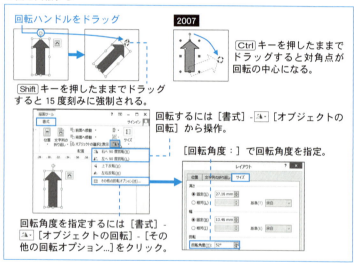

補足 Word2013/2010では対角点を中心に回転するオプションはありませんが、図を複製して対角点どうしが接するように配置し、グループ化して回転すれば処理できます。グループ化する図の位置を工夫すれば、回転の中心は自由に調整できます。時計のような絵柄を描く場合に役立ちます。

▼対角点を中心に回転する(Word2013/2010)

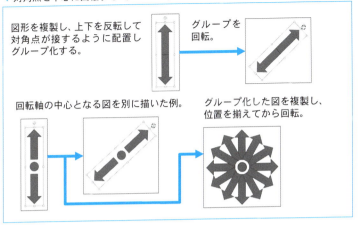

Tips 回転ハンドルが表示されない場合の対策

図の幅が極端に狭くなると、回転ハンドルは表示されません。この場合は画面をズームするか、または前ページに示したダイアログボックスを使えば回転できます。

Tips 書式適用時の「プレビュー」オプション

たとえば図をクリックして枠線の書式や塗りつぶし色などのボタンにマウスポインターを合わせると、適用結果があらかじめ表示されますが、わずらわしければオフにすることもできます。それには[Wordのオプション]ダイアログボックスの次のオプションをオフにします。

2013/2010 [ファイル] - [オプション] をクリック
2007 - [Wordのオプション] をクリック

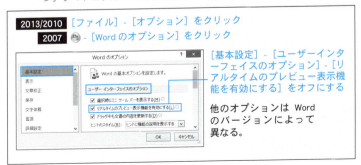

[基本設定] - [ユーザーインターフェイスのオプション] - [リアルタイムのプレビュー表示機能を有効にする] をオフにする

他のオプションは Word のバージョンによって異なる。

434 グリッド線、配置ガイドを使う

12-1 図の編集とレイアウト | 2013 2010 2007

図を見た目でレイアウトする場合に重宝するのが「グリッド線」です。グリッド線への強制機能を利用すると、オートシェイプをグリッド線に合わせて描いたり、図をグリッド線に合わせてドラッグできます。

Word2013 ではさらに「配置ガイド」*機能が追加され、ドラッグ先をページ端、余白端、段組みの端、段落の上下端に強制することができます。

操作 グリッド線の機能を利用するには、まず [グリッド線] ダイアログボックスでグリッド線の間隔を設定します。Word2013 の配置ガイドの設定も同ダイアログボックスで設定します。

▼グリッド線、配置ガイドのオプションを設定する

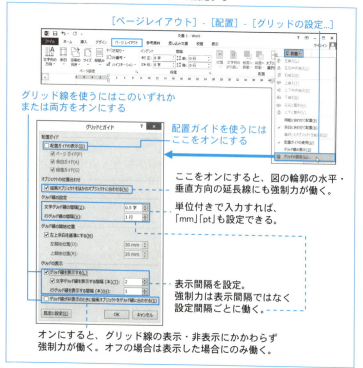

補足 グリッド線と配置ガイドを併用することはできず、一方のオプションをオンにすると他方はオフになります。

配置ガイドの［段落ガイド］は段落の上下端に表示されるガイドですが、図の配置形式が［上下］の場合は表示されません。

［描画オブジェクトをほかのオブジェクトに合わせる］をオンにすると、配置済みの図の輪郭の水平方向・垂直方向の延長線にも強制力が働き、図どうしの位置決めが楽になります。Word2010/2007には配置ガイド機能はありませんが、ヘッダー画面にオートシェイプで補助線を描けば、配置ガイドのように使うことができます。

▼ヘッダー画面に位置決め用の補助線を描く

ヘッダー画面にオートシェイプで補助線を描いた例。

図形の輪郭線に強制力が働き、位置決めやサイズ調整に利用できる。

Tips グリッド線の表示を素早く切り替える

グリッド線の表示←→非表示を素早く切り替えるには、[Alt]、[V]、[G]キーを順に押す方法が便利です。

12-1 図の編集とレイアウト　　2013　2010　2007

435 図の位置決め用に本文の段落枠を表示する

本文端や段落端に図をドラッグする場合、Word2013では、前項でふれた「配置ガイド」を使えば簡単です。Word2010/2007では、「文字列表示範囲枠」を表示すれば、位置決めがわかりやすくなります。ただし、配置ガイドのような強制機能はありません。文字列表示範囲枠はWord2013でも利用できます。

操作 文字列表示範囲枠を表示するには［Wordのオプション］ダイアログボックスを呼び出し、次のオプションをオンにします。

▼ 文字列表示範囲枠を表示する

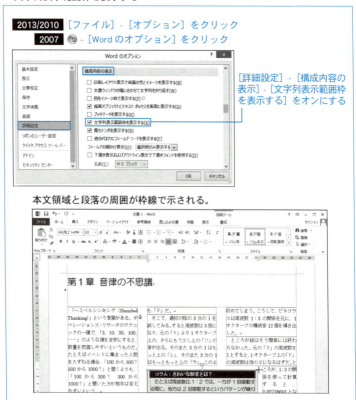

2013/2010 ［ファイル］-［オプション］をクリック
2007 －［Wordのオプション］をクリック

［詳細設定］-［構成内容の表示］-［文字列表示範囲枠を表示する］をオンにする

本文領域と段落の周囲が枠線で示される。

12-1 図の編集とレイアウト　　2013　2010　2007

436　図の位置を微調整する

図の位置をこまかく調整するには図を選択して → ←
↑ ↓キーを押します。移動距離は画面の表示倍率が大
きいほど小さくなります。最大表示倍率は500％です。
また、グリッド線を使えば、さらにこまかく移動できま
す。この場合、表示倍率は無関係です。

表示倍率	移動距離
100％	0.75pt
300％	0.25pt
500％	0.15pt

操作 グリッド線を使って微調整するには、Wordの使用単位関係のオプションを変えた上で、グリッド線の値を設定します。値は最小「0.05pt」に設定できますが、Word2013では「0.1pt」刻みでしか移動しません。

▼ グリッド線の間隔を最小に設定する

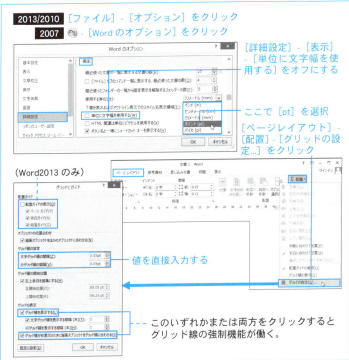

437 図をページ上の定位置に固定する

描いた直後のオートシェイプや、[行内]から[四角]や[前面]などの形式に変えた直後の画像は最寄りの段落に「連結」され、垂直方向の位置は連結先段落に連動して動きます。

操作 連結先段落が動いても図が動かないようにページ上の定位置に固定するには、図の垂直方向の位置基準をページ端や余白端に変える必要があります。

▼図の位置基準を決める

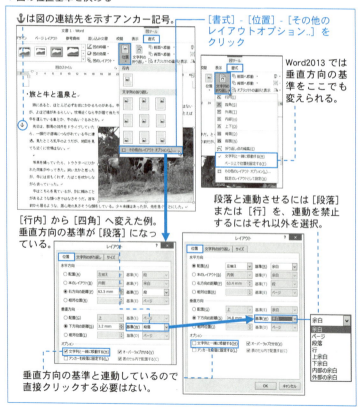

補足 図の連結先はアンカー記号 ⚓ で示されます。アンカー記号を表示するには、［ホーム］-［編集記号の表示/非表示］をオンにして浮動配置形式の図をクリックします。

図が連結先段落に連動するかどうかは垂直方向の基準で決まります。［段落］または［行］を選択すると連結先に連動し、［ページ］や［余白］を選択すると基準からの指定位置に固定されます。

Word2013では、［書式］-［文字列の折り返し］-［文字列と一緒に移動する］をクリックすると連結先に連動し、［ページ上で位置を固定する］をクリックすると基準からの位置に固定されます。

なお、［ページ］や［余白］を選択した場合でも、連結先段落が別のページに移動すれば図もそのページに移動します。この移動は避けられませんが、たとえば見出しなどと同じページに置きたい場合は、その段落に連結して固定すれば、不用意な移動を避けやすくなります。

▼図の連結先を特定の段落に固定する

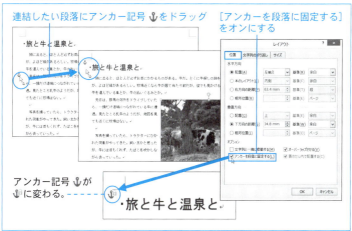

注意 Word2013では、［四角］や［外周］などの配置形式で垂直方向の位置基準を［段落］または［行］に設定している場合、上下の余白部にはドラッグできません。ドラッグするには配置形式を［前面］［背面］に変えるか、［書式］-［文字列の折り返し］-［ページ上で位置を固定する］をクリックします。

438 図の位置基準を瞬時に [余白] に変える

12-1 図の編集とレイアウト　2013 2010 2007

描いた直後のオートシェイプや、[行内] から [四角] や [前面] などの形式に変えた直後の画像は最寄りの段落に「連結」され、垂直方向の位置は連結先段落に連動して動きます。

段落との連動を禁止し、ページ上の定位置に固定するには、前項で解説したように垂直方向の位置基準で [ページ] や [余白] を選択します。位置を正確に設定するには [レイアウト]（Word2007 では [レイアウトの詳細設定]）ダイアログボックスを呼び出す必要がありますが、たんに位置基準を変えるだけでよければもっと簡単な方法があります。

操作 Word2013 では前項でふれたように [書式] - [文字列の折り返し] - [ページ上で位置を固定する] をクリックする方法が簡単です。これで位置基準は [ページ] に変わります。

各バージョンに共通の方法としては、[書式] - [位置] のボタンまたは [オブジェクトの配置] を使う方法があります。

[位置] のボタンを使うと水平方向・垂直方向の基準が [余白] に変わります。ただし、配置形式が [四角] になるので、別の形式で配置する場合はあらためて配置形式を選択してください。

▼[位置] のボタンで図の位置と配置基準を決める

[オブジェクトの配置]を使う場合は、[余白に合わせて配置]を基準として揃えると、水平方向または垂直方向の基準が[余白]になります。配置形式は変わりません。

[用紙に合わせて配置]をクリックしてから操作するとページ端を基準として揃いますが、図の位置基準自体は変わりません。したがって、[段落]を基準としていれば、位置を変えても段落と連動します。

▼ [オブジェクトの配置]で余白を基準にする

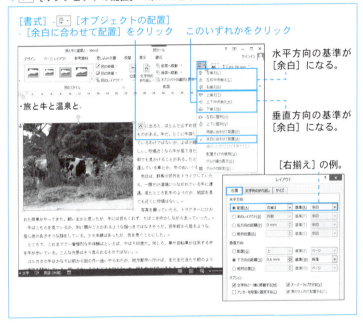

Tips ドラッグ時のレイアウトをリアルタイムで表示(2013)

Word2013 では、[四角]形式などの図をドラッグすると本文の回り込みの状態がリアルタイムで表示されます。結果がすぐにわかるのが利点ですが、Word2010 以前と同様に、位置を決めてから結果を反映させることもできます。それには[Word のオプション]ダイアログボックスの[基本設定]-[ユーザーインターフェイスのオプション]の[ドラッグ中も文書の内容を更新する]をオフにします。

Chapter 12 / 12-1 図の編集とレイアウト　　2013　2010　2007

図の操作のテクニック

439 コピーした図を元図と同じ位置に貼り付ける

たとえば小見出しにオートシェイプの飾りを付けるような場合は、1箇所で位置を決め、あとは「コピー→貼り付け」で処理できればよいのですが、たんに貼り付けてもコピー元と同じ位置にはなりません。

▼ 図をコピーして貼り付けても元図と同じ位置にはならない

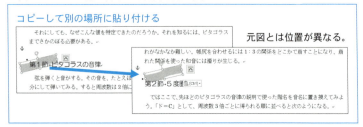

操作 元図と同じ位置に貼り付けるには「文書パーツ」を使います。

▼ 図を文書パーツに登録する

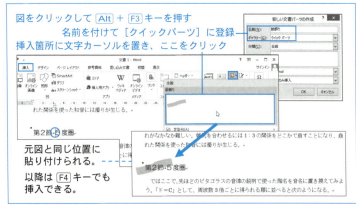

補足 見出しのように、段落を基準に位置を決める場合は垂直方向の基準を［段落］に設定します。各ページの同じ位置に配置する場合は［ページ］または［余白］に設定します*。

→ 548ページ「437 図をページ上の定位置に固定する」参照。

12-1 図の編集とレイアウト　　　2013　2010　2007

440 図の位置をページの奇偶で左右に振り分ける

図や写真がたくさん入る文書では、レイアウトの基準を設けることで統一感が生まれます。たとえば「図や写真は見開きの外側に寄せて配置したい」という場合は、ページの奇偶で図の位置を自動調整するオプションが便利です。文書の手直しでページが変われば、図の位置も変わります。

操作 ページの奇偶で図の位置を自動調整するには、図をクリックして[レイアウト](Word2007では[レイアウトの詳細設定])ダイアログボックスを呼び出し、次のように設定します。

▼ ページの奇偶で図の位置を自動調整する

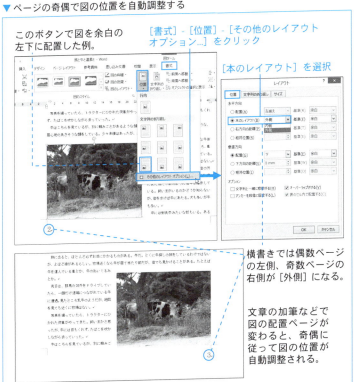

441 図の位置を揃える

図や写真の位置を揃えたり等間隔に並べるには、[グリッド線]*を使う方法と、ここで紹介する「配置機能」を使う方法があります。グリッド線の場合は手動で位置決めする必要がありますが、配置機能を使えば、選択した図の位置や間隔を自動的に調整できます。ただし、使える状況はWordのバージョンによって異なり、不具合も見られるので注意が必要です。

→ 544ページ「434 グリッド線、配置ガイドを使う」参照。

操作 図の位置や間隔を調整するには、[Shift]キーを押したままで各図をクリックして選択します。ただし、Word2007ではオートシェイプと写真を同時に選択することはできません。

また、[ホーム]-[選択]-[オブジェクトの選択]をクリックし、各図を取り囲むようにドラッグする方法もあります。ただし、Word2007では写真は選択できず、Word2010ではこの機能自体が働きません。Word2013ではオートシェイプも写真も選択できますが、水平・垂直に描いたオートシェイプは選択できません。

「オブジェクトの選択」モードを終えるには[Esc]キーを押します。

▼複数の図を選択する

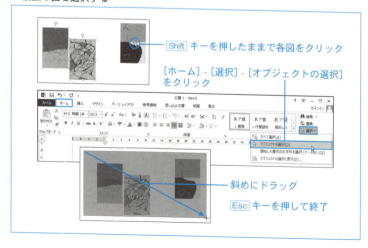

図を選択したら次のように操作します。

▼ 図の位置と間隔を調整する

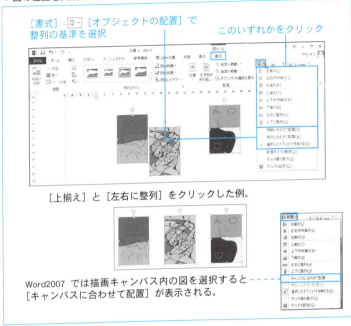

|補足| [用紙に合わせて配置] はページ端、[余白に合わせて配置] は本文領域の端が基準になります。[選択したオブジェクトを揃える] は、選択した図どうしの位置関係に従って揃えます。
Word2007 では、描画キャンバス内の図を選択すると [用紙に合わせて配置] は [キャンバスに合わせて配置] に変わりますが、Word2013 では描画キャンバスへの整列オプションはありません。また、Word2010 の描画キャンバス内では整列機能自体が使えません。

|注意| Word2007 では [用紙に合わせて配置][余白に合わせて配置] のどちらを選択しても、[左右に整列][上下に整列] はいずれもページ端が基準になります。しかもページ幅が約 203mm、高さ 280mm の場合にのみ正しく働くという誤った仕様になっています。したがって、現実的には役に立ちません。

12-2 オートシェイプ・ワードアート　　2013　2010　2007

442 水平線、垂直線を描く

オートシェイプで直線を描くには［フリーフォーム］を使います。［直線］もありますが、これは図形どうしをつなぐ「コネクタ」で、用途が異なります。直線を描くこともできますが、あとから線を曲げるといった加工（次項参照）はできません。

操作 直線を描くにはオートシェイプの［フリーフォーム］をクリックし、次のように操作します。このさい、Shift キーを併用すると、描く方向が Word2013/2010 では 45 度刻み、Word2007 では 15 度刻みに強制されます。

▼水平線、垂直線を描く

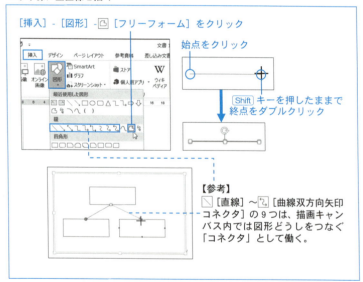

［挿入］-［図形］-［フリーフォーム］をクリック

始点をクリック

Shift キーを押したまま終点をダブルクリック

【参考】
［直線］〜［曲線双方向矢印コネクタ］の9つは、描画キャンバス内では図形どうしをつなぐ「コネクタ」として働く。

注意 Word2013/2010 では、描いた水平線・垂直線を折れ線などに変型すると不具合が生じます*。したがって、あとから変型する場合は斜線を描き、必要であれば回転して角度を調整してください。

→ 558 ページ「445 折れ線や正弦波を描く」参照。

12-2 オートシェイプ・ワードアート　　2013　2010　2007

443 平行線を描く

平行線を描くには、[フリーフォーム]で直線を描いて複製し、位置を揃えます。平行線の間隔や長さはあとから調整できるので、最初は適当な長さでかまいません。また、描画キャンバスを使うと途中の作業が楽になります。

操作 描画キャンバス内に直線を描き、Ctrl + D キーで必要本数を複製※してから次のように操作します。

→ 541ページ「432 図を素早くたくさん複製する」参照。

▼平行線を描く

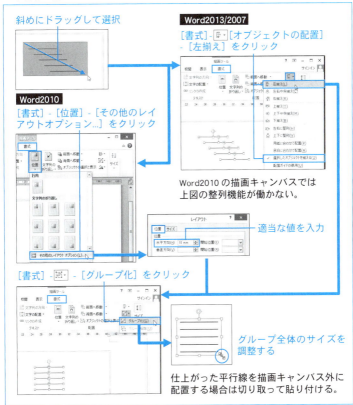

Word2010 の描画キャンバスでは上図の整列機能が働かない。

仕上がった平行線を描画キャンバス外に配置する場合は切り取って貼り付ける。

444 格子線を描く

格子線を描くには、前項の方法で2組の平行線を作り、一方を90度回転した上で位置を合わせてグループ化します。間隔とサイズは自由に調整できます。

▼格子線を描く

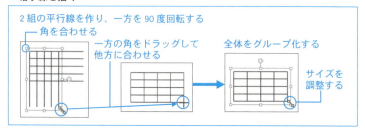

445 折れ線や正弦波を描く

折れ線や正弦波のような曲線を描くには、「グリッド線」を利用します。Word 2007では、折れ線には[フリーフォーム]を、曲線には[曲線]を使えば簡単に描くことができますが、Word2013/2010では線の描画時にはグリッド線への強制力が働きません。そこで、ここではWord2013/2010でも可能な方法を紹介します。

操作 まず、描きたい図形のサイズを考慮してグリッド線を設定します*。
次に、直線を描いてから「頂点の編集」機能で加工します。頂点の編集ではグリッド線への強制力を利用できます。
ただし、Word2013/2010の場合、[フリーフォーム]による水平線および垂直線は頂点の編集機能に不具合が見られます。そこで、まず斜め45度の直線を描いて水平・垂直に回転します。

→ 544ページ「434 グリッド線、配置ガイドを使う」参照。

▼ 折れ線や正弦波を描く

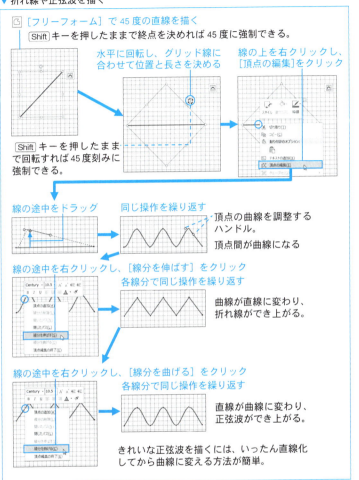

|補足| [フリーフォーム]で最初から水平線や垂直線を描いた場合、頂点の編集を行うと頂点のハンドルが正しい位置に表示されません。また、ハンドルをドラッグすると意図しない変形が生じます。さらに、図形をクリックできなくなることもあります。その場合はクイックアクセスツールバーの [元に戻す]をクリックしてください。

12-2 オートシェイプ・ワードアート　2013 2010 2007

446 正円, 正方形, 正三角形などを描く

正円、正方形、正三角形などを描くには、オートシェイプを選択し、ドラッグせずにクリックする方法が簡単です。これで、既定のサイズで描かれます。拡大・縮小する場合は、[Shift]キーを押したままでドラッグします。最初から自由なサイズで描くには、[Shift]キーを押したままでドラッグします。下図は正三角形の例ですが、正円、正方形なども同様です。

▼正円、正方形、正三角形などを描く

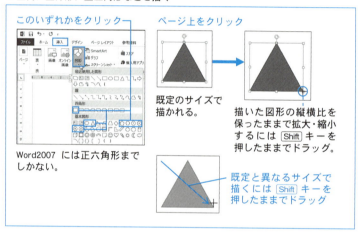

12-2 オートシェイプ・ワードアート　2013 2010 2007

447 正多角形を描く

正多角形のオートシェイプは、Word2007では正三角形～正六角形、Word2013/2010では、正三角形～正八角形、正十角形、正十二角形が用意されています。オートシェイプにない正多角形を描く方法はいくつか考えられますが、ここでは頂点の数にかかわらず利用可能な方法を紹介します。それは［フリーフォーム］と［直線］の併用です。

操作 ＼[直線]は、描画キャンバス内では図形どうしをつなぐ「コネクタ」の機能を持っています。そこで、[フリーフォーム]で図形の補助線を描き、＼[直線]で補助線をつないで仕上げます。コネクタを利用するので、描画キャンバス内で作業します。

▼ 正多角形を描く（正九角形の例）

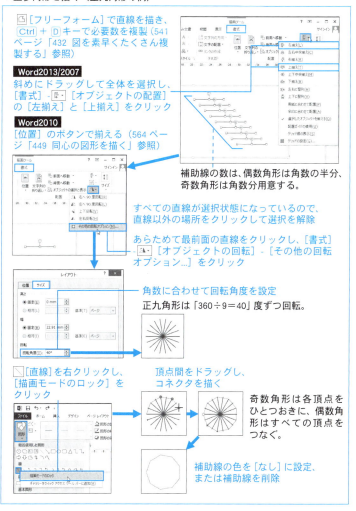

12-2 オートシェイプ・ワードアート 2013 2010 2007

448 扇形、半円を描く

扇形、半円は、Word2013/2010では[パイ]を使えば簡単に描くことができます。Word2007では[円弧]と[直線]を使います。[直線]は描画キャンバス内では「コネクタ」として働くので、円弧の端や中心をきれいにつなぐことができます。

操作 [パイ]で扇形、半円を描くには、Shiftキーを押したままでパイ図形を描き、あとから形を調整します。

半円その他、扇形の中心角を決める場合は、[フリーフォーム]などで補助線を描くと調整しやすくなります。

▼[パイ]で扇形、半円を描く（Word2013/2010）

[挿入]-[図形]の[パイ]、[フリーフォーム]をクリックしてパイ図形と補助線を描く

2つの図形を選択し、[書式]-[オブジェクトの配置]の[左右中央揃え]と[上下中央揃え]で図形の中心を合わせる

補助線はパイ図形の直径よりも長く描く。

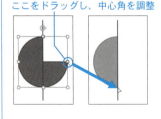

ここをドラッグし、中心角を調整

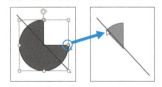

半円以外の場合は補助線の角度を調整してからドラッグ。調整方法は前項の図参照。

|補足| Word2010の描画キャンバス内では [オブジェクトの配置] による整列機能は働かないので、描画キャンバス外で操作するか、またはグリッド線を利用して手動で位置合わせする必要があります。

[フリーフォーム] による直線の幅は描いた直後は「0mm」になっていますが、ドラッグで長さを調整すると幅が太くなり、中心を位置合わせすることができなくなります。その場合は直線を描き直すか、または幅を「0mm」に修正してください。なお、[書式]-[サイズ]から調整すれば、幅を変えることなく長さを調整できます。

操作 [円弧] と [直線] を使う場合は、「コネクタ」の機能を利用するので、描画キャンバス内で作業します。

▼[円弧] と [直線] で扇形、半円を描く (Word2007)

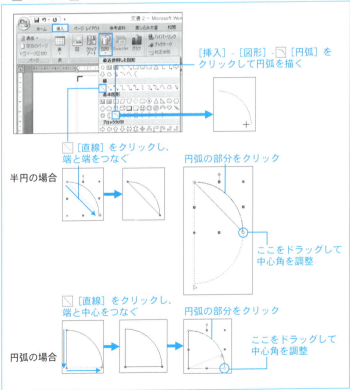

449 同心の図形を描く

同心の図形を描くには、図をひとつ描いて複製し、位置とサイズを調整します。等間隔で縮小する場合はグリッド線を利用します。

▼ 同心の図形を描く

基本図形を描き、[Ctrl] + [D] キーを押して複製する
(541 ページ「432 図を素早くたくさん複製する」参照)

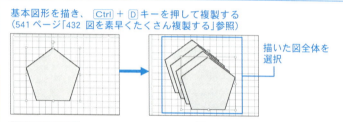

描いた図全体を選択

Word2013/2007

[書式] - [オブジェクトの配置] の [左揃え] と [上揃え] をクリック

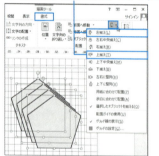

Word2010

[書式] - [位置] - [その他のレイアウトオプション...] をクリック

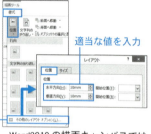

適当な値を入力

Word2010 の描画キャンバスでは左図の整列機能が働かない。

図以外の場所をクリックして選択を解除し、あらためて最前面の図をクリック

[Shift] キーと [Ctrl] キーを押したままで端をドラッグ

同じ操作を繰り返す

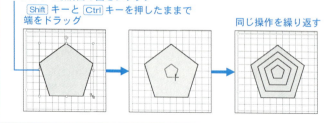

12-2 オートシェイプ・ワードアート　2013 2010 2007

450 極小の図形を描く

極小の図形を扱う場合は、画面の表示倍率を大きくすれば作業が楽になります。極小の図形を描くには、適当に描いてから縮小する方法が簡単です。たとえば正方形の場合、ドラッグすると Word2013 と 2007 では最小「1.25mm」、Word2010 では最小「1.27mm」まで縮小できます。

また、値を直接設定すれば、Word2013/2010 では最小「0mm」、Word2007 では最小「0.02mm」に設定できます。この値は、四角形のように閉じた図形では枠線の太さの中央から中央までの距離です。したがって、図のサイズが「0mm」でも枠線の分だけサイズは大きくなります。

▼図形のサイズを極小にする

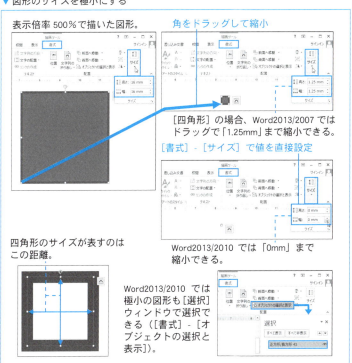

12-2 オートシェイプ・ワードアート 2013 2010 2007

451 同種のオートシェイプを続けて描く

たとえば四角形など、同種のオートシェイプをまったく同じサイズで描く場合は複製する方法*が簡単です。同種のオートシェイプをいろいろなサイズで描く場合は、「描画モードのロック」機能を利用します。

ロックを解除するには [Esc] キーを押します。また、リボンのボタンをクリックするなど、別の操作を行っても解除できます。

→ 541 ページ「431 図をドラッグで複製する」、541 ページ「432 図を素早くたくさん複製する」参照

▼同種のオートシェイプを続けて描く

描きたいオートシェイプのボタンを右クリックし、
[描画モードのロック] をクリック

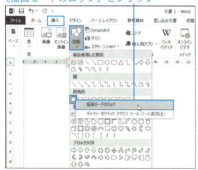

図を描き終えたら [Esc] キーを押してロックを解除

Tips オートシェイプの描画時，自由にドラッグできない

Word の最初の設定では、すでに描いた図形があると、その輪郭線の水平方向と垂直方向に強制力が働くようになっています。図形の位置を簡単に揃えることができるので便利ですが、強制力が不要の場合は [グリッドとガイド] （Word2010/2007 では [グリッド線]）ダイアログボックスを呼び出し、[描画オブジェクトをほかのオブジェクトに合わせる] をオフにしてください*。

→ 544 ページ「434 グリッド線、配置ガイドを使う」参照。

12-2 オートシェイプ・ワードアート　2013 2010 2007

452 いろいろなオートシェイプを同じ書式で描く

いろいろなオートシェイプの書式を統一する場合、あとから統一するには「書式コピー」を、これから描く場合は書式の「既定値」を利用します。

操作 オートシェイプの書式をコピーするには、コピー元のオートシェイプをクリックして次のように操作します。

▼オートシェイプの書式をコピーする

操作 オートシェイプを同じ書式で描くには、書式設定済みのオートシェイプを右クリックして次のように操作します。

▼オートシェイプの「既定値」を登録する

補足 オートシェイプの既定値は、Word2007 では各図形に共通です。
Word2010 では四角形などの閉じた図形用、フリーフォームなどの線用、コネクタ用、テキストボックス用の 4 種類です。
Word2013 では図形用、コネクタ用、テキストボックス用の 3 種類です。フリーフォームなどの線には図形用の既定値が適用されます。

Chapter 12　12-2 オートシェイプ・ワードアート　2013　2010　2007

図の操作のテクニック

453　描いた図形の種類を変える

「四角形」で仕上げたチャート図を「角丸四角形」に変えたいといった場合、図形を描き直す必要はありません。設定した書式を維持したままで図形の種類だけを変えることができます。

操作 種類を変えたい図を選択し、次のように操作します

▼図形の種類を変える

図をクリックし、[書式] - [図形の編集] - [図形の変更] をクリック

複数の図を選択するには [Shift] キーを押したまま各図をクリック。

変更後の図の種類を選択

[四角形] を [角丸四角形] に変えた例。

ひとつを選択して図形を変え、以降は「図を選択→ [F4] キー」を繰り返しても処理できる。

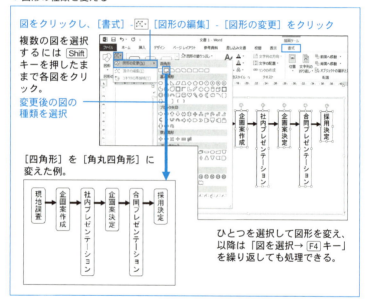

Tips　Word2007で図形の一覧を表示する

Word2013/2010 では [選択] ウィンドウを使えば図形の一覧でページ内の図を選択できます*。Word2007 には同ウィンドウはありませんが、[複数オブジェクトの選択] をクイックアクセスツールバーに組み込めば*、一覧から文書内の図形を選択できるようになります。

→ 540ページ「430 ページ内の図を選択ウィンドウで操作する」参照。
→ 738ページ「584 クイックアクセスツールバーにリボンにないボタンを組み込む」参照。

12-2 オートシェイプ・ワードアート

2013 2010 2007

454 グループを解除せずにグループ内の図を操作する

図をグループ化すると、グループ全体をひとつの図のように扱うことができます。グループ化した状態でも各図の書式を変えることができます。
また、Word2007 ではグループ内の図の位置関係は固定されますが、Word2013/2010 ではグループ化したままで個々の図を動かしたり、[Ctrl] + [D] キーで複製することもできます。

操作 グループ内の図を選択するには、グループをクリックしてから各図をクリックします。[Shift] キーを押したままで操作すれば、複数の図を選択することもできます。

▼ グループ内の図を選択して書式を変える

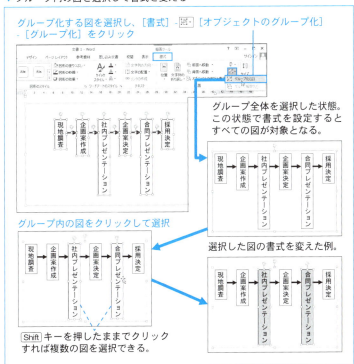

グループ化する図を選択し、[書式] - [オブジェクトのグループ化] - [グループ化] をクリック

グループ全体を選択した状態。この状態で書式を設定するとすべての図が対象となる。

グループ内の図をクリックして選択

選択した図の書式を変えた例。

[Shift] キーを押したままでクリックすれば複数の図を選択できる。

455 凹んだ図形の内部で本文を折り返す

図を[外周]または[内部]形式で配置すると、本文は図の「折り返し線」に沿って折り返されます。[外周]では凹んだ箇所は無視されますが、[内部]では凹んだ箇所にも本文が入り込みます。ただし、たとえばフリーフォームで凹んだ図形を描いて[内部]を設定しても、凹部は無視されます。理由は、折り返しの位置は見た目ではなく「折り返し線」で決まるためです。

操作 凹んだ図形の内部で本文を折り返すには、図を選択して次のように操作します。

▼ 凹んだ図形の内部で本文を折り返す

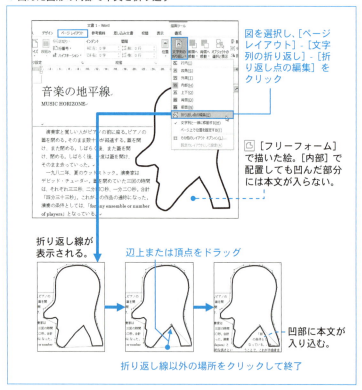

12-2 オートシェイプ・ワードアート　　2013　2010　2007

456 オートシェイプで描いた図を画像ファイル化する

オートシェイプは他のアプリケーションなどでは表示できないのが難点です。そこで、オートシェイプを画像ファイル化する方法を紹介します。

操作 図が少ない場合は、図をコピーして Windows の「ペイント」アプリケーションや画像処理アプリケーションに貼り付ける方法が簡単です。ただし、貼り付けた結果を拡大・縮小すると画質が劣化するので、Word 上で適正サイズに調整してからコピーしてください。
また、複数のオートシェイプを組み合わせている場合はあらかじめグループ化するか、または描画キャンバス内で作図してからコピーしてください。

▼オートシェイプで描いたイラストを画像ファイル化する

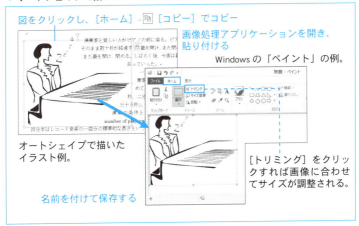

図をクリックし、[ホーム]-[コピー]でコピー

画像処理アプリケーションを開き、貼り付ける
Windows の「ペイント」の例。

オートシェイプで描いたイラスト例。

[トリミング]をクリックすれば画像に合わせてサイズが調整される。

名前を付けて保存する

操作 画像ファイル化したい図がたくさんある場合は、文書を[Web ページ(フィルター後)]形式で保存すれば、文書の保存フォルダー内に同名の下位フォルダーが作られ、その中に図が画像ファイルとして保存されます。写真や描画キャンバスも対象になります。
ただし、Word 文書としての書式は失われるので、あらかじめ Word 文書として保存した上で、別途 Web 形式で保存してください。

457 複数の図の輪郭に合わせて本文を折り返す

複数の図を配置する場合、それぞれを［外周］または［内部］形式で配置すれば、それぞれの「折り返し線」に沿って本文が折り返されます。ただし、Word2007では、図を「グループ化」すれば全体の折り返し線を調整できますが、Word2013/2010 ではグループ化すると折り返し線を調整できなくなります。グループ化の前に調整すればよいのですが、扱いが煩雑です。

▼ グループ化した図の折り返し線の扱い

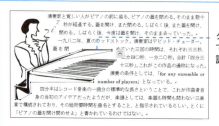

グループ化していない状態では図ごとに折り返し線を調整できる。

2013/2010 グループ化すると折り返し線の調整ができなくなる。

2007

グループ化した場合はグループ全体の折り返し線を調整できる。

操作 Word2013/2010でグループ化した図の折り返し線を調整するには、グループ化した図とは別に、折り返し位置に合わせて[フリーフォーム]で白いオートシェイプを描けば作業が楽になります。塗りつぶしは[なし]とします。線の色を[白]に設定すれば、フリーフォームの輪郭に沿って折り返されます。[なし]にすると折り返し線が矩形になり、再調整が必要になります。フリーフォームの線が絵柄に重なる場合は[最背面]に移動してください。

▼ で折り返し用の図を描く（Word2013/2010）

[フリーフォーム]で折り返し用の図を描く

塗りつぶしの色は[なし]に設定。

線の色を[白]にすればフリーフォームの形に添って折り返し線が設定される。

線の色を[なし]にすると折り返し線が矩形になるので再調整が必要。

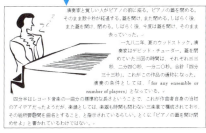

458 オートシェイプでテクスチャを作る

図の塗りつぶしオプションの「テクスチャ」とは、基本パターンの繰り返しで塗りつぶす機能です。既存のテクスチャから選択するだけでなく、オートシェイプで包装紙のような繰り返し模様を作ることもできます。

操作 Word2013/2010でオートシェイプによるテクスチャを作るには、基本パターンを作ってグループ化し、[ホーム]-[コピー]でコピーした上で次のように操作します。

▼オートシェイプで作った絵柄をテクスチャ化する（Word2013/2010）

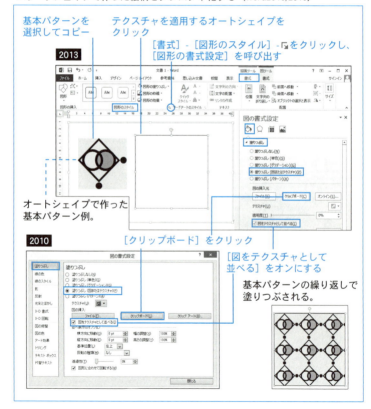

操作 Word2007 でテクスチャを作るには、パターンを画像ファイルとして保存する必要があります。それには図をコピーして Windows の「ペイント」アプリケーションに貼り付ける方法が簡単です。この方法は、「ペイント」に限らず、多くの画像処理アプリケーションで可能です。複数のオートシェイプを組み合わせている場合はあらかじめグループ化してからコピーしてください。

▼オートシェイプで作った絵柄をテクスチャ化する（Word2007）

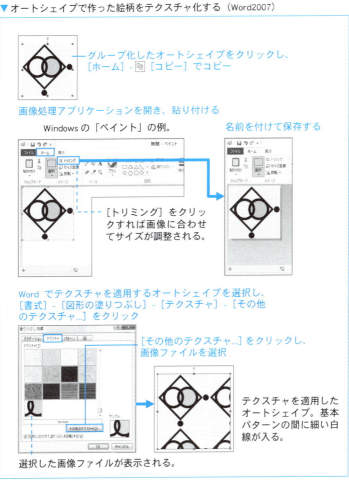

12-2 オートシェイプ・ワードアート

2013 2010 2007

459 オートシェイプやワードアートに写真の書式を適用する

写真には、明るさやコントラスト、色調など、オートシェイプにはない豊富な効果を利用できます。これらの効果も、簡単な操作でオートシェイプやワードアートに適用することができます。

操作 写真の効果をオートシェイプやワードアートに適用するには次のように操作します。

▼オートシェイプに写真の効果を適用する

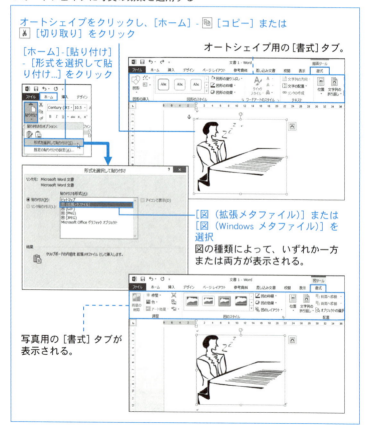

オートシェイプをクリックし、[ホーム]-[コピー]または[切り取り]をクリック

[ホーム]-[貼り付け]-[形式を選択して貼り付け...]をクリック

オートシェイプ用の[書式]タブ。

[図(拡張メタファイル)]または[図(Windows メタファイル)]を選択
図の種類によって、いずれか一方または両方が表示される。

写真用の[書式]タブが表示される。

12-2 オートシェイプ・ワードアート　2013 2010 **2007**

460 ワードアートにオートシェイプのスタイルを適用する

Word2007ではオートシェイプの書式はワードアートにも利用できます。オートシェイプには、罫線や塗りつぶしのパターンを組み合わせた［図形のスタイル］ギャラリーがあります。そこで、オートシェイプのスタイルをワードアートに適用する方法を紹介します。

操作 ワードアートにオートシェイプのスタイルを適用するには、スタイルを適用したオートシェイプの書式をコピーし、ワードアートに貼り付けます。ただし、二重線や三重線など、ワードアートが対応していない書式は貼り付けても無視されます。

なお、「行内配置」形式のワードアートに書式を貼り付けると Word が不具合を起こすことがあります。したがって、必ず［四角］や［前面］などの形式に変えた上で操作してください。書式の貼り付け後は「行内配置」に変えてもかまいません。

▼ワードアートにオートシェイプのスタイルを適用する

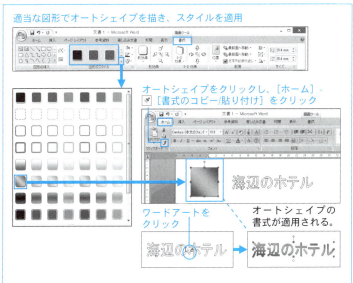

12-3 テキストボックス・スマートアート　2013　2010　2007

461 テキストボックスのリンク作業を楽にする

テキストボックスをリンクするにはテキストボックスとリボンのボタンを行き来する必要があり、煩雑です。そこで、リンク作業を少しでも楽にする方法を紹介します。

操作 テキストボックスのリンク作業を楽にするポイントは次の2つです。

- リンク用のコマンドにショートカットキーを割り当てる
- 先頭のテキストボックスに長い文章を流し込む

リンク用のコマンドにショートカットキーを割り当てておけば*、リボンのボタンをクリックする手間が省け、テキストボックスの操作に集中できます。コマンド名は「TextBoxLinking」です。

→ 746ページ「591 コマンドなどにショートカットキーを割り当てる」参照。

▼リンク用のコマンドにショートカットキーを割り当てる

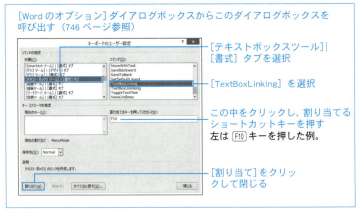

[Wordのオプション]ダイアログボックスからこのダイアログボックスを呼び出す（746ページ参照）

[テキストボックスツール]｜[書式]タブを選択

[TextBoxLinking]を選択

この中をクリックし、割り当てるショートカットキーを押す
左は F10 キーを押した例。

[割り当て]をクリックして閉じる

補足 上図では F10 キーを割り当てていますが、もちろん別のショートカットキーでもかまいません。F10 キーにもともと割り当てられている「MenuMode」はリボンのボタンをキーボードの操作対象にするコマンドですが、Alt キーでも実行できるので、別の機能を割り当てても差し支えありません。あとから割り当てた方が優先されます。

3つ以上のテキストボックスをリンクするにはリンク作業を繰り返す必要がありますが、リンクされたテキストボックスが空の場合は枠線しかクリックできず、扱いにくくなります。

そこで、先頭のテキストボックスに長い文章を流し込んでおけば、リンクされたテキストボックスも内部のクリックで選択できるようになります。入力する内容が決まっていれば、あらかじめ本文上に入力して切り取り、先頭のテキストボックスに貼り付ける方法が簡単です。なお、切り取る段落にテキストボックスなどが連結されていると、テキストボックスごと切り取られてしまうので注意してください。

▼長い文章を流し込んでからリンクする

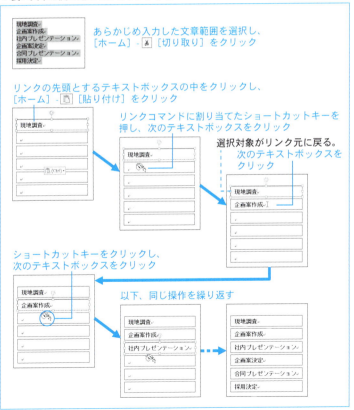

12-3 テキストボックス・スマートアート　　2013　2010　2007

462 テキストボックス間を楽に移動する

複数のテキストボックスに入力する場合など、テキストボックスごとにクリックするのでは手間がかかります。そこで覚えておきたいのがページ内で本文とテキストボックス間を移動するショートカットキーです。描画キャンバス内のテキストボックスも対象になります。

ショートカットキー	機能
Alt + ↓ キー	ページ内の次のテキストボックスまたは本文へ
Alt + ↑ キー	ページ内の前のテキストボックスまたは本文へ

本文上で押した場合、Word2010/2007 ではページの先頭とテキストボックス間を移動するだけですが、Word2013 ではページの先頭で押すとページ内の段落を移動し、末尾の段落に達するとテキストボックスに移動します。

12-3 テキストボックス・スマートアート　　2013　2010　2007

463 テキストボックスのサイズと中身の文字位置を調整する

テキストボックスのサイズはドラッグなどで調整できますが、中身に合わせて自動調整する方法もあります。また、テキストボックス内の文字の位置は、テキストボックス自身のオプションと、中身の段落書式（配置やインデント、段落の行高設定など）によって決まります。

複数のテキストボックスで文字位置を統一する場合は、あらかじめオプションと段落書式を設定したテキストボックスを複製する方法が便利です*。また、複数のテキストボックスをまとめて選択すれば、オプションと段落書式をまとめて設定することもできます。選択方法はオートシェイプと同じです*。

→ 541 ページ「431 図をドラッグで複製する」、541 ページ「432 図を素早くたくさん複製する」参照。

→ 540 ページ「430 ページ内の図を選択ウィンドウで操作する」、554 ページ「441 図の位置を揃える」、568 ページの Tips「Word2007 で図形の一覧を表示する」参照。

操作 テキストボックス内の位置オプションを設定するには次のように操作します。

▼テキストボックス内の位置オプションを設定する

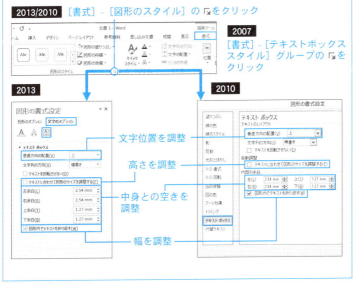

補足 テキストボックスのオプションのうち、[テキストに合わせて図形のサイズを調整する]と[図形内でテキストを折り返す]は、テキストボックスのサイズを中身に合わせて自動調整するか、手動で調整するかを設定します。

ただし、2つのオプションはオン・オフの設定が逆なので注意してください。[テキストに合わせて図形のサイズを調整する]は、オンにすると高さが自動調整されます。[図形内でテキストを折り返す]は、オフにすると幅が自動調整されます。両方を自動調整する場合は幅が優先され、本文幅に達すると高さが調整されます。

テキストボックス内の左右の位置は上図の余白設定と段落書式([中央揃え]やインデントなど)で調整します。テキストボックス内の上下の位置は、上図の[垂直方向の配置]および余白設定と、段落書式(行高設定、段落前の空き)で調整します。

12-3 テキストボックス・スマートアート

464 箇条書きをスマートアート化する

2013 2010 2007

「スマートアート(SmartArt)」とは階層化された情報を視覚的に見せる機能です。スマートアート内のテキストボックスに入力するには、直接クリックして入力する方法、[テキストウィンドウ]を使う方法がありますが、いずれにしても入力が面倒です。そこで、もっと簡単に入力できる方法を紹介します。

操作 スマートアートの基本は、アウトライン形式の箇条書きと同じ「階層化」です。そこで、スマートアートの内容を普通の本文上で入力し、アウトライン形式の箇条書きとして書式を設定すれば、あとは切り取って貼り付けるだけでスマートアート化できます。

▼箇条書きをスマートアート化する

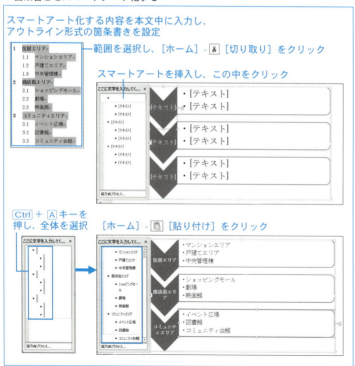

12-3 テキストボックス・スマートアート　2013　2010　2007

465 スマートアートの背景を写真などの画像で塗りつぶす

「スマートアート(SmartArt)」内の図形は画像で塗りつぶすことができます。オートシェイプと同様に［書式］-［図形の塗りつぶし］から操作することもできますが、画像をコピーあるいは切り取って貼り付ける方が簡単です。別のアプリケーションからでも、Word 上の画像でもかまいません。

▼ スマートアートを画像で塗りつぶす

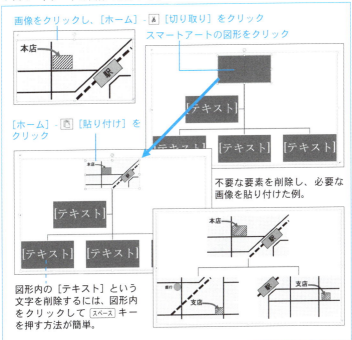

補足　上記の方法でオートシェイプや描画キャンバスも貼り付けることができます。テキストボックスやワードアートは描画キャンバス上に配置し、描画キャンバスを画像化して貼り付けてください*。

→ 571 ページ「456 オートシェイプで描いた図を画像ファイル化する」、620 ページ「491 描画キャンバスを画像化する」参照。

12-4 写真

466 写真の既定のフォルダーを登録する

[挿入]-[画像](Word2010/2007では[図])をクリックすると[図の挿入]ダイアログボックスが呼び出され、あらかじめ決められた「既定のフォルダー」が開きます。既定のフォルダーは、最初は「ピクチャ」(C:¥Users¥(ユーザー)¥Pictures)ですが、他のフォルダーに変えることもできます。

操作 [図の挿入]ダイアログボックスの既定のフォルダーを登録するには次のように操作します。

▼[図の挿入]ダイアログボックスの既定のフォルダーを登録する

2013/2010 [ファイル]-[オプション]をクリック
2007 -[Wordのオプション]をクリック

[詳細設定]-[全般]の[ファイルの場所]をクリック

[イメージ]を選択
(Word2010/2007では[クリップアート])

[変更...]をクリックし、フォルダーを選択

補足 Word2010の初期バージョンでは登録フォルダーが無視され、「ピクチャ」フォルダーが開くことがありますが、アップデートすれば解消されます。

12-4 写真　　　　　　　　　　　　　　　　　　　　2013　2010　2007

467 写真の既定の配置方法を決める

[挿入] - [画像]（Word2010/2007 では [図]）をクリックすると [図の挿入] ダイアログボックスが呼び出され、写真などの画像ファイルを挿入することができます。この場合、最初の設定では自動的に「行内配置」形式で挿入されます。しかし、[四角] や [前面] など、別の形式で配置する方が多ければ、Word のオプションを変えておくと便利です。

操作 画像ファイル挿入時の配置形式を変えるには次のように操作します。

▼ 画像ファイルの既定の配置方法を変える

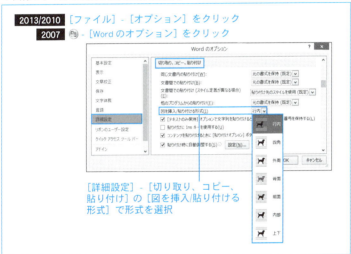

`2013/2010` [ファイル] - [オプション] をクリック
`2007` 🅑 - [Word のオプション] をクリック

[詳細設定] - [切り取り、コピー、貼り付け] の [図を挿入/貼り付ける形式] で形式を選択

Tips スクリーンショットを挿入する（2013）

Word2013 では、[挿入] - [スクリーンショット] をクリックすると稼働中のアプリケーションの一覧が表示され、クリックするだけでその画面のイメージを Word に貼り付けることができます。
また、一覧の下の [画面の領域] をクリックするとマウスポインターが＋に変わります。＋に変わるまでに [Alt] + [Tab] キーを押し、切り取る画面に切り替えた上で画面上を斜めにドラッグすれば、選択範囲だけをイメージ化することができます。

12-4 写真　　　　　　　　　　　　　　　　　　2013　2010　2007

468 写真を一括挿入し、個々の段落に分ける

Wordの最初の設定では、[挿入]-[画像]（Word2010/2007では[図]）で画像ファイルを挿入すると「行内配置」形式になります。複数の画像ファイルを選択し、まとめて挿入することもできますが、その場合はすべてが同じ段落内に配置されてしまいます。

操作 同じ段落内に配置された複数の写真をひとつずつ別段落に分けるには、次の置換を実行します。

> 検索条件：検索オプションはすべてオフにする
> 検索する文字列：^g
> 置換後の文字列：^&^p

補足 ^g は行内配置形式の図、^& は検索結果自身、^p は段落記号を表す特殊文字です*。この置換を実行すると、検索された図のあとに段落記号が追加され、その結果、写真ごとに段落を分けることができます。

→ 310ページ「227 検索と置換ダイアログボックスの特殊文字を活用する」参照。

12-4 写真　　　　　　　　　　　　　　　　　　2013　2010　2007

469 写真の周囲に背景色を付ける

写真に額縁のような効果を付けるには、写真を描画キャンバスやオートシェイプの上に置き、描画キャンバスやオートシェイプを塗りつぶすという方法が考えられますが、写真のトリミングと塗りつぶしを利用すれば、写真だけで処理できます。描画キャンバスなどとの位置合わせの手間がかからないので便利です。

操作 写真の周囲を塗りつぶすには、写真より大きくトリミングして塗りつぶし色を設定します。Word2013/2010では[Ctrl]キーと[Shift]キーを押したままでドラッグすれば、写真の中央から均等にトリミング範囲を調整できます。Word2007では[Ctrl]キーは正しく動作しません。

▼写真の周囲を塗りつぶす

写真をクリックし、[書式] - [トリミング] をクリック

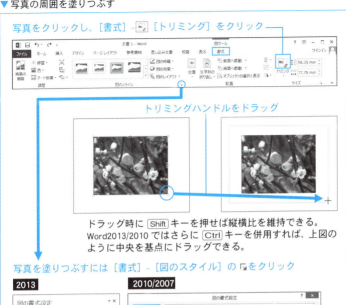

トリミングハンドルをドラッグ

ドラッグ時に [Shift] キーを押せば縦横比を維持できる。
Word2013/2010 ではさらに [Ctrl] キーを併用すれば、上図の
ように中央を基点にドラッグできる。

写真を塗りつぶすには [書式] - [図のスタイル] の  をクリック

テクスチャで塗りつぶした例。

12-4 写真

470 写真の絵柄に合わせて背景を隠す

切り抜き写真のように写真の背景を隠す場合、写真の絵柄と背景の色が異なっていれば、「透明色」を指定することで簡単に処理できます。Word2013/2010では写真の必要部分だけを残し、不要部分を隠す機能もあります。

いずれも、前項同様に写真に塗りつぶしの色を設定すれば、隠れた部分を色やテクスチャで塗りつぶすことができます。また、写真の「折り返し線」*を調整すれば、絵柄に合わせて本文を折り返すこともできます。

→ 570 ページ「455 凹んだ図形の内部で本文を折り返す」参照。

操作 写真の一部を透明化するには次のように操作します。透明化できる色は 1 色だけです。

▼ 写真の一部を透明化する

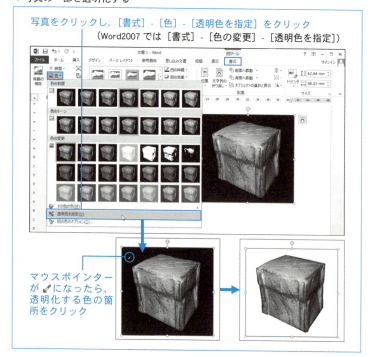

写真をクリックし、[書式] - [色] - [透明色を指定] をクリック
(Word2007 では [書式] - [色の変更] - [透明色を指定])

マウスポインターが になったら、透明化する色の箇所をクリック

操作 Word2013/2010 では、写真の内部をこまかく選択し、不要部分だけを隠すことができます。

▼写真の不要部分を隠す（Word2013/2010）

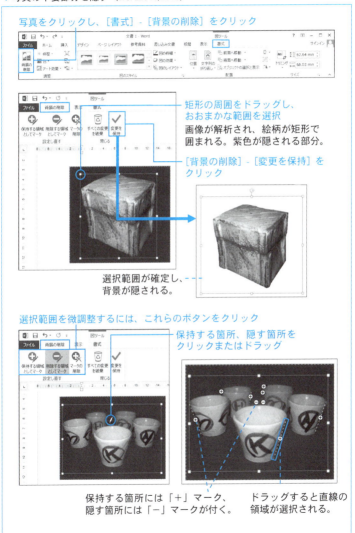

471 写真を絵柄に沿って切り抜く

写真の一部を切り抜くには前項で紹介した「透明化」と「背景の削除」がありますが、絵柄によっては透明化では解決できません。また、Word2007には背景の削除機能はありません。そこで、オートシェイプの[フリーフォーム]を使って切り抜く方法を紹介します。

操作 [フリーフォーム]を使って写真を切り抜くには、必要部分に合わせてトリミングした画像が必要です。Word2013/2010ではWord上でトリミングしてもかまいませんが、Word2007ではあらかじめトリミングした画像ファイルを別途用意してください*。

→ 598ページ「477 写真のトリミング部分を削除する」参照。

▼写真を絵柄に沿って切り抜く

トリミングした写真を Word 文書に挿入

Word2013/2010 では Word 文書上で
トリミングしてもよい。

絵柄の輪郭に合わせて矩形に
トリミングしておく。

[フリーフォーム]で絵柄に合わせて輪郭線を描く

この例ではわかりやすいように
線の色を[白]に設定。

フリーフォームを残し、写真を[ホーム]-
[切り取り]で切り取る

この例ではわかりやすいように
線の色を[黒]に変更。

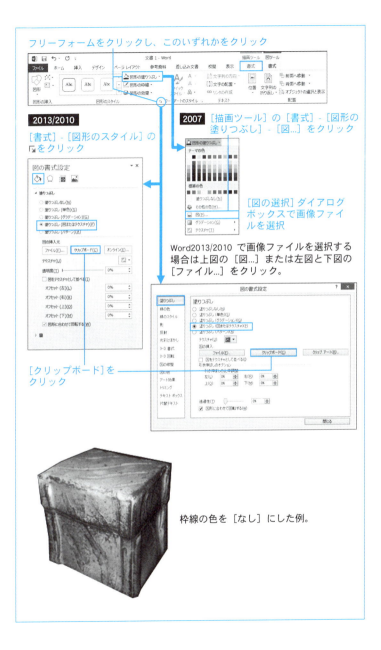

472 写真に設定した書式の一部だけ別の写真にコピーする

写真には「影」や「ぼかし」など多彩な効果を設定できます。同じ効果を別の写真にも適用する場合は「書式コピー」が簡単ですが、すべての書式が適用されてしまいます。そこで、一部の書式だけを適用する方法を紹介します。

操作 設定済みの書式のうち、一部だけを別の写真にも適用するには、元の写真に同じ書式を再設定し、別の写真を選択して F4 キーを押します。

▼写真の書式の一部を別の写真にコピーする

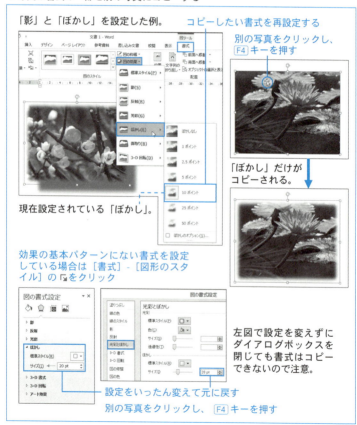

12-4 写真　　　　　　　　　　　　　　　　　　　　2013　2010　2007

473 行内配置形式の写真の書式を素早く統一する

文書内の写真の書式を一挙に統一する方法はありませんが、「行内配置」形式の写真は図の検索機能と「書式コピー」を併用すれば手間を軽減できます。

操作 まず、必要な書式を設定した写真をクリックし、[ホーム] - [書式のコピー/貼り付け] をクリックするか、または Ctrl + Shift + C キーを押します。

次に [検索と置換] ダイアログボックスを呼び出し、次の条件で行内配置形式の図を検索します。

　　検索条件：検索オプションはすべてオフにする
　　検索する文字列：^g

最初の写真が検索されたら、[検索と置換] ダイアログボックスを閉じ、Ctrl + Shift + V キーを押して書式を貼り付けます。
以降は、次のショートカットキーで前後の写真を検索し、同様に Ctrl + Shift + V キーで書式を貼り付けてください。

ショートカットキー	機能
Ctrl + Page Up	前の検索箇所へジャンプ
Ctrl + Page Down	次の検索箇所へジャンプ

補足 [ホーム] - [書式のコピー/貼り付け] をクリックするとマウスポインターが に変わり、クリックすれば書式を貼り付けることができますが、検索するとマウスポインターは元に戻るので、クリックによる方法は使えません。

「浮動配置」形式の写真は、Word2013/2010 では [ナビゲーション] ウィンドウあるいは [検索と置換] ダイアログボックスの [ジャンプ] タブを使えば検索できますが、いずれの場合も検索後さらに写真をクリックする必要があります[*]。書式の貼り付け自体は、上図同様にショートカットキーを使えば繰り返し行うことができます。

→ 538 ページ「429 文書内の図を検索する」参照。

474 行内配置形式の写真に「囲み線」を一括設定する

12-4 写真　　2013　2010　2007

文字書式の中には「行内配置」形式の写真に適用できるものがあります。ここでは「囲み線」を一括設定する方法を紹介します。

操作　行内配置形式の写真に文字書式を適用するには置換機能を利用すればよいのですが、置換で「囲み線」を設定することはできません。そこで、あらかじめ「囲み線」を登録した文字スタイルを作り*、その文字スタイルに置換します。

→ 264 ページ「191 新しいスタイルを作る」参照。

▼新しい文字スタイルに「囲み線」を登録

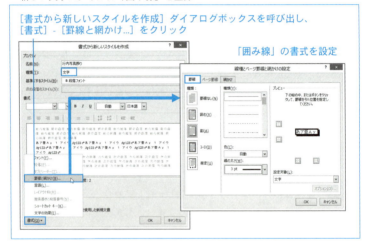

[書式から新しいスタイルを作成] ダイアログボックスを呼び出し、[書式] - [罫線と網かけ...] をクリック

「囲み線」の書式を設定

行内配置形式の図は ^g で検索できます。

置換条件として文字スタイルを設定するには、[検索と置換] ダイアログボックスの [置換後の文字列] 欄をクリックし、[書式] - [スタイル...] をクリックしてスタイルを選択します。

検索条件：検索オプションはすべてオフにする
検索する文字列：^g
置換後の文字列：（上図で作った文字スタイル）

12-4 写真　　　　　　　　　　　　　　　　　　　　　　2013　2010　2007

475 写真を置いた段落の書式を統一する

「行内配置」形式の写真の位置は、写真を置いた段落の書式で調整できます。また、段落罫線や段落の網かけを写真の飾り付けに利用することもできます。

操作 行内配置形式で配置した図が写真以外にないことがわかっていれば、検索による一括選択機能*を利用できます。

→ 315 ページ「230 検索結果を一括選択する」参照。

ただし、写真だけを一括選択することはできないので、たとえば「写真＋段落記号」などのように、状況に合わせて写真以外の条件を追加する必要があります。

　　検索条件：検索オプションはすべてオフにする
　　検索する文字列：^g^p　　　　　　……図に段落記号が続く箇所

上記の条件で一括検索したらダイアログボックスを閉じ、通常の方法で段落書式を設定します。

操作 行内配置形式で配置した図が写真以外にもある場合は、上記と同様の条件で検索し、最初の写真が検索されたら[検索と置換]ダイアログボックスを閉じて必要な段落書式を設定します。

次に、その段落内に文字カーソルを置いて [Ctrl] + [Shift] + [C] キーを押し、段落書式をコピーします。以降は次のショートカットキーで前後の写真を検索し、 [Ctrl] + [Shift] + [V] キーで書式を貼り付けます。検索条件を ^g として図だけを検索した場合、図が選択されている状態で書式をコピー・貼り付けると段落書式ではなく図の書式が処理されるので注意してください。。

ショートカットキー	機能
[Ctrl] + [Page Up]	前の検索箇所へジャンプ
[Ctrl] + [Page Down]	次の検索箇所へジャンプ

補足 特定の段落の書式を統一するには、専用の段落スタイルを作る方法が最良です。検索の結果に段落スタイルを適用すれば、以降は段落スタイルの書式を変えるだけで該当箇所の書式を変えることができます。

12-4 写真

476 写真のトリミングを取り消す

2013 | 2010 | 2007

写真のトリミングのしくみは Word2013/2010 と Word2007 で異なっています。ここではバージョン共通の方法と、バージョンごとの方法を紹介します。

操作 トリミングを消す一番簡単な方法は、[書式] - 🖼 - [図のリセット] - [図とサイズのリセット]（Word2007 では [書式] - [図のリセット]）です。ただし、写真の書式も失われ、サイズは「100％」になります。書式とサイズを維持する場合は、事前に書式とサイズをコピーしてからリセットしてください。

▼写真をリセットしてトリミングを取り消す

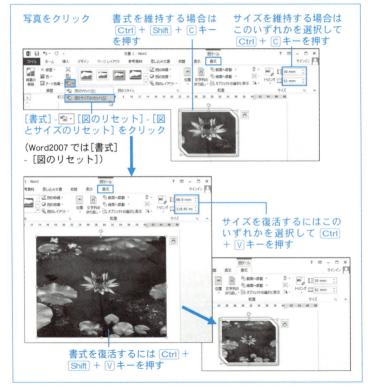

操作 Word2013/2010 で書式を維持したままトリミングだけを解除するには次のように操作します。

▼書式を維持してトリミングだけを解除する（Word2013/2010）

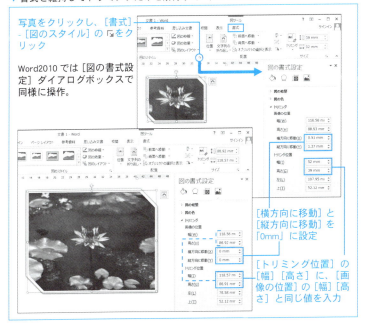

操作 Word2007 で書式を維持したままトリミングだけを解除するには次のように操作します。描画キャンバス内の写真は、いったん外にドラッグしてから同様に操作します。

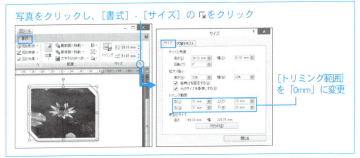

477 写真のトリミング部分を削除する

写真をたくさん入れるとWord文書のサイズが大きくなり、Wordに負担がかかります。少しでも文書サイズを小さくしたい場合に効果的なのが、画像の圧縮機能です。解像度を下げるオプションと、トリミング部分を削除するオプションがあります。

操作 写真のトリミング部分を削除するには、写真をクリックして次のように操作します。

▼写真のトリミング部分を削除する

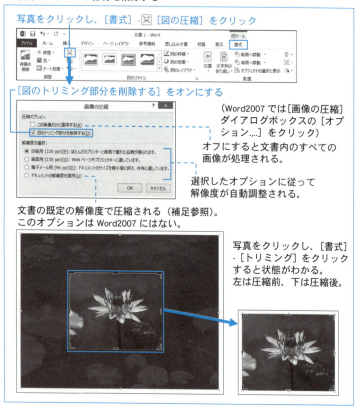

写真をクリックし、[書式]-[図の圧縮]をクリック

[図のトリミング部分を削除する]をオンにする

（Word2007では[画像の圧縮]ダイアログボックスの[オプション...]をクリック）

オフにすると文書内のすべての画像が処理される。

選択したオプションに従って解像度が自動調整される。

文書の既定の解像度で圧縮される（補足参照）。このオプションはWord2007にはない。

写真をクリックし、[書式]-[トリミング]をクリックすると状態がわかる。左は圧縮前、下は圧縮後。

補足 ［ドキュメントの解像度を適用］とは、文書に設定した既定の解像度で文書内の画像を自動圧縮するオプションです。既定の解像度を設定するには［Wordのオプション］ダイアログボックスを呼び出します。

▼ 画像圧縮のオプションを設定する

2013/2010 ［ファイル］-［オプション］をクリック
2007 -［Wordのオプション］をクリック

設定対象を選択。
元画像の情報を削除し、画像に加えた変更結果だけを残す。
解像度の自動圧縮を禁止する。
既定の解像度を選択する。

［復元用の編集データを破棄する］をオンにすると、画像のコントラストや色、アート効果などを設定した場合、元に戻せなくなりますが、ファイルサイズをかなり抑えることができます。

［ファイル内のイメージを圧縮しない］をオンにすると、元画像の解像度を維持できますが、文書のファイルサイズが極端に大きくなる場合があります。ファイルサイズが大きいと印刷や送信にも負担が掛かるので、とくに理由がない限りオフにすることをお勧めします。

なお、Word文書内の画像は取り出して利用することもできます*。

→ 571ページ「456 オートシェイプで描いた図を画像ファイル化する」、608ページ「483 Word文書から画像を抽出する」参照。

この場合、取り出した画像ファイルのイメージは文書内での表示結果どおりになります。Wordの機能で効果を設定した画像や、トリミングした画像をWordその他のアプリケーションで利用する場合などに活用できます*。

→ 590ページ「471 写真を絵柄に沿って切り抜く」参照。

599

12-4 写真

478 写真の「リンク」を更新する

Word 文書に写真を挿入する方法には次の 3 種類があります。

挿入方法	機能
「挿入」形式	元画像のコピーを文書に埋め込む
「リンク」形式	元画像への参照情報を文書に埋め込む。 文書内で元画像が表示される。元画像を変えた場合、リンクを更新すれば文書上での表示も変わる。 元画像を移動・削除すると Word 上ではエラーになる
「挿入&リンク」形式	元画像のコピーと参照情報を埋め込む。 元画像を変えた場合、リンクを更新すれば文書上での表示も変わる。 元画像を移動・削除するとリンクが解消され、文書上には元画像のコピーが残る。ただし、更新するとエラーになる

▼ Word 文書に写真を挿入する

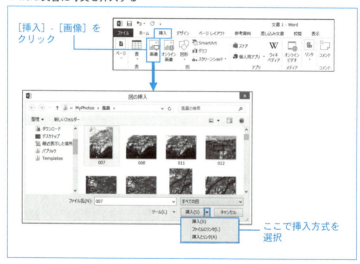

[挿入] - [画像] をクリック

ここで挿入方式を選択

操作 「リンク」形式または「挿入&リンク」形式でリンクを更新した場合、その結果は Word のバージョンと状況によって異なります。以下、バージョンごとに更新方法と結果を示します。

▼ Word2013/2010

状況	形式	描画キャンバス外	描画キャンバス内
作業中 (未保存)	[ファイルにリンク]	2013：F9キーで更新 2010：更新不可	2013：更新不可* 2010：更新不可
	[挿入とリンク]	F9キーで更新	更新不可*
作業中 (保存済み)	[ファイルにリンク]	F9キーで更新	2013：更新不可* 2010：更新不可
	[挿入とリンク]	F9キーで更新	更新不可*
文書を 開いたとき	[ファイルにリンク]	自動更新	自動更新
	[挿入とリンク]	自動更新	自動更新

* 切り取って描画キャンバス外に貼り付ければ F9 キーで更新できる

Word2013/2010 では文書を保存していったん閉じ、開き直す方法が簡単です。挿入方法、配置方法にかかわらずリンクが自動更新されます。作業中の文書については、描画キャンバス外の画像は基本的には F9 キーで更新できます。ただし、Word2010 では未保存文書の「リンク」形式画像は更新できません。

▼ Word2007

状況	形式	描画キャンバス外	描画キャンバス内
作業中	[ファイルにリンク]	F9キーで更新	更新不可*
	[挿入とリンク]	F9キーで更新	更新不可*
文書を 開いたとき	[ファイルにリンク]	F9キーで更新	自動更新
	[挿入とリンク]	F9キーで更新	更新不可**

* 描画キャンバス外にドラッグすれば F9 キーで更新できる
** リンクが切れ、描画キャンバス外にドラッグしても更新できない

Word2007 では、描画キャンバス外の画像は F9 キーで更新できます。描画キャンバス内の画像については、「リンク」形式の画像は文書を保存していったん閉じ、開き直せば更新されます。それ以外の場合は更新できません。また、「挿入&リンク」形式の画像は文書を閉じるとリンクが切れるので注意してください。

各バージョンとも、描画キャンバス内の画像は描画キャンバス外に移動すれば更新できます。ただし、Word2010 の「リンク」形式の画像は描画キャンバス外でも更新できません。描画キャンバスの内→外へは、Word2007 ではドラッグで移動できますが、Word2013/2010 では写真を切り取って描画キャンバス外に貼り付ける必要があります。

12-4 写真

479 描画キャンバス内の写真をリンク更新可能にする

前項で解説したように、「リンク」形式または「挿入とリンク」形式で描画キャンバス内に配置した写真は、文書を開いて作業している間は更新できません。基本的には文書を閉じて開き直せば自動更新されますが、Word2007 では描画キャンバス内の「挿入とリンク」形式の写真は、文書を保存するとリンクが切れ、文書を開いても更新できなくなるという不具合が見られます。

そこで、描画キャンバス内に置いたままでも更新できる方法を紹介します。少し手間がかかるので、Word2013/2010 ではあまりお勧めできませんが、Word2007 では上記の不具合を避けられる上、更新も簡単なので効果的です。

操作 「リンク」形式または「挿入とリンク」形式の写真を描画キャンバス内に置いたままで更新するには、描画キャンバス内にテキストボックスを配置し、その中に写真を「行内配置」形式で挿入します。
Word の最初の設定*では、テキストボックス内をクリックして挿入するだけで「行内配置」形式になります。

→ 585 ページ「467 写真の既定の配置方法を決める」参照。

挿入される写真のサイズは、テキストボックスのオプションとサイズによって自動的に調整されます。下図は Word2007 の画面例ですが、Word2013/2010 でも同様です。

▼テキストボックス内に写真を挿入する場合のオプション設定

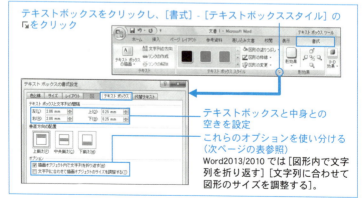

挿入結果は、オプションの設定によって異なります。

[描画オブジェクト内でテキストを折り返す]	[テキストに合わせて描画オブジェクトのサイズを調整する]	結果
オフ	オフ	テキストボックスの高さに合わせて調整される
オン	オフ	テキストボックスの幅に合わせて調整され、オプションの設定が反転する
オフ	オン	写真に合わせてテキストボックスのサイズが調整される
オン	オン	テキストボックスの幅に合わせて調整され、[描画オブジェクト内でテキストを折り返す]がオフになる

補足 上記の方法で配置した写真は、Word2007 では次項で紹介する[リンクの設定]ダイアログボックスを使えば一括更新できます。また、個々にクリックして F9 キーを押しても更新できます。

Word2013/2010 では、個々にクリックして F9 キーを押します。Word 2013 はそのままでは更新されませんが、さらにテキストボックスを少し動かすと更新されます。なお、Word2013/2010 では次項で紹介する[リンクの設定]ダイアログボックスによる更新はできません。

Tips 写真の書式やサイズを変えずに写真を入れ替える

写真をあとから入れ替える場合は、最初から「リンク」形式あるいは「挿入とリンク」形式(前項参照)で挿入し、あとから更新する方法が便利ですが、数が少なければもっと手軽な方法もあります。それには写真をクリックし、[書式] - [図の変更]をクリックします。

写真に設定済みの書式はそのまま維持されます。また、元の写真と入れ替え後の写真で縦横比が異なる場合は横幅が優先されます。

写真をクリックし、[書式] - [図の変更]をクリック

12-4 写真

2013 2010 2007

480 リンクした写真を埋め込む

「リンク」形式で挿入した写真は、元画像を移動・削除すると文書上では画像が消え、エラーになります。「挿入とリンク」形式で挿入した写真は、元画像を移動・削除しても文書上の表示は残りますが、更新するとやはりエラーになります。したがって、たとえば文書を配布するような場合は、リンクを解除して画像自身を埋め込む必要があります。

操作 リンクした画像を文書に埋め込むには[リンクの設定]ダイアログボックスを使います。このダイアログボックスは、描画キャンバス外に配置した「リンク」形式または「挿入とリンク」形式の画像がある場合にのみ呼び出すことができます。

▼ 画像ファイルへのリンクを解除し、画像を文書内に埋め込む

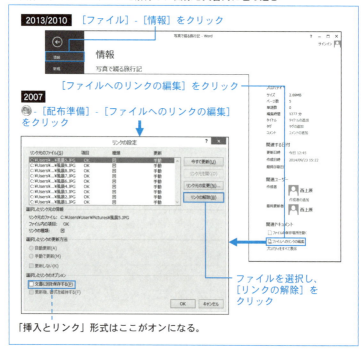

|補足| [リンクの設定] ダイアログボックスは、[Alt] + [E] キーに続けて [K] キーを押しても呼び出せます。

一覧には「リンク」形式の画像と「挿入とリンク」形式の画像が表示されます。Word2007 では描画キャンバスのテキストボックス内に配置した画像（前項参照）も同ダイアログボックスに表示されます。

［文書に図を保存する］がオフの画像は「リンク」、オンの画像は「挿入とリンク」です。このオプションで「リンク」←→「挿入とリンク」を切り替えることもできます。

リンクを解除するにはファイルを選択し、［リンクの解除］をクリックします。複数のファイルを選択するには、[Ctrl] キーを押したままでクリックします。ファイル範囲を選択するには、先頭をクリックしてから [Shift] キーを押したままで範囲の終わりをクリックします。

Tips 写真や図の情報を音声で読み上げる

Word2013 の［図の書式設定］および［図形の書式設定］ウィンドウ、Word2010 の［図の書式設定］ダイアログボックス、Word2007 の［サイズ］ダイアログボックスには［代替テキスト］という項目があります。
Windows の「ナレーター」機能を利用すると、代替テキストを登録した写真や図をクリックすれば代替テキストの[タイトル]が読み上げられます。
代替テキストを必要とする箇所は、Word2013 では［ファイル］-［情報］-ドキュメント検査]-［アクセシビリティチェック］、Word2010 では［ファイル］-［情報］-［問題のチェック］-［アクセシビリティチェック］、をクリックすれば確認できます。

481 写真をテキストボックスとグループ化する

複数の図をまとめてレイアウトするには、描画キャンバスを使うか、または図を「グループ化」します。Word2013/2010 では写真やオートシェイプ、テキストボックスをまとめてグループ化できますが、Word2007ではできません。そのため、たとえば写真とテキストボックスを組み合わせて写真の説明文を入れるといった場合には不便です。ここでは、Word2007でこれらをグループ化する方法を紹介します。

操作 Word2007 で写真をテキストボックスとグループ化するには、これらを描画キャンバス内に配置してからグループ化します。グループ化したあとは、描画キャンバス外にドラッグし、描画キャンバスを削除してもかまいません。

写真を描画キャンバス内に配置するには、描画キャンバスをクリックして写真を挿入する方法と、描画キャンバス外に配置した写真を切り取って描画キャンバス内に貼り付ける方法があります。

▼写真をテキストボックスとグループ化する(Word2007)

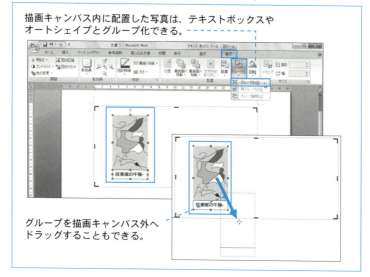

描画キャンバス内に配置した写真は、テキストボックスやオートシェイプとグループ化できる。

グループを描画キャンバス外へドラッグすることもできる。

> 補足　最初から描画キャンバス内に配置した写真は描画キャンバスの内←→外をドラッグ移動できますが、描画キャンバス外に配置した写真を描画キャンバス内に直接ドラッグすることはできません。ドラッグしても見かけの位置が重なるだけで、描画キャンバス内に配置されたことにはなりません。写真をクリックし、描画キャンバスの枠が表示されれば内、表示されなければ外です。
>
> なお、Word2007では写真を描画キャンバス内に配置すると写真専用の［図のスタイル］は使えなくなります。したがって、それらの書式を設定する場合は、あらかじめ描画キャンバス外で設定してから操作してください。

12-4 写真　　　　　　　　　　　　　　　　2013　2010　2007

482 写真や図だけを別文書にコピーする

写真や図、描画キャンバスなどを別文書にコピーするにはいくつかの方法が考えられますが、最も簡単でわかりやすいのは、文書の中身を丸ごとコピーして別文書に貼り付け、文字を削除する方法です。図の配置形式や種類にかかわらず処理できます。

文書のコピー→別文書への貼り付けまでの作業は次のショートカットキーで操作できます。

　　　　　　　Ctrl + A キー　　文書全体の選択
　　　　　　　Ctrl + C キー　　選択範囲のコピー
　　　　　　　Ctrl + N キー　　新しい文書の作成
　　　　　　　Ctrl + V キー　　コピー内容の貼り付け

貼り付けた別文書上では、次の置換を実行します。

　　　　　検索条件：検索オプションはすべてオフにする
　　　　　検索する文字列：^?
　　　　　置換後の文字列：　　　……（空欄のまま）

12-4 写真

483 Word文書から画像を抽出する

Word文書内の写真やオートシェイプ、描画キャンバスなどを独立した画像ファイルとして保存するには、Windowsの「ペイント」を利用する方法や、Word文書を「Webページ（フィルター後）」形式で保存する方法がありますが*、いずれもWordがなければ処理できません。

→ 571ページ「456 オートシェイプで描いた図を画像ファイル化する」参照。

そこで、ここではWordを使わずに文書ファイルから画像を抽出する方法を紹介します。ただし、Word上で写真に適用した書式は反映されません。また、オートシェイプや描画キャンバスなどは抽出できません。

操作 Wordの文書ファイルから写真を直接抽出するには、ファイルの「拡張子」を表示する必要があります。

Windows8ではエクスプローラーの［表示］-［ファイル名拡張子］をオンにします。

WindowsVista、7ではエクスプローラーの［整理］-［フォルダーと検索のオプション］をクリックし、［フォルダーオプション］ダイアログボックスの［表示］タブで［登録されている拡張子は表示しない］をオフにします。

拡張子を表示させると、Word2007以降の文書にはファイル名のあとに「.docx」または「.docm」という拡張子が表示されます。そこで、写真を抽出したいWord文書のアイコン上で次のように操作し、拡張子のあとにさらに「.zip」という拡張子を追加します。

▼ Word文書の拡張子に「.zip」を追加する

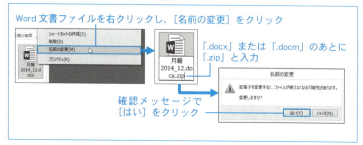

「.zip」は圧縮ファイル形式の一種です。Word2007以降の文書はもともとZIP形式になっており、拡張子を変えると解凍して中身を見ることができます。ただし、保護された文書は解凍できません。

→ 708ページ「559 文書の読み取りと書き込みをパスワードで保護する」参照。

Word文書の画像ファイルは、ZIPファイル内の［word］-［media］フォルダーに入っています。そこでこのフォルダーを開き、中身を別の場所にドラッグすれば、ドラッグ先にコピーできます。

▼Word文書内の画像ファイルをドラッグコピーする

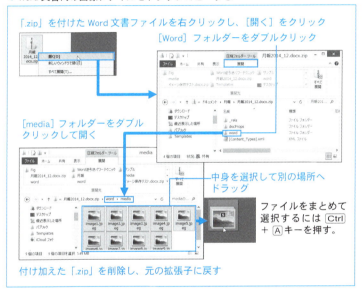

補足〉画像ファイルの種類は、元画像と同じ形式とは限らず、Wordで別形式に変換される場合もあります。また、Word2013/2010では、描画キャンバス内に配置した写真は同じものが重複して保管されます。

ZIPファイルの中身を直接変更するとエラーが発生し、Wordで開けなくなることがあります。したがって、コピーした後はすぐに「.zip」の部分を削除し、「.docx」または「.docm」に戻してください。

なお、Word2003以前の形式の文書も、Word2007以降で開いて最新のファイル形式で保存すれば、同様の方法で写真を抽出できます。

12-5 描画キャンバス

484 描画キャンバスを素早く呼び出す

描画キャンバスを呼び出すには［挿入］-［図形］-［新しい描画キャンバス］をクリックするのが標準的な方法ですが、もっと素早く呼び出す方法をいくつか紹介します。

操作 オートシェイプは本文上でも描けますが、描画キャンバスを使うことが多ければ、オートシェイプ関係のボタンクリックで描画キャンバスが呼び出されるように設定することもできます。

▼オートシェイプボタンで描画キャンバスが呼び出されるようにする

2013/2010［ファイル］-［オプション］をクリック
2007 -［Wordのオプション］をクリック

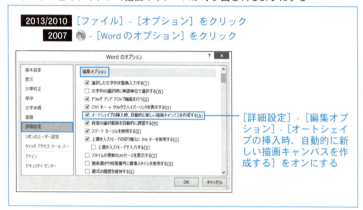

［詳細設定］-［編集オプション］-［オートシェイプの挿入時、自動的に新しい描画キャンバスを作成する］をオンにする

補足 上図のオプションをオンにすると、描画キャンバス以外の場所でオートシェイプ関係のボタンをクリックした場合に限り、描画キャンバスが呼び出されます。

Word2007では、呼び出された直後に描画キャンバスの外に描くか、描画キャンバスの外を右クリックすれば描画キャンバスを取り消すことができます。

Word2013/2010では、呼び出された直後にクイックアクセスツールバーの ［元に戻す］をクリックするか、Ctrl + Z キーを押せば取り消すことができます。描画キャンバスの外に描いた場合は、描画キャンバスもそのまま残ります。

操作 オートシェイプの描画にいつも描画キャンバスを使うとは限らない場合は、上記の自動作成オプションはかえって不便です。

必要時にのみ、描画キャンバスを素早く呼び出すには、呼び出しコマンドにショートカットキーを割り当てる*か、またはクイックアクセスツールバーにボタンを組み込みます。描画キャンバスの呼び出しコマンド名は「DrawInsertDrawingCanvas」です。

→ 746 ページ「591 コマンドなどにショートカットキーを割り当てる」参照。

ボタンを組み込むには次のように操作します。

▼ 描画キャンバス作成ボタンをクイックアクセスツールバーに組み込む

[挿入] - [図形] - [新しい描画キャンバス] を右クリック

[クイックアクセスツールバーに追加] をクリック

Tips 描画キャンバス内でオートシェイプを描けない (2013/2010)

描画キャンバスは、Word2003 以前の短縮キー（[Alt] + [I]キーに続けて[P] [A]キーを順に押す）でも呼び出せます。挿入されるのは Word2007 仕様の描画キャンバスですが、前ページの [オートシェイプの挿入時、自動的に新しい描画キャンバスを作成する] をオンにしていると、オートシェイプのボタンをクリックすれば各バージョン仕様の描画キャンバスに変わります。オフにしている場合は仕様が変わらないため、Word2013/2010 では正しく働きません。

12-5 描画キャンバス

485 描画キャンバスを書式付きで挿入する

描画キャンバスには枠線や塗りつぶしなどの書式を設定できます。これらを活用すれば、文書内の説明図などのイメージを統一しやすくなります。しかし、書式をそのつど設定するのでは手間がかかります。そこで、最初から書式付きで挿入する方法を紹介します。

操作 描画キャンバスを書式付きで挿入するには、書式やサイズを設定した描画キャンバスを文書パーツに登録します。特定のテンプレートに登録する場合は、そのテンプレートを開くか、またはそのテンプレートから作った文書上で操作してください。

▼描画キャンバスを文書パーツとして登録する

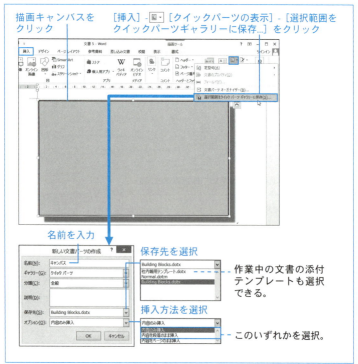

12-5 描画キャンバス　　　　　　　　　　　　　2013　2010　2007

486 描画キャンバスと図番号をセットで挿入する

描画キャンバスに図番号を付ける場合は図番号と描画キャンバスをセットで「文書パーツ」に登録すると便利です。

操作 描画キャンバスと図番号をセットで登録するには、まず描画キャンバスの上または下に図番号を挿入します。描画キャンバスを選択した状態で図番号を挿入すると、その上下どちらに付けるかを選択できます。ただし、Word2007 では「行内配置」形式の描画キャンバスに対してこの操作を行うと配置形式が［前面］に変わってしまうという不具合があります。したがって、図番号の挿入位置に空段落を補い、空段落上に文字カーソルを置いた状態で操作してください。

図番号を挿入したら、描画キャンバスの段落と図番号の段落をまとめて選択し、前項同様の方法で文書パーツに登録します。

▼描画キャンバスの前または後に図番号を挿入する

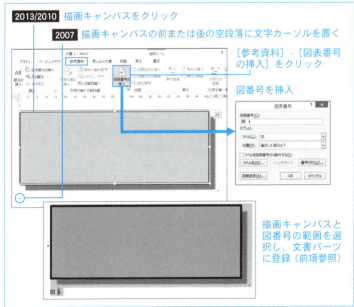

12-5 描画キャンバス　　2013　2010　2007

487 描画キャンバス内の図の位置を揃える

Wordには図の位置や間隔を揃える機能がありますが、描画キャンバスを基準にできるのはWord 2007だけで、Word2013/2010ではできません。さらに、Word2010の描画キャンバス内では位置揃えの機能自体が使えません。

▼描画キャンバス内で複数の図を選択した場合のコマンドメニュー

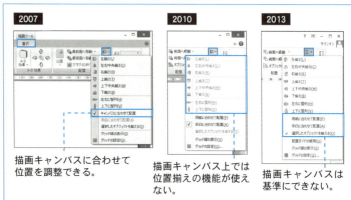

描画キャンバスに合わせて位置を調整できる。

描画キャンバス上では位置揃えの機能が使えない。

描画キャンバスは基準にできない。

操作 Word2013/2010で描画キャンバスに合わせて位置を調整するにはいくつかの方法が考えられますが、ここではもっとも簡単な方法を紹介します。それは、描画キャンバス内での位置揃えの機能を持つバージョンの作業用文書を用意し、その文書で描画キャンバスを仕上げてから目的の文書に貼り付けるという方法です。

まず、新しい文書を開き、「Word97-2003 文書」形式で保存します。その文書で描画キャンバスとその中身を仕上げたら、描画キャンバスを選択して[ホーム]-[コピー]などでコピーし、目的の文書に切り替えて[ホーム]-[貼り付け]をクリックします。これで最新バージョン仕様の描画キャンバスに変換され、オートシェイプなどに最新バージョンの書式を適用できます。

作業用文書と目的の文書との切り替えは、[Ctrl]+[F6]キーまたは[Alt]+[F6]キーが便利です。

▼互換モードの作業文書で描画キャンバスを仕上げ、目的の文書に貼り付ける

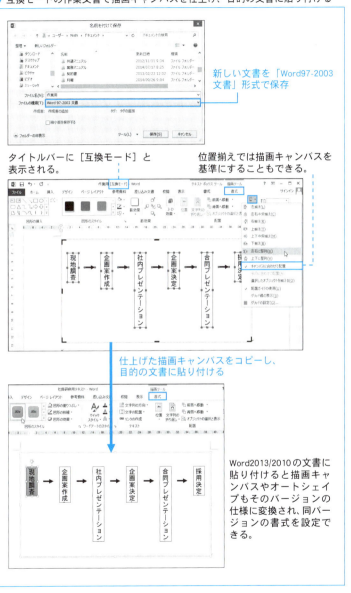

12-5 描画キャンバス

488 描画キャンバスの中身全体の位置を調整する

描画キャンバス内の各図の位置関係を変えずに中身全体の位置を調整するには、中身全体をグループ化すれば簡単です。見た目で調整するにはドラッグします。数値で調整するにはダイアログボックスを使います。また、Word2007では位置揃えのオプションが利用できます（前項参照）。

操作 描画キャンバス内の図の位置を数値で調整するには、描画キャンバス内全体をグループ化した上で次のように操作します。

2013/2010
図を選択し、［書式］-［位置］-［その他のレイアウトオプション...］をクリック

2007
図を選択し、［書式］-［サイズ］の ▫ をクリックし、［オブジェクトの書式設定］ダイアログボックスの［レイアウト］タブを呼び出す。

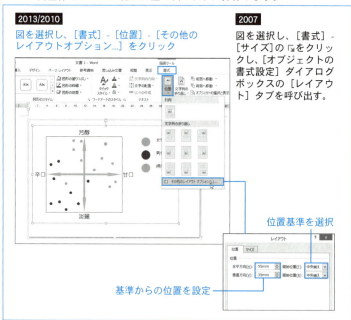

位置基準を選択

基準からの位置を設定

補足 位置基準で［中央揃え］を選択した場合、［水平方向：］は描画キャンバスの中央から図の左端まで、［垂直方向：］は描画キャンバスの中央から図の上端までの距離を表します。したがって、描画キャンバスの中央に配置するには、図のサイズの半分だけマイナス方向に設定すればよいことになります。

12-5 描画キャンバス　　　2013　2010　2007

489 描画キャンバスの図を拡大・縮小する

描画キャンバスの内容を拡大・縮小するには、中身だけ処理する方法と、描画キャンバスごと処理する方法があります。いずれもテキストボックス内のフォントサイズは変わらないので、別途調整する必要があります。

操作 描画キャンバスの内容だけ拡大・縮小するには、中身をグループ化してサイズを調整します。

▼描画キャンバスの中身を拡大・縮小する

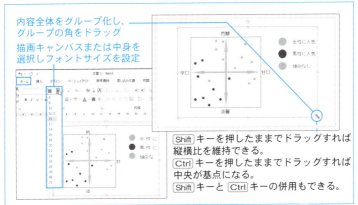

操作 描画キャンバスごと拡大・縮小するには描画キャンバスを右クリックし、次のように操作します。フォントサイズの調整は上記と同様です。

▼描画キャンバスごと拡大・縮小する

490 描画キャンバス内の絵柄に合わせて本文を折り返す

描画キャンバスは挿入直後には「行内配置」形式になりますが、図や写真などと同様に「浮動配置」形式で配置することもできます。

操作 描画キャンバス内の絵柄に沿って本文を折り返すには、配置形式を［外周］または［内部］に設定します。描画キャンバスの枠線と塗りつぶしをともに「なし」に設定すると、内部の絵柄に従って自動的に「折り返し線」が設定され、周囲の本文は折り返し線に従って折り返されます。折り返し線を調整することもできます。

▼描画キャンバス内の絵柄に沿って本文を折り返す

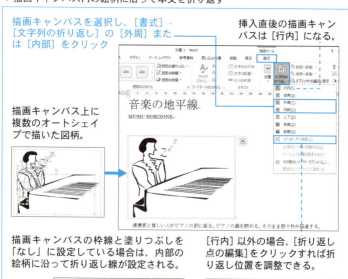

描画キャンバスを選択し、［書式］-［文字列の折り返し］の［外周］または［内部］をクリック

挿入直後の描画キャンバスは［行内］になる。

描画キャンバス上に複数のオートシェイプで描いた図柄。

描画キャンバスの枠線と塗りつぶしを「なし」に設定している場合は、内部の絵柄に沿って折り返し線が設定される。

［行内］以外の場合、［折り返し点の編集］をクリックすれば折り返し位置を調整できる。

補足 描画キャンバスの枠線あるいは塗りつぶしの色を設定すると折り返し線は自動的に描画キャンバスの輪郭に合わせて設定されます。この場合でも折り返し線の調整は可能ですが、Word2013 では透過性「0%」で塗りつぶすと、描画キャンバスと重なる本文は見えなくなります。対処するには、透過性を上げるか、描画キャンバス自体は塗りつぶさずに、別途オートシェイプを配置します。

なお、調整した折り返し線を描画キャンバスの輪郭に合わせるには、配置形式を［四角］に変えてから［外周］または［内部］に戻します。

▼Word2013 で描画キャンバスを塗りつぶす場合の注意点

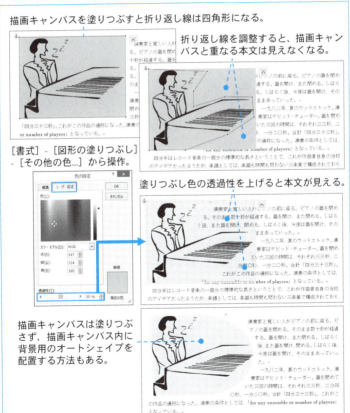

12-5 描画キャンバス

491 描画キャンバスを画像化する

`2013` `2010` `2007`

描画キャンバス内の図は拡大・縮小できますが*、テキストボックス内の文字は別途調整が必要になるなど、少し煩雑です*。そこで、Word 上で描画キャンバスを画像化する方法を紹介します。写真同様の扱いになるので、サイズ調整が簡単になり、写真用の書式も利用できます。

→ 617 ページ「489 描画キャンバスの図を拡大・縮小する」参照。

操作 描画キャンバスを Word 上で画像化するには、[ホーム] - [切り取り] で切り取り、[ホーム] - [貼り付け] - [形式を選択して貼り付け...] で [図(拡張メタファイル)] を選択します。

▼描画キャンバスを画像化する

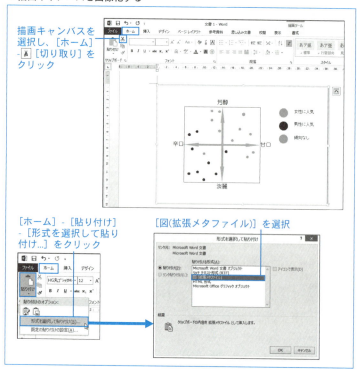

［図(拡張メタファイル)］形式で貼り付けた図は、周囲をドラッグしてサイズを調整すれば文字も拡大・縮小します。また、［書式］-［図のスタイル］などで写真の書式を適用することもできます。

なお、Word2013/2010 では図の幅が本文幅に合わせて調整されるので、場合によってはトリミングが必要です。

▼［図(拡張メタファイル)］形式の図を編集する

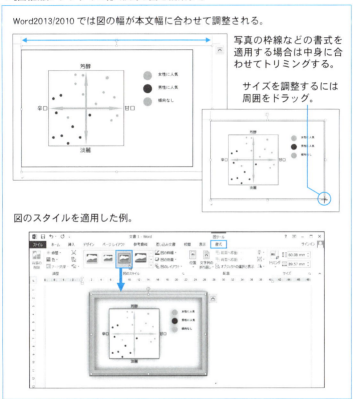

補足 Word2013 では「Microsoft Office グラフィックオブジェクト」で貼り付けてから切り取り、さらに「PNG」または「JPEG」で貼り付けるという方法もあります。貼り付けの手間は余計にかかりますが、この場合はトリミングの必要はありません。

12-5 描画キャンバス

2013 | 2010 | 2007

492 「行内配置」の描画キャンバスをまとめて削除する

「行内配置」形式の描画キャンバスは置換で削除できます。ただし、Word2007では少し注意が必要です。

操作 描画キャンバスだけを配置した段落は、Word2013/2010では次の条件で置換すれば削除できます。

　　検索条件：検索オプションはすべてオフにする
　　検索する文字列：^g^p
　　置換後の文字列：　　　……（空欄のまま）

Word2007でも検索条件は同じですが、[検索と置換]ダイアログボックスの[置換]タブでは検索できないという不具合があります。そこで、該当箇所を一括削除する場合は[検索]タブの一括選択機能*を利用し、検索結果を Delete キーで削除します。

→ 315ページ「230 検索結果を一括選択する」参照。

Word2007で確かめながら削除する場合は上記の条件で検索してダイアログボックスを閉じ、あとは次のショートカットキーで該当箇所にジャンプしながら Delete キーで削除します。

ショートカットキー	機能
Ctrl + Page Up	前の検索箇所へジャンプ
Ctrl + Page Down	次の検索箇所へジャンプ

補足 [四角] や [外周] など、「浮動配置」形式で配置した描画キャンバスは、Word2007では[複数オブジェクトの選択]ダイアログボックス*を使って選択すれば、まとめて削除できます。Word2013/2010ではページ内の描画キャンバスは[選択]ウィンドウでまとめて選択できますが、文書内の該当箇所を一括選択する方法はありません。

→ 568ページのTips「Word2007で図形の一覧を表示する」参照。

Chapter

13

印刷のテクニック

493 現在の設定ですぐに印刷する

13-1 文書の印刷　　2013　2010　2007

いつも同じ設定で印刷する場合、そのつど印刷設定画面を呼び出すのは面倒です。ともかく現在の設定ですぐに印刷したいという場合は、「クイックアクセスツールバー」に [クイック印刷] （Word2010/2007 では を組み込んでおけば便利です。クリックすると、すぐに印刷が始まります。

▼クイックアクセスツールバーに [クイック印刷] を組み込む

クイックアクセスツールバー右端の をクリック

[クイック印刷] をクリック

[クイック印刷]。
クリックするとすぐに印刷が始まる。

補足 [クイック印刷] のコマンド名は「FilePrintDefault」です。ショートカットキーで操作する場合はこのコマンドに割り当ててください*。
→ 746 ページ「591 コマンドなどにショートカットキーを割り当てる」参照。

また、Ctrl + P キーを押せば、Word2013/2010 では Backstage ビュー（[ファイル] タブの画面）が、Word2007 では [印刷] ダイアログボックスが呼び出され、そのまま Enter キーを押せば印刷が始まります。念のために設定を確かめて印刷する場合に便利です。

Tips 「ページの色」を印刷する

Word2013 では [デザイン] - [ページの色]、Word2010/2007 では [ページレイアウト] - [ページの色] をクリックすると、文書の背景に塗りつぶしの色やテクスチャを設定できます。ただし、Word の最初の設定では、これらは印刷されません。印刷するには [Word のオプション] ダイアログボックスの [表示] - [印刷オプション] - [背景の色とイメージを印刷する] をオンにする必要があります。

13-1 文書の印刷　　　　　　　　　　　　　　2013　2010　2007

494 エクスプローラーから Word 文書を印刷する

Windows の「エクスプローラー」には印刷用のショートカットメニューがあります。この機能を利用すると、Windows に「通常使うプリンター」として設定されているプリンターですぐに印刷することができます。

操作　「エクスプローラー」から印刷するにはファイル一覧で Word 文書を右クリックし、ショートカットメニューの[印刷]をクリックします。複数のファイルを選択してから右クリックすれば、まとめて印刷することもできます。

▼ Windows のエクスプローラーから Word 文書を印刷する

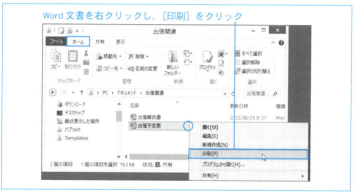

Word 文書を右クリックし、[印刷] をクリック

補足　Word が起動している場合は Word に文書が読み込まれて印刷されます。Word が起動していない場合は Word が自動起動し、印刷後に Word が終了します。

この方法では、文書全体が単純に印刷されます。つまり、前項で紹介した[クイック印刷]と結果は同じです。

ファイル一覧で複数の文書を選択するには、[Ctrl]キーを押したままで各文書をクリックします。また、範囲の先頭をクリックし、[Shift]キーを押したままで範囲の末尾をクリックすれば、その間の文書をまとめて選択できます。

Chapter 13 印刷のテクニック

13-1 文書の印刷

2013 2010 2007

495 「通常使うプリンター」以外の プリンターで印刷する

前項で紹介した「エクスプローラー」のショートカットメニューを使う方法は手早くて便利ですが、必ず「通常使うプリンター」で印刷されるのが難点です。

エクスプローラーから任意のプリンターで印刷するには、プリンターの印刷ジョブ画面を使います。そのつど[コントロールパネル]の[デバイスとプリンター]を呼び出すのは面倒ですが、デスクトップにプリンターの「ショートカット」を置けば、印刷ジョブ画面を素早く呼び出すことができます。

操作 デスクトップにプリンターのショートカットを置くには次のように操作します。

▼デスクトップにプリンターのショートカットを置く

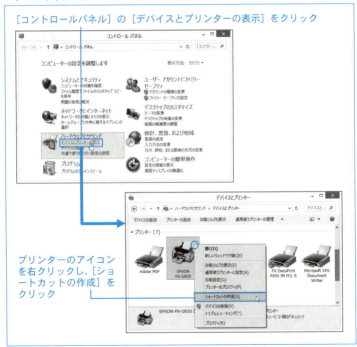

[コントロールパネル]の[デバイスとプリンターの表示]をクリック

プリンターのアイコンを右クリックし、[ショートカットの作成]をクリック

プリンターのショートカットを置いたら右クリックして［印刷ジョブの表示］画面を呼び出し、エクスプローラーから文書ファイルをドラッグすればすぐに印刷が始まります。

▼ 文書ファイルを［印刷ジョブの表示］にドラッグして印刷

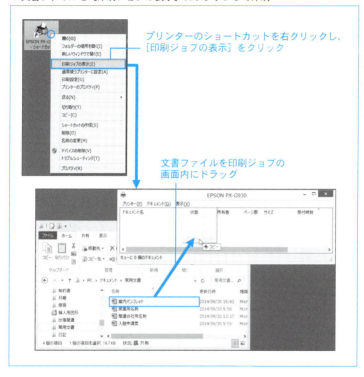

プリンターのショートカットを右クリックし、［印刷ジョブの表示］をクリック

文書ファイルを印刷ジョブの画面内にドラッグ

Tips　Wordのない環境でWord文書を印刷する

Word文書の配布先にWordがない場合でも、「Word Viewer」を入手すれば、Word文書の内容を閲覧したり印刷することができます。入手先URLは次のとおりです。ただし、入手先が変わることもあり得ます。その場合はインターネットで「Word Viewer」を検索してみてください。

http://www.microsoft.com/ja-jp/download/details.aspx?id=4

Chapter 13 印刷のテクニック

13-1 文書の印刷

2013 2010 2007

496 Wordを起動せずに文書を印刷する

前々項と前項で紹介したWindowsの「エクスプローラー」を使う方法はWord経由で印刷するので、その分時間がかかります。そこで、Wordを経由せずに印刷する方法を紹介します。名刺や帳票類を随時印刷する場合に便利です。Word文書を印刷すると印刷用のファイルが作られ、そのファイルがプリンターに送られます。通常は印刷を終えると印刷用ファイルは自動的に破棄されますが、このファイルを残すことで、すぐに印刷できるようになります。

操作 印刷後も印刷ファイルを残すにはプリンターの設定を変える必要があります。ただし、すべての印刷ファイルが残ると不便なので、プリンターを別途登録します。これで、同じプリンターに対し異なる設定を登録できるようになります。

▼プリンタードライバーを登録し、印刷ファイルの保存オプションをオンにする

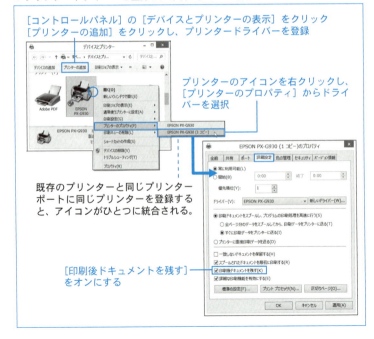

[コントロールパネル]の[デバイスとプリンターの表示]をクリック
[プリンターの追加]をクリックし、プリンタードライバーを登録

プリンターのアイコンを右クリックし、[プリンターのプロパティ]からドライバーを選択

既存のプリンターと同じプリンターポートに同じプリンターを登録すると、アイコンがひとつに統合される。

[印刷後ドキュメントを残す]をオンにする

|補足| 既存のプリンターと同じ機種を登録する場合、別のプリンターポートを選択するとそれぞれのアイコンが作られ、同じプリンターポートを選択するとひとつのアイコンに異なる「キュー」として登録されます。「キュー」とは実際の印刷処理を管理するシステムのことです。

登録したプリンターの設定を変えるには、プリンターのアイコンを右クリックして［プリンターのプロパティ］をクリックします。

なお、プリンターの登録を削除する場合は右クリックして［デバイスの削除］をクリックします。また、ひとつのアイコンから特定のキューだけを削除する場合は、右クリックして［印刷キューの削除］をクリックし、削除したいキューをクリックします。

|操作| 前ページのように［印刷後ドキュメントを残す］をオンにしたプリンターを使って印刷すると、印刷後もプリンターのキューに印刷ファイルが残ります。以降は、下図に示す印刷ジョブの一覧でファイルを右クリックし、［再印刷］をクリックすればすぐに印刷できるようになります。

▼印刷ファイルを使ってすぐに印刷する

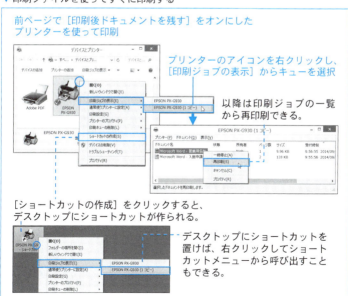

Chapter 13 印刷のテクニック

13-1 文書の印刷

2013 2010 2007

497 拡大・縮小印刷する

たとえばA4の文書をB5やA5の用紙に縮小印刷すればコンパクトに持ち歩くことができます。また、小さなサイズの文書を拡大印刷すれば、内容チェックが楽になります。

操作 文書を拡大・縮小印刷するには、印刷時の用紙サイズを[ページ設定]とは異なるサイズに設定します。印刷サイズがページ設定よりも大きければ拡大印刷、小さければ縮小印刷になります。ただし、印刷形式が[袋とじ]または[本]形式の場合は拡大・縮小印刷はできません。

▼文書を拡大・縮小印刷する

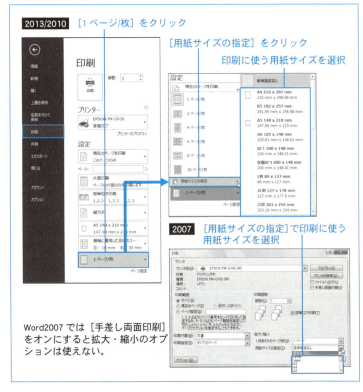

Word2007では[手差し両面印刷]をオンにすると拡大・縮小のオプションは使えない。

13-1 文書の印刷　　　　　　　　　　　　　　　　　2013　2010　2007

498 一枚の用紙に複数ページずつ印刷する

たとえば A4 の文書を半分に縮小し、A4 の用紙に 2 ページずつ印刷すれば、紙数を半分に減らすことができます。ただし、場合によってはページ罫線が欠けるなどの不具合も見られるので、あくまでチェック用の機能と割り切った方がよいでしょう。

操作 用紙の片面あたり複数ページを割り付けて印刷するには、下図のオプションで割り付けページ数を選択します。ただし、印刷形式が［袋とじ］または［本］形式の場合は選択できません。また、Word2007 では［手差し両面印刷］をオンにした場合も使えません。

▼用紙の片面あたり複数ページを割り付けて印刷する

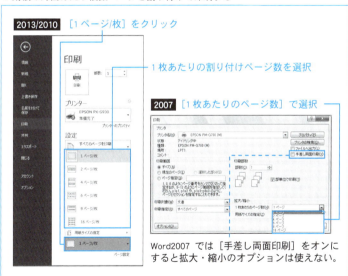

Word2007 では［手差し両面印刷］をオンにすると拡大・縮小のオプションは使えない。

補足 複数ページの割り付け印刷では、用紙の方向は割り付け枚数によって決まっており、1 枚あたり「2」「6」「8」は横長、「4」「16」は縦長で印刷されます。

13-1 文書の印刷

499 ページによって用紙トレイを自動的に変える

Wordでは、印刷に使う用紙トレイを「セクション」ごとに設定できます。また、セクションごとに先頭ページだけ別の用紙トレイを設定できます。この機能を利用すると、たとえば先頭ページに封筒の宛名印刷用のページを置き、次のページはレターヘッド付きの専用紙、以降のページは普通の用紙に印刷するといった処理を自動的に行うことができます。

操作 用紙トレイを選択するには[ページ設定]ダイアログボックスを呼び出して次のように操作します。ページによって用紙サイズを変える場合は、その前後にセクション区切りを挿入しておく必要があります*。

→ 54ページ「024 文書内で異なるページサイズを混在させる」参照。

▼ページによって用紙トレイを使い分ける

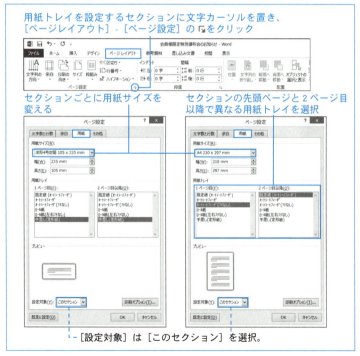

用紙トレイを設定するセクションに文字カーソルを置き、[ページレイアウト]-[ページ設定]の をクリック

セクションごとに用紙サイズを変える

セクションの先頭ページと2ページ目以降で異なる用紙トレイを選択

[設定対象]は[このセクション]を選択。

13-1 文書の印刷

500 文書の一部だけ印刷する

文書の一部だけ印刷するには、範囲をあらかじめ選択してから印刷する方法と、印刷したいページ、ページ範囲、セクションを指定して印刷する方法があります。ページやセクションの指定方法は次のとおりです。

ページ番号の設定形式	表記例	印刷範囲
文書全体が通し番号の場合	1,5,8,……	単独ページ
	5-8,12-15……	ページ範囲
	1,5,10-18,20,……	単独ページとページ範囲
セクションごとに起番している場合	p5s1,p8s3,……	単独ページ
	p5s1-p8s1,p3s3-p10s3,……	ページ範囲
セクション単位の印刷	s3,s5,……	指定セクション全体

操作 文書の一部だけ印刷するには印刷設定画面で次のように操作します。

▼ 文書の一部だけ印刷する

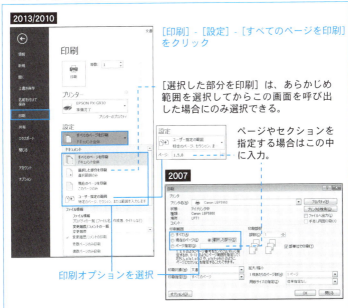

[印刷]-[設定]-[すべてのページを印刷]をクリック

[選択した部分を印刷]は、あらかじめ範囲を選択してからこの画面を呼び出した場合にのみ選択できる。

ページやセクションを指定する場合はこの中に入力。

印刷オプションを選択

Chapter 13 印刷のテクニック

13-1 文書の印刷

2013 2010 2007

501 章単位、節単位で素早く印刷する

Word2013/2010では、[見出し]スタイルを使っていれば、章や節などの見出し単位で素早く印刷できます。

操作 見出し単位で印刷するには[ナビゲーション]ウィンドウを使います。

▼ 文書の一部を章単位、節単位で印刷する

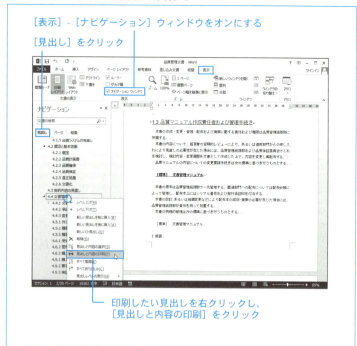

[表示]-[ナビゲーション]ウィンドウをオンにする
[見出し]をクリック
印刷したい見出しを右クリックし、[見出しと内容の印刷]をクリック

補足 Word2007には[ナビゲーション]ウィンドウはありません。したがって、章単位などで印刷するには、該当範囲をあらかじめ選択した上で、選択範囲を印刷することになります。Wordの「拡張選択モード」とジャンプまたは検索機能を利用すれば、比較的簡単に選択できます。

→ 118ページ「073 章やセクション全体を楽に選択する」参照。

13-1 文書の印刷 2013 2010 2007

502 普通のプリンターで両面印刷する

両面印刷用のオプションを使うと、片面印刷にしか対応していないプリンターでも両面印刷することができます。裏面印刷時に用紙の重ね順の入れ替えが必要な機種では、逆順印刷の機能を利用すれば手間を省くことができます。

操作 普通のプリンターで両面印刷するには印刷設定画面で手差し両面印刷のオプションをオンにします。

▼ 手差し両面印刷のオプションをオンにする

2013/2010 [印刷] - [設定] - [片面印刷] をクリック
[手動で両面印刷] をクリック　　2007 [手差し両面印刷] をオンにする

逆順印刷するには [Word のオプション] ダイアログボックスで [詳細設定] - [印刷] の [両面印刷時に表面から印刷する] または [両面印刷時に裏面から印刷する] をオンにする。

補足 [両面印刷時に表面から印刷する] をオンにすると、表面が逆順、裏面は正順で印刷されます。[両面印刷時に裏面から印刷する] をオンにすると、表面は正順、裏面が逆順で印刷されます。オプション名にかかわらず、いずれも「表→裏」の順に印刷されます。

503 中綴じ、平綴じで印刷する

13-1 文書の印刷

「中綴じ」とは週刊誌のように二つ折りの中央を綴じる形式、「平綴じ」とは書籍のように数枚ずつ重ねて折った用紙をさらに束ねて綴じる形式です。

▼「中綴じ」と「平綴じ」

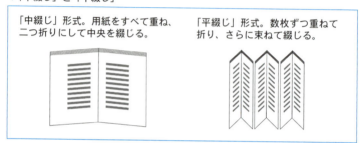

「中綴じ」形式。用紙をすべて重ね、二つ折りにして中央を綴じる。

「平綴じ」形式。数枚ずつ重ねて折り、さらに束ねて綴じる。

操作 「中綴じ」「平綴じ」形式用に印刷するには[ページ設定]ダイアログボックスで[本(縦方向に谷折り)]を選択します。

▼中綴じ、平綴じのページ設定

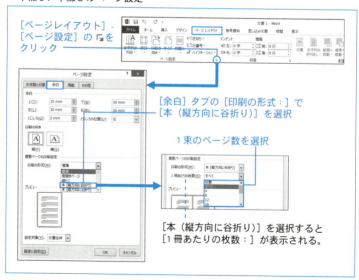

[ページレイアウト]-[ページ設定]の ⌐ をクリック

[余白]タブの[印刷の形式:]で[本(縦方向に谷折り)]を選択

1束のページ数を選択

[本(縦方向に谷折り)]を選択すると[1冊あたりの枚数:]が表示される。

補足 本形式には［本（縦方向に谷折り）］と［本（縦方向に山折り）］があります。両者の違いはページの並び順です。

日本語では、横書きの場合は「左開き」で、見開きのページ順は左→右になります。また、縦書きの場合は「右開き」で、見開きのページ順は右→左になります。［本（縦方向に谷折り）］を選択すれば自動的にこのように調整されますが、［本（縦方向に山折り）］では逆順になるので、通常は使うことはありません。

［1冊あたりの枚数：］という項目名ですが、ここで選択するのは1束あたりのページ数で、用紙枚数ではありません。「中綴じ」形式で仕上げるには［すべて］を選択します。「平綴じ」形式で仕上げるには、1束あたりのページ数を選択します。

たとえば「8」を選択すると、用紙2枚の表裏8ページで1束になるようにページ順が調整されます。1束あたりのページ数の上限は「40」です。［自動］を選択すると、40ページ以下では全体が1束になり、40ページ以上では1束40ページを上限として均等割りされます。

注意 文書中で［偶数ページから開始］あるいは［奇数ページから開始］セクション区切りを使っている場合、［1冊あたりの枚数：］で［4］以外を選択すると不具合が生じることがあるので避けてください。

これらを使わずにページの奇偶を強制するには、［次のページから開始］セクション区切りと強制改ページを併用します。

▼［1冊あたりの枚数：］が［4］以外の場合はセクション区切りに注意

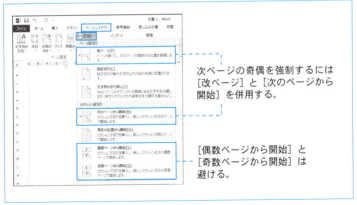

次ページの奇偶を強制するには［改ページ］と［次のページから開始］を併用する。

［偶数ページから開始］と［奇数ページから開始］は避ける。

504 天綴じ形式で両面印刷する

前項で解説した［本］形式では、両面印刷で本のような体裁に仕上げることができますが、［印刷の向き：］は必ず［横］になり、仕上がりは横綴じになります。用紙を縦置きにして天綴じにするには少し工夫が必要です。

操作 縦置きの両面印刷で天綴じにするには［印刷の形式：］で［袋とじ］を利用します。［袋とじ］は片面印刷用ですが、印刷するページ順を指定すれば、両面印刷で仕上げることができます。

たとえば「8ページ」の文書を「中綴じ」形式（前項参照）で仕上げるには、実際のページ配置に従って、表面は「8、1、6、3」、裏面は「2、7、4、5」のように指定します。また、1枚ずつ二つ折りにして「平綴じ」形式（前項参照）で仕上げるには、表面は「4、1、8、5」、裏面は「2、3、6、7」のように指定します*。

→ 印刷ページの設定については633ページ「500 文書の一部だけ印刷する」参照。

▼8ページの文書（横書き）を印刷する場合のページ配置

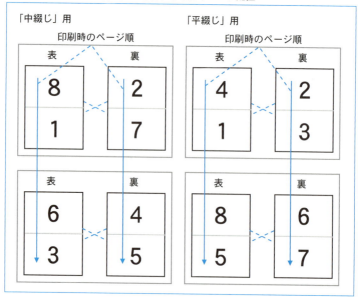

「中綴じ」形式では、1枚目の表が「最終ページ→先頭ページ」の順に並びます。「平綴じ」形式では、1束あたりのページ数に従って、各用紙の表が「束の最終ページ→束の先頭ページ」の順に並びます。ページ数が多いと間違えやすいので一覧表を作るとよいでしょう。下図は総ページ数「16」場合のページ割り付け表です。「平綴じ」は1束4ページの例です。

中綴じ	1枚目		2枚目		3枚目		4枚目	
	左	右	左	右	左	右	左	右
表	16	1	14	3	12	5	10	7
裏	2	15	4	13	6	11	8	9

平綴じ:1束4ページの例	1枚目		2枚目		3枚目		4枚目	
	左	右	左	右	左	右	左	右
表	4	1	8	5	12	9	16	13
裏	2	3	6	7	10	11	14	15

なお、袋とじでは用紙の端を綴じますが、両面印刷で本のように仕上げる場合は用紙の中央を綴じます。余白設定では[外側]が綴じる側になるので、この部分に綴じしろを見込んで設定してください。

▼[袋とじ]で天綴じ用に両面印刷する場合の設定例

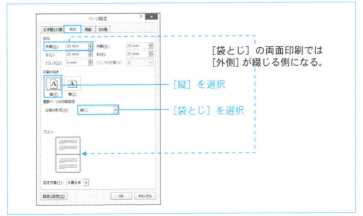

505 四つ折りで仕上がるように印刷する

下図のように用紙を四つ折りにしてそのまま配布するような小冊子を作るには、用紙の上半分と下半分でページの向きを変える必要があります。Word でそのような体裁に仕上げるには少し工夫が必要です。

▼四つ折り小冊子のページ構成例（横書きの場合）

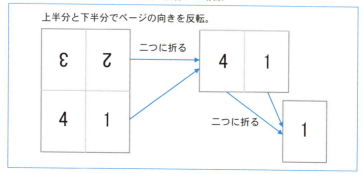

操作 用紙の上半分と下半分でページの向きを変えるには、半分だけ印刷して用紙の向きを反転し、残りの半分を印刷します。半分だけ印刷するには、残り半分に空ページを補えばよいことになります。

▼四つ折り小冊子のページ構成例（横書きの場合）

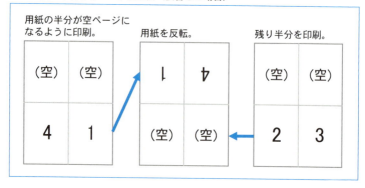

空ページは文末に 1 ページ用意するだけでかまいません。印刷ページを次のように指定し、片面あたり 4 ページに設定*すれば、半分を空けて印刷することができます。印刷の用紙サイズを文書のページサイズの 4 倍に設定すれば原寸、それ以下では縮小印刷になります。

→ 630 ページ「497 拡大・縮小印刷する」参照。

表面の印刷ページ指定：5,5,4,1
裏面の印刷ページ指定：5,5,2,3

13-1 文書の印刷　　　　　　　　　　　　　　　2013　2010　2007

506 透明シート用に表裏を反転して印刷する

透明シートの裏側などに印刷するにはページのイメージを反転する必要があります。プリンターに反転印刷機能がない場合は、ページイメージを Word 上で反転することで対処できます。ただし、品質は多少劣化します。また、表は正しく処理されないといった不具合も見られます。

操作　イメージの反転はページ単位で処理します。イメージ化すると元に戻すことはできないので、オリジナルとは別に作業用の文書を用意してください。反転するにはページ全体を選択して[ホーム]タブの[切り取り]あるいは[コピー]でコピーし、次のように操作します。

▼ ページのイメージを反転する

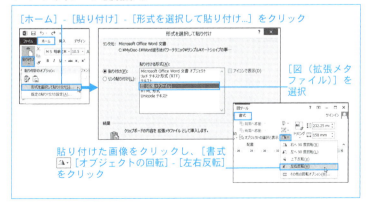

[ホーム] - [貼り付け] - [形式を選択して貼り付け...] をクリック

[図（拡張メタファイル）] を選択

貼り付けた画像をクリックし、[書式]-[オブジェクトの回転] - [左右反転]をクリック

Chapter 13 印刷のテクニック

13-1 文書の印刷　　　2013　2010　2007

507 常に逆順で印刷する

プリンターの中にはページが逆順に排出される機種がありますが、印刷ページ順を逆にすれば、用紙を入れ替える手間が省けます。プリンター自身に逆順印刷の機能がなくても、Wordの逆順印刷オプションを利用できます

▼Wordの逆順印刷オプションを有効にする

2013/2010 ［ファイル］-［オプション］をクリック
2007 -［Wordのオプション］をクリック

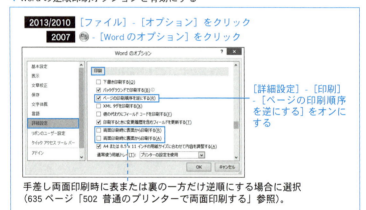

［詳細設定］-［印刷］-［ページの印刷順序を逆にする］をオンにする

手差し両面印刷時に表または裏の一方だけ逆順にする場合に選択
（635ページ「502 普通のプリンターで両面印刷する」参照）。

13-1 文書の印刷　　　2013　2010　2007

508 伝票の記入欄にのみ印刷する

「フォームフィールド」を使うと、文書内容のうち、同フィールドの中身だけを印刷することができます。たとえば Word 上で伝票のイメージを作り、記入欄の内容のみを実際の伝票に印刷する場合などに便利です。記入欄にはフォームフィールドの一種「テキストフィールド」を使います。

操作 テキストフィールドを配置するには、［開発］タブを呼び出した上で＊、次のように操作します。

→ 741ページの Tips「開発タブを表示する」参照。

▼テキストフィールドを配置し、テキストフィールド以外への入力を禁止する

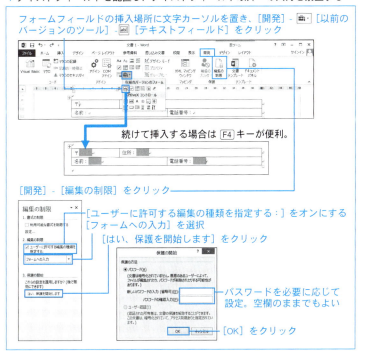

フォームフィールドの内容だけを印刷するには [Word のオプション] ダイアログボックスで次のオプションをオンにします。

▼フォームフィールドの内容だけが印刷されるようにオプションを設定

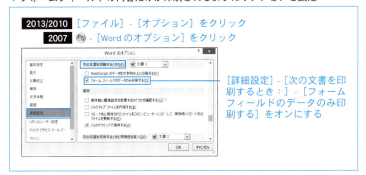

Chapter 13 印刷のテクニック

13-1 文書の印刷　　　　　　　　　　　　　　　　　　　　　2013　2010　2007

509 見出し項目だけを印刷する

［見出し］スタイルを利用した文書では、「アウトライン」表示モードを使えば見出し項目だけを簡単に印刷することができます。

操作 文書の［見出し］スタイルを設定した段落だけを印刷するには次のように操作します。

▼ 見出し項目だけを印刷する

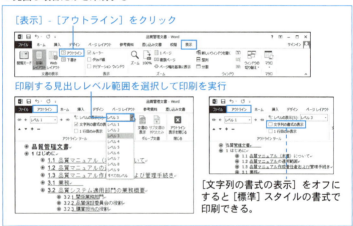

［表示］-［アウトライン］をクリック

印刷する見出しレベル範囲を選択して印刷を実行

［文字列の書式の表示］をオフにすると［標準］スタイルの書式で印刷できる。

補足 印刷画面の印刷プレビューは、「アウトライン」表示モードから呼び出しても通常の印刷イメージが表示されますが、印刷結果は「アウトライン」表示モードの状態になります。

「アウトライン」表示モードの［文字列の書式の表示］をオフにすると、［見出し］スタイルの書式を無視して［標準］スタイルの書式で印刷することができます。

なお、「アウトライン」表示モードには「下書きフォント」で表示するオプションがありますが*、下書きフォントは印刷には使われません。したがって、画面上で印刷イメージを確かめる場合は同オプションをオフにしておいてください。

→ 41 ページ「014 下書きとアウトラインを専用フォントで表示する」参照。

13-1 文書の印刷　　　2013　2010　2007

510 文書情報と本文を一緒に印刷する

「文書情報」とは、文書ファイル名や添付テンプレート、作成日時や編集時間などの情報のことです。印刷設定画面ではこれらの文書情報を印刷するオプションがありますが、いつも本文と文書情報をセットで印刷する場合は、もっと便利なオプションがあります。ただし、文書の一部だけ印刷する場合でも文書情報が印刷されるので注意してください。

操作 文書情報を本文とともに印刷するには［Word のオプション］ダイアログボックスを呼び出し、次のように操作します。

▼ 文書情報と本文を一緒に印刷するオプション

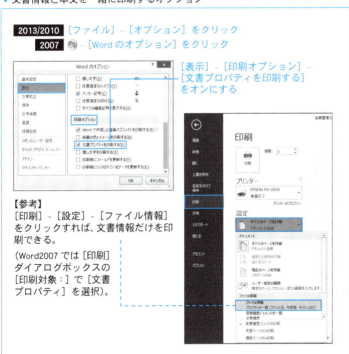

2013/2010 ［ファイル］-［オプション］をクリック
2007 -［Word のオプション］をクリック

［表示］-［印刷オプション］-
［文書プロパティを印刷する］
をオンにする

【参考】
［印刷］-［設定］-［ファイル情報］
をクリックすれば、文書情報だけを印刷できる。

（Word2007 では［印刷］
ダイアログボックスの
［印刷対象：］で［文書
プロパティ］を選択）。

13-1 文書の印刷

2013　2010　2007

511 ショートカットキー、定型句、文書パーツの一覧を印刷する

コマンドなどに割り当てるショートカットキーを検討したり*、「定型句」を一覧で確かめるような場合に活用したいのが、これらの情報の印刷機能です。

→ 746ページ「591 コマンドなどにショートカットキーを割り当てる」参照。

ショートカットキーは、作業中の文書、添付テンプレート、Normalテンプレートなどに登録したものが印刷されます。Wordに最初から組み込まれているショートカットキーを調べるには専用のコマンドを使います*。

→ 752ページ「596 コマンドとショートカットキーの一覧を作る」参照。

Word2013/2010では定型句、Word2007では文書パーツ全体を印刷できます。

操作 ショートカットキー、文書に登録されている定型句、文書パーツの一覧を印刷するには次のように操作します。

▼ショートカットキー、文書パーツの一覧を印刷

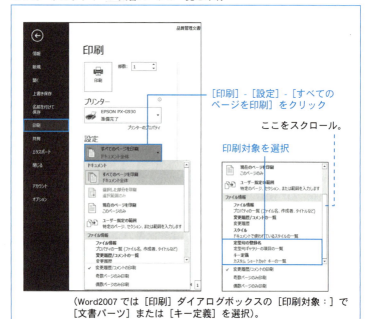

（Word2007では［印刷］ダイアログボックスの［印刷対象：］で［文書パーツ］または［キー定義］を選択）。

13-1 文書の印刷

512 隠し文字を印刷する

「隠し文字」とは文字書式の一種です。文字範囲に隠し文字を設定すると、Wordの表示オプションあるいは[ホーム] - [編集記号の表示/非表示]のオン・オフによって隠し文字の表示←→非表示を切り替えることができます。

操作 Wordの最初の設定では、隠し文字を表示した状態でも隠し文字は印刷されません。印刷するにはWordのオプションを変える必要があります。ただし、隠し文字を印刷するとレイアウトがくずれるので、必ずオプションをオフに戻すことをお勧めします。

▼隠し文字の表示と印刷のオプション

2013/2010 [ファイル] - [オプション]をクリック
2007 - [Wordのオプション]をクリック

隠し文字を常時表示させるには[表示] - [常に画面に表示する編集記号] - [隠し文字]をオンにする

隠し文字を印刷するには[表示] - [印刷オプション] - [隠し文字を印刷する]をオンにする

隠し文字を設定するには文字範囲を選択して[フォント]ダイアログボックスを呼び出し、[隠し文字]をオンにする。

補足 隠し文字は他の文字書式と併用できます。隠し文字の箇所のフォントの色を変えておけば、印刷結果で目立たせることもできます。

647

13-1 文書の印刷

513 文書に連番を付けて印刷する

部数限定の文書などに連番を付けて印刷するには、計算用のフィールドを使ってカウンタを作り、印刷のたびにカウンタが更新されるように設定します。

操作 Word には、印刷時に文書内のフィールドを更新するオプションがあります※。この機能を利用し、印刷ごとに増えるカウンタを作ります。

→ 417 ページ「333 印刷時にフィールドを自動更新させる」参照。

▼「＝」フィールドでカウンタを作る

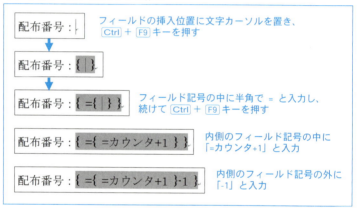

次に、内側のフィールド全体を選択し、ブックマークを設定します。

▼ フィールドにブックマークを設定する

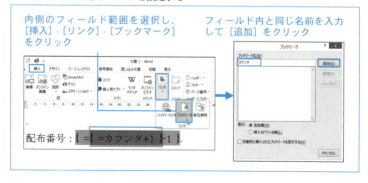

ブックマークを設定したら F9 キーを押して更新すればカウンタのでき上がりです。下図右のようにカウンタが「0」と表示された状態で文書を保存してください。

▼フィールドを更新する

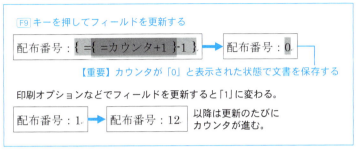

フィールド範囲に「カウンタ」というブックマーク名を設定した結果、「カウンタ」はフィールド自身を表すことになり、「= カウンタ+1」は「現在の自分自身の値＋1」を計算します。

ただし、そのままでは最初の更新で「1」となり、印刷時には「2」になります。そこで、カウンタ用フィールドのあとに「-1」を追加し、最初の更新で「0」となるように設定しています。あとは印刷時のフィールド更新オプションを利用すれば、自動的にカウンタが進みます。印刷に当たっては、クイックアクセスツールバーに ［クイック印刷］を組み込んでおけば*、クリックするだけで「更新→印刷」を繰り返すことができます。

→ 624ページ「493 現在の設定ですぐに印刷する」参照。

なお、印刷設定画面で印刷部数を多く設定しても部数ごとにフィールドが更新されるわけではありません。その場合は、指定部数が同じ番号で印刷されてしまうので注意してください。

|補足〉カウンタが「0」の状態で文書を保存すると、カウンタが進んでも、文書を閉じて開き直せば「0」に戻ります。「1」以上の状態で保存してしまった場合はフィールドを削除し、やり直してください。

なお、やり直さずにカウンタをリセットする方法もありますが、少し工夫が必要です。詳しくは次項をご参照ください。

Chapter 13 印刷のテクニック

13-1 文書の印刷

2013　2010　2007

514 リセット可能な印刷用カウンタを作る

前項で紹介したカウンタは、カウンタが進んだ状態で文書を保存した場合、「0」に戻すにはフィールドを削除してやり直す必要があります。そこで、やり直さずにリセットできるカウンタの作り方を紹介します。

操作 まず、カウンタの起番調整用のフィールドを用意し、カウンタ用のフィールドでは起番を参照して値を計算するように設定します。

起番調整用のフィールドには「Set」フィールド*を使います。カウンタは連番を表示する場所に挿入すればよいのですが、「Set」フィールドは必ずそれよりも前に挿入する必要があります。「Set」フィールドは更新すると見えなくなるので、カウンタの直前でもかまいません。

→ 428ページ「341 ブックマークの値を設定する (Set)」参照。

▼「Set」フィールドで起番調整用のしかけを作る

「Set」フィールドの挿入位置で Ctrl + F9 キーを押す

{ set 起番 -1 }　フィールド記号の中に「set 起番 -1」と入力

「Set」フィールドの書式は「Set ブックマーク名 値」で、更新するとブックマークに値がセットされます。

次に、「=」フィールドを使ってカウンタ用の計算式を設定します。下図のように「Ref」フィールドを使えば、「Set」フィールドで設定したブックマークの値を参照することができます。

▼「=」フィールドでカウンタを作る

カウンタの挿入位置で Ctrl + F9 キーを押す

配布番号：{ ={ | } }　フィールド記号内に「=」と入力し、さらに Ctrl + F9 キーを押す

配布番号：{ ={ ref 起番 }+1 }　内側のフィールド記号内に「ref 起番」、外側に「+1」と入力

フィールド全体を選択して [挿入] - [リンク] - [ブックマーク] をクリックし、「カウンタ」という名前でブックマークを設定

以上の操作を終えたら2つのフィールドを含む範囲を選択し、F9キーで更新します。これで「起番」という名前のブックマークが作られ、「起番」には「-1」がセットされます。

▼フィールドを更新する

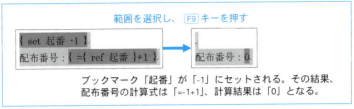

これで配布番号の初期値がセットされますが、そのままでは値が更新しません。カウンタを進ませるには、「Set」フィールドの「-1」を「カウンタ」に変えます。「カウンタ」とは、前ページで「=」フィールドに割り当てたブックマークの名前です。

▼カウンタが進むように起番調整用のしかけを変える

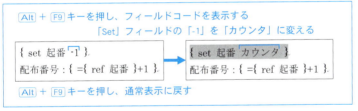

上図の Alt + F9 キーはページ内のフィールドの通常表示←→フィールドコード表示を切り替えるだけで、更新しません。したがって、通常表示に戻すと「配布番号：0」になります。

この状態で全体を更新すると、「Set」フィールドの「起番」の値は「カウンタ」の値、つまり「0」になり、「=」フィールドは「=0+1」で「1」になります。以下同様に、更新のたびに配布番号の値が進みます。

カウンタをリセットするには、上図と同様の手順で「カウンタ」を「-1」に変えてから2つのフィールドを選択してF9キーで更新します。これで「配布番号：0」に戻ります。そこであらためて上図のように「-1」を「カウンタ」に戻して Alt + F9 キーで通常表示に戻します。

Chapter 13　印刷のテクニック

13-1 文書の印刷　　　2013　2010　2007

515 「通常使うプリンター」を Word から変更する

Word で最初に印刷設定画面を呼び出した直後は「通常使うプリンター」が選択されます。「通常使うプリンター」を設定する標準的な方法は Windows の [デバイスとプリンター] 画面*ですが、Word から設定することも可能です。

操作 Word から「通常使うプリンター」を設定するには、クイックアクセスツールバーに [プリンターの設定...] を組み込みます。

▼ [プリンターの設定...] をクイックアクセスツールバーに組み込む

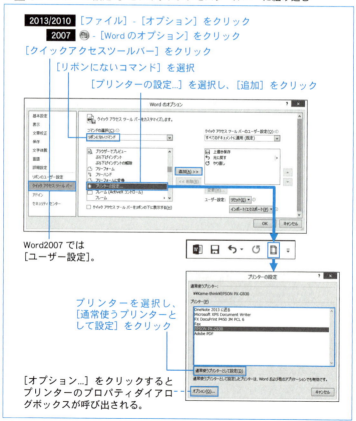

2013/2010 [ファイル] - [オプション] をクリック
2007 - [Word のオプション] をクリック
[クイックアクセスツールバー] をクリック
[リボンにないコマンド] を選択
[プリンターの設定...] を選択し、[追加] をクリック

Word2007 では [ユーザー設定]。

プリンターを選択し、[通常使うプリンターとして設定] をクリック

[オプション...] をクリックするとプリンターのプロパティダイアログボックスが呼び出される。

652

13-1 文書の印刷

2013　2010　2007

516 よく使う印刷設定をプリンターに登録する

印刷の設定項目の中には、Wordではなくプリンター側で設定するものがあります。たとえば用紙の種類、印刷の品質、カラーか黒色かといった項目です。プリンターの設定画面はWordから呼び出すこともできますが、常用する設定が決まっていれば、プリンターの基本設定として登録した方が便利です。Word自身とは無関係ですが、見過ごされることが多いので解説します。

操作 プリンターの基本設定を登録するにはWindowsのコントロールパネルから次のように操作します。

▼プリンターの基本設定を登録する

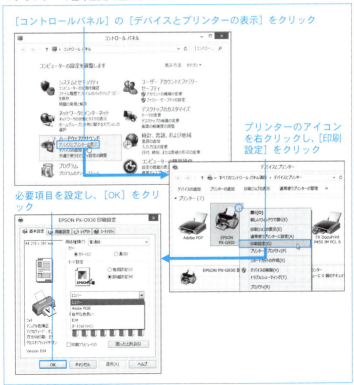

517 印刷を中止する

短い文書の印刷はすぐに終わるので中止できませんが、長い文書は中止可能です。その方法は、Word のオプションによって異なります。

▼バックグラウンド印刷のオプション設定を変える

2013/2010 [ファイル] - [オプション] をクリック
2007 ⓐ - [Word のオプション] をクリック

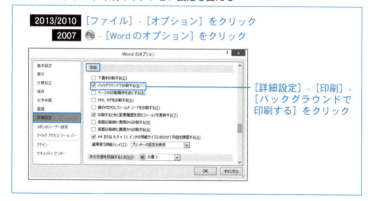

[詳細設定] - [印刷] - [バックグラウンドで印刷する] をクリック

操作 [バックグラウンドで印刷する] をオンにしている場合は下図左のように「ステータスバー」に [(文書名) の印刷中] と表示され、その右側の×印をクリックすれば中止できます。

[手動で両面印刷]（Word2007 では [手差し両面印刷]）*の場合および [バックグラウンドで印刷する] をオフにしている場合は下図右のダイアログボックスで[キャンセル]をクリックすれば中止できます。

→ 635 ページ「502 普通のプリンターで両面印刷する」参照。

▼印刷を中止する

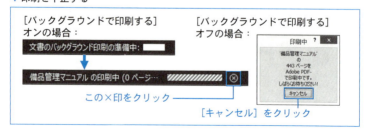

[バックグラウンドで印刷する] オンの場合：
この×印をクリック

[バックグラウンドで印刷する] オフの場合：
[キャンセル] をクリック

13-2 差し込み印刷　　　　　　　　　　　　　2013　2010　2007

518 差し込み印刷用の手紙文書を作る

「差し込み印刷」には専用の[差し込み文書]タブを使います。たくさんのボタンがありますが、基本操作はとても簡単です。

操作 差し込み印刷用の手紙を作る基本手順は、「文書の用意」→「データベースの選択」→「差し込み用のフィールド挿入」です。

▼差し込み印刷用の手紙文書を作る

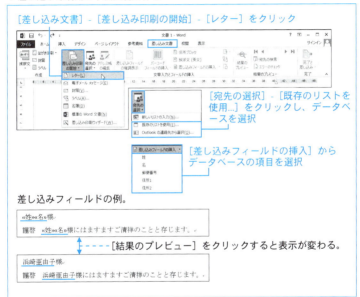

差し込みフィールドの例。

　　　　　　[結果のプレビュー]をクリックすると表示が変わる。

補足 [宛先の選択]-[新しいリストの入力...]をクリックするとデータ入力用のダイアログボックスが呼び出され、入力結果を「Microsoft Office アドレス帳」形式で保存できますが、既定の項目設定が適切とは限らず、不具合も見られるので避けてください。
また、[住所ブロック(A)]をクリックすると宛名情報をまとめて表示できる特殊な差し込みフィールドが挿入されます。しかし、表示項目が適切とは限らず、不具合も見られるのでお勧めできません。

655

13-2 差し込み印刷

519 差し込み印刷用の封筒文書を作る

差し込み印刷用の封筒を作るには、封筒の仕様に合わせて用紙サイズや宛名の位置を設定します。Wordの封筒印刷機能を利用すれば用紙サイズや用紙トレイを簡単に設定できますが、封筒用文書の仕様には少し問題があります。

操作 差し込み印刷用の封筒を作る基本手順は、「文書の用意」→「プリンターの選択」→「封筒の選択」→「データベースの選択」→「差し込み用のフィールド挿入」です。

手紙など、既存の文書上で操作するとその内容が失われるので避けてください。また、封筒を選択すると、Wordで現在選択しているプリンターに従って用紙トレイが自動設定されるので、あらかじめプリンターを選択しておけばムダがありません。

▼封筒への差し込み印刷用の文書を作る

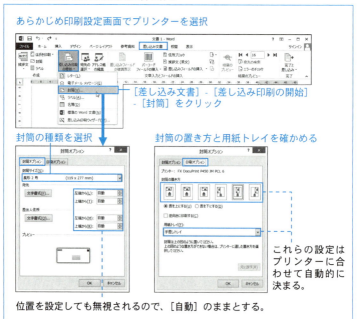

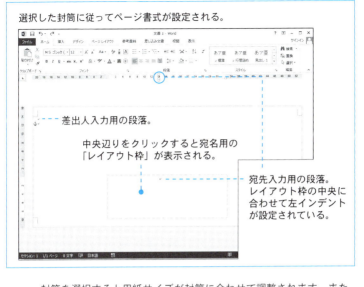

選択した封筒に従ってページ書式が設定される。

差出人入力用の段落。

中央辺りをクリックすると宛名用の「レイアウト枠」が表示される。

宛先入力用の段落。レイアウト枠の中央に合わせて左インデントが設定されている。

封筒を選択すると用紙サイズが封筒に合わせて調整されます。また、ページの先頭段落には［差出人住所］スタイル、ページの中央に見える段落には［宛先］スタイルが適用されます。

ただし、［宛先］スタイルにはレイアウト枠と左インデントが設定されており、そのままではかえって不便です。

そこでまず、Ctrl + A キーを押してページ全体を選択し、Delete キーで削除することをお勧めします。これで文書内には［標準］スタイルの段落がひとつだけ残ります。

あとは前項の手紙の場合と同様にデータベースを選択し、適切な位置に差し込み印刷フィールドを挿入します。

補足　封筒ページのあとにセクション区切りを挿入すれば、封筒と手紙をセットで保存できます。用紙サイズ、印刷に使う用紙トレイなどはセクション単位で設定できるので、必要に応じて手紙用セクションのページ書式を変えてください。

→ 54 ページ「024 文書内で異なるページサイズを混在させる」参照。

複数の用紙トレイを持つプリンターでは、封筒と手紙の各セクションに適切な用紙トレイを割り当てれば、両方をセットで印刷できます。

13-2 差し込み印刷

520 差し込み印刷用のラベル文書を作る

差し込み印刷用のラベル文書は、手紙や封筒の場合と異なり、1 ページに複数の宛先を印刷するという特徴があります。Word のラベル印刷機能を利用すれば、ラベル印刷に必要なしかけを自動設定できます。

操作 差し込み印刷用のラベルを作る基本手順は、「文書の用意」→「プリンターの選択」→「ラベル用紙の選択」→「データベースの選択」→「差し込み用のフィールド挿入」→「各ラベルへの反映」です。

ラベル用紙の設定画面には Word で現在選択しているプリンターの用紙トレイが表示されます。したがって、あらかじめプリンターを選択しておけばムダがありませんが、あとから[ページ設定]ダイアログボックスの[用紙]タブで変えることもできます。

▼ラベルへの差し込み印刷用の文書を作る

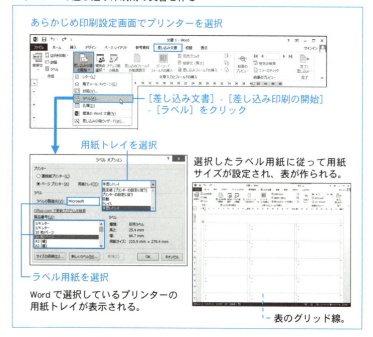

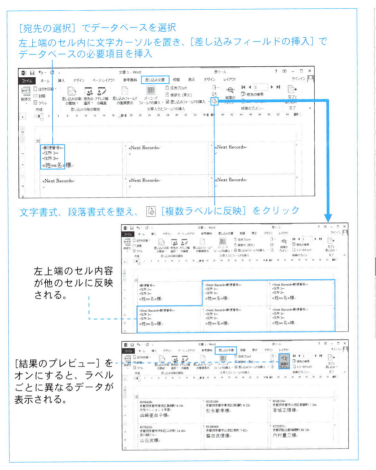

補足 ラベル印刷では1枚の用紙に複数のデータを表示する必要があります。それが「Next Record」フィールドです。[宛先の選択]でデータベースを選択すると、左上端以外のセルに自動的にこのフィールドが挿入されます。

[複数ラベルに反映]をクリックすると、左上端のセル内容が、各セルの「Next Record」のあとに追加されます。左上端のセル内容や書式を変えた場合は、あらためて同ボタンをクリックしてください。

13-2 差し込み印刷

521 差し込み印刷でデータの一覧を作る

「名簿」の差し込み機能を利用すると、データベースのデータを一覧文書として書き出すことができます。一覧の体裁は自由に設定できるので、たとえばデータベースの住所録から持ち歩き用の電話番号リストを作るといったことが可能です。

操作 名簿を作る基本手順は手紙の場合とほとんど同じです。作業用の文書で基本パターンを作り、差込機能を使って名簿を作ります。

名簿自体は普通の文書なので用紙サイズその他のページ書式はいつでも変えられますが、作成時は作業用の文書と同じ設定になります。したがって、作業用文書で適切に設定しておけば手間が省けます。

▼差し込み印刷でデータの一覧を作る

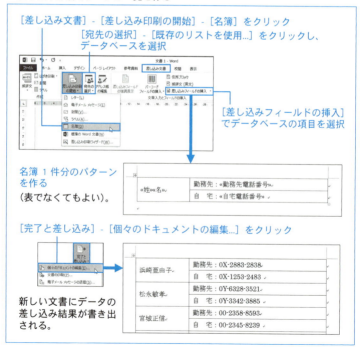

13-2 差し込み印刷

2013 2010 2007

522 差し込み印刷で写真を挿入する

たとえば商品台帳に写真のファイル名を入力しておけば、前項で解説した「名簿」の差し込み印刷機能を使ってカタログを作ることができます。

操作 Word 文書から画像ファイル名を参照して画像イメージを表示するには「Includepicture」フィールドを使います。

▼ 差し込み印刷で画像のカタログを作る

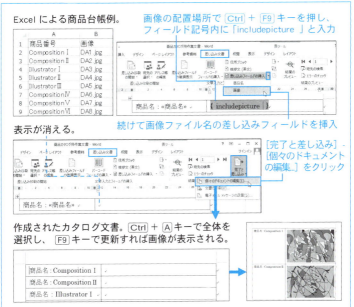

補足 画像と文書の保存場所が異なる場合は、たとえば「includepicture C:¥¥カタログ¥¥画像¥¥」のように保存場所を指定します。¥を2つずつ入れることに注意してください。

入力済みのフィールドの内容を修正する場合は、フィールドの直前に文字カーソルを置いて [Shift] + [F9] キーを押し、修正を終えたらあらためて同ショートカットキーを押してください。

523 住所録のアラビア数字を漢数字で表示する

Wordのフィールドには、アラビア数字を漢数字で表示するオプションがありますが、その逆はありません。したがって、住所録側にはアラビア数字で入力した方が便利です。オプションの有無で、縦書きにも横書きにも対応できます。

操作 アラビア数字で入力されたデータを漢数字で表示するには次のように設定します。

▼住所録のアラビア数字を漢数字で表示する

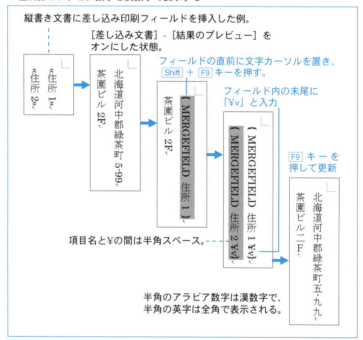

補足 「¥v」はフィールドの表示結果を更新するオプションです。半角のアラビア数字は漢数字で表示されます。また、半角の英字は全角で表示され、その結果、英字の向きは縦向きになります。

13-2 差し込み印刷　　2013　2010　2007

524 宛先によって敬称を変える

差し込み印刷で、宛先によって「様」「君」「殿」など敬称を変えるには敬称の項目を設けておけばよいのですが、すべての宛先に敬称を入力するのは大変です。そこで、敬称項目が空欄の場合は「様」を、そうでなければ敬称項目の内容を表示するしかけを紹介します。

操作 項目が空欄か否かで表示を変えるには、「If」フィールドを使って次のように設定します。

▼宛先によって敬称を変える

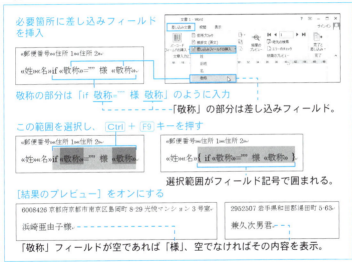

補足 「If」フィールドの書式は「If 条件式 成立の場合 不成立の場合」です。先にフィールド記号を挿入して差し込みフィールドを挿入すると表示が消えるので、中身を入力してから囲んでください。
あとから手直しする場合は、上図の「様」や「君」の文字を選択した上で Shift + F9 キーを押せば、フィールド内容を表示できます。その場合、差し込みフィールドは上図とは異なり {MERGEFIELD 敬称} のように表示されます。

525 連名がある場合にのみ連名の敬称を表示する

差し込み印刷で連名を表示する場合、連名用の差し込みフィールド自体は項目が空であれば何も表示されないので不都合はありませんが、連名の敬称については、「連名が空であれば敬称も空、そうでなければ敬称を表示」というしかけが必要です。

操作 住所録に連名が記載されている場合のみ連名の敬称を表示させるには「If」フィールドを使って次のように設定します。

▼連名がある場合にのみ連名の敬称を表示する

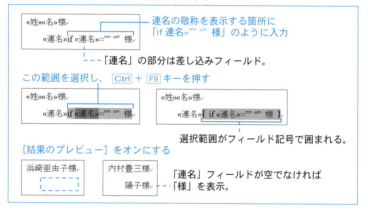

補足 「If」フィールドの書式は「If 条件式 成立の場合 不成立の場合」です。先にフィールド記号を挿入して差し込みフィールドを挿入すると表示が消えるので、中身を入力してから囲んでください。
引用符の箇所は、引用符の入力フォーマット*をオンにしている場合は「="" ""」のように表示されますが、差し支えありません。

→ 407ページ「左右の区別がない引用符を、区別がある引用符に変更する」参照。

あとから手直しする場合は、上図の「様」の文字を選択した上で Shift + F9 キーを押せば、フィールド内容を表示できます。その場合、差し込みフィールドは上図とは異なり {MERGEFIELD 連名} のように表示されます。

宛先によって連名の敬称の種類を変えたい場合は、住所録側で連名用の敬称項目を作り、「if 連名="" "" 様」の「様」の部分に前項同様のしかけを設定します。下図は連名用に「連名敬称」という項目を作った場合の設定例です。

▼連名の敬称を宛先によって使い分ける

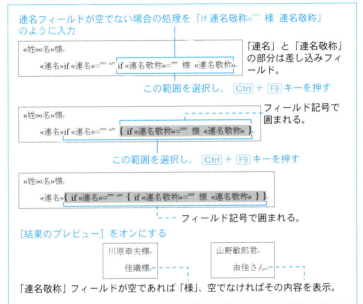

上図の設定では「If」フィールドの中に「If」フィールドを挿入しており、「If 親条件式 親成立の場合 「If 子条件式 子成立の場合 子不成立の場合」」という状態になっています。

外側の「If」フィールドによって「親条件式」が成立すると「親成立の場合」が実行されます。「親条件式」が不成立の場合は内側の「If」フィールドの「子条件式」が検討され、その結果によって「子成立の場合」または「子不成立の場合」が実行されます。

あとから手直しする場合は、敬称の文字範囲全体を選択して[Shift]+[F9]キーを押します。その場合、差し込みフィールドは{MERGEFIELD 連名敬称}などのように表示されます。

526 夫婦の名前の頭を揃える

宛先が夫婦連名で一方の姓を省略する場合、単純に連名の名前だけ配置すると、姓の文字数によっては名前の頭が不揃いになってしまいます。連名も姓を表示すれば揃いますが、宛先が単独名の場合は姓が重複してしまいます。

▼夫婦連名の場合の不都合例

操作 連名の姓を省略して名前の頭を揃えるには、「If」フィールドを使って次のように設定します。連名がある場合にのみ連名の敬称を表示させる方法については前項をご参照ください。

▼連名表示時の名前の頭を揃える

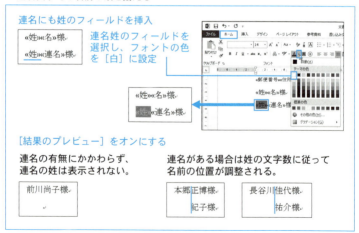

13-2 差し込み印刷　　　　　　　　　　2013　2010　2007

527 夫婦別姓の場合だけそれぞれの姓を表示する

夫婦で別姓を名乗っている場合、差し込み印刷で対応するには住所録に別姓用の項目が必要です。別姓があれば別姓を、そうでなければ連名の姓を省略するには「If」フィールドを使います。また、連名の姓の省略時に名前の頭を揃えるために、前項で紹介した方法を利用します。

操作 夫婦別姓と、同姓時の名前の頭揃えに対応するには「If」フィールドを使って次のように設定します。なお、別姓も同姓も、連名者の名前については同じ「連名」という項目を使うものとします。

▼ 夫婦別姓の場合はそれぞれの姓名、同姓の場合は連名者の名前だけ表示する

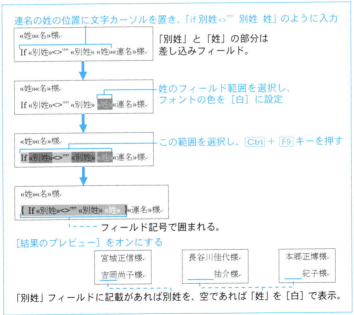

「別姓」フィールドに記載があれば別姓を、空であれば「姓」を[白]で表示。

補足 上図の「If 別姓<>""」の <>は否定を表します。したがって、この条件式は「別姓が空でなければ別姓を、そうでなければ姓を」表示するという意味になります。

667

528 郵便番号を郵便番号枠に合わせて配置する

13-2 差し込み印刷 | 2013 2010 2007

郵便番号のフォントは、字体に飾りのないゴシック系のフォントを使う決まりになっています。Microsoft Office には機械読み取りに適した「OCRB」が用意されているので、このフォントを使うことをお勧めします。

操作 郵便番号を既製の郵便番号枠に割り付けるには、テキストボックス内に郵便番号を入力し、書式を設定します。郵便番号枠の高さは「8mm」と規定されているので、テキストボックスの高さは少し余裕を持たせて「9〜10mm」に設定します。

郵便番号のフォントサイズは「22〜24pt」が適切です。また、行高をフォントサイズと同じ値に設定し、「均等割り付け」で配置すれば位置合わせしやすくなります。

最後に、テキストボックスの位置とサイズを調整します。位置を微調整するにはテキストボックス枠をクリックした上で → ← ↑ ↓ キーを押します。下図はわかりやすくするためにテキストボックスに枠色を付けていますが、実際には枠色「なし」に設定してください。

▼郵便番号を郵便番号枠に合わせて配置する

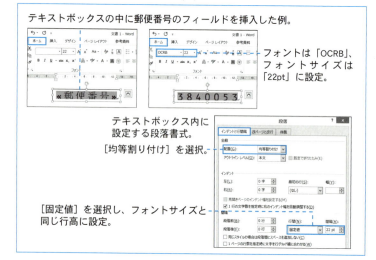

13-2 差し込み印刷

529 「0123456」の郵便番号を「０１２－３４５６」で表示する

郵便番号は、規定の郵便番号枠内に印刷する場合は「0123456」のように数字だけでよいのですが、郵便番号枠なしの場合は「０１２－３４５６」のように「－」を入れ、全角で印刷する決まりになっています。そこで、住所録のデータは「0123456」のままで「０１２－３４５６」のように印刷する方法を紹介します。

なお、前項で紹介した「OCRB」は半角専用なので、全角で印刷するには「MSゴシック」など、和文用のゴシック系フォントを使う必要があります。

操作 郵便番号のように数字を表示するフィールドは、数字の書式スイッチ「¥#」を使って表示形式を設定できます。「0123456」を「012―3456」のように3桁+4桁に分けるには、「¥# 0##－####」のように設定します。

また、半角の数字を全角で表示するには「¥*dbchar」を付け加えます。ただし、半角の「-」は全角表示できないので、「－」の部分は最初から全角の「－」を入力しておきます。

▼ 半角の「0123456」を全角の「０１２－３４５６」で表示する

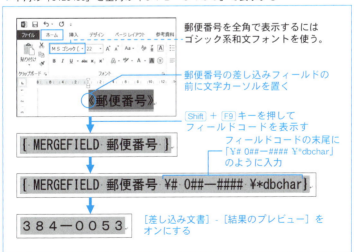

郵便番号を全角で表示するにはゴシック系和文フォントを使う。

郵便番号の差し込みフィールドの前に文字カーソルを置く

[Shift] + [F9] キーを押してフィールドコードを表示す

フィールドコードの末尾に「¥# 0##－#### ¥*dbchar」のように入力

[差し込み文書] - [結果のプレビュー] をオンにする

530 「012-3456」形式の郵便番号を郵便番号枠に割り付ける

住所録で郵便番号を「012-3456」のように入力している場合、郵便番号枠を持つ既製の封筒やハガキに印刷するには、上位 3 桁と下 4 桁を分け、間の「-」が表示されないように工夫する必要があります。

操作 「012-3456」から上位 3 桁と下位 4 桁を取り出すには、テキストボックスを 2 つ用意し、それぞれの幅を郵便番号枠に合わせて設定します。郵便番号のフォントは Microsoft Office に含まれている「OCRB」が適切です。フォントサイズは「22～24pt」に設定します。

▼「012-3456」形式の郵便番号を郵便番号枠に割り付ける

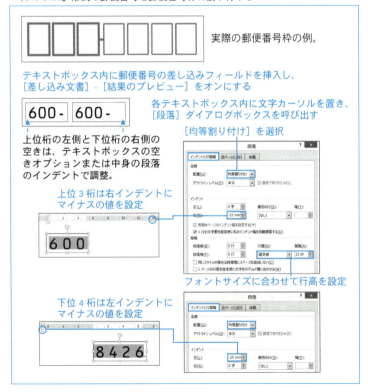

Chapter

14

文書管理とテンプレートのテクニック

14-1 文書とテンプレートの基礎知識

531 文書およびテンプレートの種類と拡張子

Wordを活用するには、Wordの文書とテンプレートの種類を理解し、適切に使い分ける必要があります。Word2007以降のバージョンを使っていても、Word2003以前の文書を使うことがあれば、それらの知識も必要です。
文書とテンプレートの種類はファイル名に続く「拡張子」で区別します。具体的には次のとおりです。

バージョン	拡張子	種類
2007以降	.docx	通常のWord文書（マクロ保存は不可）
	.docm	マクロ保存可能なWord文書
	.dotx	文書のひな型専用テンプレート（マクロ保存は不可）
	.dotm	マクロ保存可能なテンプレート（文書のひな形およびアドインとして使用）
2003以前	.doc	通常のWord文書（マクロ保存可）
	.dot	マクロ保存可能なテンプレート（文書のひな形およびアドインとして使用）

操作 Word2003以前と2007以降では大きな違いが2つあります。ひとつはマクロプログラム（以下「マクロ」）への対応です。

Word2003以前のWord文書およびテンプレートはすべてマクロを保存できましたが、Word2007以降では、保存できる形式と保存できない形式に区分されました。

マクロ保存可能な形式では悪意のあるマクロに感染する危険性があります。したがって、通常の文書やテンプレートはマクロ保存不可の形式、つまり「.docx」「.dotx」を使えば危険を避けやすくなります。

バージョンによるもうひとつの違いは、ファイルの仕様です。
Word2003以前のWord文書およびテンプレートはWord独自の仕様になっており、その中身を覗くことはできませんが、Word2007以降は圧縮ファイル形式になっており、保護設定していない場合は「解凍」すれば中身を覗くことができます*。

→ 608ページ「483 Word文書から画像を抽出する」参照。

なお、Word2007以降の文書とテンプレートの基本仕様は同じですが、こまかい仕様はそれぞれ異なっています。そのため、新しいバージョンで作った文書を古いバージョンで保存すると、新しいバージョンで追加された書式の一部が失われることがあります。

また、古いバージョンで作った文書を新しいバージョンで開くと「互換モード」となり、新しいバージョンで追加された機能や書式は利用できません。このような文書をWord2013/2010で開くと、[ファイル] - [情報] に互換モードの [変換] ボタンが表示され、クリックすれば最新バージョンの仕様に更新されます。

補足 ファイルの拡張子は、Windowsの最初の設定では表示されません。拡張子を表示するには次のように操作します。

拡張子を表示させると、以降はWordのタイトルバーにファイル名と拡張子が表示されるようになります。

▼ファイルの拡張子を表示する

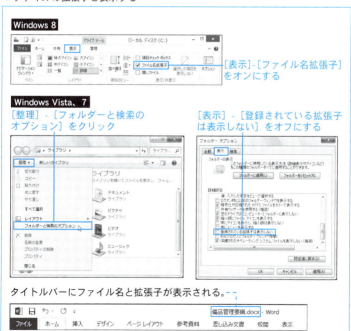

14-1 文書とテンプレートの基礎知識　2013 2010 2007

532 文書とテンプレートの関係

新しい文書はテンプレートから作るのが標準的な方法です。文書を作るとテンプレートの中身とスタイルが文書にコピーされ、テンプレートが「添付」されます。このテンプレートを文書の「添付テンプレート」と呼びます。

文書にコピーされたテンプレートの中身はテンプレートとは無関係になります。したがって、履歴書などをテンプレートとして作っておけば、文書側ではテンプレートに影響を与えることなく必要事項を記入できます。また、必要時には文書だけ配布すればよく、テンプレートを添える必要はありません。

文書にコピーされたスタイルは文書側で自由に変更できますが、文書側の変更←→テンプレート側の変更は相互に反映できるようになっています。このしくみを利用すれば、同じテンプレートから作った文書間でスタイルを容易に統一することができます*。

→ 290 ページ「213 文書で作ったスタイルをテンプレートに反映させる」、291 ページ「214 テンプレートのスタイル変更を文書に反映させる」、292 ページ「215 文書間・テンプレート間でスタイルをコピーする」参照。

そのほか、テンプレートにはショートカットキーや文書パーツを保存でき、それらは同じテンプレートを添付されたすべての文書で利用できます。また、マクロ保存可能なテンプレート（.dotm：前項参照）が添付された文書では、そのマクロも利用できます。

テンプレート	関係	文書
中身（ページ書式や文章など）	コピー	自由に変えられる
スタイル	コピー	自由に変えられる（相互に反映可能）
ショートカットキー	利用のみ	文書だけを配布した場合、これらの機能は配布先では利用できない
文書パーツ	利用のみ	
マクロ	利用のみ	

補足　Word のテンプレート一覧に表示される「白紙の文書」テンプレートのファイル名は「Normal.dotm」です。「Normal.dotm」は Word で最も重要なテンプレートで、文書のひな形として働くだけでなく、作業中のすべての Word 文書に対していろいろな機能を提供します。

14-2 文書の開閉・作成・保存　　2013　2010　2007

533 よく使う文書を素早く開く

よく使う文書を素早く開くには[最近使った文書](Word2010/2007では[最近使用したドキュメント])が便利です。よく使う文書を一覧に常時表示させるには、Wordを使う方法とWindowsのタスクバーを使う方法があります。

操作 Wordの[最近使った文書]の一覧で特定の文書を常時表示させるには、文書名の右側のピンをクリックします。

▼よく使う文書をWordの[最近使った文書]の一覧に「ピン留め」する

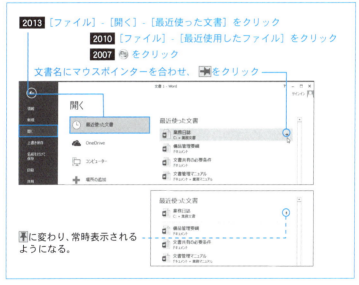

タスクバーにWordのショートカット*を置いている場合は、ショートカットを右クリックすると[最近使った文書]の一覧が表示され、文書名の右側のピンをクリックすれば常時表示できます。
→ 728ページ「576 タスクバーから起動する」参照。

補足 ピン留め機能はWordとタスクバーでは連動していないので、それぞれ異なる文書を常時表示できます。ピン留めを解除するにはあらためてクリックし ➡ の状態に戻します。

675

14-2 文書の開閉・作成・保存　　2013　2010　2007

534 Word起動時に、前回最後に使った文書を開く

Wordで既存の文書を開いたり、作業中の文書を保存すると、[最近使った文書]（Word2010/2007では[最近使用したドキュメント]）の一覧に登録され、履歴番号が設定されます。履歴番号はあとから開いた文書、あとから保存した文書が「1」になり、以前の文書の履歴番号は順送りで大きくなります。Word起動時にこの履歴番号を指定すると、起動後に該当文書を開くことができます。

操作 Word起動時に前回最後に使った文書を開くには、Wordのショートカットを作り、プロパティにオプションスイッチを追加します。
→ 730ページ「577 デスクトップのショートカットで起動する」参照。

▼ 最後に使った文書を起動時に開くショートカットを作る

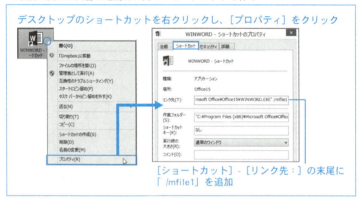

デスクトップのショートカットを右クリックし、[プロパティ]をクリック

[ショートカット] - [リンク先：]の末尾に「 /mfile1」を追加

14-2 文書の開閉・作成・保存　　2013　2010　2007

535 Word起動時に指定文書を開く

Wordの起動オプションを利用すると、起動時に特定の文書を自動的に開くことができます。たとえば業務日誌のように日常的に使う文書は、この方法でWordのショートカットを作っておくと便利です。

操作 Word 起動時に指定文書を開くには、Word のショートカットを作り※、前項同様の方法で［リンク先：］の末尾に「 /t ドライブ名:¥保存場所¥ファイル名.拡張子」のように指定します。

→ 730 ページ「577 デスクトップのショートカットで起動する」参照。

たとえば C ドライブの「業務文書」フォルダーの「業務日誌.docx」を開くには、「 /t c:¥業務文書¥業務日誌.docx」のように指定します。ドライブ名以下の情報を入力するには次の方法が便利です。

▼Word のショートカットに文書ファイルの情報を追加する

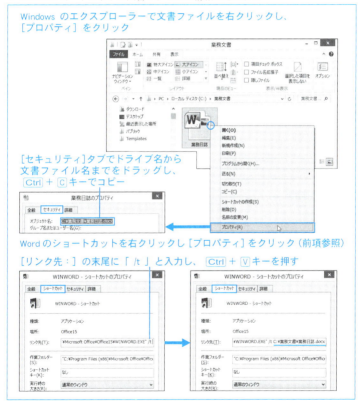

補足 Word のショートカットではなく、Word 文書自身あるいは Word 文書のショートカットをダブルクリックしても Word を起動できます。

14-2 文書の開閉・作成・保存　　　2013　2010　2007

536 文書の「既定のフォルダー」を登録する

Wordには、文書の保存先として「既定のフォルダー」が登録されており、[ファイルを開く] ダイアログボックス、[名前を付けて保存] ダイアログボックスを呼び出すとそのフォルダーが優先表示されます。

最初は「ドキュメント」フォルダーに設定されていますが、他によく使うフォルダーがあれば、設定を変えておくと便利です。

操作 文書の「既定のフォルダー」を設定するには [Wordのオプション] ダイアログボックスを呼び出し、次のように操作します。

▼文書の「既定のフォルダー」を登録する

2013/2010 [ファイル] - [オプション] をクリック
2007 - [Wordのオプション] をクリック
[詳細設定] - [全般] - [ファイルの場所...] をクリック

[文書] を選択

[変更...]をクリックし、フォルダーを選択

14-2 文書の開閉・作成・保存

537 Backstageビューを開かずに文書を開閉する

文書を開閉する場合は次のショートカットキーが便利です。

ショートカットキー	機能
Ctrl + O Ctrl + F12	文書を開く
Ctrl + S Shift + F12	上書き保存する・名前を付けて保存する
F12	名前を付けて保存する

Word2010以前は上記のショートカットキーですぐにダイアログボックスが表示されましたが、Word2013では「Backstageビュー」が呼び出されます。以前同様にダイアログボックスが直接表示される方がよい、という場合は、Wordの設定を変えてください。

操作 上記のショートカットキーでBackstageビューを使わずにダイアログボックスを呼び出すには、[Wordのオプション] ダイアログボックスで次のように操作します。

▼ ショートカットキーで文書の開閉ダイアログボックスを直接呼び出す

2013/2010 [ファイル] - [オプション] をクリック
2007 - [Wordのオプション] をクリック

[保存] - [文書の保存] - [ファイルを開いたり保存したりするときにBackstageを表示しない] をオンにする

14-2 文書の開閉・作成・保存　2013 2010 2007

538 ［最近使った文書］の一覧から一部の文書の表示を消す

［最近使った文書］（Word2010/2007 では［最近使用したドキュメント］）には、単純にあとから開いた文書、保存した文書が一覧の上位に追加され、過去の文書は消えていきます。

ここでは、一覧の一部の文書表示を消す方法を紹介します。まとめて消す方法については次項をご参照ください。

操作 Word2013 の［最近使った文書］、Word2010 の［最近使用したドキュメント］から一部の文書の表示を消すには次のように操作します。

▼［最近使った文書］の一覧から表示を消す（Word2013/2010）

2013 ［ファイル］-［開く］-［最近使った文書］をクリック
2010 ［ファイル］-［最近使用したファイル］をクリック
一覧から消したい文書名を右クリックし、［一覧から削除］をクリック

補足 上図のショートカットメニュー下端の［固定されていない文書をクリア］をクリックすると、「ピン留め」*されていない文書だけを一覧からまとめて消すことができます。

→ 675 ページ「533 よく使う文書を素早く開く」参照。

操作 Word2007 で［最近使用したドキュメント］の一部を一覧から消すには、Windows の「レジストリエディター」を呼び出し、次のように操作します。

▼［最近使用したドキュメント］の一覧から表示を消す（Word2007）

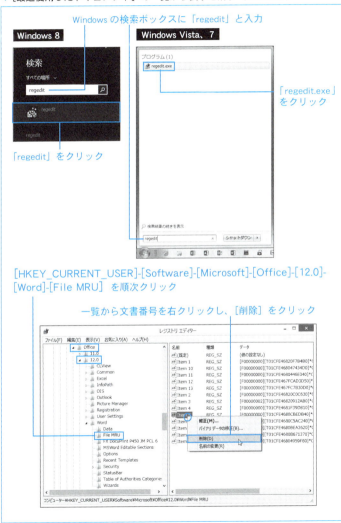

14-2 文書の開閉・作成・保存　　2013　2010　2007

539 [最近使った文書］の一覧をまとめて消す

［最近使った文書］（Word2010/2007 では［最近使用したドキュメント］）には、単純にあとから開いた文書、保存した文書が一覧の上位に追加され、過去の文書は消えていきます。ここでは、一覧の表示をまとめて消す方法を紹介します。個々の文書の表示を消す方法については前項をご参照ください。

操作　[最近使った文書］の一覧をまとめて消すには、[Word のオプション］ダイアログボックスを呼び出し、次のように操作します。

▼［最近使った文書］の一覧をまとめて消す

2013/2010 ［ファイル］-［オプション］をクリック
2007 -［Word のオプション］をクリック
［詳細設定］-［表示］-［最近使った文書の一覧に表示する文書の数］の値を「0」にする

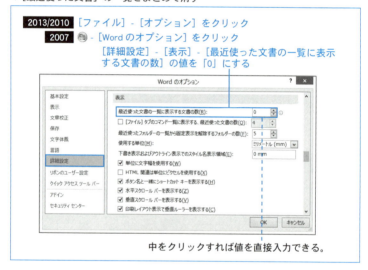

中をクリックすれば値を直接入力できる。

補足　上図のように操作すると、一覧に現在表示されているすべての文書の表示が消えます。以降に使う文書を表示させるには、あらためて同様に操作し、値を設定し直してください。値は「0～50」の範囲で設定できます。

なお、Word2013/2010 では「ピン留め」*されていない文書だけをまとめて消すこともできます。その方法については前項をご参照ください。

→ 675 ページ「533 よく使う文書を素早く開く」参照。

14-2 文書の開閉・作成・保存　　2013　2010　2007

540 Wordの起動時にテンプレートを指定して文書を作る

Wordの起動オプションを利用すると、起動時に特定のテンプレートから新しい文書を作ることができます。帳票類などを日常的に作る場合に便利です。

操作 Word起動時に特定のテンプレートから文書を作るには、Wordのショートカットを作り*、下図の手順で[リンク先:]の末尾に「 /tドライブ名:¥保存場所¥テンプレートファイル名.拡張子」のように指定します。

→ 730ページ「577 デスクトップのショートカットで起動する」参照。

「t」と「ドライブ名」との間を空けないように注意してください。空けると文書ではなくテンプレート自身が開いてしまいます*。

→ 676ページ「535 Word起動時に指定文書を開く」参照。

たとえばCドライブの「規定テンプレート」フォルダーの「発注明細テンプレート.dotx」から文書を作るには、「 /tc:¥規定テンプレート¥発注明細テンプレート.dotx」のように指定します。

▼起動時に指定テンプレートから文書を作るショートカットを作る

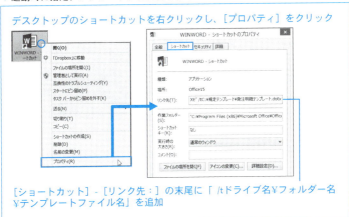

デスクトップのショートカットを右クリックし、[プロパティ]をクリック

[ショートカット] - [リンク先:]の末尾に「 /tドライブ名¥フォルダー名¥テンプレートファイル名」を追加

補足 Wordのショートカットではなく、テンプレートあるいはテンプレートのショートカットをダブルクリックしても同じ結果になります。

14-2 文書の開閉・作成・保存　　　　　　　　2013　2010　2007

541 エクスプローラーで既存文書から新しい文書を作る

既存文書を流用して新しい文書を作る場合、Wordから既存文書を選択するのが標準的な方法ですが、Windowsの「エクスプローラー」から操作することもできます。

操作 エクスプローラーで既存文書から新しい文書を作るには、既存文書の保存フォルダーを開いて次のように操作します。

▼エクスプローラーで既存文書から新しい文書を作る

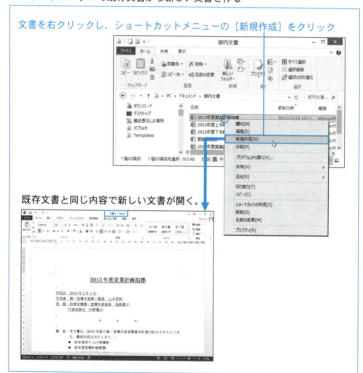

文書を右クリックし、ショートカットメニューの[新規作成]をクリック

既存文書と同じ内容で新しい文書が開く。

補足 新しい文書には、既存文書と同じテンプレートが「添付」されます*。
→ 添付テンプレートについては674ページ「532 文書とテンプレートの関係」参照。

14-2 文書の開閉・作成・保存　　2013　2010　2007

542 旧バージョンの文書を開く

Word2003以前とWord2007以降では、Word文書の「拡張子」*が異なります。そのため、Word2003以前のWord文書を開くには、旧バージョンの拡張子の文書も表示されるように文書の種類を選択する必要があります。

→ 672ページ「531 文書およびテンプレートの種類と拡張子」参照。

操作 Word2003以前の文書を開くには、[ファイルを開く]ダイアログボックスで、一覧に表示する文書の種類を変える必要があります。

▼Word2003以前の文書を開く

Word2003以前の文書を開くには、[すべてのWord文書]または[Word97-2003文書]を選択

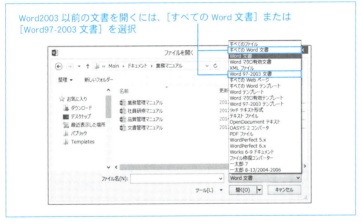

補足 ファイルの種類のうち、[Word 文書]と[Word マクロ有効文書]はWord2007以降の仕様の文書です。

[すべてのWord文書]を選択すると、Word2007以降とWord2003以前の文書が両方表示されます。[Word97-2003 文書]を選択すると、Word2003以前の文書のみが表示されます。

作業中のWordのバージョンより古いWordで保存された文書を開くと、文書のタイトルバーに[互換モード]と表示され、保存時のバージョンの機能しか使えなくなります。Word2003以前の文書に限らず、たとえばWord 2010の文書をWord2013で開いた場合も同様です。

543 旧バージョンで保存した文書を新バージョンの仕様に変換する

作業中の Word より古いバージョンの Word で保存した文書を開くと、文書のタイトルバーに［互換モード］と表示され、古いバージョンにない機能や書式の使用が制限されます。以前のバージョンの機能をそのまま活かしたいなどの理由がなければ、最新バージョンの文書仕様に変換することもできます。変換後は、最新バージョンの機能と書式を利用できるようになります。

操作　［互換モード］と表示された文書の仕様を作業中の Word のバージョンに合わせるには次のように操作します。

▼旧バージョンで保存された文書を作業中のバージョンの仕様に変換する

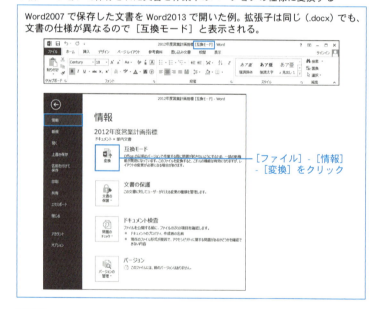

Word2007 で保存した文書を Word2013 で開いた例。拡張子は同じ（.docx）でも、文書の仕様が異なるので［互換モード］と表示される。

［ファイル］-［情報］-［変換］をクリック

注意　たとえば Word2013 で保存した文書を Word2010/2007 で保存すると、拡張子は変わりませんが、文書の仕様は旧バージョンに変わります。そのため、Word2013 で追加された新しい書式などは失われるので注意してください。

14-2 文書の開閉・作成・保存　　2013　2010　2007

544 [互換モード]の文書のレイアウト仕様を設定する

Wordには、インデントや行末の句読点処理、表の列幅の調整など、レイアウトにかかわる仕様がたくさんあり、バージョンによって異なる仕様もあります。とくに企業内で複数のバージョンが混在している場合などは、文書を開くバージョンによってレイアウトが変わるのでは困ります。

そこで、旧バージョンで保存した文書を開いた場合、旧バージョンの仕様を反映させるかどうかをこまかく設定できるようになっています。企業文書などで仕様を厳密に統一したい場合などは設定を確かめてみてください。

操作 [互換モード]でレイアウト関係の仕様を調整するには、[Wordのオプション]ダイアログボックスで次のように操作します。

▼[互換モード]の文書のレイアウト仕様を設定する

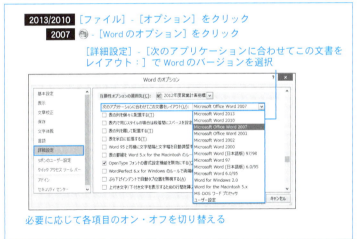

2013/2010 [ファイル] - [オプション] をクリック
2007 ● - [Wordのオプション] をクリック

[詳細設定] - [次のアプリケーションに合わせてこの文書をレイアウト:] でWordのバージョンを選択

必要に応じて各項目のオン・オフを切り替える

補足 上図のオプションをすべてオフにすると、作業中のWordのバージョンと同じ仕様になります。ただし、それだけでは[互換モード]は解除されないので、旧バージョンにない新機能や新書式は使えません。文書の仕様を作業中のWordのバージョンに合わせるには、前項で解説した「変換」作業を行う必要があります。

687

545 複数の文書に同じプロパティを設定する

Word 文書には「作成者」「作成日」などの情報が付加され、「キーワード」などの情報を独自に付加することもできます。このような情報を文書の「プロパティ」と呼んでいます。プロパティは、文書管理や文書検索に役立ちます。Word 文書のプロパティは該当文書を開いて設定するのが標準的な方法ですが、プロパティの一部は、複数の文書にまとめて設定することもできます。

操作 複数の文書に同じプロパティを設定するには、Word の［ファイルを開く］ダイアログボックス、または Windows の「エクスプローラー」で次のように操作します。

▼複数の文書に同じプロパティを設定する

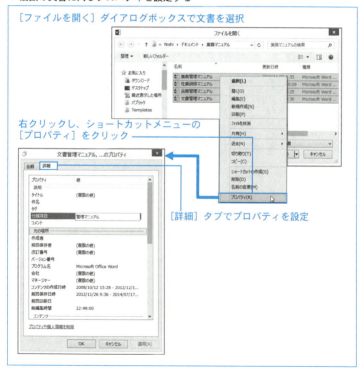

|補足| [ファイルを開く]ダイアログボックスで複数の文書を選択するには、Ctrlキーを押したままで各文書をクリックします。また、文書範囲の始点をクリックし、Shiftキーを押したままで終点をクリックすれば、範囲をまとめて選択できます。

前ページの図の[詳細]タブに表示されるプロパティの項目名は、Word から呼び出すプロパティダイアログボックスの項目名と表記が異なるものがあるので注意してください。

▼プロパティの項目名はダイアログボックスによって表記が異なる

Word でプロパティを設定する場合は [ファイル]-[情報]をクリック。

詳細を設定するには[プロパティ]-[詳細プロパティ]をクリック。

前ページで示したダイアログボックス。

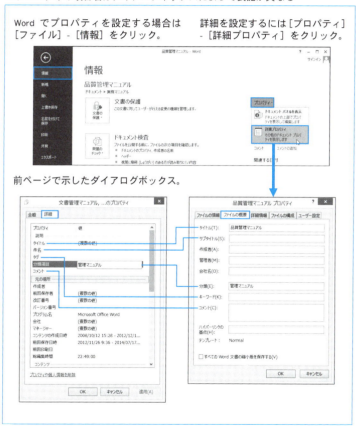

546 文書の作成日をファイル名に自動設定する

新しい文書で［名前を付けて保存］ダイアログボックスを呼び出すと、ファイル名の入力欄には文書の先頭段落が自動的に取り込まれます。このしくみを利用すれば、文書の作成日などをファイル名に割り当てることができます。ただし、ファイル名には半角のスラッシュ「/」は使えず、「-」や「:」などの区切り文字はファイル名に取り込まれません。

現在の日付を入力する場合、和暦では元号入力による Word の「オートコンプリート」が便利です。下図左のように現在の元号を入力・確定すると現在の日付がポップヒントで表示され、Enter キーを押せば日付に変換されます。

▼日付のオートコンプリート

各バージョン共通
現在の元号を入力・確定すると
ポップアップが表示される。

平成26年10月11日 (Enter を押すと挿入します)
平成

2007
現在の西暦を入力・確定すると
ポップアップが表示される。

2014/10/11 (Enter を押すと挿入します)
2014

Enter キーを押すと日付に変わる。

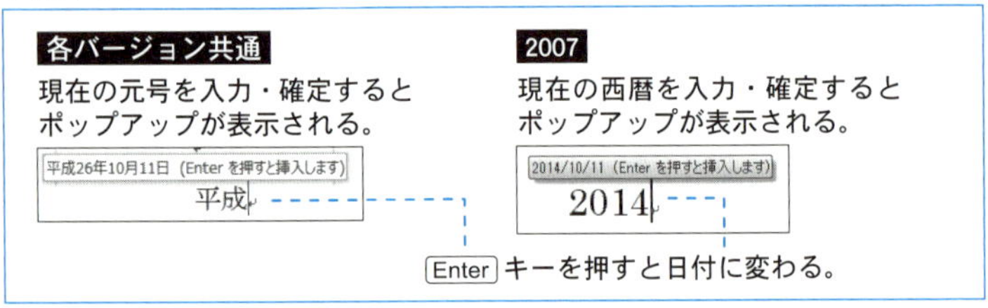

西暦については、Word2007 では上図右のように現在の西暦を入力すればポップヒントが表示され、Enter キーで変換できますが、スラッシュが含まれているのでファイル名には使えません。また、Word2013/2010 には西暦のオートコンプリート機能がありません。

そのほか、［挿入］-［日付と時刻］で［日付と時刻］ダイアログボックスを呼び出すという方法もありますが、和文フォントの箇所で呼び出すと和暦が、欧文フォントの箇所で呼び出すと西暦が優先表示されるという仕様になっているので不便です。そこで、任意の形式で現在の日付を入力する方法を紹介します。

操作 任意の形式で現在の日付を入力するには、「Date」フィールドを「文書パーツ」に登録します。形式を指示するには、同フィールドに、日付の書式を表すオプションを追加します。ファイル名への取り込みを考慮すると、年月日の間は省略または半角スペースが適切です。

▼「Date」フィールドに書式を設定し、「文書パーツ」に登録する

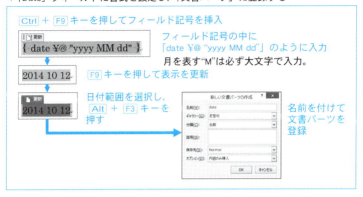

これで、文書パーツの登録名を入力して Enter キーを押せば現在の日付が挿入されます。ただし、フィールドを更新すると日付が変わってしまいます。そこで、普通の文字に変換してから保存します。

▼日付表示のフィールドを入力し、普通の文字に変換する

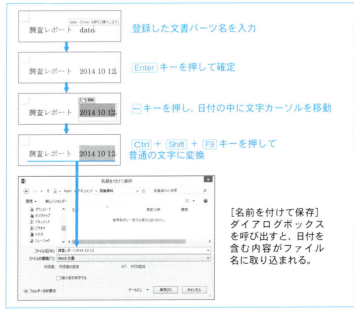

14-2 文書の開閉・作成・保存　　2013　2010　2007

547 上書き保存した文書を保存前の内容に戻す

既存の文書を開き、手直しして上書き保存した場合、文書をまだ閉じていなければ、クイックアクセスツールバーの [元に戻す] で戻せます。ただし、すべての変更が戻るとは限りません。また、上書き保存後に文書を閉じると、元の状態は失われます。

このような事態に備えて、前回の保存時の内容を自動保存する機能があります。この機能で保存される文書を「バックアップファイル」と呼びます。バックファイルの作成機能は、Word の最初の設定ではオフになっているので、必要であれば設定を変えてください。

操作 バックアップファイルを自動保存するには [Word のオプション] ダイアログボックスを呼び出し、次のように操作します。

▼バックファイルを自動保存する

2013/2010 [ファイル] - [オプション] をクリック
2007 ⊕ - [Word のオプション] をクリック

[詳細設定] - [保存] - [バックアップファイルを作成する] をオンにする

補足 Word で既存の文書を開くと、実際にはそのコピーが作業用文書として開かれます。上図のオプションをオンにした場合、開いた文書を手直しして上書き保存すると、元の文書が「バックアップファイル」に変わり、作業用の文書が元の文書と同名で保存されます。つまり、バックアップファイルは常に一世代前の内容となっています。

注意　バックアップファイルは、文書と同じフォルダーに保存されます。バックアップファイルを使う場合は、バックアップファイルの拡張子に注意してください。バックアップファイルの拡張子は通常の Word 文書の拡張子*とは異なり、「.wbk」となっています。バックアップファイルを Word から開く場合は、ファイルの種類で［すべてのファイル］を選択しないと一覧に表示されません。

→ 672 ページ「531 文書およびテンプレートの種類と拡張子」参照。

▼バックアップファイルを開く

バックアップファイルは文書自身と同じフォルダーに保存される。

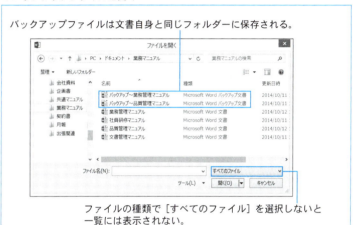

ファイルの種類で［すべてのファイル］を選択しないと一覧には表示されない。

バックアップファイルを直接開いて利用する場合は、必ず［名前を付けて保存］ダイアログボックスで通常の Word 文書として保存し直してください。最新のオリジナル文書と別に保存する場合は別名を付けてください。最新のオリジナルが不要であれば、同じ名前で保存してください。

なお、バックアップファイルを［ファイル］-［上書き保存］で保存すると、バックアップファイルのままで保存され、さらにそのバックアップファイルが作られるという混乱した状態になるので、くれぐれも避けてください。ちなみに、Word2007 ではバックアップファイルのバックアップファイルも拡張子は「.wbk」ですが、Word2013/2010 では「.bk」に変わります。

693

548 保存し損なった文書を復活する

Wordには、一定間隔で文書の回復用ファイルを保存する機能があり、不意のトラブルでWordが強制終了した場合などは回復用ファイルが自動的に開かれます。したがって、未保存の文書でもある程度は復旧することができます。また、文書を正常に閉じた場合、Word2007では回復用ファイルは破棄されますが、Word2013/2010では、文書を保存せずに終了した場合に限り、最新の回復用ファイルを破棄せずに残すオプションがあります。ここでは、残った回復用ファイルを使ってWord文書を復活する方法について解説します。

操作 回復用ファイルを利用するには、Wordのオプションを適切に設定する必要があります。回復用ファイルの保存間隔は、最初は「10分」に設定されていますが、作業速度に応じて変更するとよいでしょう。

▼回復用ファイルの保存オプションを設定する

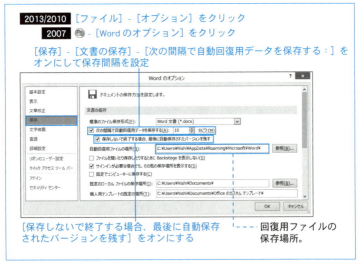

2013/2010 [ファイル]-[オプション]をクリック
2007 -[Wordのオプション]をクリック

[保存]-[文書の保存]-[次の間隔で自動回復用データを保存する:]をオンにして保存間隔を設定

[保存しないで終了する場合、最後に自動保存されたバージョンを残す]をオンにする

回復用ファイルの保存場所。

補足 文書を開いたあと、上図の保存間隔で設定した時間を経過しなければ、回復用ファイルは作られません。その場合は、上図のオプションにかかわらず、保存しなかった文書を復旧することはできません。

操作 回復用ファイルが作られた状態で文書を保存せずに閉じると、回復用ファイルが残されます。この場合、文書を開くと［ファイル］-［情報］-［バージョン］に回復用ファイルのバージョンが表示され、クリックすれば開くことができます。

▼回復用ファイルを開く

未保存時の回復用ファイルがある場合の表示。

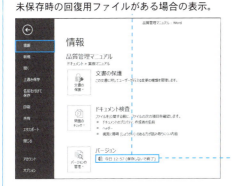

ここをクリックすると回復用ファイルが開かれる。

［比較］をクリックすると２つの違いが示される。　　［元に戻す］をクリックすると、回復用ファイルで元文書が上書きされる。

回復用ファイルを別途残す場合は［ファイル］-［名前を付けて保存］をクリックし、別名で保存。

補足 上図の［比較］をクリックすると、現在保存されている文書と回復用ファイルの内容を比較する別画面が表示されます。確認後、現在保存されている文書を生かすには、回復用ファイルをそのまま閉じます。現在保存されている文書を破棄し、回復用ファイルを生かすには、［元に戻す］をクリックします。これで、回復用ファイルの内容が保存文書に上書きされます。

現在保存されている文書と回復用ファイルの両方を生かすには、［ファイル］-［名前を付けて保存］をクリックし、別名で保存します。

Chapter 14 文書管理とテンプレートのテクニック

14-2 文書の開閉・作成・保存

2013 2010 2007

549 文書の保存先一覧から「OneDrive」の表示を消す

Word2013では、文書の保存先としてコンピューターのほかに「OneDrive」が表示されます。「OneDrive」とはMicrosoft社が提供するオンラインのストレージサービス（ファイル保存サービス）ですが、同サービスを使うには、インターネット環境と、同サービスのアカウントが必要です。「OneDrive」を使う予定がなければ、保存先一覧から表示を消した方がすっきりします。

操作 「OneDrive」の表示を一覧から消すには、[Word のオプション] ダイアログボックスを呼び出し、次のように操作します。

▼ 文書の保存先一覧から「OneDrive」の表示を消す

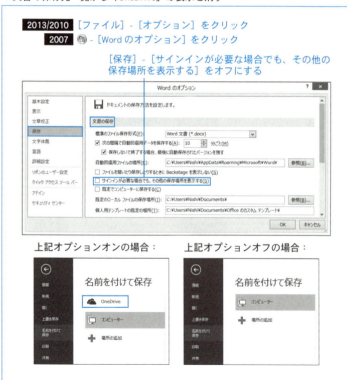

2013/2010 [ファイル] - [オプション] をクリック
2007 ◉ - [Word のオプション] をクリック

[保存] - [サインインが必要な場合でも、その他の保存場所を表示する] をオフにする

上記オプションオンの場合：　　上記オプションオフの場合：

14-2 文書の開閉・作成・保存　　2013　2010　2007

550 作業中の文書をまとめて上書き保存する

Word を終了すると、保存後に手を加えていない文書はそのまま閉じられますが、そうでなければ文書ごとに保存確認のメッセージが表示されます。したがって、作業中の文書をすべて上書き保存してから終了すれば、メッセージなしで Word を素早く終了することができます。

操作 作業中の文書をまとめて上書き保存するには、クイックアクセスツールバーに［すべて保存］ボタンを組み込んでおくと便利です。また、ショートカットキーで操作する場合は「FileSaveAll」に割り当ててください*。

→ 746 ページ「591 コマンドなどにショートカットキーを割り当てる」参照。

▼クイックアクセスツールバーに［すべて保存］ボタンを組み込む

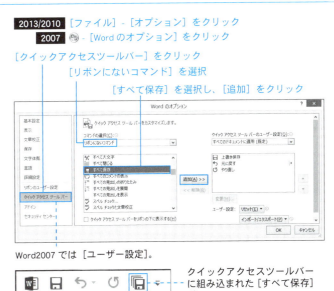

2013/2010［ファイル］-［オプション］をクリック
2007 -［Word のオプション］をクリック

［クイックアクセスツールバー］をクリック
［リボンにないコマンド］を選択
［すべて保存］を選択し、［追加］をクリック

Word2007 では［ユーザー設定］。

クイックアクセスツールバーに組み込まれた［すべて保存］ボタン。

14-3 他文書の挿入と参照

551 文書内に他文書の一部を流用する

Wordで作った内容をいろいろな文書で共有する場合は、文書の「リンク」が便利です。元文書に「ブックマーク」を設定していれば、その部分だけをリンク形式で取り込むこともできます。

リンク形式では、元文書がフィールドとして取り込まれるので、元文書を変更した場合、フィールドを更新すれば変更内容を反映できます。

操作 元文書の一部を取り込むには、あらかじめその範囲にブックマークを設定します。全部を取り込む場合はブックマークは不要です。

▼流用したい範囲にブックマーク名を付ける

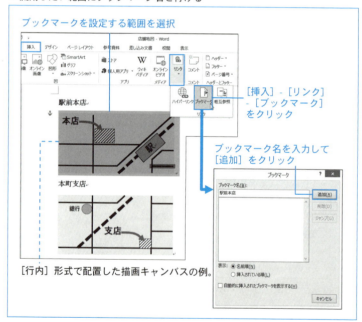

[行内]形式で配置した描画キャンバスの例。

操作 元文書の内容を取り込むには、挿入箇所に文字カーソルを置き、次のように操作します。一部を取り込む場合は操作の途中でブックマークを指定します。

▼元文書の内容を「リンク挿入」する

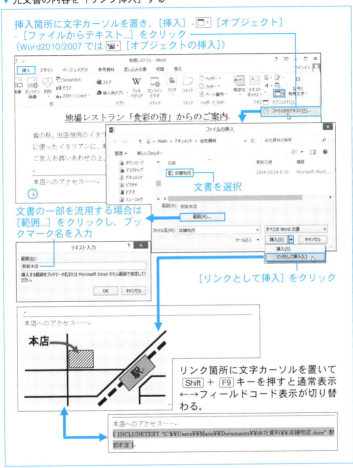

補足 リンク形式で挿入すると、上図に示したように「IncludeText」フィールドが挿入され、[Shift] + [F9] キーを押せばその内容がわかります。元文書に手を加えた場合は同フィールドを選択して [F9] キーを押せば更新できます。また、リンク先で手を加えた場合は同フィールドを選択して [Ctrl] + [Shift] + [F7] キーを押せば、変更を元文書に反映させることもできます。

552 他文書へのハイパーリンクを挿入する

企業文書を管理する場合、各文書への「ハイパーリンク」を設定した一覧文書を作っておけば、各文書を探す手間が省けます。ハイパーリンクは、Word文書だけでなく Excel や Access のファイル、Web サイトのアドレスに対しても設定できます。

操作 ハイパーリンクの挿入先に文字カーソルを置き、次のように操作します。

▼ 他文書へのハイパーリンクを挿入する

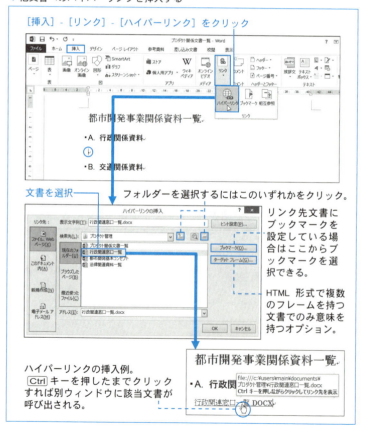

|補足| ハイパーリンク先の文書の特定箇所にジャンプするには、リンク先文書にあらかじめブックマークを設定した上で、[ハイパーリンクの挿入]ダイアログボックスの[ブックマーク...]をクリックしてブックマークを選択します。

同ダイアログボックスの[ターゲットフレーム...]とは、HTML 形式で複数のフレームを持つ文書でのみ意味を持ちます。通常の Word 文書では使うことはありません。

ハイパーリンクの設定先を開くには、Ctrl キーを押したままでクリックします。下図に示すオプションの設定を変えれば、Ctrl キーを併用せずにクリックでジャンプすることもできます。

ハイパーリンクの設定を変えるには、右クリックしてショートカットメニューの[ハイパーリンクの編集...]をクリックします。また、ショートカットメニューの[ハイパーリンクの削除]をクリックするとリンクが解除され、普通の文字に変わります。

▼ハイパーリンクの設定を変える

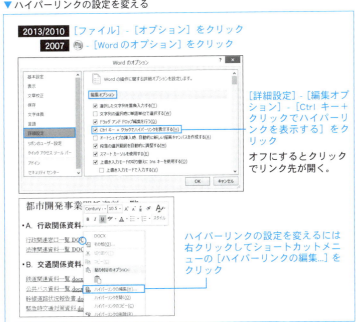

553 文書の内容をコピーして別の文書に貼り付ける

文書内容をコピーして別の文書に貼り付けると[Ctrl]・［貼り付けのオプション］が表示されます。通常はそのままでかまいませんが、同ボタンをクリックすれば貼り付け結果の書式を選択できます。

▼ 元文書をコピーして貼り付けた場合はオプションを選択できる

［元の書式を保持］　［書式を結合］　［貼り付け先のスタイルを使用］　［テキストのみ保持］

補足 ［元の書式を保持］はコピー元の体裁のままで貼り付けます。

［書式を結合］は、太字・斜体・下線はコピー元の書式に従い、それ以外は貼り付け先の文字カーソル位置のスタイルの書式に従います。

［貼り付け先のスタイルを使用］は、コピー元と貼り付け先に同名のスタイルがある場合は貼り付け先に従い、コピー元にしかないスタイルはスタイルごと貼り付けられます。

［テキストのみ保持］ではコピー元の書式はすべて無視され、貼り付け先の文字カーソル位置のスタイルの書式に従います。

［既定の貼り付けの設定...］をクリックすると、貼り付け時に自動的に適用されるオプションを選択できます。

▼ 既定の貼り付けオプションを選択

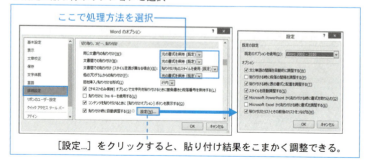

［設定...］をクリックすると、貼り付け結果をこまかく調整できる。

14-4 文書の保護　　　2013　2010　2007

554 個人情報やコメント、隠し文字などを削除する

Word文書には、作成者名をはじめとする個人情報が含まれています。このような情報を削除するには「ドキュメント検査」機能を使います。「下書き」などの透かし文字や、文書内のコメントなども処理できます。

▼個人情報などを削除する

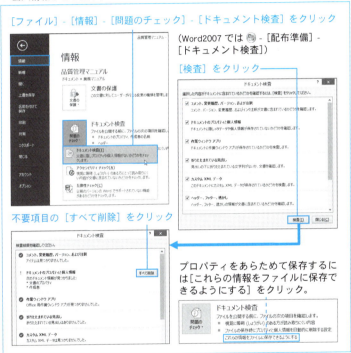

補足　[ドキュメントのプロパティと個人情報]で[すべて削除]をクリックすると、以降は作成者名などのプロパティを設定しても保存時に自動的に削除されます。これらのプロパティを残せるようにするには、[問題のチェック]ボタンの右側に表示される[これらの情報をファイルに保存できるようにする]をクリックしてください。

14-4 文書の保護

555 文書の記入欄以外を書き換えから保護する

たとえば帳票類の記入欄だけ入力を許可し、それ以外の部分を保護するには、「コンテンツコントロール」*を使う方法が簡単です。

→ 「10-4 コンテンツコントロールのテクニック」の各項参照。

操作 記入欄以外を保護するには、記入欄に「コンテンツコントロール」*を配置した上で、[開発]*-[編集の制限](Word2007では[開発]-[文書の保護]-[書式設定と編集の制限])をクリックし、次のように操作します。

→ 741ページのTips「開発タブを表示する」参照。

▼文書の記入欄以外を保護する

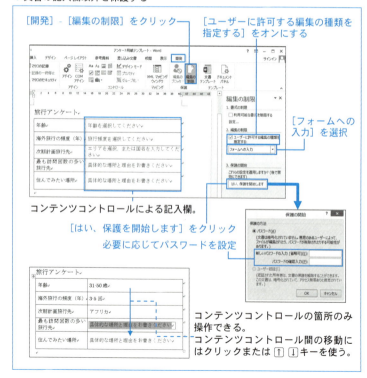

|補足| 記入欄だけ入力を許可するには、「テキストフィールド」を使う方法もあります。たとえば既製の帳票類に合わせて記入欄の内容だけを印刷するには「テキストフィールド」が便利です*。
→ 642ページ「508 伝票の記入欄にのみ印刷する」参照。

14-4 文書の保護　　　　　　　　　　　　　　2013　2010　2007

556 文書の一部をセクション単位で書き換えから保護する

文書を複数のセクションに分けていれば、特定セクションだけ書き換えから保護することができます。

|操作| 文書の一部をセクション単位で保護するには [開発]*-[編集の制限]（Word2007 では [開発]-[文書の保護]-[書式設定と編集の制限]）をクリックし、次のように操作します。
→ 741ページの Tips「開発タブを表示する」参照。

▼ 文書の一部をセクション単位で保護する

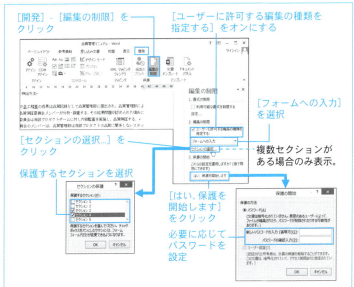

557 文書の一部を書き換えから保護する

文書の一部を書き換えから保護する場合、セクション単位で保護するなら前項で紹介した方法が簡単ですが、セクションと無関係に任意の範囲を保護するには、書き換え可能な範囲を設定した上で、文書全体を保護します。

操作 書き換え可能な範囲を設定して他の部分を保護するには、範囲を選択して次のように操作します。

▼書き換え可能な範囲を設定して他の部分を保護する

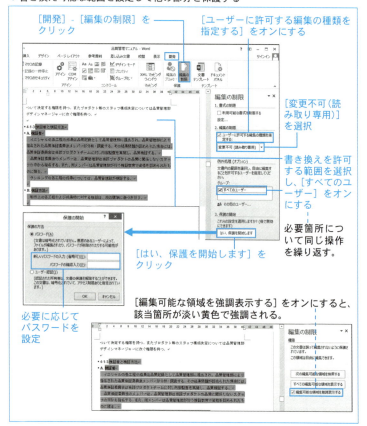

| 補足 | 範囲を選択して[例外処理]で[すべてのユーザー]をオンにすると、文書を保護してもその部分だけ「例外」扱いとなり、書き換えできるようになります。
また、社内ネットワークなどでユーザーアカウントを管理している場合は、[その他のユーザー…]をクリックし、アカウント名またはメールアドレスを入力すれば、例外扱いとするユーザーを指定できます。

14-4 文書の保護　　　　　　　　　　　　　　　　　2013　2010　2007

558　文書を読み取り専用で開く

文書を不用意な書き換えから保護して閲覧するには、一時的に「読み取り専用」で開く方法が簡単です。

▼文書を読み取り専用で開く

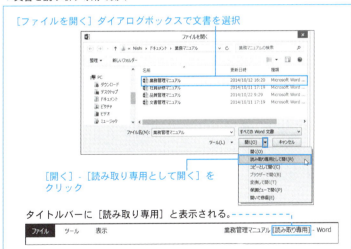

[ファイルを開く]ダイアログボックスで文書を選択

[開く]-[読み取り専用として開く]をクリック

タイトルバーに[読み取り専用]と表示される。

| 補足 | 文書を読み取り専用にするには、パスワードを設定する方法（次項参照）、「最終版」にする方法＊もあります。
→ 710ページ「560 最終版に設定した文書を印刷レイアウト表示モードで開く」参照。

14-4 文書の保護

2013　2010　2007

559 文書の読み取りと書き込みをパスワードで保護する

文書の読み取りや書き込みを禁止するにはいくつかの方法がありますが、文書の配布先が限定されており、とくに厳重な管理を必要としない場合は、文書の保存時にパスワードを設定する方法が簡単です。また、文書を「暗号化」すればさらに強力に読み取りから保護できます。

操作 文書に読み取りと書き込みのパスワードを設定するには[名前を付けて保存]ダイアログボックスを呼び出し、次のように操作します。

▼文書に読み取りと書き込みのパスワードを設定する

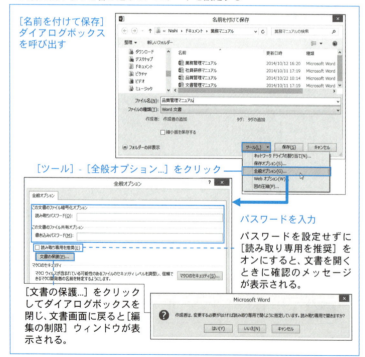

[名前を付けて保存]ダイアログボックスを呼び出す

[ツール]-[全般オプション...]をクリック

パスワードを入力

パスワードを設定せずに[読み取り専用を推奨]をオンにすると、文書を開くときに確認のメッセージが表示される。

[文書の保護...]をクリックしてダイアログボックスを閉じ、文書画面に戻ると[編集の制限]ウィンドウが表示される。

補足 パスワードを解除するには、同様に操作してパスワードを削除し、保存し直します。

操作 前ページの方法よりもさらに強力とされているのが、「暗号化」による保護です。次の方法でパスワードを設定して保存すると、文書を開くときにパスワードが求められるようになります。

▼文書にパスワードを設定して暗号化する

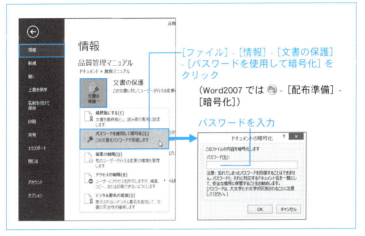

[ファイル] - [情報] - [文書の保護] - [パスワードを使用して暗号化] をクリック

(Word2007 では ◉ - [配布準備] - [暗号化])

パスワードを入力

補足 パスワードを解除するには、同様に操作してパスワードを削除し、保存し直します。

なお、通常の Word 文書は拡張子を変えれば「解凍」して中身を覗くことができますが*、前ページや上図の方法などで保護した文書は拡張子を変えても解凍できなくなります。

→ 608 ページ「483 Word 文書から画像を抽出する」参照。

Tips 文書を変更・コピー・印刷から保護する

ユーザーの認証サービス機能を持っている企業内ネットワークなどで企業向け Office を使っている場合は、上図に見られる [ファイル] - [情報] - [文書の保護] - [アクセスの制限] を使えば、ユーザーごとに権限を設定し、文書の書き換えだけでなくコピーや印刷からも保護できるようになります。

14-4 文書の保護

560 「最終版」に設定した文書を印刷レイアウト表示モードで開く

文書を「最終版」にすると、入力などの不用意な操作から文書を保護することができます。「最終版」は、Word2010/2007では「印刷レイアウト」表示モードで開きますが、Word2013では「閲覧モード」で開く仕様に変わりました。

▼「最終版」に設定した文書を開く

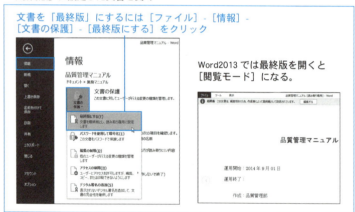

操作 Word2013で「最終版」を「印刷レイアウト」表示モードで開くには[Wordのオプション]ダイアログボックスで次のように設定します。

▼最終版を「印刷レイアウト」表示モードで開くオプション

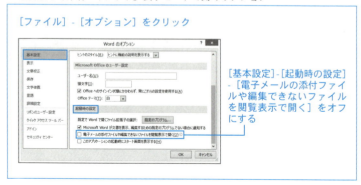

14-5 テンプレートの操作　　2013　2010　2007

561 「白紙の文書」テンプレートの内容を変える

Word2010/2007の起動時に表示される「文書1」は「白紙の文書」テンプレートから作られています。起動のたびに「文書1」のページ設定や[標準]スタイルの書式を変えている場合は、「白紙の文書」テンプレート自身の仕様を変えておけば以降の手間を省くことができます。

操作　「白紙の文書」テンプレートの実体は[Templates]フォルダー内の「Normal.dotm」というテンプレートです。このテンプレートの仕様を変えるには「Normal.dotm」を直接開いて操作すればよいのですが、ページ設定と[標準]スタイルの書式については、同テンプレートを添付した文書経由で操作することもできます。

▼ 文書経由で「Normal.dotm」の仕様を変える

[ページ設定]ダイアログボックスで
[既定に設定]をクリック

ダイアログボックスの現在の設定が「Normal.dotm」に設定が反映される。

[段落]ダイアログボックスで
[既定に設定]をクリック

ダイアログボックスの現在の設定の反映先を選択できる。[フォント]ダイアログボックスも同様。

562 「ひな形」用テンプレートを作る

14-5 テンプレートの操作　　2013　2010　2007

テンプレートの作り方は普通の Word 文書と同じです。新しい文書を開き、ひな形として必要な要素、たとえば帳票類では表と項目名、論文では見出しや箇条書きなどのスタイルを登録し、テンプレートとして保存します。作成済みの文書をテンプレートとして保存し直すこともできます。

操作 テンプレートとして保存するには、[名前を付けて保存] ダイアログボックスの [ファイルの種類:] で [Word テンプレート] または [Word マクロ有効テンプレート] を選択し、既定のテンプレートフォルダーに*保存します。

→ 次項「テンプレートの既定の保存場所を変える」、714 ページ「564 個人用テンプレートの既定の保存場所を変える」参照。

Word2013 では、これらの種類を選択すると、既定のテンプレートフォルダーが自動的に表示されます。

▼ Word2013 でテンプレートを保存

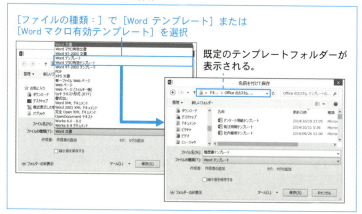

[ファイルの種類:]で[Word テンプレート]または
[Word マクロ有効テンプレート]を選択

既定のテンプレートフォルダーが表示される。

補足 Word2010/2007 では手動でフォルダーを選択する必要があるので、Windows のエクスプローラーの「お気に入り」にテンプレートフォルダーのリンクを作っておくことをお勧めします*。

→ 723 ページ「572 Templates フォルダーを素早く開く」参照。

14-5 テンプレートの操作　　　2013　2010　2007

563 テンプレートの既定の保存場所を変える

テンプレートファイルの既定の保存場所は次の場所に設定されています。

C:¥Users¥(ユーザー名)¥AppData¥Roaming¥Microsoft¥Templates

Word2010/2007 では文書の新規作成時に［マイテンプレート］を選択すれば上記フォルダーのテンプレートが一覧表示されます。

Word2013 の一覧に表示されるのは別のフォルダー（次項参照）のテンプレートですが、［テンプレートとアドイン］ダイアログボックスで［添付...］をクリック*すると、上記のフォルダーが優先的に呼び出されます。

→ 722 ページ「571 文書の添付テンプレートを変える」参照。

操作 テンプレートの既定の保存場所を変えるには、［Word のオプション］ダイアログボックスを呼び出し、次のように操作します。

▼ テンプレートの既定の保存場所を変える

2013/2010 ［ファイル］-［オプション］をクリック
2007 ◎ -［Word のオプション］をクリック
［詳細設定］-［全般］-［ファイルの場所...］をクリック

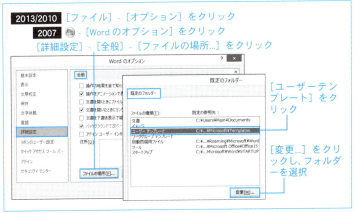

［ユーザーテンプレート］をクリック

［変更...］をクリックし、フォルダーを選択

補足 マクロが含まれているテンプレートから文書を作る場合、そのマクロを有効にするにはテンプレートの保存フォルダーを「信頼された場所」として登録しておく必要があります*。

→ 716 ページ「565 任意のフォルダーに置いたテンプレートのマクロを有効にする」参照。

564 「個人用」テンプレートの既定の保存場所を変える

Word2013では、[名前を付けて保存] ダイアログボックスの [ファイルの種類：] で [Word テンプレート] または [Word マクロ有効テンプレート] を選択すると、テンプレートの既定の保存場所として自動的に次のフォルダーが開きます。

　　　C:¥Users¥(ユーザー名)¥Documents¥Office のカスタムテンプレート

また、[ファイル] - [新規作成] をクリックし、[個人用] をクリックすると、上記のフォルダーに保存されているテンプレートが一覧表示されています。

▼「個人用」テンプレートの一覧表示

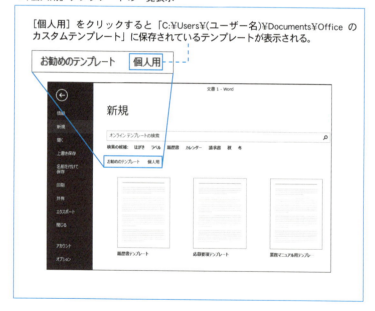

操作 「個人用」テンプレートの既定の保存場所を変えるには [Word のオプション] ダイアログボックスを呼び出します。保存場所は直接入力する必要がありますが、手順を工夫すれば簡単に操作できます。

▼「個人用テンプレート」の既定の保存場所を変える

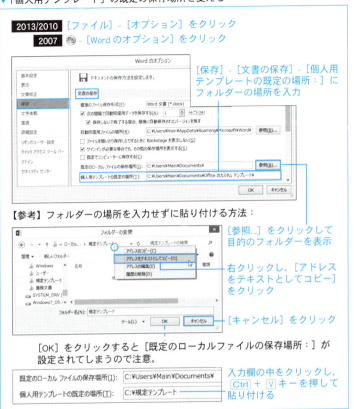

補足 文書の新規作成時に選択したテンプレートにマクロが含まれている場合、マクロを有効にするにはテンプレートの保存フォルダーを「信頼された場所」としてあらかじめ登録する必要があります（次項参照）。

Tips Word2013 で Word2010 以前のテンプレートを表示する

Word2010 以前のテンプレートは、通常は前項で解説した「既定のフォルダー」に保存されています。それらのテンプレートを Word2013 の「個人用」の一覧に表示させるには、テンプレートを「個人用」の既定のフォルダー内に移動してください。

565 任意のフォルダーに置いた テンプレートのマクロを有効にする

テンプレートの既定の保存場所は変えることもできますが*、テンプレートにマクロが含まれている場合、マクロを有効にするには、保存場所を「信頼された場所」として Word に登録する必要があります。

→ 713 ページ「563 テンプレートの既定の保存場所を変える」および前項参照。

操作 任意のフォルダーを「信頼された場所」として登録するには［Word のオプション］ダイアログボックスを呼び出し、次のように操作します。

▼ 任意のフォルダーを「信頼された場所」として登録する

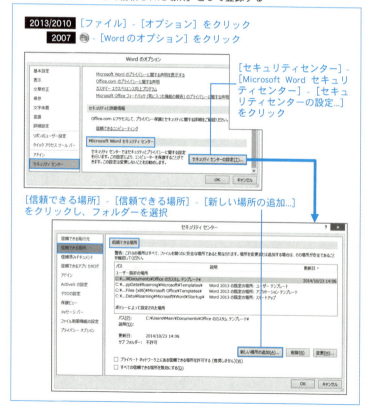

14-5 テンプレートの操作　　　2013　2010　2007

566 共有テンプレートを一覧に表示する

ネットワークで複数のパソコンから同じテンプレートを共有する場合は、専用のフォルダーを「ワークグループテンプレート」として登録します。

操作 ワークグループテンプレート用フォルダーを登録するには［Word のオプション］ダイアログボックスを呼び出し、次のように操作します。

▼「ワークグループテンプレート」用のフォルダーを登録する

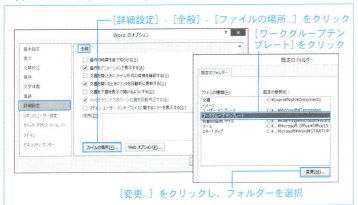

- ［詳細設定］-［全般］-［ファイルの場所...］をクリック
- ［ワークグループテンプレート］をクリック
- ［変更...］をクリックし、フォルダーを選択

補足 「ワークグループテンプレート」用のフォルダーを登録すると、Word 2013 のテンプレート一覧には［ユーザー設定］が表示されます。Word2010/2007 では［マイテンプレート］の中にワークグループ用テンプレートも表示されます。

▼ Word2013 で「ワークグループテンプレート」フォルダーを登録した場合

［ユーザー設定］をクリックすると「ワークグループテンプレート」と「個人用テンプレート」のフォルダーが表示される。

Chapter 14　文書管理とテンプレートのテクニック

14-5 テンプレートの操作　　2013　2010　2007

567 ［新規］ダイアログボックスを素早く呼び出す

文書作成時、Word2010/2007 で［新規］ダイアログボックスにたどり着くには 3 回もクリックする必要があります。そこで、文書画面から同ダイアログボックスを素早く呼び出す方法を紹介します。Word2013 でも、この方法を使えばユーザーテンプレートフォルダーのテンプレートを利用できます。

操作　［新規］ダイアログボックスを直接呼び出すには、「FileNewDialog」コマンドにショートカットキーを割り当てるか*、または同コマンドをクイックアクセスツールバーに組み込みます。同コマンドのボタン名は［新しい文書またはテンプレート...］です。

→ 746 ページ「591 コマンドなどにショートカットキーを割り当てる」、

▼［新しい文書またはテンプレート...］ボタンをクイックアクセスツールバーに組み込む

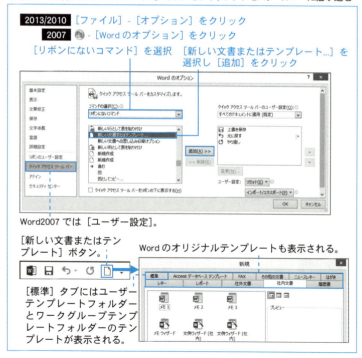

2013/2010　［ファイル］-［オプション］をクリック
2007　　　-［Word のオプション］をクリック
［リボンにないコマンド］を選択　［新しい文書またはテンプレート...］を選択し［追加］をクリック

Word2007 では［ユーザー設定］。

［新しい文書またはテンプレート］ボタン。

［標準］タブにはユーザーテンプレートフォルダーとワークグループテンプレートフォルダーのテンプレートが表示される。

Word のオリジナルテンプレートも表示される。

補足 [新規] ダイアログボックスには Word に最初から用意されているテンプレート、ユーザーテンプレートフォルダーおよびワークグループテンプレートフォルダー（前項参照）のテンプレートが表示されます。

14-5 テンプレートの操作　　　　　　　　　　2013　2010　2007

568 [新規] ダイアログボックスに個人用テンプレートを表示する

前項で紹介した「FileNewDialog」コマンドで [新規] ダイアログボックスを呼び出すとユーザーテンプレートフォルダーなどのテンプレートが表示されますが、Word2013 の場合、個人用テンプレートフォルダー*内のテンプレートはそのままでは表示されません。

→ 714 ページ「564 個人用テンプレートの既定の保存場所を変える」参照。

操作 Word2013 で個人用テンプレートフォルダー内のテンプレートを [新規] ダイアログボックスに表示させるには、同フォルダーへのショートカットをユーザーテンプレートフォルダー内に保存します。
「Templates」フォルダーを利用するには同フォルダーへのリンクをエクスプローラーの「お気に入り」に登録しておくと便利です*。

→ 723 ページ「572 Templates フォルダーを素早く開く」参照。

▼ 個人用テンプレートフォルダーのショートカットを作る

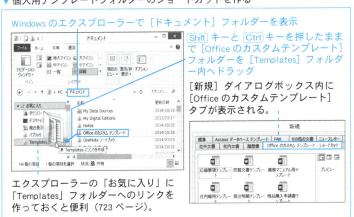

Windows のエクスプローラーで [ドキュメント] フォルダーを表示

Shift キーと Ctrl キーを押したままで [Office のカスタムテンプレート] フォルダーを [Templates] フォルダー内へドラッグ

[新規] ダイアログボックス内に [Office のカスタムテンプレート] タブが表示される。

エクスプローラーの「お気に入り」に「Templates」フォルダーへのリンクを作っておくと便利（723 ページ）。

569 [新規]ダイアログボックスに独自のタブを作る

ユーザーテンプレートフォルダーなどのテンプレートは、[新規]ダイアログボックスでは同じタブに表示されます。そのため、テンプレートの数が多くなると探すのが大変です。そこで、同ダイアログボックスに独自のタブを表示し、タブによってテンプレートを区分する方法を紹介します。

→ 717ページ「566 共有テンプレートを一覧に表示する」参照。

操作 [新規]ダイアログボックスに独自のタブを表示するには、ユーザーテンプレートフォルダー内にサブフォルダーを作り、その中にテンプレートを保存します。サブフォルダーの中身が空のままではタブは表示されません。

▼[新規]ダイアログボックスに独自のタブを表示する

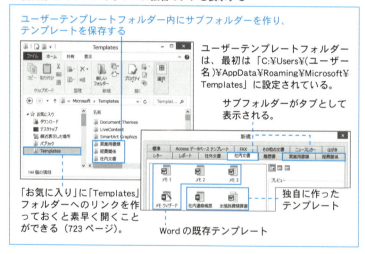

補足 [社内文書]など Word の既存の区分と同名のサブフォルダーを作った場合、[新規]ダイアログボックスを「FileNewDialog」コマンドで呼び出すと*、既存のテンプレートと独自のテンプレートは上図のように同じタブ内に表示されます。

→ 718ページ「567 新規ダイアログボックスを素早く呼び出す」参照。

14-5 テンプレートの操作 2013 | 2010 | 2007

570 最近使用したテンプレートの一覧をクリアする

Word2010/2007 では、[マイテンプレート]などのテンプレートから文書を作ると、そのテンプレートが[最近使用したテンプレート]の一覧に追加され、次回からは簡単に探し出すことができるようになります。しかし、たまに使っただけのテンプレートがいつまでも一覧に表示されるのでは不便です。

操作 [最近使用したテンプレート]からテンプレートの表示を消すには次のように操作します。下図は Word2010 の例ですが、Word2007 も同様です。ショートカットメニューの名前は「〜削除」ですが、表示から消えるだけで、テンプレート自体が削除されるわけではありません。

▼[最近使用したテンプレート]の一覧からテンプレートの表示を消す

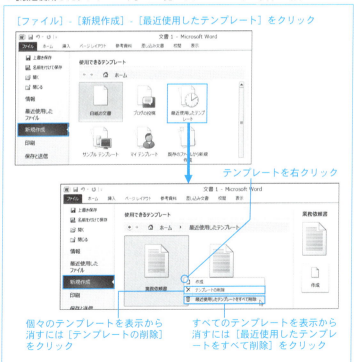

[ファイル] - [新規作成] - [最近使用したテンプレート]をクリック

テンプレートを右クリック

個々のテンプレートを表示から消すには[テンプレートの削除]をクリック

すべてのテンプレートを表示から消すには[最近使用したテンプレートをすべて削除]をクリック

721

14-5 テンプレートの操作　2013 2010 2007

571 文書の添付テンプレートを変える

新しい文書を作ると、そのときに選択したテンプレートの中身とスタイルが文書にコピーされ、テンプレートは文書に「添付」されます*。

→ 674 ページ「532 文書とテンプレートの関係」参照。

複数の文書を同じスタイルで統一する場合は、各文書を同じテンプレートから作る方法が最良ですが、文書先行でテンプレートを後から作り上げるような場合は、あとから添付テンプレートを変えるという方法もあります。

操作 添付テンプレートを変えるには該当文書を開き、[開発]*-[文書テンプレート]をクリックして次のように操作します。

→ 741 ページの Tips「開発タブを表示する」参照。

▼ 添付テンプレートを変える

[開発]-[文書テンプレート]をクリック

[添付…]をクリックし、テンプレートを選択

差し替えた添付テンプレートのスタイルを文書に反映させるには、[文書のスタイルを自動的に更新する]をオンにして[OK]ボタンをクリック(291 ページ「214 テンプレートのスタイル変更を文書に反映させる」参照)。

補足 [テンプレートとアドイン] ダイアログボックスは、Alt + T キーを押し、続けて I キーを押しても呼び出すことができます。

14-5 テンプレートの操作

572 「Templates」フォルダーを素早く開く

テンプレートファイルの既定の保存場所は次の場所に設定されています。

C:¥Users¥(ユーザー名)¥AppData¥Roaming¥Microsoft¥Templates

途中の「¥AppData」は隠しフォルダーになっているため、上位のフォルダーから「Templates」フォルダーにたどり着くには隠しフォルダーが表示されるように Windows のオプションを変える必要があります。しかし、オプションを変えても、「Templates」フォルダーの階層は深いのでたどり着くのは大変です。そこで、同フォルダーに素早くたどり着く方法を紹介します。この方法では、あらかじめ隠しフォルダーを表示させる必要はありません。

操作 「Templates」フォルダーに素早くたどり着くには、前項で紹介した［テンプレートとアドイン］ダイアログボックスから同フォルダーを開き、次のように操作します。

▼「Templates」へのリンクを「お気に入り」に保存する

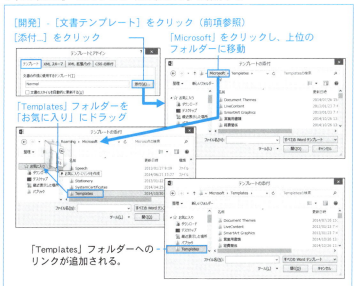

14-5 テンプレートの操作　　2013　2010　2007

573 Normal.dotm を作り直す

新規文書作成時に表示される「白紙の文書」テンプレートの実体は[Templates]フォルダー内の「Normal.dotm」というテンプレートです。「白紙の文書」テンプレートから作った文書の添付テンプレートを確かめれば、そのことがわかります。

▼「白紙の文書」テンプレートの添付テンプレートを確かめる

「Normal.dotm」は文書の「ひな形」として使われるだけでなく、文書パーツやショートカットキーなどの登録先にもなっており、Word全体に対していろいろな機能を提供する最も重要な「標準テンプレート」です。

操作　「Normal.dotm」テンプレートのページ設定や中身は自由に変えることができます。最初の状態に戻したい場合は、Wordを終了した状態で「Templates」フォルダーを開き、「Normal.dotm」の名前を変えるか、または削除します。これで、次回Wordを起動して終了すると、初期状態の新しい「Normal.dotm」が同じ場所に作られます。「Templates」フォルダーは次の場所にあります。

　　C:\Users\(ユーザー名)\AppData\Roaming\Microsoft\Templates

名前を変えた場合は普通のテンプレートとして扱えるようになります。テンプレートをWordに「アドイン」（次項参照）すれば、保存されている文書パーツなどを他の文書で利用することも可能です。

14-5 テンプレートの操作

2013 | 2010 | 2007

574 テンプレートをアドインする

テンプレートは、文書のひな形としての機能以外に、Word に文書パーツやマクロなどの機能を提供する機能も持っています。

文書のひな形として使った場合、それらの機能は該当文書上でのみ働きますが、テンプレートを Word に「アドイン」すれば、Word 上で開いているすべての文書で利用できるようになります。

用途ごとのアドインテンプレートを作っておけば、作業内容に従って必要な機能を活用できます。

操作 テンプレートを Word にアドインするには、次の手順でアドインテンプレートとして登録し、アドインを有効にします。

▼ テンプレートを Word にアドインする

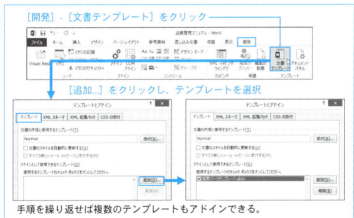

手順を繰り返せば複数のテンプレートもアドインできる。

補足 アドインとして登録した直後はチェックマークがオンになり、アドイン機能が有効になります。再起動するとチェックマークがオフになるので、利用時にはあらためて[テンプレートとアドイン]ダイアログボックスを呼び出し、オンにする必要があります。同ダイアログボックスは [Alt] + [T] キーに続けて [I] キーを押しても呼び出せます。

14-5 テンプレートの操作

575 テンプレートを起動時からアドインする

前項で紹介した方法でアドインしたテンプレートを利用するには、Word を起動するたびに [テンプレートとアドイン] ダイアログボックスを呼び出し、チェックをオンにする必要があります。作業によってアドインを使い分ける場合は便利ですが、常用するには不便です。

操作 テンプレートをアドインとして常用する場合は、テンプレートを次のフォルダーに保存します。これで、Word 起動時には自動的にアドインされ、機能が有効になります。

C:¥Users¥(ユーザー名)¥AppData¥Roaming¥Microsoft¥Word¥STARTUP

▼テンプレートのアドインを Word の起動時から自動的に有効にする

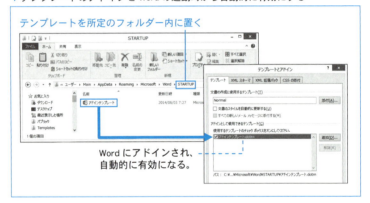

テンプレートを所定のフォルダー内に置く

Word にアドインされ、自動的に有効になる。

補足 上記のフォルダーに置いたテンプレートのアドイン機能を無効にするには、[テンプレートとアドイン] ダイアログボックスを呼び出してチェックをオフにします。ただし、Word を再起動するとまた自動的に有効になります。

なお、同フォルダーを活用する場合は、同フォルダーへのリンクをエクスプローラーの「お気に入り」に保存しておくと便利です。操作方法はすでに紹介した「Templates」フォルダーの場合と同様です*。

→ 723 ページ「572 Templates フォルダーを素早く開く」参照。

Chapter 15

コマンド操作のテクニック

Chapter 15　コマンド操作のテクニック

15-1 起動と終了　　　2013　2010　2007

576 タスクバーから起動する

アプリケーションを起動する方法はいくつかありますが、手軽で便利なのは Windows の「タスクバー」です。アプリケーションへのショートカットをタスクバーに組み込めば、クリックで起動できるようになります。

操作 Word が Windows のスタートメニューに表示されている場合は次のように操作します。

▼ Windows7 で起動ボタンをタスクバーに組み込む

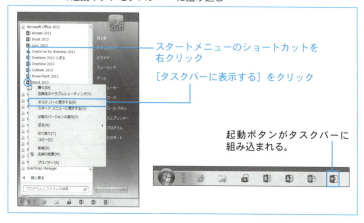

スタートメニューのショートカットを右クリック

［タスクバーに表示する］をクリック

起動ボタンがタスクバーに組み込まれる。

▼ Windows8 で起動ボタンをタスクバーに組み込む

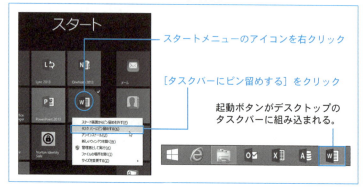

スタートメニューのアイコンを右クリック

［タスクバーにピン留めする］をクリック

起動ボタンがデスクトップのタスクバーに組み込まれる。

操作 Word が Windows のスタートメニューに表示されていない場合は Word をインストールしたフォルダーを開き、Word の実行プログラムに対して次のように操作します。

Word の実行プログラムは「WINWORD」です。拡張子を表示している場合*は「WINWORD.EXE」と表示されます。

→ 673 ページの図「ファイルの拡張子を表示する」参照。

▼ Word の実行プログラムのショートカットをタスクバーに組み込む

「WINWORD」を右クリックし、[タスクバーにピン留め] をクリック

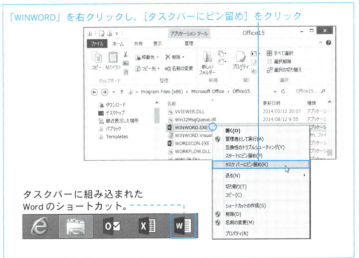

タスクバーに組み込まれた Word のショートカット。

補足 インストール時にとくに設定を変えなければ、Word2013 の「WINWORD」は下記のように「Office15」フォルダーに、Word2010/2007 はそれぞれ「Office14」「Office12」フォルダーにあります。

【32 ビットの Windows の場合】

C:¥Program Files¥Microsoft Office¥Office15

【64 ビットの Windows の場合】

C:¥Program Files (x86)¥Microsoft Office¥Office15

15-1 起動と終了　　2013　2010　2007

577 デスクトップのショートカットで起動する

Wordには、起動時のオプションがいろいろと用意されています。そのようなオプションを使うには、Wordのショートカットをデスクトップに置き、ショートカットにオプションを設定する方法が便利です。

操作 Wordのショートカットをデスクトップに置くには次のように操作します。

▼Wordのショートカットをデスクトップに置く

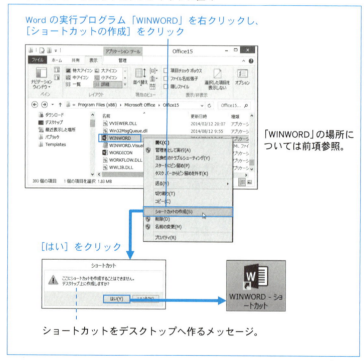

「WINWORD」の場所については前項参照。

ショートカットをデスクトップへ作るメッセージ。

補足 作ったショートカットからWordを起動するにはショートカットをダブルクリックします。また、ショートカットをタスクバーにドラッグすればクリックで起動できるようになります。

15-1 起動と終了　　　　　　　　　　　　　　　　　　　2013　2010　2007

578 Word 起動時のオープニング画面を省略する

Word 起動時には準備中を表すオープニング画面が表示されますが、オープニング画面を省略すれば、多少とも起動が速くなります。

▼ Word 起動時のオープニング画面

操作 オープニング画面を省略するには Word のショートカットを作り（前項参照）、ショートカットのプロパティにオプションスイッチ「 /q」を追加します。「/」の前には半角スペースを入れてください。

▼ Word のショートカットにオープン画面の省略スイッチを追加

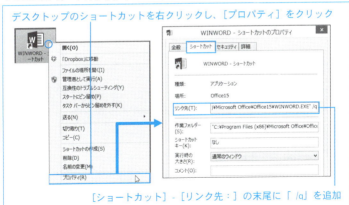

補足 作ったショートカットを Windows のタスクバーにドラッグし、タスクバーから起動すれば、起動時間はさらに短くなります。

15-1 起動と終了

579 Word2013で起動直後に「文書1」を表示する

Word2010以前と異なり、Word2013では起動すると「Backstageビュー」が表示されます。

操作 以前のWordと同様に起動直後に「文書1」を表示させるには、下図のオプションをオフにします。この場合でも、[ファイル]タブをクリックすれば「Backstageビュー」を呼び出すことができます。

▼起動時のBackstageビュー表示をオフにする

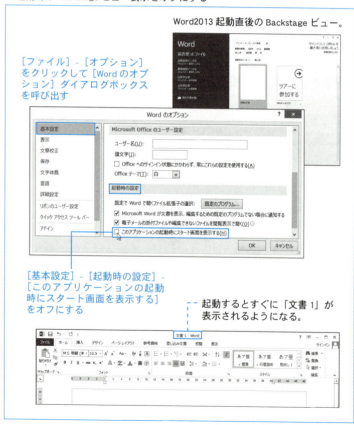

Word2013起動直後のBackstageビュー。

[ファイル]-[オプション]をクリックして[Wordのオプション]ダイアログボックスを呼び出す

[基本設定]-[起動時の設定]-[このアプリケーションの起動時にスタート画面を表示する]をオフにする

起動するとすぐに「文書1」が表示されるようになる。

15-1 起動と終了　　　　　　　　　　　　　　　　　2013　2010　2007

580 Wordを2つ起動する

Wordを終了すると、現在開いているすべての文書が閉じられますが、特定の文書だけ常に開いておきたいという場合、その文書だけ残して閉じるのは手間がかかります。このような場合はWord自体を2つ起動するという方法があります。一方のWordを閉じても、他方はそのまま残ります。

操作 現在のWordとは別にWordを起動するには、Wordのショートカットを作り、プロパティにオプションスイッチ「 /n」または「 /w」を追加します。「/」の前には半角スペースを入れてください。

→ 730ページ「577 デスクトップのショートカットで起動する」参照。

▼ 起動中のWordとは別にWordを起動するためのショートカットを作る

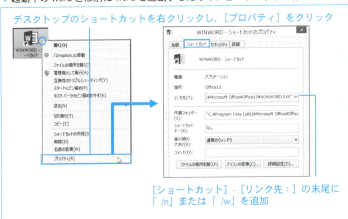

デスクトップのショートカットを右クリックし、[プロパティ] をクリック

[ショートカット]-[リンク先：]の末尾に「 /n」または「 /w」を追加

補足 上図のように[リンク先：]の末尾に「 /n」を付けたショートカットをダブルクリックすると、空のWordが起動します。また、「 /w」を付けた場合はWord起動後に新しい文書が開きます。
いずれにしても、そのつど独立したWordが起動します。[表示]-[ウィンドウの切り替え]では、それぞれのWordで開いた文書しか表示されず、Wordを終了する場合もそれらの文書だけが閉じられます。

Chapter 15 コマンド操作のテクニック

15-1 起動と終了

2013 2010 2007

581 Word を素早く終了する

Word を終了する標準的な方法は、[ファイル]メニュー(Word2007 では[Office]メニュー)の[Word の終了]コマンドです。素早く終了するにはマウスよりもキーボードの方が便利です。

操作 すぐに使えるキー操作は次の短縮キーです。Word2013 の[ファイル]メニューには[Word の終了]コマンドはありませんが、この短縮キーで終了できます。短縮キーを押すと、保存済み文書はすぐに閉じ、未保存の文書は確認のメッセージが表示されます。

　　　　[Alt] + [F]、[X] ……　　Word を終了する

操作 上記の短縮キーが押しにくければ、終了コマンド「FileExit」にショートカットキーを割り当てる方法もあります*。

→ 746 ページ「591 コマンドなどにショートカットキーを割り当てる」参照。

▼「FileExit」にショートカットキーを割り当てる

[Word のオプション]ダイアログボックスから[キーボードのユーザー設定]
ダイアログボックスを呼び出す(746 ページ参照)

- [分類:]の[ファイルタブ]をクリック
- [コマンド:]の「FileExit」をクリック
- この中をクリックし、割り当てるショートカットキーを押す
- [Alt] + [F4]キーを押した例。
- Word の最初の設定では、[Alt] + [F4]キーにはこのコマンドが割り当てられている。
- [割り当て]ボタンをクリック

補足 割り当てるショートカットキーは自由ですが、お勧めは [Alt] + [F4] キーです。これは Windows に共通のアプリケーション終了ショートカットキーで、起動中のアプリケーションがなければ Windows 自身のシャットダウンダイアログボックスが表示されます。

ただし、Windows8 で Windows を終了するには、デスクトップの空いた場所をクリックした上でこのキーを押してください。

なお、Word の最初の設定では、[Alt] + [F4] キーは「FileCloseOrExit」に割り当てられています。これは作業中の文書を閉じるコマンドで、開いている文書がひとつしかない場合に限り Word を終了します。開いている文書数にかかわらず Word を終了するには「FileExit」を使います。

[Alt] + [F4] キーの割り当てを「FileCloseOrExit」に戻す場合は、[分類] 欄の下方にある [すべてのコマンド] を選択し、[コマンド] 欄で「FileCloseOrExit」を選択して同様に操作してください。

操作 ショートカットキーが苦手な場合は、[終了] ボタンをクイックアクセスツールバーに組み込んでおくとよいでしょう*。とくに Word2013 の [ファイル] メニューには終了コマンドがないので、ボタン化しておくと便利です。

→ 738 ページ「584 クイックアクセスツールバーにリボンにないボタンを組み込む」参照。

▼ [終了] ボタンをクイックアクセスツールバーに組み込む

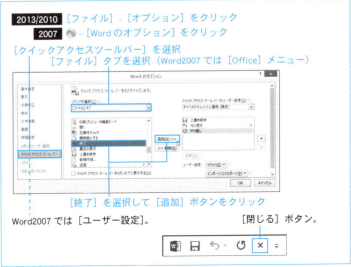

15-2 クイックアクセスツールバーとリボンの操作　2013　2010　2007

582 クイックアクセスツールバーの位置を変える

Word画面の左上方に表示される「クイックアクセスツールバー」は、その表示位置やボタン内容をアレンジすることができます。

操作 クイックアクセスツールバーの位置を変えるには次のように操作します。

▼クイックアクセスツールバーの位置を変える

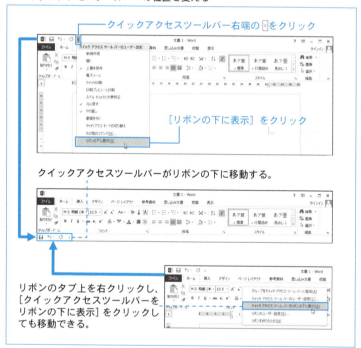

クイックアクセスツールバーをリボンの下に移動すると、上図のコマンドは[リボンの上に表示]に変わります。クリックすれば元の状態に戻ります。

15-2 クイックアクセスツールバーとリボンの操作　2013　2010　2007

583 クイックアクセスツールバーにリボン上のボタンを組み込む

「クイックアクセスツールバー」のボタンは自由に追加・削除できます。

操作 よく使われるボタンは、クイックアクセスツールバー右端の▼から追加できます。タブ上のボタンは下図の方法で追加できます。タブのグループや、ランチャー も組み込み可能です。

▼クイックアクセスツールバーの既定のボタンを追加する

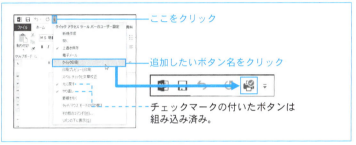
- ここをクリック
- 追加したいボタン名をクリック
- チェックマークの付いたボタンは組み込み済み。

▼タブ上のボタンをクイックアクセスツールバーに追加する

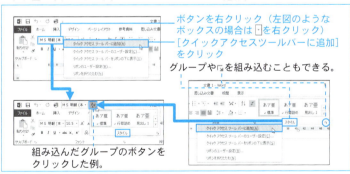
- ボタンを右クリック（左図のようなボックスの場合は▼を右クリック）
- ［クイックアクセスツールバーに追加］をクリック
- グループや を組み込むこともできる。
- 組み込んだグループのボタンをクリックした例。

▼クイックアクセスツールバーからボタンを削除する

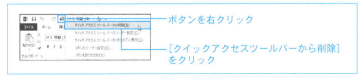
- ボタンを右クリック
- ［クイックアクセスツールバーから削除］をクリック

584 クイックアクセスツールバーにリボンにないボタンを組み込む

15-2 クイックアクセスツールバーとリボンの操作　2013　2010　2007

リボン上のボタンをクイックアクセスツールバーに追加するには前項の方法が簡単ですが、リボンにないボタン、あるいは現在表示されていないタブのボタンなどを追加するには[Wordのオプション]ダイアログボックスを使います。また、複数のボタンをまとめて追加・削除する場合もこの方法が便利です。

▼ボタンをクイックアクセスツールバーに追加する

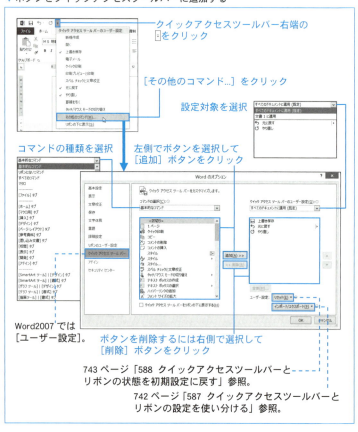

クイックアクセスツールバー右端の ▼ をクリック

[その他のコマンド...]をクリック

設定対象を選択

コマンドの種類を選択

左側でボタンを選択して[追加]ボタンをクリック

Word2007では[ユーザー設定]。

ボタンを削除するには右側で選択して[削除]ボタンをクリック

743ページ「588 クイックアクセスツールバーとリボンの状態を初期設定に戻す」参照。

742ページ「587 クイックアクセスツールバーとリボンの設定を使い分ける」参照。

15-2 クイックアクセスツールバーとリボンの操作　2013　2010　2007

585 クイックアクセスツールバーの内容を作業ごとに切り替える

クイックアクセスツールバーのボタンは自由に追加できますが、数が多いとわかりにくくなってしまいます。そこで、作業ごとにクイックアクセスツールバーの設定を登録し、必要に応じて使い分ける方法を紹介します。

操作 前項の図に示したように、クイックアクセスツールバーの設定では登録先を選択できます。そこで、あらかじめテンプレートを用意し、クイックアクセスツールバーの設定をテンプレートに登録します。これで、そのテンプレートから作った文書を開くと、クイックアクセスツールバーの設定が反映されます。

▼クイックアクセスツールバーの設定をテンプレートに登録する

テンプレートを直接開き、[Word のオプション] ダイアログボックスを呼び出す

ここでテンプレートを選択し、ボタンを登録

Word2007 では [ユーザー設定]。

補足 テンプレートを Word に「アドイン」*すれば、他のテンプレートから作った文書上でもクイックアクセスツールバーの設定を利用できます。アドインを使い分ければ、クイックアクセスツールバーの設定も使い分けられるようになります。

→ 725 ページ「574 テンプレートをアドインする」参照。

15-2 クイックアクセスツールバーとリボンの操作　2013　2010　2007

586 リボンのタブとボタンを追加・削除する

Word2013/2010では、リボンに独自のタブを追加してボタンを組み込むことができます。よく使うコマンドが決まっていれば、専用のタブを作ってまとめることで使い勝手が向上します。

操作 リボンのタブやボタンを追加・削除するには［Wordのオプション］ダイアログボックスを呼び出し、次のように操作します。

▼ リボンに独自のタブとグループを追加する

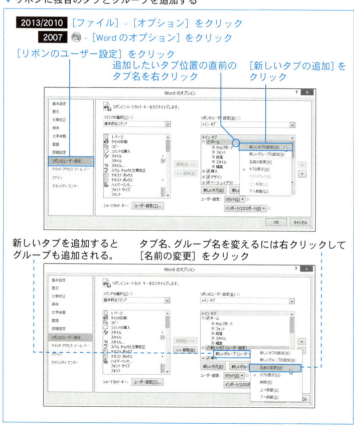

▼ リボンのグループにボタンを追加する

ボタンを追加したいグループをクリック

左側でボタンを選択し、[追加] ボタンをクリック

Tips [開発] タブを表示する

リボンのタブには、常時表示される「メインタブ」と、図や表を選択した場合などに表示される「ツールタブ」があります。ただし、メインタブの[開発] タブは、Word の最初の設定では非表示になっています。

[開発] タブを表示するには、Word2013/2010 では上図[Word のオプション] ダイアログボックスの右側にある [開発] をオンにします。Word2007 では、同ダイアログボックスの[基本設定]のオプションをオンにします。

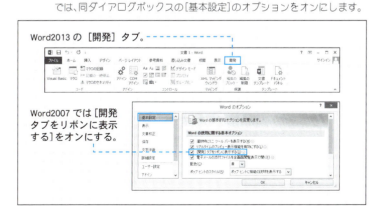

Word2013 の [開発] タブ。

Word2007 では [開発タブをリボンに表示する]をオンにする。

15-2 クイックアクセスツールバーとリボンの操作　2013　2010　2007

587 クイックアクセスツールバーとリボンの設定を使い分ける

Word2013/2010では、クイックアクセスツールバーにボタンを追加するだけでなく、リボンにタブを追加し、ボタンを自由に組み込むことができます。これらの設定はファイルとして保存でき、設定ファイルを読み込むことで、設定内容を反映できるしくみになっています。この機能を利用すれば、作業の種類に応じてクイックアクセスツールバーとリボンの設定を簡単に使い分けることができます。

操作 設定ファイルを保存または読み込むには[Wordのオプション]ダイアログボックスの[インポート/エクスポート]を使います。

▼クイックアクセスツールバーとリボンの設定を保存する／読み込む

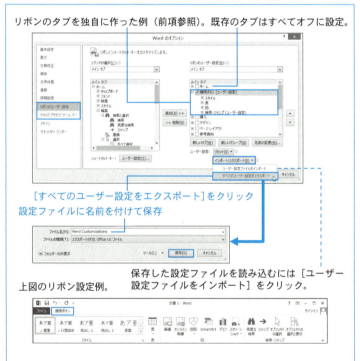

15-2 クイックアクセスツールバーとリボンの操作　2013　2010　2007

588 クイックアクセスツールバーとリボンの状態を初期設定に戻す

Word2007 ではクイックアクセスツールバーに表示するボタンを変更できます。Word2013/2010 ではさらに、リボンのタブやボタンも設定できます。

操作 クイックアクセスツールバーやリボンの設定を元に戻すには［Wordのオプション］ダイアログボックスを呼び出し次のように操作します。

▼ クイックアクセスツールバーとリボンの設定を初期状態に戻す

2013/2010 ［ファイル］-［オプション］をクリック
2007 －［Word のオプション］をクリック

［リセット］-［すべてのユーザー設定をリセット］をクリック

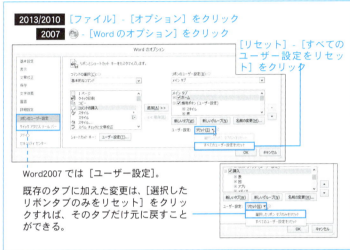

Word2007 では［ユーザー設定］。

既存のタブに加えた変更は、［選択したリボンタブのみをリセット］をクリックすれば、そのタブだけ元に戻すことができる。

補足 リセットするとこれまでの設定は失われます。設定を復活したい場合、Word2007 ではクイックアクセスツールバーの設定をテンプレートに保存しておく必要があります*。そのテンプレートをアドインすればクイックアクセスツールバーの設定を反映させることができます。

→ 739 ページ「585 クイックアクセスツールバーの内容を作業ごとに切り替える」参照。

Word2013/2010 ではクイックアクセスツールバーとリボンの設定を保存すれば、リセットしても設定をあとから読み込むことができます*

→ 742 ページ「587 クイックアクセスツールバーとリボンの設定を使い分ける」参照。

743

15-2 クイックアクセスツールバーとリボンの操作　2013　2010　2007

589 クイックアクセスツールバーやリボンをキーボードで操作する

クイックアクセスツールバーやリボンはキーボードで操作することもできます。ショートカットキーに比べると少し冗長ですが、慣れれば素早く操作できます。また、マウスが使えない場合にも重宝します。

クイックアクセスツールバーやリボンをキーボードで操作するには、「短縮キー」を使う方法と、 → ← ↑ ↓ キーなどを使う方法があります。

操作 クイックアクセスツールバーやリボンを短縮キーで操作するには、まず Alt キーまたは F10 キーを押し、次のように操作します。

▼クイックアクセスツールバーやリボンを短縮キーで操作する

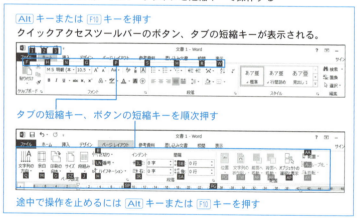

Alt キーまたは F10 キーを押す
クイックアクセスツールバーのボタン、タブの短縮キーが表示される。

タブの短縮キー、ボタンの短縮キーを順次押す

途中で操作を止めるには Alt キーまたは F10 キーを押す

補足 Alt キーまたは F10 キーに続けて次のキーを押しても操作できます。この場合、短縮キーの表示は消えます。途中で操作を止めるにはやはり Alt キーまたは F10 キーを押します。

キー	機能
→ ← ↑ ↓	クイックアクセスツールバーとタブ内を移動 タブを選択した状態で → ← キーを押すとタブ間を移動 入力ボックス内では文字カーソル移動または値を選択
Tab 、 Shift + Tab	クイックアクセスツールバーとタブ内を移動
Enter	選択したボタンを実行

15-3 ショートカット機能の活用　　2013　2010　2007

590 ショートカットメニューをキーボードで操作する

「ショートカットメニュー」は素早く操作できるのが利点です。マウスの右クリックだけでなくキーボードでも呼び出すことができます。コマンドの中にはショートカットメニューにしか割り当てられていないものもあるので、キーボードによる操作を覚えておくことをお勧めします。

操作 キーボードによっては右クリック用のキーが用意されているものもありますが、そうでなければ [Shift] + [F10] キーを使います。

ショートカットメニュー上では [↓][↑] キーで選択して [Enter] キーを押すか、各コマンド名に表示されている短縮キーを押します。何も実行せずにショートカットメニューを閉じるには [Esc] キーを押します。

▼ ショートカットキーでショートカットメニューを呼び出す

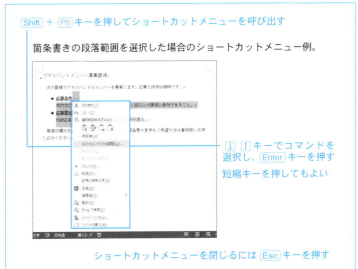

[Shift] + [F10] キーを押してショートカットメニューを呼び出す

箇条書きの段落範囲を選択した場合のショートカットメニュー例。

[↓][↑] キーでコマンドを選択し、[Enter] キーを押す
短縮キーを押してもよい

ショートカットメニューを閉じるには [Esc] キーを押す

補足 上図は箇条書きの段落上で呼び出したショートカットメニューの例です。上図に見られる［リストのインデントの調整...］は箇条書きでは必須のコマンドですが、リボン上にはありません。

15-3 ショートカット機能の活用　　2013　2010　2007

591 コマンドなどにショートカットキーを割り当てる

Word にはいろいろなコマンドにショートカットキーが割り当てられていますが、すべてではありません。よく使うコマンドがあれば、使いやすいショートカットキーを割り当てることで使い勝手が向上します。コマンドだけでなくフォントやスタイル、文書パーツなどにも割り当てることができます。

操作 コマンドやスタイルなどにショートカットキーを割り当てるには［Word のオプション］ダイアログボックスから［キーボードのユーザー設定］ダイアログボックスを呼び出し、次のように操作します。

▼コマンドやスタイルにショートカットキーを割り当てる

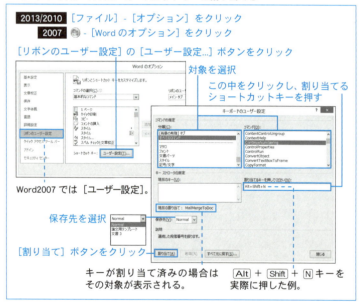

2013/2010　［ファイル］-［オプション］をクリック
2007　　　 -［Word のオプション］をクリック

［リボンのユーザー設定］の［ユーザー設定...］ボタンをクリック

対象を選択

この中をクリックし、割り当てるショートカットキーを押す

Word2007 では［ユーザー設定］。

保存先を選択

［割り当て］ボタンをクリック

キーが割り当て済みの場合はその対象が表示される。

[Alt] + [Shift] + [N] キーを実際に押した例。

補足 設定したキーが割り当て済みの場合は、あとから割り当てた機能が優先されます。

保存先は、「Normal.dotm」、現在の文書、添付テンプレートから選択できます。汎用的に使う場合は「Normal.dotm」を選択します。

15-3 ショートカット機能の活用　　2013　2010　2007

592 [キーボードのユーザー設定] を素早く呼び出す

前項で紹介した [キーボードのユーザー設定] ダイアログボックスは [Word のオプション] ダイアログボックスから呼び出すのが標準的な方法ですが、そのつど4回もクリックするのは面倒です。

操作 [キーボードのユーザー設定] ダイアログボックスを呼び出すコマンドは「ToolsCustomizeKeyboard」です。そこで、このコマンドにショートカットキーを割り当てておけば、素早く呼び出すことができます。

▼[キーボードのユーザー設定] をショートカットキーで呼び出す

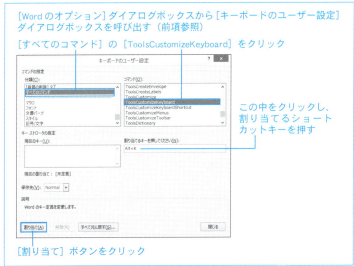

Tips　Word2003 の短縮キーを使う

Word2007 以降でも、Word2003 と共通の機能については、Word2003 の短縮キーを利用できます。たとえば [線種とページ罫線と網かけの設定] ダイアログボックスは、[罫線(A)]-[線種とページ罫線と網かけの設定(B)...] の短縮キー [Alt] + [A] キーに続けて [B] キーを押せば呼び出せます。以前の短縮キーに使い慣れていれば、ぜひ試してみてください。

593 ボタンやショートカットキーからコマンド名を逆引きする

コマンドにショートカットキーを割り当てるには［キーボードのユーザー設定］ダイアログボックスを使いますが、同ダイアログボックスにはコマンド名と簡単な説明しか表示されません*。

→ 746 ページ「591 コマンドなどにショートカットキーを割り当てる」参照。

そこで、リボンやクイックアクセスツールバーに組み込んだボタンのコマンド名を逆引きする方法を紹介します。この方法で、ショートカットキーに割り当てたコマンドも調べることができます。

操作 ボタンやショートカットキーからコマンドを逆引きするには、まず [Alt] + [Ctrl] + [+]（テンキー）を押し、次のように操作します。メインキーボード上の [+] では動作しないので注意してください。

▼ボタンやショートカットキーのコマンドを逆引きする

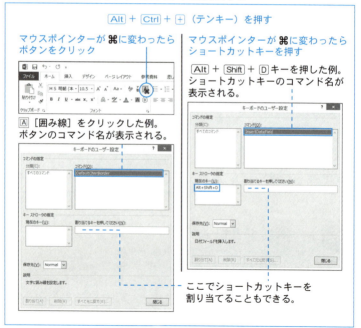

> 補足　マウスポインターが⌘に変わった状態でボタンをクリックすると［キーボードのユーザー設定］ダイアログボックスが呼び出され、該当するコマンド名が表示されます。別のタブ上のボタンを調べるには、タブ名をクリックしてからそのタブ内のボタンをクリックします。
> マウスポインターが⌘に変わった状態でショートカットキーを押すと、やはり［キーボードのユーザー設定］ダイアログボックスが呼び出され、該当するコマンド名が表示されます。押したショートカットキーにコマンドが割り当てられていなければ、何も起こりません。
> 逆引きせずに終えるには Esc キーを押してください。

Alt + Ctrl + + （テンキー）には「ToolsCustomizeKeyboardShortcut」コマンドが割り当てられています。これは、選択したボタンなどにショートカットキーを割り当てるのが本来の機能ですが、結果として逆引きに使うことができます。

同キーが押しにくければ、このコマンドに別のショートカットキーを割り当てておくとよいでしょう。⌘の状態でもう一度 Alt + Ctrl + + （テンキー）を押せば、［キーボードのユーザー設定］ダイアログボックスに同コマンドを呼び出すことができます。

▼逆引きのコマンドに別のショートカットキーを割り当てる

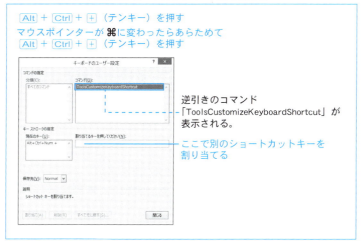

Alt + Ctrl + + （テンキー）を押す
マウスポインターが⌘に変わったらあらためて
Alt + Ctrl + + （テンキー）を押す

逆引きのコマンド
「ToolsCustomizeKeyboardShortcut」が表示される。

ここで別のショートカットキーを割り当てる

15-3 ショートカット機能の活用　2013 2010 2007

594 ショートカットキーのポップヒントを消す

Wordの最初の設定ではリボン上のボタンなどにマウスポインターを合わせると機能説明の「ポップヒント」が表示され、ショートカットキーが割り当てられている場合はショートカットキーも表示されます。通常はそのままでかまいませんが、説明のポップヒントだけ残し、ショートカットキーの表示を消すこともできます。

操作 ショートカットキーのポップヒントを消すには[Wordのオプション]ダイアログボックスを呼び出し、次のように操作します。

▼ショートカットキーのポップヒントを消す

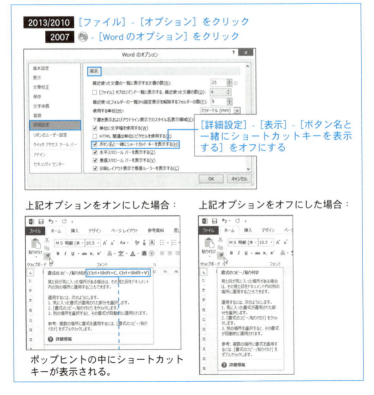

15-3 ショートカット機能の活用　2013 2010 2007

595 ミニツールバーが現れないようにする

文字範囲を選択すると、選択箇所の右上に「ミニツールバー」が現れ、フォントや太字などの文字書式や箇条書きを設定できます。一見便利ですが、ミニツールバーが操作の妨げになることもあります。

操作 ミニツールバーがわずらわしければ、[Word のオプション]ダイアログボックスで自動表示オプションをオフにしておくとよいでしょう。

▼ ミニツールバーが現れないようにする

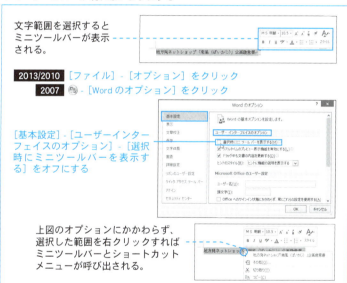

文字範囲を選択するとミニツールバーが表示される。

2013/2010 [ファイル] - [オプション]をクリック
2007 ⊕ - [Word のオプション]をクリック

[基本設定] - [ユーザーインターフェイスのオプション] - [選択時にミニツールバーを表示する]をオフにする

上図のオプションにかかわらず、選択した範囲を右クリックすればミニツールバーとショートカットメニューが呼び出される。

Tips コマンドボタンの「ポップヒント」の表示を禁止する

Word の最初の設定では、リボン上のボタンにマウスポインターを合わせると、ボタン名と機能の説明が表示されます。この表示がわずらわしければ、ボタン名だけを表示したり、表示を禁止することもできます。それには上図の[Word のオプション]ダイアログボックスの[基本設定] - [ユーザーインターフェイスのオプション] - [ヒントのスタイル:]で表示方法を選択します。

15-3 ショートカット機能の活用　　2013　2010　2007

596 コマンドとショートカットキーの一覧を作る

コマンドなどにショートカットキーを割り当てる場合、[キーボードのユーザー設定] ダイアログボックスでショートカットキーを実際に入力すれば既存の割り当てを調べることができますが*、そのつど試すのでは不便です。

→ 746 ページ「591 コマンドなどにショートカットキーを割り当てる」参照。

そこで、コマンドに割り当てられているショートカットキーの一覧を簡単に作る方法を紹介します。

操作 コマンドとショートカットキーの一覧を作るには、「ListCommands」というコマンドを実行します。頻繁に行う必要がなければ、[マクロ] ダイアログボックスから操作する方法が簡単です。

▼コマンドとショートカットの一覧を作る

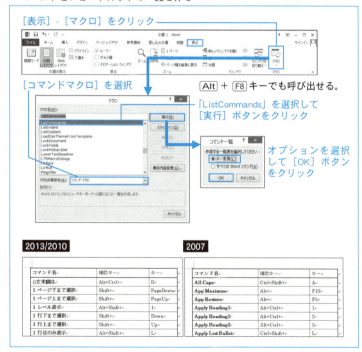

15-3 ショートカット機能の活用　2013　2010　2007

597 コマンドを直接実行する

Wordのコマンドは、ボタンなどを使わずに直接実行することもできます。リボンにないコマンドを一時的に使うだけだれば、この方法が便利です。

操作 コマンドを直接実行するには［マクロ］ダイアログボックスを使います。同ダイアログボックスは [Alt] + [F8] キーでも呼び出すことができます。マクロをよく使う場合は覚えておくと便利です。

▼ コマンドを直接実行する

［表示］-［マクロ］-［マクロの表示］をクリック

［コマンドマクロ］を選択

コマンド名を選択

コマンド名を直接入力してもよい。

［実行］ボタンをクリック

補足 既存のコマンドは［コマンドマクロ］として保存されています。したがって、まずは［マクロの保存先：］で［コマンドマクロ］を選択してください。コマンドの機能は［説明：］欄に表示されます。
なお、クイックアクセスツールバーやリボン上のボタンのコマンド名は逆引きすることもできます*。既存のリボンにないコマンドは、いったんクイックアクセスツールバーなどに追加し、コマンド名を調べてからボタンを削除してもよいでしょう。

→ 748ページ「593 ボタンやショートカットキーからコマンド名を逆引きする」参照。

598 ダイアログボックスや作業ウィンドウを素早く呼び出す

15-4 ダイアログボックスの呼び出しと操作　2013　2010　2007

よく使うダイアログボックスや作業ウィンドウには、リボンやショートカットメニューからたどる通常の方法以外に素早く呼び出す方法が用意されています。ここではそのいくつかを紹介します。

ダイアログボッ	コマンド名	呼び出し方
[ページ設定]	FilePageSetup	垂直ルーラーをダブルクリック 水平ルーラーの余白部をダブルクリック
[フォント]	FormatFont	Ctrl + D Alt + O、F
	Font	Ctrl + Shift + F
	FontSizeSelect	Ctrl + Shift + P
[段落]	FormatParagraph	Alt + O、P キー
[検索と置換]		
[検索]	EditFind	Ctrl + F （Word2007） （Word2013/2010 では [ナビゲーションウィンドウ] が呼び出される）
[置換]	EditReplace	Ctrl + H
[ジャンプ]	EditGoto	Ctrl + G F5 ステータスバーの [ページ] をダブルクリック（Word2007）
[ナビゲーション]	NavPaneSearch	Ctrl + F （Word2013/2010） （Word2007 では [検索と置換] ダイアログボックスが呼び出される）
[線種とページ罫線と網かけの設定]	FormatBordersAndShading	Alt、A、B
[オートコレクト]	ToolsAutoManager	Alt + T、A
[印刷]	FilePrint	Ctrl + P
[スタイル]	FormattingPane	Alt + Ctrl + Shift + S Alt + O、S
[スタイルの適用]	StyleApplyPane	Ctrl + Shift + S
[書式の詳細設定]	FormattingProperties	Shift + F1

15-4 ダイアログボックスの呼び出しと操作　　2013　2010　2007

599 ダイアログボックス内をキーボードで操作する

リボンの操作はマウスの方がわかりやすく簡単ですが、ダイアログボックス内ではキーボードを使う方が素早く操作できます。とくに値の設定などは、スピンボタン を使うよりも直接入力した方が簡単です。また、単位付きで入力すれば、現在の表示とは異なる単位で設定することもできます。

操作 ダイアログボックス内では次のキーを使って操作します。

キー	機能
Ctrl + Tab	ダイアログボックス内でのタブの切り替え
Tab	タブ内で次の項目へ移動
Shift + Tab	タブ内で前の項目へ移動
Alt +英字キー	タブ内で項目を選択
↑ ↓	選択項目内で選択肢を選択 値の設定項目内で値を増減
→ ← ↑ ↓	グループ内でオプションを選択

▼ダイアログボックス内でのキー操作例

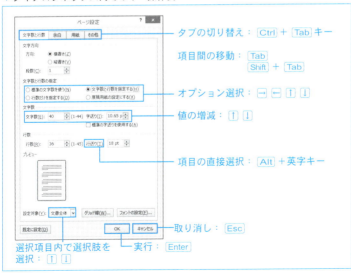

15-5 Word以外の機能の呼び出し　2013　2010　2007

他のOfficeアプリケーションを呼び出す

WordとともにExcelやPowerPointなど、他のOfficeアプリケーションをよく使う場合は、それらのアプリケーションの呼び出しボタンをクイックアクセスツールバーに組み込んでおくと便利です。

操作 WordからExcelやPowerPointを呼び出すには［Wordのオプション］ダイアログボックスを呼び出し、次のように操作します。

▼ExcelやPowerPointの呼び出しボタンをクイックアクセスツールバーに組み込む

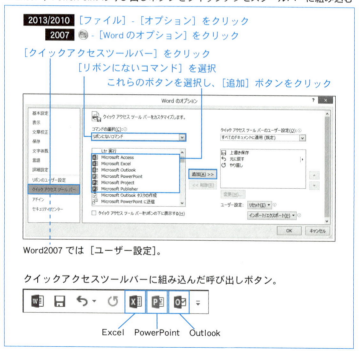

2013/2010 ［ファイル］-［オプション］をクリック
2007 -［Wordのオプション］をクリック

［クイックアクセスツールバー］をクリック
［リボンにないコマンド］を選択
これらのボタンを選択し、［追加］ボタンをクリック

Word2007では［ユーザー設定］。

クイックアクセスツールバーに組み込んだ呼び出しボタン。

Excel　PowerPoint　Outlook

補足 ExcelやPowerPointにはWordの呼び出しボタンはありません。
注意 インストールされていないOfficeアプリケーションのボタンをクリックするとWordが不具合を起こすことがあるので避けてください。

15-5 Word以外の機能の呼び出し　　　2013　2010　2007

601 コントロールパネルを呼び出す

コントロールパネルを頻繁に呼び出す場合は、クイックアクセスツールバーに呼び出しボタンを組み込んでおくと便利です。

▼コントロールパネルの呼び出しボタンをクイックアクセスツールバーに組み込む

2013/2010 ［ファイル］-［オプション］をクリック
2007 ●-［Wordのオプション］をクリック

［クイックアクセスツールバー］をクリック
［リボンにないコマンド］を選択
［アプリケーションの実行］を選択し、［追加］ボタンをクリック

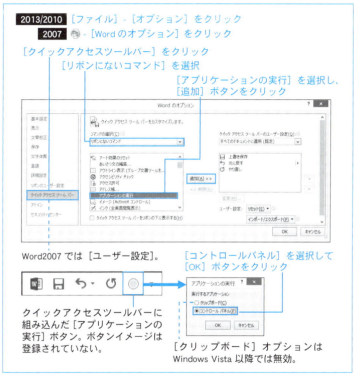

Word2007では［ユーザー設定］。　［コントロールパネル］を選択して［OK］ボタンをクリック

クイックアクセスツールバーに組み込んだ［アプリケーションの実行］ボタン。ボタンイメージは登録されていない。

［クリップボード］オプションはWindows Vista以降では無効。

補足 上図の［アプリケーションの実行］ダイアログボックスを呼び出すコマンドは「ControlRun」です。コントロールパネルをたまに呼び出すだけであれば、このコマンドを直接実行する方法を覚えておくとよいでしょう。それには [Alt] + [F8] キーを押して［マクロ］ダイアログボックスを呼び出し、「controlrun」と入力して [Enter] キーを押します。

Wordのショートカットキー●用途別一覧

以下の一覧は、Wordに登録されているショートカットキーを用途ごとにまとめたものです。ただし、実際には機能しないものなどは除外しました。
日本語入力システムの機能に同じショートカットキーが割り当てられている場合は、日本語入力システムをオフにしてから操作してください。

基本操作-カーソル移動

機能	コマンド	ショートカットキー
単語の先頭に移動	WordLeft	Ctrl + ←
単語の末尾に移動	WordRight	Ctrl + →
行頭に移動	StartOfLine	Home
行末に移動	EndOfLine	End
段落の先頭、または前の段落の先頭に移動	ParaUp	Ctrl + ↑
次の段落先頭に移動	ParaDown	Ctrl + ↓
ページ内で前の段落、テキストボックスに移動	PrevObject	Alt + ↑
ページ内で次の段落、テキストボックスに移動	NextObject	Alt + ↓
画面内の上端に移動	StartOfWindow	Alt + Ctrl + PageUp
画面内の下端に移動	EndOfWindow	Alt + Ctrl + PageDown
文頭に移動	StartOfDocument	Ctrl + Home
文末に移動	EndOfDocument	Ctrl + End
次の画面に移動	PageDown	PageDown
前の画面に移動	PageUp	PageUp
[検索と置換] ダイアログボックスの [ジャンプ] タブを呼び出す	EditGoTo	F5 Ctrl + G
前のジャンプ先に移動	BrowsePrev	Ctrl + PageUp
次のジャンプ先に移動	BrowseNext	Ctrl + PageDown
直前の編集位置に移動 (押すたびにさかのぼって移動し、4回目で元の位置に戻る)	GoBack	Shift + F5 Alt + Ctrl + Z

基本操作－選択

機能	コマンド	ショートカットキー
左の文字を選択	CharLeftExtend	Shift + ←
右の文字を選択	CharRightExtend	Shift + →
単語の先頭まで選択	WordLeftExtend	Ctrl + Shift + ←
単語の末尾まで選択	WordRightExtend	Ctrl + Shift + →
行頭まで選択	StartOfLineExtend	Shift + Home
行末まで選択	EndOfLineExtend	Shift + End
1行上まで選択	LineUpExtend	Shift + ↑
1行下まで選択	LineDownExtend	Shift + ↓
段落先頭まで選択	ParaUpExtend	Ctrl + Shift + ↑
段落末尾まで選択	ParaDownExtend	Ctrl + Shift + ↓
文頭まで選択	StartOfDocExtend	Ctrl + Shift + Home
文末まで選択	EndOfDocExtend	Ctrl + Shift + End
画面の末尾まで選択	EndOfWindowExtend	Alt + Ctrl + Shift + Page Down
画面の先頭まで選択	StartOfWindowExtend	Alt + Ctrl + Shift + Page Up
1画面上まで選択	PageUpExtend	Shift + Page Up
1画面下まで選択	PageDownExtend	Shift + Page Down
ブロック選択モードに入る	ColumnSelect	Ctrl + Shift + F8
拡張選択モードに入る（押すたびに選択範囲を単語→センテンス→段落→全体に拡張）	ExtendSelection	F8
拡張選択モードで選択範囲を縮小	ShrinkSelection	Shift + F8
すべて選択	EditSelectAll	Ctrl + A Ctrl + 5 （テンキー）

基本操作－編集

機能	コマンド	ショートカットキー
操作を取り消す	EditUndo	Ctrl + Z Alt + Back Space
取り消した操作をやり直す	EditRedo	Alt + Shift + Back Space

機能	コマンド	ショートカットキー
操作をやり直す、または繰り返す	EditRedoOrRepeat	F4 Alt + Enter Ctrl + Y
単語の先頭まで削除	DeleteBackWord	Ctrl + Back Space
単語の末尾まで削除	DeleteWord	Ctrl + Delete
選択範囲を Enter キーでコピー	CopyText	Shift + F2
選択範囲を Enter キーで移動	MoveText	F2
選択範囲をクリップボードにコピー	EditCopy	Ctrl + C Ctrl + Insert
選択範囲を切り取り、クリップボードにコピー	EditCut	Ctrl + X Shift + Delete
クリップボードの内容を貼り付ける	EditPaste	Ctrl + V Shift + Insert
英字について、大文字→小文字→先頭だけ大文字の順に変換	ChangeCase	Shift + F3
選択範囲をスパイクに登録	Spike	Ctrl + F3
[形式を選択して貼り付け]ダイアログボックスを呼び出す	EditPasteSpecial	Alt + Ctrl + V
[新しい文書パーツの作成]ダイアログボックスを呼び出す	CreateAutoText	Alt + F3
操作対象をリボンまたは前の作業ウィンドウに移す	PrevPane	Shift + F6
操作対象をリボンまたは次の作業ウィンドウに移す	NextPane	F6

ファイル操作

機能	コマンド	ショートカットキー
[白紙の文書]テンプレートで新しい文書を作る	FileNewDefault	Ctrl + N
[ファイルを開く]ダイアログボックスを呼び出す	FileOpen	Ctrl + F12 Alt + Ctrl + F2
Backstageビューの[開く]タブを呼び出す	FileOpen	Ctrl + O
[名前を付けて保存]ダイアログボックスを呼び出す	FileSaveAs	F12
作業中の文書を上書き保存	FileSave	Ctrl + S Shift + F12

機能	コマンド	ショートカットキー
作業中の文書を閉じる	DocClose	Ctrl + W Ctrl + F4
作業中の文書を閉じる。開いた文書がなければ Word を終了	FileCloseOrExit	Alt + F4

画面表示

機能	コマンド	ショートカットキー
「最大化」←→「元のサイズ」切り替え	DocMaximize	Ctrl + F10
ウィンドウを「元のサイズ」にする	AppRestore	Alt + F5
リボンの表示←→非表示切り替え	ToggleRibbon	Ctrl + F1
[ホーム(H)] - [編集記号の表示／非表示(8)] ボタンのオン←→オフ	ShowAll	Ctrl + Shift + 8
下書き表示モードに切り替える	ViewNormal	Alt + Ctrl + N
作業中の文書画面を上下に分割	DocSplit	Alt + Ctrl + S
分割した画面を閉じる	ClosePane	Alt + Shift + C
前のウィンドウを表示	PrevWindow	Alt + Shift + F6 Ctrl + Shift + F6
次のウィンドウを表示	NextWindow	Alt + F6 Ctrl + F6
[選択]ウィンドウの表示←→非表示切り替え	(コマンド非公開)	Alt + F10
XML タグの表示←→非表示切り替え(コンテンツコントロールなど)	ToggleXMLTagView	Ctrl + Shift + X

挿入

機能	コマンド	ショートカットキー
段区切りを挿入	InsertColumnBreak	Ctrl + Shift + Enter
ページ区切りを挿入	InsertPageBreak	Ctrl + Enter
スパイクを挿入	InsertSpike	Ctrl + Shift + F3
新しい数式を挿入	EquationToggle	Alt + Shift + -
選択範囲の語句を該当する文書パーツに置き換える	InsertAutoText	F3 Alt + Ctrl + Shift + V
[ブックマーク]ダイアログボックスを呼び出す	EditBookmark	Ctrl + Shift + F5

機能	コマンド	ショートカットキー
[ハイパーリンクの挿入] ダイアログボックスを呼び出す	InsertHyperlink	Ctrl + K

スタイル

機能	コマンド	ショートカットキー
標準スタイルを適用	NormalStyle	Ctrl + Shift + N
見出し1スタイルを適用	ApplyHeading1	Alt + Ctrl + 1
見出し2スタイルを適用	ApplyHeading2	Alt + Ctrl + 2
見出し3スタイルを適用	ApplyHeading3	Alt + Ctrl + 3
箇条書きスタイルを適用	ApplyListBullet	Ctrl + Shift + L
スタイル区切りを挿入	InsertStyleSeparator	Alt + Ctrl + Enter
[スタイル] ウィンドウの表示←→非表示切り替え	FormattingPane	Alt + Ctrl + Shift + S
[スタイルの適用] ウィンドウを呼び出す	StyleApplyPane	Ctrl + Shift + S

書式（文字）

機能	コマンド	ショートカットキー
フォントサイズを1pt小さくする	ShrinkFontOnePoint	Ctrl + [
フォントサイズを1pt大きくする	GrowFontOnePoint	Ctrl +]
フォントサイズを1ランク下げる	ShrinkFont	Ctrl + Shift + ,
フォントサイズを1ランク上げる	GrowFont	Ctrl + Shift + .
太字を設定←→解除	Bold	Ctrl + B
斜体を設定←→解除	Italic	Ctrl + I
下線を設定←→解除	Underline	Ctrl + U
二重下線を設定	DoubleUnderline	Ctrl + Shift + D
一重線（空白以外下線）を設定←→解除	WordUnderline	Ctrl + Shift + W
上付きを設定←→解除	Superscript	Ctrl + Shift + ;
下付きを設定←→解除	Subscript	Ctrl + Shift + -
大文字を設定←→解除	AllCaps	Ctrl + Shift + A
隠し文字を設定←→解除	Hidden	Ctrl + Shift + H
小型英大文字を設定←→解除	SmallCaps	Ctrl + Shift + K

機能	コマンド	ショートカットキー
蛍光ペンでマーキング	Highlight	Alt + Ctrl + H
Symbol フォントを設定	SymbolFont	Ctrl + Shift + Q
[フォント]ダイアログボックスを呼び出す	FormatFont	Ctrl + D
	Font	Ctrl + Shift + F
	FontSizeSelect	Ctrl + Shift + P
直接設定した文字書式を解除して段落スタイルの書式に戻す	ResetChar	Ctrl + スペース / Ctrl + Shift + Z

書式（段落）

機能	コマンド	ショートカットキー
中央揃え←→両端揃えにする	CenterPara	Ctrl + E
両端揃え←→左揃えにする	JustifyPara	Ctrl + J
左揃え←→両端揃えにする	LeftPara	Ctrl + L
右揃え←→両端揃えにする	RightPara	Ctrl + R
段落前のスペースを追加←→解除	OpenOrCloseUpPara	Ctrl + O
左インデントを次の「既定のタブ位置」まで下げる	Indent	Ctrl + M
左インデントを前の「既定のタブ位置」まで戻す	UnIndent	Ctrl + Shift + M
ぶら下げインデントを次の「既定のタブ位置」まで下げる	UnHang	Ctrl + Shift + T
ぶら下げインデントを前の「既定のタブ位置」まで戻す	HangingIndent	Ctrl + T
段落の行高単位を「1行」にする	SpacePara1	Ctrl + 1
段落の行高単位を「1.5行」にする	SpacePara15	Ctrl + 5
段落の行高単位を「2行」にする	SpacePara2	Ctrl + 2
直接設定した段落書式を解除して段落スタイルの書式に戻す	ResetPara	Ctrl + Q
選択箇所の書式をコピー	CopyFormat	Ctrl + Shift + C
コピーした書式を貼り付ける	PasteFormat	Ctrl + Shift + V

書式(文字・段落共通)

機能	コマンド	ショートカットキー
文字範囲を選択した場合:[文字の均等割り付け]ダイアログボックスを呼び出す 文字範囲を選択していない場合:段落を均等割り付け←→両端揃えにする	DistributePara	Ctrl + Shift + J
一括オートフォーマットを実行	FormatAutoFormat	Alt + Ctrl + K
[書式の詳細設定]ウィンドウの表示←→非表示切り替え	FormattingProperties	Shift + F1

検索・置換

機能	コマンド	ショートカットキー
2013/2010 [ナビゲーション]ウィンドウを呼び出す	NavPaneSearch	Ctrl + F
2007 [検索と置換]ダイアログボックスの[検索]タブを呼び出す	EditFind	Ctrl + F
[検索と置換]ダイアログボックスの[置換]タブを呼び出す	EditReplace	Ctrl + H
現在の検索条件で次を検索	RepeatFind	Shift + F4 Alt + Ctrl + Y

入力支援

機能	コマンド	ショートカットキー
選択した1文字または直前の1文字をUnicode(16進)に変える←→Unicodeを普通の文字に戻す	ToggleCharacterCode	Alt + X
上書きモード←→挿入モード切り替え ([Wordのオプション]-[詳細設定]で[上書き入力モードの切り替えにInsキーを使用する(O)]をオンにした場合にのみ有効)	Overtype	Insert

目次・索引・引用文献・脚注

機能	コマンド	ショートカットキー
脚注を挿入	InsertFootnoteNow	Alt + Ctrl + F
文末脚注を挿入	InsertEndnoteNow	Alt + Ctrl + D
[引用文献の登録] ダイアログボックスを呼び出す	MarkCitation	Alt + Shift + I
[目次項目の登録] ダイアログボックスを呼び出す	MarkTableOfContentsEntry	Alt + Shift + O
[索引登録] ダイアログボックスを呼び出す	MarkIndexEntry	Alt + Shift + X

校閲・リサーチ

機能	コマンド	ショートカットキー
コメントを挿入	InsertAnnotation	Alt + Ctrl + M
文章校正を実行	ToolsProofing	F7
次のスペルミスの箇所にジャンプ	NextMisspelling	Alt + F7
変更履歴の記録の開始←→終了	ToolsRevisionMarksToggle	Ctrl + Shift + E
[辞書] ウィンドウを呼び出す	DocMove	Ctrl + F7
[類義語辞典] ウィンドウを呼び出す	ToolsThesaurusRR	Shift + F7
[リサーチ] ウィンドウを呼び出す	ResearchLookup	Ctrl + Shift + O
[リサーチ] ウィンドウで訳語を表示	TranslatePane	Alt + Shift + F7
[文字カウント] ダイアログボックスを呼び出す	ToolsWordCountList	Ctrl + Shift + G

アウトライン表示モード

機能	コマンド	ショートカットキー
アウトライン表示モードに切り替える	ViewOutline	Alt + Ctrl + O
1レベルのみ表示	ShowHeading1	Alt + Shift + 1
2レベルまで表示	ShowHeading2	Alt + Shift + 2
3レベルまで表示	ShowHeading3	Alt + Shift + 3
4レベルまで表示	ShowHeading4	Alt + Shift + 4
5レベルまで表示	ShowHeading5	Alt + Shift + 5

Appendix

機能	コマンド	ショートカットキー
6レベルまで表示	ShowHeading6	Alt + Shift + 6
7レベルまで表示	ShowHeading7	Alt + Shift + 7
8レベルまで表示	ShowHeading8	Alt + Shift + 8
9レベルまで表示	ShowHeading9	Alt + Shift + 9
下位の見出しを表示	OutlineExpand	Alt + Shift + ; Alt + Shift + ＋（テンキー）
下位の見出しを隠す	OutlineCollapse	Alt + Shift + －（テンキー）
各段落の1行目のみ表示	OutlineShowFirstLine	Alt + Shift + L
すべての見出しを表示	ShowAllHeadings	Alt + Shift + A
アウトラインレベルを上げる	OutlinePromote	Alt + Shift + ←
アウトラインレベルを下げる	OutlineDemote	Alt + Shift + →
選択した段落を上へ移動	OutlineMoveUp	Alt + Shift + ↑
選択した段落を下へ移動	OutlineMoveDown	Alt + Shift + ↓
サブ文書を展開←→折りたたむ	ToggleMasterSubdocs	Ctrl + ￥

表の操作

機能	コマンド	ショートカットキー
左端のセルへ移動	StartOfRow	Alt + Home
右端のセルへ移動	EndOfRow	Alt + End
上端のセルへ移動	StartOfColumn	Alt + PageUp
下端のセルへ移動	EndOfColumn	Alt + PageDown
左端のセルまで選択	StartOfRow	Alt + Shift + Home
右端のセルまで選択	EndOfRow	Alt + Shift + End
表全体を選択	TableSelectTable	Alt + Shift + 5（テンキー）

フィールド

機能	コマンド	ショートカットキー
「Date(日付)」フィールドを挿入	InsertDateField	Alt + Shift + D
「ListNum」フィールドを挿入	InsertListNumField	Alt + Ctrl + L

機能	コマンド	ショートカットキー
「Page(ページ)」フィールドを挿入	InsertPageField	Alt + Shift + P
「Time(時刻)」フィールドを挿入	InsertTimeField	Alt + Shift + T
フィールドコードの表示←→非表示切り替え	ToggleFieldDisplay	Shift + F9
文書全体についてフィールドコードの表示←→非表示切り替え	ViewFieldCodes	Alt + F9
フィールド記号を挿入	InsertFieldChars	Ctrl + F9
前のフィールドを選択	PrevField	Shift + F11 Alt + Shift + F1
次のフィールドを選択	NextField	F11 Alt + F1
フィールドを更新	UpdateFields	F9 Alt + Shift + U
フィールドの更新をロック	LockFields	Ctrl + F11 Ctrl + 3
フィールドのロックを解除	UnlockFields	Ctrl + Shift + F11 Ctrl + 4
includetextフィールドのリンク元ファイルを更新 ([挿入(N)] - [オブジェクト(J)] - [ファイルからテキスト(F)...] でリンクした箇所の変更を元文書に反映させる)	UpdateSource	Ctrl + Shift + F7
フィールドのリンクを解除	UnlinkFields	Ctrl + Shift + F9 Ctrl + 6

印刷

機能	コマンド	ショートカットキー
印刷レイアウト表示モードに切り替える	ViewPage	Alt + Ctrl + P
Backstageビューの[印刷]タブを呼び出す	FilePrint	Ctrl + P Ctrl + F2 Ctrl + Shift + F12 Alt + Ctrl + I

Appendix

差し込み印刷

機能	コマンド	ショートカットキー
[差し込みフィールドの挿入] ダイアログボックスを呼び出す	InsertMergeField	Alt + Shift + F
差し込み印刷のエラーを確かめる	MailMergeCheck	Alt + Shift + K
別文書に差し込みデータの一覧表を作る	MailMergeEditDataSource	Alt + Shift + E
[プリンターに差し込み] ダイアログボックスを呼び出す	MailMergeToPrinter	Alt + Shift + M
[新規文書への差し込み] ダイアログボックスを呼び出す	MailMergeToDoc	Alt + Shift + N

マクロ

機能	コマンド	ショートカットキー
VisualBasicEditor を呼び出す	ViewVBCode	Alt + F11
[マクロ] ダイアログボックスを呼び出す	ToolsMacro	Alt + F8

その他

機能	コマンド	ショートカットキー
ヘルプ画面を表示	Help	F1
コマンドを逆引きする(文字カーソルが ⌘ になったら、調べたいボタンをクリックまたはショートカットキーを押す)	ToolsCustomizeKeyboardShortcut	Alt + Ctrl + + (テンキー)
[システム情報] ダイアログボックスを呼び出す	MicrosoftSystemInfo	Alt + Ctrl + F1

Index

【記号・数字】

. → ・に置換 ································ 334
.bk ··· 693
.doc ··· 672
.docm ··· 672
.docx ·· 672
.dot ·· 672
.dotm ··· 672
.dotx ·· 672
.wbk ··· 693
.zip ·· 608
¥# ·· 669
¥*dbnum ···································· 327
¥*Mergeformat ··························· 127
^92（¥）····································· 327
=フィールド ················ 422,529,648,650
　　SUM 関数 ······························ 525
・（ナカグロ）······························ 334
1 行の文字数を指定時に右のインデント
　幅を自動調整する（オプション）·· 209
1 冊あたりの枚数 ·························· 637
1 ページの行数を指定時に文字を行グリ
　ッド線に合わせる（オプション）
　·· 179,180

【A】

AllCaps ······································ 133
Ask フィールド ····························· 424
AutoScroll ·································· 112
AutoTextList フィールド ················ 418

【B】

Backstage ビューの表示省略 ··········· 679
Bold ··· 133
BorderAll ···································· 243
BorderBottom ····························· 243
BorderHoriz ································ 243
BorderLeft ·································· 243
BorderOutside ····························· 243
BorderRight ································ 243
BorderTop ·································· 243

【C】

CenterPara ································· 163
CommaAccent ··························· 133
Ctrl キー＋クリックでハイパーリンクを
　表示する（オプション）············· 701

【D】

Database フィールド ····················· 432
Date フィールド ···················· 422,690
DecreaseIndent ··················· 163,189
DefaultCharBorder ····················· 133
DefaultCharShading ··················· 133
DistributePara ···························· 163

DocProperty フィールド ················ 420
DotAccent ································· 133
DoubleStrikethrough ·················· 133
DoubleUnderline ························ 133
DrawInsertDrawingCanvas ·········· 611

【E】

EditUpdateIMEDic ························ 95
Eq フィールド ······························· 74
　囲み線 ································ 154,157
Excel のワークシート ·············· 533,535

【F】

FileNewDialog ···························· 718
FilePrintDefault ·························· 624
FileSaveAll ································· 697
FillIn フィールド ·························· 426
Font ··· 133
FontSizeSelect ··························· 133
FormatBordersAndShading ·· 163,243
FormatBulletDefault ··················· 163
FormatCombineCharacters ········· 133
FormatEncloseCharacters ··········· 133
FormatFitText ···························· 133
FormatFont ································ 133
FormatHolizontalInVertical ········· 133
FormatNumberDefault ················ 163
FormatParagraph ················ 163,189
FormatPhoneticGuide ······ 133,382,382
FormatTwoLinesInOne ··············· 133

【G】

GlowFont ··································· 133
GlowFontOnePoint ····················· 133
GoToButton フィールド ················ 430
GotoTableOfContents ················· 401

【H】

HangingIndent ··························· 189
Hidden ······································ 133

【I】

If フィールド ·········· 427,663,664,666,667
Includepicture フィールド ············· 661
IncludeText フィールド ················ 699
IncreaseIndent ···················· 163,189
Indent ······································· 189
IndentChar ································ 189
IndentFirstChar ························· 189
IndentFirstLine ·························· 189
IndentLine ································· 189
Italic ·· 133

【J】

JustifyPara ································· 163

Index

【L】
LeftPara …… 163
LineSpacing …… 163
Link フィールド …… 126
ListGal.dat …… 239
ListNum フィールド …… 230,232

【M】
MacroButton フィールド …… 431
Meiryo UI …… 183

【N】
Next Record フィールド …… 659
Normal.dotm …… 674,711
　作り直し …… 724

【O】
OCRB …… 668,670
Office のカスタムテンプレート …… 714
OneDrive …… 696
OpenOrCloseParaAbove …… 163
OpenOrCloseParaBelow …… 163
OpenType …… 159
OutlineDemote …… 163
OutlinePromote …… 163

【P】
ParaKeepLinesTogether …… 163
ParaKeepWithNext …… 163
ParaPageBreakBefore …… 163,188
ParaWidowOrphanControl …… 163

【R】
RD フィールド …… 404
ReadingModeLayout …… 35
Ref フィールド …… 423
RestartNumbering …… 278
RightPara …… 163

【S】
SelectCurAlignment …… 123
SelectCurColor …… 123
SelectCurFont …… 123
SelectCurIndent …… 123
SelectCurSpacing …… 123
SelectCurTabs …… 123
Seq フィールド …… 397,520,530
Set フィールド …… 428,650
ShrinkFont …… 133
ShrinkFontOnePoint …… 133
SmallCaps …… 133
SmartArt
　箇条書き …… 582
　背景の塗りつぶし …… 583
STARTUP フォルダー …… 726

Strikethrough …… 133
StyleRef フィールド …… 64,69
Subscript …… 133
Superscript …… 133
Symbol フォント …… 98

【T】
TableAutoFormatStyle …… 522
TC フィールド …… 400
Templates フォルダー …… 713,724
　素早く開く …… 723
TextBoxLinking …… 578
Time フィールド …… 422
ToggleFull …… 27
ToggleToolbars …… 28

【U】
Underline …… 133
UnHang …… 189
UnIndent …… 189
UnIndentChar …… 189
UnIndentFirstChar …… 189
UnIndentFirstLine …… 189
UnIndentLine …… 189

【V】
ViewWeb …… 35
ViewZoom …… 34
ViewZoomPageWidth …… 34

【W】
Wingdings フォント …… 349,350
Word Viewer …… 627

【X】
XE フィールド …… 402

【ア】
アウトライン表示モード …… 644
アウトライン形式箇条書き …… 276
　レベル変更 …… 277
　レベルを上げる …… 163
　レベルを下げる …… 163
アクセスビリティチェック …… 605
アクセントの入力 …… 99
アクセント・ウムラウト付き文字 …… 319
新しいアウトラインの定義ダイアログ
　ボックス …… 227
アドイン（テンプレート）…… 725,726
網かけ（文字）…… 133,158
　一括解除 …… 160
　一括設定 …… 363
アラビア数字の漢数字表示 …… 326,662
アンカー記号 …… 44,549
暗号化 …… 709

【イ】
一括オートフォーマット ……341,343,408
移動
　　段落 …………………………………128
　　文字列 ……………………… 124,125
印刷
　　Word Viewer ………………………627
　　Wordを起動せずに印刷……………628
　　一部だけ印刷 ………………………633
　　一枚の用紙に複数ページ印刷 …… 631
　　エクスプローラー …………………625
　　カウンタ ……………………………650
　　隠し文字 ……………………………647
　　拡大・縮小 …………………………630
　　記入欄のみ印刷 ……………………642
　　逆順印刷 ……………………………642
　　キュー ………………………………629
　　クイック印刷 ………………………624
　　差し込み印刷→差し込み印刷
　　章単位印刷 …………………………634
　　ショートカットキー一覧 …………646
　　スタイル ……………………………646
　　通常使うプリンター以外で印刷
　　 ………………………………………626
　　中綴じ印刷 …………………………636
　　反転 …………………………………641
　　平綴じ印刷 …………………………636
　　フォームフィールド ………………642
　　文書情報 ……………………………645
　　文書パーツ …………………………646
　　ページの色 …………………………624
　　見出し項目 …………………………644
　　用紙トレイの自動変更 ……………632
　　四つ折り ……………………………640
　　両面印刷 ……………………… 635,638
　　連番 …………………………………648
印刷ジョブの表示 ……………………… 627
印刷前にフィールドを更新する
　（オプション）………………………… 417
印刷レイアウト表示で背景の色とイメー
　ジを表示する（オプション）…… 45,84
インデント
　　2文字分増やす ……………………189
　　2文字分減らす ……………………189
　　一括解除 ……………………………196
　　キーボードで設定 …………………189
　　既存段落と同じインデントを設定
　　 ………………………………………195
　　字送り分増やす ……………… 189,189
　　字送り分減らす ……………… 189,189
　　正確に設定 …………………………192
　　離れた段落範囲に一括設定 ………194
　　増やす ………………………………189
　　減らす ………………………………189

インデントマーカー
　　字送り単位でドラッグ ……………190
　　自由にドラッグ ……………………191

【ウ】
上罫線 ……………………………………243
上付き文字 ………………………………133
ウムラウトの入力 …………………………99
うろこ ……………………………………142

【エ】
英字
　　英大文字 ……………………… 133,146
　　英単語検索 …………………………319
　　行別れの禁止 ………………………322
　　全角←→半角変換 …………………320
　　途中改行禁止 ………………………323
　　半角英大文字→全角変換 …………321
　　ひらがな入力モードでの入力 ……97
英単語の途中で改行する（オプション）
　 …………………………………………203
エクスプローラーから印刷 ……………625
エラーメッセージ（段間隔）……………76

【オ】
扇形 ………………………………………562
欧文フォントの置換 ……………………361
オートコレクト
　　組み文字 ……………………………150
　　書式付きの署名入力 ………………410
　　図の挿入 ……………………………412
　　スペルチェックとの連動 …………411
　　入力支援 ……………………………409
　　表の登録 ……………………………448
　　別のパソコンにコピー ……………413
　　保存先 ………………………………413
　　割注 …………………………………152
オートコレクトダイアログボックス
　 …………………………………………406
オートシェイプ
　　同じ書式で描く ……………………567
　　画像ファイル化 ……………………571
　　既定値 ………………………………567
　　極小 …………………………………565
　　格子線 ………………………………558
　　写真の書式適用 ……………………576
　　種類変更 ……………………………568
　　垂直線 ………………………………556
　　水平線 ………………………………556
　　正多角形 ……………………………560
　　正円 …………………………………560
　　テクスチャを作る …………………574
　　同心 …………………………………564
　　描画モードのロック ………………566
　　平行線 ………………………………557

Index

　　連続描画 ……………………………… 566
オートシェイプの挿入時、自動的に新し
　い描画キャンバスを作成する
　（オプション）………………… 610,611
オートスクロール …………………………… 112
同じスタイルの場合は段落間にスペース
　を追加しない（オプション）……… 222
折り返し線 ……………………………… 570,588
　　描画キャンバス ……………………… 618
　　複数図形 ……………………………… 572
折れ線や正弦波を描く ……………………… 558

【カ】

カーニング ………………………………… 174
改行なし ……………………………………… 365
回転ハンドル ……………………………… 542
　　表示されない場合の対策 ………… 543
回復用ファイル …………………………… 694
改ページオプション ……………………… 188
改ページ記号 ……………………………… 186
　　Word2007での注意点 …………… 187
　　改ページオプションに置換 ……… 369
改ページ時1行残して段落を区切らない
　（オプション）………………… 163,185
各国語のキーボード配列 ………… 100,102
隠しフォルダーの表示 …………………… 239
隠し文字 ……………………………………… 133
　　印刷 …………………………………… 647
　　削除 …………………………………… 703
拡大・縮小印刷 …………………………… 630
　　一枚の用紙の複数ページ印刷 …… 631
拡張子の表示設定 ………………………… 673
拡張選択モード …………………………… 117
囲い文字 ……………………………………… 133
　　書式のアレンジ ……………………… 153
囲み線 …………………………………… 133,158
　　一括解除 ……………………………… 160
　　一括設定 ……………………………… 363
　　空欄への設定 ……………………… 155
　　四辺の一部に付ける ……………… 157
　　文字ごとに設定 …………………… 154
　　ルビ付き文字への設定 …………… 156
箇条書き
　　・で始まる段落への書式適用 …… 378
　　100番単位の連番 ………………… 218
　　アウトライン形式 ………………… 276
　　アウトライン形式のレベル変更… 277
　　インデント一括設定 ……………… 212
　　インデント調整 …………………211,275
　　インデントの注意点 ……………… 277
　　箇条文の左端調整 ………………… 213
　　記号・番号と箇条文との空き調整
　　　…………………………………………… 214
　　記号・番号の文字書式設定 ……… 215
　　起番の設定 …………………………… 216

　　桁位置の調整 ………………………… 219
　　書式コピー …………………………… 236
　　書式の統一 …………………………… 234
　　スタイル登録 ………………………… 237
　　スタイルの注意点 …………………… 277
　　スマートアート化 …………………… 582
　　説明文の強制改行 …………………… 220
　　先頭語句の文字書式の自動設定
　　　…………………………………………… 221
　　段落ごとに同じレベルの連番を振る
　　　…………………………………………… 232
　　段落スタイル作成 …………………… 274
　　段落内に下位の連番を振る ……… 230
　　途中番号の省略 ……………………… 217
　　入力オートフォーマット ………… 407
　　番号文字種 …………………………… 225
　　複数書式の使い分け ………………… 224
　　本文との間を自動的に空ける ……222
　　リスト段落スタイルに登録 ……… 272
　　リスト段落スタイルの自動適用禁止
　　　…………………………………………… 273
箇条書き（アウトライン形式）…… 226
　　インデント調整 ……………………… 228
　　別文書での利用 ……………………… 238
箇条書きや段落番号に標準スタイルを使
　用する（オプション）……………… 273
下線 …………………………………………… 133
画像コンテンツコントロール …… 433,441
カタカナ
　　・の置換・削除 ……………………… 353
　　英語の語尾の「ー」削除 ………… 354
　　検索 …………………………………… 352
　　全角←→半角の一括変換 ………… 356
　　長音記号の追加 ……………………… 355
　　ひらがな変換 ………………………… 357
カッコ
　　検索 …………………………………… 337
　　種類の置換 …………………………… 338
　　非対応の修正 ………………………… 341
画面
　　オートスクロール …………………… 112
　　マウスでドラッグ …………………… 111
漢字検索 …………………………………… 351
漢数字
　　アラビア数字の表示変換 ………… 662
　　アラビア数字変換 …………………… 325
　　検索 …………………………………… 324

【キ】

キーボード配列（各国語）……………… 102
記号の入力 ………………………………… 103
奇数/偶数ページ別指定 ……… 55,61,63,70
既定の設定（スタイル）………………… 269
　　スタイルセットとの関係 ………… 296
既定のタブ位置 …………………………… 198

既定のフォルダー	678
記入欄印刷	642
逆順印刷	642
キュー	629
行送り	52,179,181
行間	181
行グリッド線	179
行高	179～181
1行に設定	163
自由に調整	182
ルビ設定時	184
強制改ページ	186,188
行選択	113
行頭記号	163
行頭の記号を1/2の幅にする（オプション）	206
行内配置	539
行番号	37
極小図形	565
ギリシャ文字	
検索	320
入力	98
キリトリ線	85
禁則処理	204
禁則文字	204
均等割り付け	163

【ク】

クイック印刷	624
クイックスタイルの一覧に追加する（オプション）	265
クイック表	448
クォーテーションマーク	338,340
矩形範囲選択	114
句読点のぶら下げを行う（オプション）	205
組み文字	133
入力	150
クリックアンドタイプ	164
クリックアンドタイプ編集を行う（オプション）	165
グリッド線	544,558,566
設定	191
表示切り替え	545
グループ化	
グループ内の図の操作	569
写真とテキストボックス	606
グループ文書	
サブ文書に分割	390
サブ文書へのリンク解除	393
文書の統合	392

【ケ】

蛍光ペン	
置換で解除	366

の置換	366
桁区切りカンマ	
挿入	328
読点に置換	331
桁区切り読点の挿入	330,332
検索と置換	
・で始まる段落に箇条書きの書式を適用	378
1桁と3桁以上の数値だけ全角に置換	336
Wingdingsフォント	349,350
アクセント・ウムラウト付き文字	319
アラビア数字→漢数字変換	325
アラビア数字の漢数字表示	326
英字の全角←→半角変換	320
英単語	319
英単語の途中改行禁止	323
欧文フォントの置換	361
オプション	308
改ページ記号を改ページオプションに置換	369
囲み線の一括設定	363
カタカナ英語に「ー」を追加	355
カタカナ英語の語尾の「ー」を削除	354
カタカナ間の・を置換・削除	353
カタカナ検索	352
カタカナの全角←→半角の一括変換	356
カッコで囲まれた文字列の検索	337
カッコの種類を置換	338
カッコの非対応の修正	341
空段落の一括削除	348
漢字検索	351
漢数字並び	324
漢数字→アラビア数字変換	325
ギリシャ文字	320
蛍光ペンの色の置換	366
蛍光ペンの解除	366
桁区切りカンマの挿入	328
桁区切りカンマを読点に置換	331
桁区切り読点の挿入	330,332
検索結果の一括選択	315
検索結果の抽出	316
項目順の入れ替え	346
ジャンプタブ	305
小数点のピリオドを・に置換	334
数字だけ全角←→半角変換	336
スペースとタブ文字の混在を整理	344
スペースの一括削除	342
図を含む文書の注意点	377
セクション記号の検索	350

773

Index

セクション書式のコピー …………350
全角英数字の行分かれ禁止 ………322
全角スペースで始まる段落を
　本文字下げスタイルに置換 ……376
縦中横文字に一括置換 ……………364
タブ文字区切りをカンマ区切りに
　置換 ……………………………345
段落記号→段落記号に置換 ………348
段落罫線の一括設定 ………………371
段落書式の一括解除 ………………379
段落先頭に全角スペースを一括挿入
　…………………………………343
段落先頭のタブ文字を左インデント
　に置換 …………………………370
段落配置 ……………………………368
ですます体←→である体変換 ……358
特殊文字 ……………………………310
特殊文字一覧 …………………311,313
特殊文字自身の検索 ………………314
ドロップキャップに罫線と網かけを
　設定 ……………………………374
ドロップキャップの一括設定 ……372
ドロップキャップの文字書式の
　一括置換 ………………………373
半角英大文字→全角変換 …………321
番号段落に見出しスタイルを適用
　…………………………………378
標準スタイルの段落先頭に
　全角スペースを挿入 …………375
ひらがな検索 ………………………352
ひらがな←→カタカナ変換 ………357
フィールド検索 ……………………381
フィールドの表示更新 ……………380
複数語句検索 ………………………315
複数文書での繰り返し ……………317
負の数値だけ括弧で囲む …………335
文字書式の解除 ………………360,367
文字書式の検索 ……………………359
文字書式の設定 ……………………360
文字スタイルの解除 ………………367
文字の網かけの一括設定 …………363
ルビ設定 ………………………381,382
ルビ付き語句の置換 ………………384
ルビの一括解除 ……………………386
ルビの書式変更 ……………………383
ワイルドカード …………310,312,314
和文フォントの置換 ………………362
和文字・英数字間のスペースだけ
　削除 ……………………………343
割注の一括設定 ……………………363
ーを▲に置換 ………………………335

【コ】
格子（段落罫線） …………………243
格子線（オートシェイプ） ………558

構成内容の変更ダイアログボックス
　…………………………………293,295
広範囲選択 …………………………116
小型英大文字 …………………133,146
互換モード ……………673,685,686
　レイアウト仕様 ………………687
個人情報の削除 ……………………703
個人用テンプレートの既定の保存場所
　…………………………………714
固定ピッチフォント ……………174,178
このテンプレートを使用した新規文書
　（オプション） ……………265,290
コピー
　文字列 ……………………124,125
　文字列（リンク設定） ………126
コメンの削除 ………………………703
コンテンツコントロール
　画像 ……………………………441
　記入欄 …………………………704
　コンボボックス ………………438
　種類と機能 ……………………433
　チェックボックス ……………436
　帳票の行の増減 ………………442
　使い方 …………………………434
　テキスト ………………………435
　ドロップダウン ………………438
　入力欄 ……………………435,438
　日付選択 ………………………437
　文書パーツギャラリー ………439
　リッチテキスト ………………435
コンボボックスコンテンツコントロール
　…………………………………433,438

【サ】
最近使用したテンプレートの一覧クリア
　…………………………………721
最近使った文書 ……………………675
　表示削除 …………………680,682
最近使った文書の一覧に表示する
　文書の数（オプション） ……682
最終版 ………………………………710
サイズハンドル ……………………458
サインインが必要な場合でも、その他の
　保存場所を表示する（オプション）
　…………………………………696
索引
　親子孫形式 ……………………403
　更新禁止 ………………………404
　総索引 …………………………404
　登録作業 ………………………402
差し込み印刷
　敬称の使い分け ………………663
　写真の挿入 ……………………661
　手紙文書 ………………………655
　データ一覧 ……………………660
　封筒 ……………………………656

夫婦の名前の頭を揃える 666
夫婦別姓の表示 667
ラベル文書 658
連名の敬称表示 664
差し込みフィールド 655
サブ文書 390
左右の区別がない引用符を、区別がある
　引用符に変更する（オプション）
　.................................. 338
サンセリフ 142

【シ】
字下げインデント
　2字分増やす 189
　2文字分減らす 189
　字送り分増やす 189
　字送り分減らす 189
下書きとアウトラインの表示幅を
　ウィンドウに合わせる（オプション）
　................................... 39
下書き表示およびアウトライン表示で
　下書きフォントを使用する
　（オプション） 41
下書き表示およびアウトライン表示での
　スタイル名表示領域：（オプション）
　.................................. 286
下書きフォント 41
下罫線 243
下付き文字 133
自動的に更新する（オプション） 265
写真
　一括挿入 586
　入れ替え 603
　囲み線 594
　既定の配置方法 585
　既定のフォルダー 584
　切り抜き 590
　情報の読み上げ 605
　書式コピー 592
　書式統一 593
　段落の書式統一 595
　テキストボックスとグループ化
　.................................. 606
　透明色 588
　トリミングの取り消し 596
　トリミング部分の削除 598
　背景色 586
　背景を隠す 588
　描画キャンバス内でのリンク更新
　.................................. 602
　文書から抽出 608
　別文書にコピー 607
　リンクの更新 600
　リンク→埋め込み 604
斜体 133
ジャンプ機能 305

ショートカットキー 305
詳細プロパティ 689
章選択 118
使用単位 33
使用中のスタイル 255
ショートカット 676
ショートカットキー
　、。←→　, ． の切り替え 92
　アウトラインのレベル変更
　.............................. 163,277
　アクセント 99
　アプリケーションの切り替え 317
　一覧 758
　一覧印刷 646
　インデント 189
　上付き文字 133
　ウムラウト 99
　英大文字 133,147
　隠し文字 133
　下線 133
　カタカナ変換 90
　画面ズーム 34
　起番の設定 278
　均等割り付け 133,163
　繰り返し 58,96
　検索と置換 317
　小型英大文字 133,147
　下付き文字 133
　斜体 133
　ジャンプ機能 305,306
　書式解除 166,171
　書式コピー 136,169
　書式の繰り返し 167
　スタイル 256
　図の複製 541
　スパイク 129
　全画面表示 27
　選択モード 117
　ダイアログボックス←→本文間の
　　切り替え 317
　単語削除 130
　単語登録 95
　段落移動 128
　段落書式 163
　中央揃え 163
　次の該当箇所を検索 318
　テンプレート 674
　ナビゲーションウィンドウ 317
　二重下線 133
　入力言語の切り替え 101
　左揃え 163
　表示モードの切り替え 35
　フィールド 416
　フィールドジャンプ 380
　フォント 139

775

Index

フォントサイズ……………………143
フォントサイズの拡大・縮小……133
フォントダイアログボックス……133
フォントの適用……………………98
ブックマーク……………………306
太字………………………………133
文書の切り替え…………………317
前の該当箇所を検索……………318
右揃え……………………………163
文字カーソル移動………………108
文字書式…………………………133
文字範囲選択……………………115
リボンの表示切り替え……………28
両端揃え…………………………163
書式
　解除……………………………166
　スタイル化……………………267
　スタイル更新…………………268
　違いのチェック………………173
　引き継ぎ………………………166
書式コピー………………………169
　写真……………………………593
　文字の均等割り付け…………160
書式選択……………………120,120〜123
書式のクリア……………138,166,263
書式の詳細ウィンドウ……137,173,253
書式の不統一を記録する（オプション）
　……………………………………233
書式の履歴…………122,169,170,224
新規ダイアログボックス
　個人用テンプレート…………719
　タブ作成………………………720
　呼び出し………………………718

【ス】
図
　位置基準を余白に変える……550
　位置の微調整…………………547
　一覧表示………………………568
　位置を固定……………………548
　位置を揃える…………………554
　回転……………………………542
　行内配置………………………539
　検索……………………………538
　置換の注意点…………………377
　ドラッグ時のリアルタイム表示
　……………………………………551
　表示切り替え……………………45
　複製…………………………541,541
　浮動配置………………………539
　文書パーツ……………………552
　ページの奇偶で左右に振り分ける
　……………………………………553
　別文書にコピー………………607
　文字列表示範囲枠……………546
　元図と同じ位置に貼り付ける……552
推奨するスタイルの設定変更…………288
垂直スクロールバー………………………108
　元の位置に戻る………………110
垂直線……………………………556
水平線……………………………556
数字
　1桁と3桁以上の数値だけ全角に
　　置換………………………336
　アラビア数字→漢数字変換……325
　漢数字検索……………………324
　漢数字表示……………………326
　漢数字→アラビア数字変換……325
　行別れの禁止…………………322
　全角←→半角変換……………336
　負の数値を括弧で囲む………335
　ーを▲に置換…………………335
数式オートコレクト……………104
数式ビルダ………………………105
　行列式……………………148,149
　左右配置………………………106
　数式ホルダーの挿入…………105
　独立数式………………………106
　フォントサイズ………………106
　文中数式………………………106
数式書式スイッチ（¥#）………669
ズーム………………………………34
　マウスホイール…………………34
スクリーンキーボード…………102
スクリーンショット……………585
スクロールバーの表示切り替え……29
図形内でテキストを折り返す
　（オプション）…………………581
スタイル…………………………702
　一覧印刷………………………287
　印刷……………………………646
　エイリアス（別名）………260,261
　既定の設定……………………269
　先指定…………………………257
　削除……………………………294
　作成……………………………264
　種類……………………………252
　使用制限………………………289
　書式から作成…………………267
　書式変更………………………266
　段落スタイル→段落スタイル
　置換……………………………262
　適用……………………………256
　テンプレート…………………674
　テンプレートから文書への反映
　……………………………………291
　ファイル間コピー……………292
　文書からテンプレートへの反映
　……………………………………290

文字カーソル位置の書式で更新 …… 268
文字スタイル→文字スタイル
　リストスタイル …………………… 252
　リンクスタイル …………… 252,255,284
スタイルウィンドウ ……………… 170,253
　表示オプション ………………… 261
　表示内容変更 …………………… 254
　プレビュー表示 ………………… 224
スタイルギャラリーに追加（オプション）
　………………………………… 265
スタイルセット ……………………… 296
　既定の設定との関係 …………… 296
　削除 …………………………… 299
　作成 …………………………… 297
　テンプレートへの適用 …………… 298
　別のパソコンでの利用 ………… 299
スタイルセパレーター ………… 285,399
スタイルの管理ダイアログボックス
　………………………………… 288,289
スタイルの詳細情報ウィンドウ
　………………………………… 172,253
スタイルの適用ウィンドウ ………… 253
　エイリアス ……………………… 260
　オートコンプリート ……………… 261
スタイルの変更ダイアログボックス
　………………………………… 266
スタイルボックス …………………… 258
ステータスバーの表示項目の切り替え
　………………………………… 30
スパイク …………………………… 129
図表番号
　一括更新 ……………………… 398
　一括挿入 ………………… 394,396
　起番の設定 …………………… 397
　自動挿入オプション …………… 397
　本文横に置く …………………… 398
スペース
　一括削除 ……………………… 342
　行頭・行末の表示 ……………… 203
　字下げスペースを本文字下げ
　　スタイルに置換 ……………… 376
　タブ文字の混在の整理 ………… 344
　段落先頭のスペースを削除 …… 210
　和文字・英数字間のスペース削除
　………………………………… 343
すべてのウィンドウをタスクバーに
　表示する（オプション） …………… 46
スペルチェック …………………… 411
スマートアート
　箇条書き ……………………… 582
　背景の塗りつぶし ……………… 583
スマートカーソル ………………… 110
スマートカーソルを使用する
　（オプション） ………………… 110

図をイメージ枠で表示する（オプション）
　………………………………… 45

【セ】
正多角形 …………………………… 560
正円 ………………………………… 560
セクション ………………………… 54
　GoToButton フィールド ………… 430
　書式コピー ……………………… 350
　保護 …………………………… 705
セクション区切り ……… 54,62,75,350
　検索 …………………………… 350
　現在の位置から新しいセクション
　………………………………… 75,80
　種類変更 ……………………… 56
　セクションの最後 ………… 57,78,79
　文末直前のセクション区切り削除
　………………………………… 57
セクションコンテンツ繰り返しコンテン
　ツコントロール ………………… 433
セクションコンテンツ繰り返しコントロ
　ール …………………………… 442
セクション書式のコピー …………… 350
セクション選択 …………………… 118
セリフ ……………………………… 142
セル
　3D 化 …………………………… 486
　間隔の調整 …………………… 471
　分割 …………………………… 472
　文字位置 ……………………… 508
　余白の調整 …………………… 469
セル番地 …………………………… 524
全角スペースの文字幅 …………… 178
全角半角変換
　英字 ……………………… 320,321
　カタカナ ……………………… 356
全画面表示 ……………………… 26,27
線種とページ罫線と網かけの設定ダイア
　ログボックス ……………… 163,243
選択
　同じ書式 ………………… 120,121
　同じ書式の連続範囲 …………… 123
　行 …………………………… 113
　矩形範囲 ……………………… 114
　章 …………………………… 118
　セクション ……………………… 118
　センテンス ……………………… 113
　単語 …………………………… 113
　段落 …………………………… 113
　見出し単位 …………………… 119
　類似書式 ……………………… 120
選択ウィンドウ …………………… 540
選択肢入力 ……………………… 418
センテンス ………………………… 113
　削除 …………………………… 130

777

Index

選択 ………………………………… 113
先頭ページのみ別指定 …………… 61, 71

【ソ】
外枠 ………………………………… 243

【タ】
ダイアログボックスの寸法単位の設定
………………………………………… 32
タスクバーの表示設定 …………… 46
裁ちトンボ ………………………… 38
縦書き
　段組み時のエラーメッセージ …… 76
　横書きとの混在 ………………… 55
縦線タブ …………………………… 250
　作表 ……………………………… 446
縦中横文字 ………………… 133, 336
　一括置換 ………………………… 364
　先指定 …………………………… 145
　文字スタイル …………………… 145
タブ設定（段落書式）
　一括解除 ………………………… 201
　既定 ……………………………… 198
　コピー …………………………… 200
　特定のタブ位置を一括解除 …… 202
　リーダー罫 ……………………… 85
タブ文字を左インデントに置換 …… 370
単位に文字幅を使用する（オプション）
………………………………………… 33
単位の入力 ………………………… 103
段間隔のエラーメッセージ ……… 76
段区切り …………………………… 78
段組み
　下端を揃える …………………… 80
　強制改段 ………………………… 78
　段抜き …………………………… 77
　文書の一部だけ設定 …………… 75
単語
　削除 ……………………………… 130
　選択 ……………………………… 113
　登録 ……………………………… 95
段落
　網かけ …………………… 248, 249
　空段落の一括削除 ……………… 348
　強制改ページ …………… 186, 188
　削除 ……………………………… 130
　全角スペース一括挿入 ………… 343
　選択 ……………………………… 113
　分離禁止オプション …………… 185
段落間罫線 ………………………… 244
段落記号 …………………………… 44
　自動選択機能の解除 …………… 114
　段落記号に置換 ………………… 348
　表示切り替え …………………… 44
段落罫線
　一括設定 ………………………… 371
　キーボードで設定 ……………… 243
　作表 ……………………………… 446
　幅と高さの調整 ………………… 246
段落書式
　一括解除 ………………… 171, 379
　一括変更 ………………… 169, 170
　解除 ……………………… 166, 172
　繰り返し設定 …………………… 167
　コピー …………………………… 168
　種類 ……………………………… 162
　ショートカットキー …………… 163
　設定・解除の意味 ……………… 162
　段落前後の空き設定 …………… 163
段落スタイル ………… 132, 162, 252, 255
　アウトライン形式の箇条書き …… 276
　箇条書き ………………… 274, 275
　交互に自動適用 ………………… 259
　登録書式の解除 ………………… 271
　本文脇のスタイル名表示 ……… 286
段落ダイアログボックス ……… 163, 189
段落の網かけ
　解除手順の注意事項 …………… 249
　幅と高さの調整 ………………… 248
段落の選択範囲を自動的に調整する
　（オプション） …………………… 114
段落配置の検索と置換 …………… 368
段落番号 …………………………… 163
　起番設定ショートカットキー
　………………………………………… 278
段落フォント ……………… 265, 367
段落前で改ページする ……… 163, 188, 283
段落を分割しない ………… 163, 185, 283

【チ】
チェックボックスコンテンツコントロール
……………………………………… 433, 436
中央揃え …………………………… 163
頂点の編集 ………………………… 558
直線の描き方 ……………………… 88

【ツ】
通常使うプリンター以外で印刷 …… 626
次のアプリケーションに合わせてこの
　文書をレイアウト：（オプション）
………………………………………… 687
次の間隔で自動回復用データを保存
　する：（オプション） …………… 694
次の段落と分離しない ……… 163, 283

【テ】
データベース ……………………… 432
テーマ
　テンプレートへの適用 ………… 298
　別のパソコンでの利用 ………… 300
　保存フォルダー ………………… 300

778

フォント ………………………… 141
手書き検索 ……………………… 103
テキストコンテンツコントロール
　　…………………………… 433,435
テキストに合わせて図形のサイズを調整
する（オプション）………………… 581
テキストフィールド ……………… 642
テキストボックス
　　サイズと文字位置の調整 …… 580
　　写真とグループ化 …………… 606
　　テキストボックス間の移動 … 580
　　リンク作業を楽にする ……… 578
テクスチャ ………………………… 574
手差し両面印刷 …………………… 635
ですます体↔である体変換 ……… 358
手のひらツール …………………… 111
電子メールの添付ファイルや編集できな
いファイルを閲覧表示で開く
（オプション）……………………… 710
添付テンプレート ……………291,674
　　変更 …………………………… 722
テンプレート
　　2013 で 2010 以前のテンプレートを
　　　表示 ……………………… 715
　　Office のカスタムテンプレート
　　　…………………………… 714
　　アドイン ……………………… 725
　　拡張子 ………………………… 672
　　既定の保存場所 ……………… 713
　　起動時からアドイン ………… 726
　　個人用テンプレートの保存場所
　　　…………………………… 714
　　作成 …………………………… 712
　　種類 …………………………… 672
　　信頼された場所 ……………… 716
　　スタイルコピー ……………… 292
　　スタイルの扱い ……………… 674
　　文書との関係 ………………… 674
　　文書へのスタイル反映 ……… 291
　　ワークグループ ……………… 717
テンプレートとアドインダイアログ
　ボックス ……………… 722,723,726

【ト】

ドイツ語の入力 ………………… 100
同心図形 ………………………… 564
透明色 …………………………… 588
ドキュメント検査 ……………… 703
独立数式 ………………………… 106
綴じしろ ………………………… 50
ドラッグアンドドロップ ……… 126
ドラッグアンドドロップ編集を行う
（オプション）……………………… 125
ドラッグ中も文書の内容を更新する
（オプション）……………………… 551
取り消し線 ……………………… 133

ドロップキャップ
　　一括解除 ……………………… 241
　　一括設定 …………………240,372
　　罫線と網かけの設定 ………… 374
　　文字書式の一括置換 ………… 373
ドロップダウンリストコンテンツコント
ロール …………………………433,438

【ナ】

ナカグロ・ ……………………… 334
中綴じ印刷 ……………………… 636
ナビゲーションウィンドウ …119,302
　　オプション …………………… 304
　　結果表示 ……………………… 303
　　ショートカットキー ………… 317
　　ページ表示 …………………… 303
　　見出し単位印刷 ……………… 634
　　見出し表示 …………………… 302
　　見出しマップ ………………… 119

【ニ】

二重下線 ………………………… 133
二重取り消し線 ………………… 133
日本語用と英数字用に同じフォントを使
う（オプション）…………………… 140
入力
　　、。←→ ，．の切り替え …… 92
　　アクセント …………………… 99
　　ウムラウト …………………… 99
　　英字入力 ……………………… 97
　　同じ語句の入力 ……………… 96
　　記号・単位 …………………… 103
　　ギリシャ文字 ………………… 98
　　組み文字 ……………………… 150
　　言語の切り替え ……………… 101
　　手書き検索 …………………… 103
　　ドイツ語 ……………………… 100
　　複数行 ………………………… 148
　　フランス語 …………………… 100
入力オートフォーマット
　　箇条書き ……………………… 407
　　箇条書きの先頭文字書式 …… 221
　　段落罫線 ……………………… 243
　　文字の自動修正 ……………… 406
入力欄
　　Ask フィールド ……………… 424
　　FillIn フィールド …………… 426
　　コンテンツコントロール …… 435
　　選択肢 ………………………… 418
任意指定の行区切り ……………… 220

【ハ】

背景色 …………………………… 84
背景の色とイメージを印刷する
（オプション）…………………… 45,84
配置ガイド ……………………… 544

Index

ハイパーリンク（他文書） ……………… 700
白紙の文書 …………………… 269,711,724
パターン検索 …………………………… 312
バックアップファイル ………………… 692
バックグラウンド印刷 ………………… 654
半円 ……………………………………… 562
反転印刷 ………………………………… 641

【ヒ】
左インデント
　　増やす ……………………………… 163
　　減らす ……………………………… 163
左罫線 …………………………………… 243
左揃え …………………………………… 163
日付選択コンテンツコントロール
　　………………………………… 433,437
表
　　位置決め …………………… 490,492
　　位置決め（縦書き文書） ………… 494
　　一部の列だけ行を並べ替える …… 521
　　一部の列だけ結合 ………………… 474
　　一部の列だけ複数列に分割 ……… 476
　　オートコレクト …………………… 450
　　カーソル移動・選択 ……………… 453
　　解除 ………………………………… 452
　　回転 …………………………… 500,501
　　改ページ …………………………… 506
　　影を付ける ………………………… 484
　　重ね配置 …………………………… 502
　　行高の調整 ………………………… 466
　　行高の調整（縦書き） …………… 467
　　行ごとのインデント設定 ………… 512
　　行内容を列に貼り付ける ………… 456
　　行の途中でのページ別れ禁止 …… 504
　　行列転置 …………………… 480,482
　　罫線の描画モード ………………… 444
　　サイズハンドル …………………… 458
　　削除 ………………………………… 451
　　左右に並べる ……………………… 493
　　左右配置 …………………………… 487
　　ジャンプ …………………………… 454
　　セル間隔の調整 …………………… 471
　　セル内文字位置の調整 …………… 508
　　セル内容の折り返し禁止 ………… 509
　　セルの3D化 ………………………… 486
　　セルの並び順の入れ替え ………… 483
　　セル幅に合わせて文字間隔と文字幅
　　　を調整 …………………………… 510
　　セル分割 …………………………… 472
　　セル余白の調整 …………………… 469
　　縦書き文書での作表 ……………… 446
　　縦書き文書での表の切り貼りの
　　　注意点 …………………………… 497
　　タブ文字の入力 …………………… 455
　　段落間配置（縦書き文書） ……… 496

　　段落間→本文横への移動 ………… 489
　　段落のインデント設定 …………… 514
　　左インデント ……………………… 488
　　描画キャンバス上に配置 ………… 507
　　表スタイル ………………………… 522
　　表内でのオートシェイプの利用
　　　………………………………… 523
　　表の上下から本文を追い出す
　　　（縦書き文書） ………………… 498
　　表幅の設定 ………………………… 459
　　複合表 ……………………………… 493
　　複数セルへの入力 ………………… 455
　　複数列を1列にまとめる ………… 473
　　ページ分割禁止 …………………… 505
　　文字列の表化 ……………………… 445
　　文字を横向きにする ……………… 499
　　両端を本文幅に揃える …………… 460
　　列内容を行に貼り付ける ………… 457
　　列の入れ替え ……………………… 478
　　列幅の再設定 ……………………… 461
　　列幅の調整 ……………… 462〜464
　　列幅の調整（縦書き） …………… 465
　　連番（30分刻み） ………………… 518
　　連番（行方向） …………………… 515
　　連番（時刻形式） ………………… 517
　　連番（列方向） …………………… 516
描画オブジェクトとテキストボックスを
　画面に表示する（オプション） …… 45
描画キャンバス
　　一括削除 …………………………… 622
　　画像化 ……………………………… 620
　　書式付きで挿入 …………………… 612
　　図の位置を揃える ………………… 614
　　図の拡大・縮小 …………………… 617
　　図番号とセットで挿入 …………… 613
　　中身全体の位置調整 ……………… 616
　　本文の折り返し …………………… 618
　　呼び出し …………………………… 610
描画モードのロック …………………… 566
表計算
　　¥と数字間の処理 ………………… 527
　　色設定 ……………………………… 532
　　関数 ………………………………… 528
　　基本 ………………………………… 524
　　計算結果の表示形式 ……………… 526
　　計算式の入力 ……………………… 530
　　合計金額の転記 …………………… 423
　　セル番地 …………………………… 524
表示モードの切り替え ………………… 35
標準スタイル
　　ショートカットキー ……………… 256
　　書式のクリア ……………………… 263
　　書式変更 …………………………… 269
　　段落先頭に全角スペースを挿入
　　　………………………………… 375

適用 ·· 166
　　フォントサイズ ···································· 48
　　本文スタイルへの置換 ···················· 262
表番号→図表番号
ひらがな
　　カタカナ変換 ····································· 357
　　検索 ·· 352
平綴じ印刷 ·· 636
ピン（よく使う文書）······················· 675
便箋 ·· 86

【フ】
ファイルを開いたり保存したりするとき
　に Backstage を表示しない（オプション）
　·· 679
フィールド
　　= ·························· 422,529,648,650
　　AutoTextList ··································· 418
　　Database ·· 432
　　Date ····································· 422,690
　　DocProperty ···································· 420
　　Eq ······································ 74,154,157
　　FillIn ··· 426
　　GoToButton ····································· 430
　　If ······················ 427,663,664,666,667
　　Includepicture ································· 661
　　IncludeText ······································ 699
　　Link ·· 126
　　ListNum ································ 230,232
　　MacroButton ···································· 431
　　Next Record ···································· 659
　　RD ·· 404
　　Ref ·· 423
　　Seq ·························· 397,520,530
　　Set ·························· 428,650
　　StyleRef ······································ 64,69
　　TC ·· 400
　　Time ··· 422
　　XE ··· 402
　　網かけ表示オプション ················· 416
　　印刷時の自動更新 ·························· 417
　　検索 ·· 381
　　ジャンプ ··· 380
　　ダイアログボックスの呼び出し
　　　··· 415
　　表示更新 ·· 380
フィールドコード ································· 416
フィールドダイアログボックス ····· 414
フォームフィールド ···························· 642
フォームフィールドのデータのみ印刷する
　（オプション）···································· 643
フォント
　　ショートカットキー ····················· 139
　　置換 ····································· 361,362
　　半角英数記号への和文フォント適用
　　　禁止 ··· 140
　　郵便番号 ························· 668,670
　　和欧のフォントの組み合わせ ····· 142
フォントサイズ
　　1pt ずつ拡大・縮小 ···················· 133
　　1 ランクずつ拡大・縮小 ············ 133
　　拡大・縮小 ······································ 143
　　設定可能範囲 ································· 142
フォントダイアログボックス ·········· 133
複合表 ··· 493
袋とじ ··· 74
フチ ··· 53
ブックマーク ····················· 126,306,698
　　Set フィールド ······························· 428
　　ショートカットキー ····················· 306
フッタースタイル ······················· 65,71
浮動配置 ··· 539
太字 ·· 133
ぶら下げインデント ················ 213,214
　　次のタブ位置まで増やす ············ 189
　　前のタブ位置まで減らす ············ 189
ぶら下げ組み ··· 205
フランス語の入力 ································· 100
プリンター ··· 53
　　ショートカット ····························· 626
ブロック選択モード ···························· 117
文書
　　Backstage ビュー省略 ················· 679
　　暗号化 ·· 709
　　上書き保存 ······································ 697
　　上書き保存→保存前の内容に戻す
　　　··· 692
　　開閉のショートカットキー ········ 679
　　拡張子 ·· 672
　　画像抽出 ·· 608
　　既存文書から作成 ·························· 684
　　既定のフォルダー ·························· 678
　　起動時に指定文書を開く ············ 676
　　起動時にテンプレートを指定 ····· 683
　　旧バージョンの文書を開く ········ 685
　　旧バージョン→新バージョン変換
　　　··· 686
　　最近使った文書 ············· 675,680,682
　　最終版 ·· 710
　　作成日をファイル名に自動設定
　　　··· 690
　　種類 ·· 672
　　詳細プロパティ ······························ 689
　　新規ダイアログボックスの呼び出し
　　　··· 718
　　前回最後に使った文書を開く ····· 676
　　他文書の流用 ································· 698
　　他文書へのハイパーリンク ········ 700
　　テンプレートとの関係 ················ 674

Index

内容のコピー→貼り付け ………… 702
開く ……………………………… 675
編集の制限 ……………………… 706
保護 ……………… 704〜706,708,709
保存し損なった文書の復活 …… 694
読み取り専用 …………………… 707
リンク …………………………… 698
文書ウィンドウの幅に合わせて文字列を
　折り返す（オプション） ………… 40
文書画面
　同じ文書を左右に並べて表示 …… 43
　上下に分割 ……………………… 42
　ズーム ………………………… 34
　横に並べて表示 ………………… 43
文書のスタイルを自動的に更新する
　（オプション） ………………… 291
文書パーツ
　印刷 …………………………… 646
　コンテンツコントロール ……… 418
　図 ……………………………… 552
　テンプレート ………………… 674
　ヘッダー・フッター …………… 68
文書パーツギャラリーコンテンツコント
ロール ……………………… 433,439
文書プロパティ
　印刷 …………………………… 645
　複数文書に設定 ……………… 688
文中数式 ………………………… 106

【ヘ】

平行線 …………………………… 557
ページ罫線 ……………………… 81
　表や段落罫線につなげる ……… 82
ページ書式
　設定手順 ……………………… 48
　文書間でのコピー …………… 58,59
ページの色 ……………………… 84
　印刷 …………………………… 624
ページの印刷順序を逆にする
　（オプション） ………………… 642
ページ番号
　位置の振り分け ………………… 70
　起番の設定 …………………… 73
　本文より外側に配置 …………… 72
ヘッダー・フッター
　左右の余白部に配置 …………… 66
　章見出しの表示 ………………… 64
　新規文書へのコピー …………… 59
　セクションの引き継ぎ ………… 63
　縦位置の設定 …………………… 60
　電話帳・辞書形式の見出し …… 65
　表紙、奇数・偶数用に分ける …… 61
　別文書での利用 ………………… 68
　見開きページを罫線で囲む …… 83
　用紙枚数の表示 ………………… 74
　余白部に配置 …………………… 72
ヘッダースタイル ……………… 65,71
変換
　仮名文字を非表示にする ……… 90
　全角・半角の強制 ……………… 91
　表示変更 ………………………… 94
編集記号の表示切り替え ………… 44
編集の制限 ……………………… 706
変動ピッチフォント …………… 174,178

【ホ】

傍点 ……………………………… 133
本（縦方向に谷折り） ………… 51,637
本（縦方向に山折り） ………… 51,637
本文字下げスタイル …………… 207,262
本文スタイル …………………… 262

【マ】

マクロ実行用フィールド ……… 431
マクロプログラム ……………… 672

【ミ】

右インデントと段落の右端の調整 ……208
右罫線 …………………………… 243
右揃え …………………………… 163
見出し
　印刷 …………………………… 644
　段抜き ………………………… 77
見出しスタイル
　自動改ページ ………………… 283
　章番号の振り直し …………… 281
　ショートカットキー ………… 256
　通し番号設定 ………………… 280
　範囲選択 ……………………… 119
　番号段落への適用 …………… 378
　番号付け ……………………… 279
　番号に続くタブの削除 ……… 282
　ぶら下げインデント ………… 282
　本文段落との結合 …………… 285
　本文段落内に適用 …………… 284
見出しマップ …………………… 119,388
　章や節の移動・削除 ………… 389
　フォントサイズ ……………… 304
　見出しの追加 ………………… 388

【メ】

名簿（差し込み印刷） ………… 660
メイリオ ………………………… 183

【モ】

目次
　更新禁止 ……………………… 404
　総目次 ………………………… 404
　本文中の語句を目次化 ……… 400
　見出しの先頭だけ目次化 …… 399
目次の箇所にジャンプ ………… 401

文字カーソル
　キー操作 ……………………………… 108
　スクロール後に元の位置に戻る
　　…………………………………… 110
　スクロールバー操作 ………………… 108
文字間隔
　仮名文字の前後を詰める ………… 178
　句読点と次の文字との間を正しく
　　空ける ……………………………… 177
　和文字と英数字の間を詰める ……176
文字グリッド線 …………………………… 190
文字コード変換 ………………………… 339
文字書式
　一括変更 ……………………………… 143
　解除 …………………… 134,138,166,171,367
　繰り返し設定 ………………………… 135
　検索 …………………………………… 359
　検索・置換機能で設定・解除 …… 360
　コピー ………………………………… 136
　先指定 ……………………… 134,144,145
　種類 …………………………………… 132
　ショートカットキー ………………… 133
　書式の詳細設定 ……………………… 137
　設定・解除の意味 …………………… 132
　単語単位（Word2013） …………… 147
文字スタイル ……………………… 252,255
　網かけ ………………………………… 158
　解除 …………………………………… 367
　囲み線 ………………………………… 158
　縦中横文字 …………………………… 145
　登録書式の解除 ……………………… 270
　割注 …………………………………… 144
文字の網かけの一括設定 ……………… 363
文字の均等割り付け …………………… 133
　書式コピー …………………………… 160
文字範囲選択（キーボード） ……… 115
文字列
　移動 …………………………… 124,125
　コピー …………………………… 124～126
文字列表示範囲枠 ……………………… 546

【ユ】
ユーザーテンプレート ………………… 713
郵便番号
　表示形式 ……………………………… 669
　フォント ………………………… 668,670
　郵便番号枠 ……………………… 668,670

【ヨ】
用紙トレイ ………………………………… 54
　セクションごとに設定 …………… 632
　封筒と手紙のセット印刷 ………… 657
横罫線（内側） ………………………… 243
四つ折り印刷 …………………………… 640

余白
　塗りつぶし ……………………………… 84
　表示切り替え ………………………… 36
　本文下端と下余白を一致 …………… 52

【リ】
リアルタイムのプレビュー表示機能を
　有効にする（オプション） ……… 543
リアルタイムプレビュー ……………… 31
リーダー（タブ） ……………………… 199
リストスタイル ………………………… 252
リスト段落スタイル ……196,197,222,234
　簡条書きの登録 …………………… 272
リストのインデントの調整 ………… 275
リストの始まりの書式を前のリストと
　同じにする（オプション） ……… 221
リストライブラリ …………………… 238
　初期状態に戻す …………………… 239
リッチテキストコンテンツコントロール
　…………………………………… 433,435
リボンの表示切り替え ……………… 24,28
両端揃え ………………………………… 163
両面印刷 …………………………… 50,635
　天綴じ形式 …………………………… 638
リンクされたスタイルを使用不可にする
　（オプション） ……………………… 255
リンクスタイル ……………………… 252,255
　使用禁止 ……………………………… 255
　見出しスタイルの本文段落内適用
　……………………………………… 284

【ル】
類似書式の選択機能 …………………… 169
ルーラー …………………………… 32,33
ルビ ……………………………………… 133
　一括解除 ……………………………… 386
　語句の置換 …………………………… 384
　書式変更 ……………………………… 383
　設定 …………………………… 381,382

【レ】
レイアウト枠 …………………… 242,373
レジストリエディター ………………… 681
連番印刷 ………………………………… 648

【ワ】
ワークグループテンプレート ……… 717
ワードアート ……………………… 576,577
ワイルドカード ……………… 310,312,314
和文フォントの置換 ………………… 362
割注 ………………………………… 133,152
　一括設定 ……………………………… 363
　組み文字として利用 ……………… 152
　先指定 ………………………………… 144
　文字スタイル ………………………… 144

著者■西上原裕明

最近の著書： 「Wordの 何でこうなるの？ 解消事典 2010/2007/2003/2002対応」
「Wordで作る長文ドキュメント 2010/2007/2003/2002対応」
「Wordの速効お役立ちテクニックレシピ集 2010/2007対応」
「Wordに強くなる！ 身につく知識と実用「技」読本 2010/2007対応」
「Wordでハガキ宛名印刷・差し込み印刷 2010/2007/2003/2002対応」
「Word2013 全機能Bible」
「疑問解消！しくみからよくわかるWord再入門 2013/2010/2007対応」
「Wordによる編集レイアウトの基本とDTP実践テクニック 2013/2010/2007対応」
など

以上、技術評論社刊

カバーデザイン	◆神永愛子（primary inc.,）
本文DTP	◆西上原裕明
編集担当	◆熊谷裕美子

［逆引き］Wordパワーテクニック
601＋66Tips
［2013/2010/2007対応］

2015年 2月15日 初 版 第1刷発行

著　者　西上原 裕明
発行者　片岡 巌
発行所　株式会社技術評論社
　　　　東京都新宿区市谷左内町 21-13
　　　　電話　03-3513-6150　販売促進部
　　　　　　　03-3513-6166　書籍編集部
印刷／製本　日経印刷株式会社

定価はカバーに表示してあります。

本の一部または全部を著作権法上の定める範囲を越え、無断で複写、複製、転載、あるいはファイルに落とすことを禁じます。

©2015　西上原 裕明

造本には細心の注意を払っておりますが、万一、乱丁（ページの乱れ）や落丁（ページの抜け）がございましたら、小社販売促進部までお送りください。送料小社負担にてお取り替えいたします。

ISBN978-4-7741-7115-9 C3055
Printed in Japan

■問い合わせについて

本書に関するご質問は、FAXや書面でお願いいたします。電話での直接のお問い合わせにはいっさいお答えできませんのであらかじめご了承ください。また、以下に示す弊社のWebサイトでも質問用フォームを用意しておりますのでご利用ください。

ご質問の際には、書籍名と質問される該当ページ、返信先を明記してください。e-mailをお使いになれる方は、メールアドレスの併記をお願いいたします。

なお、ご質問は「解説の文意がわからない」「解説どおりに操作してもうまくいかない」といった本書に記載されている内容に関するもののみとさせていただきます。本書の内容を超えたWordの操作方法にはお答えできかねます。

お送りいただいたご質問には、できる限り迅速にお答えできるよう努力いたしておりますが、場合によってはお答えするまでに時間がかかることがあります。また、回答の期日をご指定なさっても、ご希望にお応えできるとは限りません。あらかじめご了承くださいますよう、お願いいたします。

なお、ご質問の際に記載いただいた個人情報は質問の返答以外の目的には使用いたしません。質問の返答後は速やかに削除させていただきます。

■問い合わせ先
〒162-0846
東京都新宿区市谷左内町 21-13
株式会社技術評論社　書籍編集部
『逆引きWordパワーテクニック』係
FAX番号：03-3513-6183
技術評論社Web：http://gihyo.jp/book